Anonymus

Mittheilungen aus dem Pathologischen Institute zu München

Anonymus

Mittheilungen aus dem Pathologischen Institute zu München

ISBN/EAN: 9783742895967

Hergestellt in Europa, USA, Kanada, Australien, Japan

Cover: Foto ©berggeist007 / pixelio.de

Manufactured and distributed by brebook publishing software
(www.brebook.com)

Anonymus

Mittheilungen aus dem Pathologischen Institute zu München

MITTHEILUNGEN

AUS DEM

PATHOLOGISCHEN INSTITUTE

ZU

MÜNCHEN.

— —

HERAUSGEGEBEN

VON

PROFESSOR D^{R.} v. BUHL.

MIT IN DEN TEXT GEDRUCKTEN HOLZSCHNITTEN UND 11 LITHOGRAPHIRTEN TAFELN.

STUTTGART.

VERLAG VON FERDINAND ENKE.

1878.

Druck von GEBRÜDER KRÖNER in Stuttgart.

Vorrede.

Mit der Veröffentlichung vorliegender Blätter will das Münchner pathologische Institut ein erstes Lebenszeichen von sich geben. Es sollten sich ursprünglich nur die in demselben zunächst Beschäftigten mit Ablieferung von Arbeiten betheiligen, doch ganz zuletzt schloss sich auch Herzog Carl, der nicht minder fast ständig im Institute thätig ist, an.

Was die von mir selbst gelieferten Beiträge (Granularschwund der Nieren, Bakterien und Tuberkulose, käsige Pneumonie) anlangt, so lagen sie bereits im Reindruck schon vor Beginn der heurigen Naturforscherversammlung vor (während der schwierige Satz des Jahresberichtes, sowie die Anfertigung der Zeichnungen das Erscheinen des Ganzen bis heute verzögerte) und so konnte ich es leider nicht mehr ermöglichen, sowohl die auf dieser Versammlung gehaltenen bezüglichen Vorträge als die seither in Zeitschriften erschienenen Arbeiten, die des Interessanten und Einschlägigen in reichem Masse brachten, näher zu würdigen. Manche meiner Angaben hätte durch sie eine weitere Ausführung oder Modifikation erfahren.

Ich nenne in Bezug auf den Granularschwund (p. 47) die Arbeit von R. Thoma „zur Kenntniss der Circulationsstörung in den Nieren bei chronisch interstitieller Nephritis", sowie (p. 65) die von C. A. Ewald „über die Veränderungen kleiner Gefässe bei Morbus Brightii" (beide in Virchow's Archiv), und nicht minder den Vortrag Rindfleisch's, in welchem die Vasa recta geläugnet werden.

In Bezug auf meine wenigen Worte über die Herkunft der Eiterkörper (p. 192) hebe ich den Vortrag Eberth's und die inhaltschweren Sätze Stricker's (nunmehr im 2ten Hefte seiner allgemeinen Pathologie in Vollständigkeit zu lesen) hervor. Dabei möchte ich anfügen, wie das Resultat der Untersuchung leukämischer Organe, z. B. des Gehirnes (p. 325), aber auch aller anderen, namentlich der Lungen, unwiderleglich darauf hinweist, dass selbst die stärkste Anhäufung weisser Blutkörper in den Blutgefässen, deren Wände bei so auffällig geänderter Blutflüssigkeit unmöglich unverändert gedacht werden können, für sich allein weder zur Emigration derselben führt (die Lungenalveolen bleiben leer), noch viel weniger zur Vereiterung.

Die Debatten über die Aetiologie der Tuberkulose, angeregt in Folge der im hiesigen Institute künstlich durch Inhalation erzeugten Krankheit und die daran sich knüpfenden Vorträge von Bollinger, Ponfick, Schweninger, Weigert, Ziegler und namentlich die gewichtige Auseinandersetzung von Klebs würden an meinem kurzen Aufsatze (p. 171) so Manches geändert haben — doch diess ist ein Thema, welches dahier weiter verfolgt und seiner Zeit ausgiebiger besprochen werden soll.

Endlich habe ich noch den kürzlich in Virchow's Archiv veröffentlichten Aufsatz von Nothnagel „zur Resorption des Blutes aus dem Bronchialbaume" zu notiren, der meine Zeilen (p. 190) und meinen bezüglichen Vortrag in der Naturforscherversammlung berührt und ergänzt.

Der Bericht über die Leichenöffnungen sollte ursprünglich über mehrere Jahre ausgedehnt werden; allein da für den Bericht, den das hiesige Krankenhaus herauszugeben beabsichtigt, wenigstens zwei Jahrgänge (73/74 und 74/75) von pathologisch-anatomischer Seite gewünscht und gerne abgetreten wurden, so beschränkte ich mich auf das Schuljahr 1875/76. Nur den Gang des Typhus seit meiner ersten Vergleichung desselben mit den Grundwassercurven bis Ende 1876, also nach einer Beobachtung von 20 Jahren, in toto vor sich zu haben, schien mir von Interesse und um so mehr, als meine früheren Aufzeichnungen sich eigentlich nur auf die Mortalitätszeit stützten, ich aber die Infektionszeit hervorgehoben wissen wollte.

In Bezug einzelner besonderer Vorkommnisse beschränkte ich mich auf ein paar Fälle, um den Umfang des Buches in einem bescheidenen Maasse zu halten.

München, Weihnachten 1877.   **Buhl.**

Inhalt.

I.

Ueber Gewicht und Volumen des Menschen.

Von

Dr. Ernst Hermann.

Assistenten am k. pathologischen Institute.

1.

Bei manchen Krankheiten, z. B. Phthise (chronische Form),
Myopathie des Herzens, Typhus, Cholera, bieten die Leichen der
daran gestorbenen Menschen hinsichtlich der Körperfülle ein im Allgemeinen für die betreffende Krankheit ziemlich charakteristisches
äussere Ansehen dar, so dass ich vermuthete, es möchte sich die
Einwirkung der einzelnen Krankheit auf Gewicht und Volumen des
Körpers in constanten Werthen der letzteren ausgedrückt finden
können.

Da in diesem Sinne bisher keine Messungen über Volumen
des Menschen angestellt worden sind, und die vorliegenden Angaben
einzelner Autoren nur allgemeinere Durchschnittswerthe sind, überdiess unter sich nicht übereinstimmen [so ist das mittlere Volumen des Menschen nach Quetelet 2⅓ rheinische Cubikfuss
(= 71,99 Liter), nach Krause bei einem Gewichte von 2100 Unzen
(= 61,38 Kilo) etwa mehr als 1⅔ Pariser Cubikfuss (= 57,11 Liter),
bei einem Gewichte von 1800 Unzen (= 52,61 Kilo) 1½ Par. Cubikfuss (= 51,39 Liter)], so erschien es mir von Werth, hierüber
neue Messungen auszuführen und detaillirtere Angaben machen zu
können.

Dem Unternehmen kam Herr Prof. v. Buhl in freundlichster
Weise entgegen, indem er neben der Körperwage und dem Längen-
masse auch die Aufstellung eines Apparates zur Volum-Messung und

die Vornahme der letzteren an allen in das pathologische Institut behufs der Sektion gebrachten Leichen gestattete (wofür ich hiemit meinen besten Dank ausspreche).

Zur Messung des Volumens wird die Leiche unter Wasser gesenkt und bestimmt, wieviel Wasser durch sie verdrängt wird. Der Apparat hiezu besteht in einem Kasten aus starkem Zinkblech mit Holzmantel, von den Dimensionen, dass eine Leiche in ihn gelegt werden kann. Durch ein Glasfenster in einer Wand des Kastens kann der Wasserstand abgelesen werden. Die Calibrirung ist von der hiesigen K. Aichanstalt ausgeführt worden.

Zur Erzielung einigermassen sicherer Resultate ist neben der Ausscheidung der einzelnen Fälle nach Krankheit, Geschlecht und Alter auch eine möglichst grosse Anzahl der Einzeldaten nothwendig. Ich habe aus diesem Grunde vorerst drei der häufigeren Krankheitsformen ausgewählt: Phthise (chronisch-entzündliche Form), Plethoraherz und Typhus. Hiezu kommen noch einige Fälle von (Atheromatose) Marasmus sen. und 12 Fälle, wobei der Tod in gewaltsamer Weise durch schwere Verletzungen erfolgte, im Uebrigen aber normaler Körperbau sich vorfand.

Im Ganzen umfassen die Messungen 305 Leichen, und zwar beträgt deren Anzahl

	Männer	Weiber	Summa
bei Phthise .	126	51	177
„ Typhus .	34	26	60
„ Plethoraherz . .	49	3	52
„ Marasmus sen. .	4	—	4
„ normalem Körper	12	—	12
Summe:	225	80	305

2.

Zunächst ist festzustellen, wie sich absolutes Gewicht, Volumen und spezifisches Gewicht bei normalem Körper verhalten.

Hiezu habe ich die oben erwähnten 12 Leichen gemessen, die mit Ausnahme der den Tod herbeiführenden Verletzung sonst kein pathologisches Verhalten der Organe zeigten. Die Verletzungen bestanden meist in schweren Frakturen, so war in einem Fall in Folge Quetschung zwischen zwei Eisenbahnwägen eine Querfraktur in der basis cranii und Blutung in der Dura zu Stande gekommen, einem anderen Fall war das Hinterhauptbein gebrochen, bei einem dritten fand sich bei der Section Beckenzersplitterung vor u. s. f.

Diese 12 Fälle finden sich auf Tabelle 1*) zusammengestellt. Sie gehören sämmtlich dem männlichen Geschlechte an und erstrecken sich auf drei 10jährige Altersgruppen von 11 bis 40 Jahren.

Tabelle 1.

Männliche Körper von normalem Bau.

Jahrgang u. N. c.	A.	L.	G.	V.	G/V.	Bemerkungen.

Alter 11—20 Jahre.

75—76	20	17	155	46,5	58	0,8017	Schädelfissur.
75—76	177	18	165	56,25	60	0,9367	Schädelbr. Hirnquetschung.
75—76	220	18	165	61,5	62,5	0,9680	Schuss in die Bauchhöhle.
Durchschnittswerthe:			161,67	54,75	60,16	0,9021	

Alter 21—30 Jahre.

76—77	375	24	166	62,5	66	0,9469	Fract. bas. cranii.
74—75	318	28	150	83	90	0,9222	Fract. compl.
»	332	24	160	58	63	0,9206	Fract. phlo.-Verbl.
»	349	30	180	81,5	90	0,9055	Beckenzersplitterung.
75—76	68	25	165	54,5	68	0,8015	Schussverletzung.
75—76	298	27	175	75	76	0,9868	Fract. oss. occip.
Durchschnittswerthe:			166	69,08	75,5	0,9139	

Alter 31—40 Jahre.

74—75	351	40	155	59,25	62	0,9516	Fract. des 1. Lendenwirbels.
75—76	30	38	170	65	68	0,9559	Strangulation.
75—76	358	32	155	57,5	60	0,9583	Fract. compl cr ur.
Durchschnittswerthe:			160	60,58	63,33	0,9552	

*) In allen Tabellen bedeutet A Alter, L Länge des Körpers (in Cent.), G Gewicht in Kilo, V Volumen in Liter, und G/V. das specifische Gewicht. Die Länge habe ich desshalb beigefügt, um zu zeigen, dass dieselbe nicht in erster Linie das Gewicht beeinflusst.

Die Durchschnittswerthe für diese drei Gruppen nebst dem Gesammtdurchschnitt sind:

Tabelle 2.

Durchschnittswerthe aus Tab. 1 mit Angabe des Gesammtdurchschnitts.

Altersgruppen.	L.	G.	V.	G/V.	Anzahl der Fälle.
1) 11—20 Jahre alt	161,67	54,75	60,16	0,9021	3
2) 21—30 » »	166	69,08	75,5	0,9139	6
3) 31—40 » »	160	60,58	63,33	0,9552	3
Durchschnitt aus den 12 Fällen: 26,7 J. a.	163,4	63,375	68,26	0,9213	12

Diese Zahlen weichen von Quetelet'schen und Krause'schen Angaben zum Theil nicht ab.

So ist das mittlere Gewicht der 6 männlichen Leichen aus der Altersklasse von 21—30 Jahren höher als dies Quetelet für die gleichen Jahre angibt. Der Gesammtdurchschnitt für die drei Altersgruppen von 11—40 Jahren stimmt jedoch mit dem aus den Quetelet'schen Zahlen für diese Jahrgänge sich ergebendem Mittel nahezu überein.

Bedeutender sind die Abweichungen beim Volumen. Hier ist indess ein Vergleich misslich, da Quetelet nicht angibt, zu welchem Gewicht und Alter seine Zahl von 71,9 Liter in Beziehung zu setzen ist. Für eine Gesammtmittelzahl muss ich sie nach meinen Untersuchungen zu hoch halten.

Am nächsten kommt sie dem von mir bei der Altersklasse von 21—30 Jahren gefundenen Mittel von 75,5 Liter, bei einem mittleren Gewicht von 69,08 Kilo (spezif. Gew. = 0,9139). Das mittlere Gewicht für diese Altersklasse, wie es aus den Quetelet'schen Angaben resultirt erreicht dagegen nicht 64 Kilo, womit nach meinen Messungen das Volumen von 71,9 Liter, wegen des zu niederen spezifischen Gewichtes (0,8832) nicht übereinstimmt. In Einzelfällen kommt ein solches Verhältniss zwischen Gewicht und Volumen wohl vor, ich bezweifle aber, ob diess bei so hohem Volumen häufig der Fall ist, in den Durchschnittswerthen habe ich dasselbe nicht gefunden.

Anders gibt K r a u s e das Volumen an und zwar:

a) für den männlichen Körper bei 61,38 Kilo auf 57,11 Liter.
b) für den weiblichen Körper bei 52,61 Kilo auf 51,39 Liter.

Daraus berechnet sich das spezifische Gewicht

für a: 1,0748,
für b: 1,0237.

Nach K r a u s e beträgt das spezifische Gewicht:

Bei gewöhnlicher Luftfülle nach mässiger
Expiration . . . . 1,0551.
Bei gänzlicher Luftleere der Lungen und
des Darmkanals . . . . 1,1291.

Ich bedauere, dass K r a u s e seine Einzelwerthe, aus denen er diese Mittel gezogen hat, nicht beifügte, so dass nicht zu ersehen ist, unter welchen Verhältnissen er diese hohen Zahlen für Volumen und spezifisches Gewicht gefunden hat. Auch hier kann ich für das Vorkommen ähnlicher, wenn auch nicht gleicher Verhältnisse Belege aus meinen Messungen aufführen*), allein dieselben gehören alle in das Bereich nicht normaler Erscheinungen, so dass ich der Ansicht hinneige, es möchten bei den K r a u s e'schen Messungen einige Einzeldaten an nicht vollkommen gesunden Menschen abgenommen worden sein.

B r ü c k e gibt das spezifische Gewicht des Menschen niederer als das des Wassers an.

Aus der Tabelle (2) ist ersichtlich, dass in den beiden Lebensperioden vom 11. bis 30. Jahre absolutes und spezifisches Gewicht ansteigen, worin sich die Zunahme von Muskulatur und Fett ausspricht. Dieses bleibt jedoch hinter jener zurück, wie aus dem höheren spezifischen Gewichte der Altersklasse vom 21.—30. Jahre hervorgeht. In den weiteren Jahrgängen gegen das 40. Jahr zu ist das absolute Gewicht wieder etwas gesunken, das spezifische dagegen gestiegen. Der Verlust an absolutem Gewichte ist bei dem erhöhten spezifischen Gewichte dem Fett zuzuweisen, und diess stimmt auch mit dem Bau der betreffenden Leichen überein, die weniger fettreichen, aber sehr muskulösen Menschen angehörten.

Das spezifische Gewicht der normalen Leichen beträgt durchschnittlich 0,9213. Die Werthe für die einzelnen Altersgruppen von 11—20 Jahren ergeben sich aus der Tabelle.

---

*) S. die Tabellen: Phthise und Plethoraherz.

3.

Diesen Normalwerthen, als welche ich die in Tabelle 2 gegebenen Befunde in Anbetracht der normalen Körperbeschaffenheit der 12 Leichen ansehen darf, scien nun die Messungsresultate gegenübergestellt, wie sie sich an Leichen von Menschen ergaben, die an einer der oben erwähnten Krankheitsform gestorben waren.

Zunächst sei die Phthise betrachtet. Die hiehergehörigen Fälle, 177 im Ganzen (126 Männer, 51 Weiber), sind Formen der chronischen entzündlichen Phthise, wie sie sich während eines Zeitraumes (von 21 Monaten) ergaben. Es wurde auf möglichst reine Ausscheidung gesehen, so dass demnach complizirte Fälle von chronischer entzündlicher Phthise, wo z. B. Pneumonie, oder akute infektiöse Phthise den Gesammtprozess beendeten, nicht aufgenommen sind.

Sämmtliche Fälle mit den Angaben über Alter, Körperlänge, Gewicht, Volumen und spezifisches Gewicht sind in den Tabellen 3 und 4 nach dem Alter geordnet zusammengestellt; die Durchschnittswerthe aus den einzelnen Altersgruppen überdiess in den Tabellen 5 und 6.

Tabelle 3.

Phthise (Chronische Form). Männliches Geschlecht.

Jahrgang u. N. c.	A.	L.	G.	V.	G/V.

Alter: 11—20 Jahre.

Jahrgang u. N. c.	A.	L.	G.	V.	G/V.
75—76	147	16	160	45,0	46	0,9783
76—77	33	17	155	33.5	37	0,9054
75—76	151	18	165	44	45	0,9778
75—76	316	18	150	34,5	37	0,9324
76—77	219	19	156	48	44	0,9778
74—75	324	20	170	42,5	45	0,9444
74—75	394	20	170	49	50	0,9800
75—76	111	20	175	49,5	46	1,0761
76—77	219	20	175	41	42	0,9762
Gesammtdurchschnitt			172,33	42,44	43,55	0,9720

Jahrgang u. N. c.		A.	L.	G.	V.	G/V.

Alter: 21—30 Jahre.

a) 21—25 Jahre alt.

Jahrgang	u. N. c.	A.	L.	G.	V.	G/V.
75—76	318	21	160	44,5	45	0,98c9
75—76	343	21	160	35,5	37	0,9594
76—77	138	21	150	33	33	1,0000
76—77	189	21	163	36,5	39	0,9359
75—76	88	22	175	52	52	1,0000
76—77	162	22	163	44,5	44	1,0114
74—75	300	23	175	39	37	1,0540
75—76	85	23	163	40	41	0,9756
75—76	144	23	165	42,75	44	0,9716
75—76	201	23	165	40,5	42	0,9643
76—77	127	23	180	57	55	1,0364
75—76	155	24	160	42	42,5	0,9882
75—76	163	24	170	44	44	1,0000
75—76	174	25	156	40	40	1,0000
75—76	398	25	165	44,5	43	1,0849
Durchschnittswerthe:			164,67	42,383	42,567	0,9947

b) 26—30 Jahre alt.

Jahrgang	u. N. c.	A.	L.	G.	V.	G/V.
74—75	366	26	165	49,5	55	0,9000
75—76	102	26	160	43,5	44	0,9886
75—76	138	26	175	45	47,5	0,9474
75—76	270	26	159	44	44	1,0000
75—76	281	26	162	43,5	45	0,9667
75—76	285	26	160	41,5	43	0,9651
75—76	323	26	175	55	55	1,0000
76—77	5	26	175	53	55	0.9636
76—77	14	26	165	50	51	0,9804
75—76	53	27	165	48,5	50	0,9700
75—76	66	27	165	42	44	0,9545
75—76	86	27	170	48,5	50	0,9700
75—76	97	27	170	47,5	47,5	1,0000
75—76	173	27	170	36	40	0,9000
75—76	268	27	160	47	49	0,9592
76—77	113	27	175	57	59	0,9661
76—77	181	27	170	41,5	44	0,9432
76—77	202	27	170	55	55	1,0000
76—77	221	27	165	51	52	0,9808
75—76	106	28	175	49	50	0,9800
75—76	161	28	175	49,5	49	1,0102
75—76	364	28	177	58	57	1,0175
76—77	160	28	176	41	40	1,0250
76—77	195	29	164	43,5	44	0,9886
75—76	31	30	170	45	50	0,9000
75—76	303	30	159	40,5	41	0,9873
76—77	134	30	150	38,5	42	0,9167
76—77	198	30	162	38	38	1,0000
76—77	93	30	165	54	51	1,0588
76—77	34	30	170	40	43	0,9302
Durchschnittswerthe:			167,3	46,57	47,83	0,9723
Gesammtdurchschnitt:			166,42	45,13	46,08	0,9798

Dr. E. Hermann.

Jahrgang u. N. c.		A.	L.	G.	V.	G/V.

Alter: 31—40 Jahre.

a) 31—36 Jahre alt.

74—75	381	31	165	46,5	50	0,9300
75—76	64	31	155	38	40	0.9500
75—76	289	31	165	42,5	45	0,9444
76—77	234	32	165	44,0	44,0	1,0000
76—77	132	32	175	54	54	1,0000
76—77	140	32	160	32	32	1,0000
76—77	149	32	165	49,5	50	0,9900
76—77	187	32	168	43,5	45	0,9667
74—75	317	33	170	42,75	44	0,9714
75—76	403	33	155	46	46	1,0000
76—77	66	33	170	54	54	1,0000
76—77	111	33	168	56	55	1,0181
74—75	326	34	170	55,5	56	0,9911
76—77	12	34	153	37	38	0,9737
76—77	41	34	165	46	46	1,0000
76—77	75	34	170	30,5	34	0,8970
76—77	80	34	175	46	48	0,9583
75—76	184	35	160	49,5	47	1,0532
76—77	21	35	160	41,5	44	0,9432
76—77	57	35	170	51	53	0,9624
Durchschnittswerthe:			165,3	45,29	46,25	0,9775

b) 36—40 Jahre alt.

74—75	386	36	165	38	42	0,9048
75—76	29	36	165	52,5	55	0,9545
75—76	47	36	175	56	56	1,0000
75—76	203	36	163	45	46	0,9783
75—76	207	36	165	39	40	0,9750
75—76	215	36	165	42	43	0,9767
75—76	353	36	155	47	48	0,9792
74—75	346	37	170	45	46	0,9783
74—75	378	37	170	45,5	48	0,9479
75—76	79	37	165	40	40	1,0000
75—76	90	37	165	46	51	0,9020
76—77	182	37	176	50	50	1,0000
75—76	180	38	165	35,5	37	0,9594
75—76	202	38	175	51	50	1,0200
76—77	215	38	160	34,5	35	0,9860
74—75	399	39	165	40	42	0,9524
75—76	175	39	170	48	48	1,0000
76—77	102	39	175	40,5	40	1,0125
75—76	7	40	160	42	44	0,9545
75—76	295	40	160	48	50	0,9600
75—76	349	40	175	49	50	0,9800
Durchschnittswerthe:			166,86	44,50	45,76	0,9724
Gesammtdurchschnitt:			167,51	44,88	46,0	0,9756

Jahrgang u. N. c.		A.	L.	G.	V.	G/V.

Alter: 41—50 Jahre.

Jahrgang u. N. c.		A.	L.	G.	V.	G/V.
76—77	129	41	170	51,5	51	1,0098
76—77	13	43	175	37,5	38	0,9868
76—77	99	44	160	50	50	1,0000
74—75	850	46	165	38	40	0,9500
76—77	74	46	170	43	45	0,9556
75—76	291	47	165	53,5	55	0,9686
75—76	193	48	160	48,5	49	0,9896
75—76	139	49	178	49,5	54	0,9167
75—76	200	49	165	56	56	1,0000
75—76	165	49	160	49,5	50	0,9900
75—76	329	50	170	54,5	58	0,9740
76—77	131	50	163	48,5	51	0,9510
Durchschnittswerthe:			166,75	48,33	49,75	0,9739

Alter: 51—60 Jahre.

Jahrgang u. N. c.		A.	L.	G.	V.	G/V.
75—76	153	51	160	45	48	0,9375
76—77	53	51	165	44,5	47	0,9469
75—76	264	52	165	55	60	0,9167
75—76	245	52	168	54	53	1,0189
75—76	339	52	167	46	48	0,9583
75—76	342	52	175	55,5	58	0,9569
75—76	366	53	165	54,5	55	0,9909
74—75	372	54	165	42	45	0,9333
76—77	166	55	165	46,5	47	0,9894
74—75	392	56	160	42	44	0,9545
75—76	352	56	160	43	45	0,9555
75—76	400	56	175	54	54	1,0000
76—77	128	57	170	59,5	59	1,0085
75—76	49	57	160	41	43	0,9535
75—76	246	59	157	41,5	42	0,9881
74—75	398	60	165	48	50	0,9600
75—76	11	60	163	39,5	43	0,9186
Durchschnittswerthe:			165,0	47,72	49,47	0,9639

Alter: 61—70 Jahre.

Jahrgang u. N. c.		A.	L.	G.	V.	G/V.
75—76	194	61	175	47,5	48	0,9896
76—77	233	65	170	49,5	52	9,9519
Durchschnittswerthe:		64,5	172,5	48,5	50	0,9707

Dr. E. Hermann.

Tabelle 4.

Phthise. Weibliches Geschlecht.

Jahrgang u. N. c.		A.	L.	G.	V.	G/V.

Alter: 11—20 Jahre.

Jahrgang	N. c.	A.	L.	G.	V.	G/V.
75—76	188	16	140	18,5	20	0,9250
74—75	354	18	160	33	40	0,8250
74—75	310	19	160	41	43	0,9535
75—76	96	20	150	46,5	50	0,9300
Durchschnittswerthe:		18,2	152,5	34,75	38,2	0,9083

Alter: 21—30 Jahre.

a) 21—25 Jahre alt.

Jahrgang	N. c.	A.	L.	G.	V.	G/V.
75—76	190	22	150	45,5	47	0,9808
75—76	250	22	167	42,5	43	0,9884
75—76	171	23	165	42,5	45	0,9555
74—75	387	23	155	37	40	0,9250
75—76	3	24	150	42	45	0,9333
74—75	334	25	160	43,5	49	0,8877
Durchschnittswerthe:			157,83	42,16	44,88	0,9451

b) 26—30 Jahre alt.

Jahrgang	N. c.	A.	L.	G.	V.	G/V.
75—76	362	27	155	32	33	0,9697
75—76	59	27	145	30,5	33	0,9242
74—75	391	27	160	42	44	0,9545
74—75	360	28	160	42,5	44	0,9659
74—75	388	28	155	37,5	40	0,9375
75—76	254	28	158	44,5	49	0,9082
Durchschnittswerthe:			155,5	38,16	40,5	0,9433
Gesammtdurchschnittswerthe:			156,6	40,16	42,66	0,9442

Alter: 31—40 Jahre.

a) 31—35 Jahre alt.

Jahrgang	N. c.	A.	L.	G.	V.	G/V.
76—77	232	31	160	38	39	0,9743
76—77	136	31	155	38	39	0,9743
75—76	405	32	160	40	41	0,9756
75—76	48	32	155	30	30	1,0000
76—77	126	32	157	35	37,5	0,9333
75—76	38	33	145	38,5	40	0,9625
75—76	17	34	150	35,5	40	0,8875
75—76	92	34	150	34	35	0,9714
76—77	103	34	165	45,5	45	1,0111
75—76	36	35	155	34,5	36	0,9583
Durchschnittswerthe:			155,2	36,9	38,2	0,9648

Jahrgang u. N. c.		A.	L.	G.	V.	G/V.

b) 36—40 Jahre alt.

74—75	336	36	150	34	36	0,9444
75—76	240	37	160	36,5	38	0,9605
76—77	114	38	163	43,5	45	0,9667
76—77	106	39	148	37,5	37	1,0135
75—76	10	39	148	29,5	30	0,9833
Durchschnittswerthe:			153,8	36,2	37.2	0,9736
Gesammtdurchschnittswerthe:			154,73	36,67	37,90	0,9678

Alter: 41—50 Jahre.

75—76	280	41	160	49,5	50	0,9900
76—77	123	42	160	34	35	0,9714
75—76	87	43	155	35,5	38	0,9342
74—75	409	43	150	33	35	0,9428
74—75	331	48	160	39,5	43	0,9185
75—76	253	49	155	40	40	1,0000
76—77	52	49	150	34,5	35	0,9857
75—76	287	50	158	39	43	0,9070
Durchschnittswerthe:			156	38,12	39,87	0,9562

Alter: 51—60 Jahre.

75—76	393	51	160	36,5	37,5	0,9733
75—76	16	54	155	42,5	45	0,9444
75—76	192	56	145	43	45	0,9555
75—76	3	57	140	29,5	27	1,0926
75—76	157	57	152	32	35,5	0,9014
74—75	377	58	150	31	35	0,8857
74—75	304	59	155	58,5	61	0,9590
75—76	172	60	160	38,5	43	0,8954
Durchschnittswerthe:			152,12	38,87	41,12	0,9509

Alter: 61—70 Jahre.

75—76	345	61	145	41,5	43	0,9651
76—77	183	63	150	38	40	0,9500
75—76	33	69	155	56	58	0,9655
Durchschnittswerthe:			150	45,16	47,0	0,9602

Alter: 71—80 Jahre.

76—77	227	72	140	28,5	31	0,9193

Tabelle 5.

Durchschnittswerthe bei Phthise.

Männliches Geschlecht s. S. 6, 7, 8 u. 9 Tab. 3.

Altersgruppe.	L.	G.	V.	G/V.	Anzahl der Fälle.
11—20 Jahre alt.	172,33	42,44	43,55	0,9720	9
21—30 » »	166,42	45,13	46,08	0,9798	45
31—40 » »	167,51	44,88	46,00	0,9756	41
41—50 » »	166,75	48,38	49,75	0,9739	12
51—60 » »	165,00	47,72	49,47	0,9639	17
61—70 » »	172,50	48,5	50,0	0,9707	2
71—80 » »	—	—	—	—	—
Gesammtdurchschnitts-Werthe:	166,10	45,57	46,74	0,9748	126

Was hier zunächst auffällt, ist das ungemein niedere absolute Gewicht. In den beiden hauptsächlich vertretenen*) Altersklassen vom 21. bis 40. Jahre beträgt die Differenz vom normalen Gewicht durchschnittlich:

Bei Männern im Alter von 21—30 Jahren 23,95 Kilo.

    »   »   »   31—40   »   15,70   »

Für die drei ersten Altersklassen zusammen ist die durchschnittliche Differenz 19,22 Kilo.

Es lässt sich diess noch deutlicher hiedurch veranschaulichen. Unter 50 Kilo wog von den 12 normalen männlichen Leichen im Alter von 11—40 Jahren eine (Alter 17 Jahre, Gewicht 46 K.); fünf: 51—60 Kilo, und sechs von 61 Kilo und darüber. Dagegen wogen:

	Im Alter von		Bis 51 K.	50—60 K.	61 K. u. darüber.
Von 9 Phthisis-Leichen	11—20 Jahren		9	—	—
» 45 » »	21—30 »		36	9	—
» 41 " »	31—40 »		33	8	—
Von 95 » "	11—40 »		78	17	—

Das höchste Gewicht der hier gemessenen Phthisis-Leichen war 58 Kilo, welches unter allen Fällen (126) einmal vorkam.

---

*) S. d. Tabelle 3 u. 4.

Weiter ist zu bemerken, dass von dem gesammten durchschnittlichen Gewicht (45,57 K.) das der einzelnen Altersperioden wenig abweicht. (S. d. Tab. 5). Dadurch wird die vorhin erwähnte Differenz zwischen diesem und dem betreffenden Normalgewicht hauptsächlich in den Altersklassen von 21—40 Jahren bedeutend. In der ersten und letzten Altersklasse (11—20, 61—70 J.) beträgt sie durchschnittlich etwas über 12 Kilo.

Der grösste Gewichtsverlust fällt demnach in die Altersperiode 21—30 Jahre; von dieser ist in der ersten Hälfte das mittlere Gewicht sogar dem der vorangehenden Altersklasse (11—20) gleich (42,4). In der zweiten ist es nur wenig unter dem allgemeinen mittleren Gewichte der Phthisis-Leichen.

Gegenüber dem niederen absoluten Gewichte ist das hohe spezifische Gewicht bemerkenswerth. Es beträgt im Mittel beim männlichen Geschlechte 0,9748, ein Werth, unter den es merklicher nur in den Jahrgängen vom 51.—60. Lebensjahre sinkt. (S. Tab. 5.)

Im Allgemeinen behalten die Durchschnittszahlen der einzelnen Altersgruppen ziemlich gleiche Höhe.

In den Einzelwerthen kommen allerdings einige Schwankungen vor. Das Maximum unter den 126 männlichen Phthisis-Leichen ist 1,076; als Minimum wurde 0,897 einmal beobachtet. Unter 0,900 sinkt das spezif. Gewicht bei Phthisis-Leichen selten, häufig erreicht es 1,00 und etwas darüber. (Tab. 3.)

Diese von dem Normalen so bedeutend und constant abweichenden Verhältnisse der Gewichte entsprechen der mit chronischer Phthise einhergehender Consumption, welche, wie das hohe spezifische Gewicht anzeigt, das Fett in erster Linie betrifft.

Die sehr werthvollen Untersuchungen von E. Bischoff, v. Liebig und Dursy zeigen uns, in welcher Weise die einzelnen Organsysteme in dem Gesammtgewichte vertreten sind. Die von Liebig und Bischoff gewogenen Leichen haben allerdings ein dem Alter nicht völlig entsprechendes Gewicht, doch seien die aus den gegebenen Daten (für 2 Leichen von Liebig, und für je 1 von Bischoff und Dursy) resultirenden Mittelwerthe als normale angenommen; es ergibt sich dann ein durchschnittliches Gewicht

für das Skelet von 11,574
„ die Muskeln „ 28,732

für die Haut   von 4,2
  „ das Fett   „ 9,899
  „ die Eingeweide   „ 8,552

Eine, an einer zweiten männlichen Leiche von Bischoff ange-
stellte Wägung zeigt aber, dass hievon (abgesehen von Fett und
Muskeln) eine nicht unbedeutende das Skelet betreffende Abweichung
stattfinden kann. Die diessbezügliche männliche Leiche von 16 J.
wog 35,547 Kilo.

Das Skelet   wog 8,436 K.
Die Muskeln   „   15,722 „
Die Haut (mit Fett)   „   4,023 „
Die Eingeweide   „   7,365 „

Das niedere absolute Gewicht der Leiche von nur 35,5 Kilo
und der Fettmangel lässt annehmen, dass diesselbe keinem normalen Menschen angehörte, wesshalb ich sie bei der obigen Durch-
schnittsberechnung nicht zugezählt habe.

Als nahezu constante, für einzelne Organsysteme selbst nach
Verbrauch des Fettes geltende Werthe dürfen demnach als nicht zu
hoch angenommen werden

8 Kilo für Knochensystem
3—4 „   „   Haut
und 7—8 „   „   die Eingeweide.

Nimmt man 20 Kilo als constant an, so bleiben bei Phthise (bei
einem mittleren Gewichte von 45 Kilo) nur noch 25 Kilo über für
Muskeln und Fett; während bei den normalen Leichen nach den
eben mitgetheilten Wägungen von Liebig, Bischoff und Dursy
Muskeln und Fett 38,6 Kilo wogen. Setzt man das Fett als völlig
geschwunden an, so fehlen immerhin an den Muskeln über 3 Kilo.

Beim weiblichen Geschlechte (Tab. 4 u. 6) ist zwar der
Verlust am absoluten Gewichte ein gleich grosser wie beim männlichen Geschlechte, so dass das Gesammtdurchschnittsgewicht auf
38,24 K. vermindert ist. Das spezifische Gewicht hingegen ist nicht
so hoch gestiegen wie beim männlichen Geschlechte; es beträgt im
Mittel 0,9517. Diess hängt zum Theil mit dem verhältnissmässig
grösseren Fettreichthum des weiblichen Geschlechtes gegenüber dem

männlichen zusammen; zum Theil sind unter den 51 Phthisen einige Fälle mit weniger vorgeschrittener Zerstörung der Lunge und geringerer Abmagerung.

Im Allgemeinen hält auch hier absolutes und spezifisches Gewicht in den Durchschnittswerthen sich nahezu auf gleicher Höhe. Letztere sind in folgender Tabelle (6) zusammengestellt.

Tabelle 6.

Durchschnittswerthe bei Phthise.

Weibliches Geschlecht s. S. 10 u. 11 Tab. 4.

Altersgruppe.	L.	G.	V.	G/V.	Anzahl der Fälle
11—20 Jahre alt.	152,5	34,75	38,2	0,9083	4
21—30 » »	156,6	40,16	46,66	0,9442	12
31—40 » »	154,73	36,67	37,90	0,9678	15
41—50 » »	156,0	38,12	39,87	0,9562	8
51—60 » »	152,12	38,87	41,12	0,9509	8
61—70 » »	150	45,16	47,0	0,9602	3
71—80 » »	140	28,5	31,0	0,9193	1
Gesammtdurchschnitts-Werthe:	154,2	38,24	40,26	0,9517	51

4.

Nach dieser Betrachtung der Veränderung von Gewicht, Volumen und deren Verhältniss zu einander bei chronisch entzündlicher Erkrankung des Respirationsorganes sei untersucht, wie sich bei chronischer Erkrankung des Circulationsapparates, insbesondere des Herzens, Gewicht und Volumen verhalten. Diess zeigen die Tabellen 7 und 8.

Beide enthalten die Resultate der Wägungen und Messungen angestellt an 49 männlichen Leichen, an denen die Sektion im Allgemeinen Plethoraherz ergab.

Die 49 Fälle erstrecken sich auf den gleichen Zeitraum, dem die Fälle von chronischer Phthise angehören, und sind in der Tabelle 7 nach Altersklassen geordnet.

Hieraus ist ersichtlich, dass, während die Phthise (wie Tabelle 5 zeigte) hauptsächlich den Altersklassen 21—40 Jahren angehört, die Fälle von Plethoraherz zumeist in den folgenden 20 Jahren,

Tabelle 7.

Plethoraherz (Männer).

Gewicht: 41—50 Kilo

Alters-gruppen	Jahrg. u. No. c. A.		L.	G.	V.	G/V.
41—50 Jahre alt	1876/77	157 47	165	46,5	46	1,0109
51—60 Jahre alt	1875/76	64 50	—	53,5	—	0,9946
	1876/76	122 58	44,2	45,5	—	0,9925
	Durchschn.-W.:		153,5	47,12	49,5	0,9335

Gewicht: 51—60 Kilo

Alters-gruppen	Jahrg. u. No. c. A.		L.	G.	V.	G/V.
21—30 Jahre alt	1875/76	23	172	52	54	0,9620
	1876/77	26	170	59,5	59	1,0084
	1876/77	25	160	56,5	58	0,9741
	Durchschn.-W.:		167,3	56	57	0,9818
31—40 Jahre alt	1875/76	120 36	165	59,5	60	0,9917
	1874/75	404 36	165	54,5	54	1,0002
	Durchschn.-W.:		165	57	57	1,0004
41—50 Jahre alt	1875/76	6 41	160	56	57	0,9925
	1876/76	134 47	167	58	60	0,9667
	1876/77	150 49	165	59,5	59	1,0085
	Durchschn.-W.:		165	54	55	0,9318
51—60 Jahre alt	1876/77	144 54	165	59	59	1,0000
	1875/76	391 55	165	63,5	59	0,9068
	1874/75	331 56	135	60,5	61	0,9918
	Durchschn.-W.:		161,67	57,67	59,67	0,9662
61—70 Jahre alt	1875/76	256 62	150	55	58	0,9483
71—80 Jahre alt	1876/77	96 72	165	57,5	61	0,9426

Gewicht: 61—70 Kilo

Alters-gruppen	Jahrg. u. No. c. A.		L.	G.	V.	G/V.
21—30 Jahre alt	1876/77	199 28	170	67	68	0,9651
	1875/76	292 20	165	65,5	67	0,9925
	Durchschn.-W.:		167,5	66,7	67,5	0,9789
31—40 Jahre alt	1875/76	80 39	160	62,5	61	0,9766
	1874/75	190 37	165	63,5	65	0,9769
	Durchschn.-W.:		162,5	63,0	64,5	0,9767
41—50 Jahre alt	1874/75	24 48	170	63,5	66	0,9621
	1876/76	237 49	170	62,5	65	0,9615
	1875/76	368 50	150	61,25	63	0,9722
	1876/76	211 44	160	68	67	1,0149
	Durchschn.-W.:		162,5	63,81	65,95	0,9786
51—60 Jahre alt	1874/75	382 56	170	61,5	65	0,9461
	1875/76	121 59	165	66,5	68	0,9779
	1875/76	374 60	165	65	66	0,9645
	1876/77	84 54	165	70	74	0,9459
	Durchschn.-W.:		166,25	65,75	68,25	0,9588
81—90 Jahre alt	1875/76	91 81	161	63,5	67	0,9418

Tabelle 7.

Plethoraherz (Männer).

Gewicht: 71—80 Kilo

Alters-gruppen	Jahrg. u. No.	c. A.	L.	G.	V.	G/V.
21—30 Jahre alt	1876,77　30	30	170	79	84	0,9405
31—40 Jahre alt	1875/76　156	32	175	80	83	0,9638
	1875/76　105	38	145	77	78	0,9872
	Durchschn.-W.:		160	78,5	80,5	0,9755
41—50 Jahre alt	1875/76　9	41	160	74,5	76	0,9503
	1875/76　367	42	163	73	75	0,9733
	1875/76　337	47	175	73	75	0,9733
	1876/77　192	48	180	71,5	76	0,9276
	1875/76　187	45	160	73,5	73	1,0068
	Durchschn.-W.:		167,6	73,1	75	0,9722
61—70 Jahre alt	1875/76　290	64	177	71,5	75	0,9339
	1876/77　155	69	165	74,5	77	0,9675
	1875/76　217	65	175	71	70	1,0143
	Durchschn.-W.:		172,3	72,33	74	0,9787
81—90 Jahre alt	1875/76　178	82	180	77	80	0,9625

Gewicht: 81—90 Kilo

Alters-gruppen	Jahrg. u. No.	c. A.	L.	G.	V.	G/V.
21—30 Jahre alt	1874/75　318 *)	28	160	83	90	0,9222
31—40 Jahre alt	1875/76　166	39	165	88	88	1,0000
51—60 Jahre alt	1875/76　225	54	165	90,5	93	0,9731
	1875/76　385	54	165	89	90	0,9889
	1875/76　27	60	180	88	90	0,9778
	1875/76　395	60	172	81,5	86	0,9588
	Durchschn.-W.:		170,0	87,25	89,5	0,9846

Gewicht: über 91 Kilo

Alters-gruppen	Jahrg. u. No.	c. A.	L.	G.	V.	G/V.
31—40 Jahre alt	1874/75　317	34	180	106,5	117	0,9102

*) Fractura complic.

vom 41. bis 60. Jahre treffen. Aus der Altersgruppe von 11 bis 20 Jahren ist kein Fall beobachtet worden. Dagegen sind aus der Altersgruppe 71—80 einer, und aus der folgenden von 81—90 Jahren zwei Fälle zu verzeichnen gewesen.

Neben der Ausscheidung nach Altersklassen habe ich hier in Tab. 7 noch eine zweite nach dem Gewichte durchgeführt.

Aus derselben geht hervor, dass die meisten Fälle (ohne Altersunterschied) ein Gewicht von 51—60 hatten; zunächst daran reihen sich die Gruppen von 61—70 und 71—80 Kilo:

Es wogen von den 49 Leichen:

Im Alter von	41—50 K.	51—60 K.	61—70 K.	71—80 K.	81—90 K.	91 K. u. darüber	Anzahl d. Fälle in einer Altersgruppe.
21—30 J.	—	3	2	1	1	—	7
31—40 „	—	2	2	2	1	1	8
41—50 „	1	4	4	5	—	—	14
51—60 „	2	3	4	—	4	—	13
61—70 „	—	1	—	3	—	—	4
71—80 „	—	1	—	—	—	—	1
81—90 „	—	—	1	1	—	—	2
Von allen Leichen	3	14	13	12	6	1	

Die Durchschnittswerthe der einzelnen Altersgruppen enthält die folgende Tabelle 8.

Tabelle 8.

Plethoraherz bei Männern.

Altersgruppen.	L.	G.	V.	G/V.	Anzahl der Fälle.
11—20 Jahre alt.	—	—	—	—	
21—30 » »	165,28	66,21	68,57	0,9694	7
31—40 » »	165	73,93	76,12	0,9769	8
41—50 » »	164,29	63,91	65,21	0,9804	14
51—60 » »	164,5	67,63	69,92	0,9677	13
61—70 » »	164,75	68,0	70,0	0,9708	4
71 Jahr u. darüber.	164,66	65,61	68,83	0,9528	3
Gesammtdurchschnitt:	163,1	67,32	69,37	0,9723	S. d. F. 49

Das absolute Gewicht der an Plethoraherz Gestorbenen ist mit Ausnahme der Altersklasse von 21—30 Jahren durchweg höher als bei normalem Körper. In der Altersklasse von 31—40 Jahren übertrifft es das normale Gewicht um 13,7 Kilo durchschnittlich. Im Gesammtmittel beträgt es 67,32 Kilo.

Neben dem absoluten Gewichte ist auch das spezifische erhöht (0,9723). Nahezu auf dieser Höhe erhält es sich durch alle Altersklassen, mit Ausnahme der letzten. Als Maximum wurde 1,0149, als Minimum 0,9068 beobachtet. (S. d. Tab. 7).

Bei dem an den hiehergehörigen Leichen häufig vorkommenden Fettreichthum und der stark entwickelten Muskulatur ist die Abweichung des Verhältnisses von Volumen zu Gewicht dem Wassergehalt zuzuschreiben. In zwei Fällen (in dem einen war das Gewicht 106,5 K.) ist allerdings der Fettreichthum so bedeutend gewesen, dass das spezifische Gewicht niederer ist (0,9102 bis 0,9276), bei Nr. 318 (81—90 K.) war complizirte Fractur mit Todesursache. Alle übrigen Fälle weisen ein durch den Wassergehalt der Organe erhöhtes spezifisches Gewicht auf.

Das Gleiche zeigt sich auch in den folgenden drei Fällen von Plethoraherz beim weiblichen Geschlechte:

Jahrgang u. N. c.		A.	L.	G.	V.	G/V.
74—75	385	62	170	81	82	0,9878
74—75	393	64	160	86,5	90	0,9611
74—75	397	67	150	69,5	70	0,9928
Durchschnittswerthe:		64,33	160	79,0	80,67	0,9805

Bei diesen waren bedeutende Oedeme der Organe und seröse Ergüsse in den Körperhöhlen vorhanden. Beide Gewichte sind hier bedeutend höher als der Normalwerth.

Die Störung im Organismus zeigt sich demnach auch bei Plethoraherz in der Veränderung von absolutem Gewicht, Volumen und ihrem Verhältniss zu einander ausgedrückt, wie diess für die völlige Aufzehrung der Kräfte bei Phthise der Fall war.

5.

Im Weiteren legte ich die Frage vor, wie die Ergebnisse der Untersuchung bei Menschen, die an einer akuten Krankheit gestorben sind, sich verhalten.

Ich wählte hiezu Typhusleichen aus, welche im Ganzen 60 (34 männlichen, 26 weiblichen Geschlechts) untersucht wurden.

Die Einzelwerthe sind in den Tabellen 9 und 10 niedergelegt. Die Durchschnittswerthe enthält ausserdem noch die folgende Tabelle 11.

Tabelle 9.

Typhus. Männliches Geschlecht.

Jahrgang u. N. c.		A.	L.	G.	V.	G/V.
Alter: 11—20 Jahre.						
74—75	308	17	170	38,5	40	0,9625
75—76	9	18	155	38	38	1,0000
75—76	145	19	175	55	57	0,9649
74—75	400	19	165	47	48	0,9792
76—77	122	19	175	48	50	0,9600
76—77	124	19.	175	52	53	0,9811
76—77	183	19	160	40	47,5	0,8421
75—76	35	20	165	50,5	53	0,9528
75—76	75	20	165	55,5	58	0,9569
75—76	844	20	160	40	44	0,9091
Durchschnittswerthe:			166,5	46,45	48,85	0,9509
Alter: 21—30 Jahre.						
75—76	5	21	165	48,5	48	1,0104
75—76	42	21	175	47,0	48	0,9792
75—76	205	21	170	42,5	50	0,8500
76—77	16	21	165	33,5	35	0,9571
76—77	229	22	165	48	48	1,0000
75—76	143	22	175	65,5	67	0,9776
75—66	113	22	170	51,5	54	0,9537
75—76	183	22	170	55,5	59	0,9407
76—77	28	22	170	45,5	46	0,9891
76—77	105	22	170	48,5	48	1,0104
74—75	396	23	140	33,5	35	0,9571
75—76	128	23	170	53,5	55	0,9727
75—76	369	23	175	57,5	58	0,9914
75—76	410	23	175	56,5	58	0,9741
75—76	96	24	170	49,5	49,5	1,0000
75—76	311	25	155	44,5	46	0,9674
76—77	109	26	185	62,5	66	0,9470
74—75	848	26	180	60,5	61	0,9918
75—76	12	26	170	48,5	49	0,9898
Durchschnittswerthe:			168,68	50,1	51,6	0,9715
Alter: 31—40 Jahre.						
75—76	277	33	145	34	36	0,9444
75—76	261	39	160	58	60	0,9667
Durchschnittswerthe:			152,5	46	48	0,9555

Jahrgang u. N. c.	A.	L.	G.	V.	G/V.
Alter: 41—50 Jahre.					
75—76 160	41	160	50	54	0,9074
74—75 403	49	165	56,5	60	0,9417
Durchschnittswerthe:		162,5	53,25	57	0,9245
Alter: 51—60 Jahre.					
75—76 76	60	170	45,5	50	0,9100
Alter: 61—70 Jahre.					
75—76 —	--	—	—	—	—
Alter: 71—80 Jahre.					
75—76 407	76	160	51,5	51	1,0100

Tabelle 10.

Typhus. Weibliches Geschlecht.

Jahrgang u. N. c.	A.	L.	G.	V.	G/V.
Alter: 11—20 Jahre.					
75—76 43	13	145	26	27	0,9630
75—76 221	18	160	39	39	1,0000
75—76 28	18	150	43	46	0,9543
75—76 332	19	145	35,5	40	0,8875
75—76 219	20	158	42,5	45	0,9444
75—76 351	20	145	39	44	0,8864
Durchschnittswerthe:		150,5	37,5	40,17	0,9393
Alter: 21—30 Jahre.					
a) 21—25 Jahre.					
75—76 231	21	145	31,5	33	0,9545
75—76 263	21	155	48	54	0,8889
75—76 93	22	160	48,2	51,5	0,9359
76—77 83	23	150	46,5	50	0,9300
76—77 137	24	155	42,5	44	0,9659
75—76 396	24	150	36	39	0,9231
74—75 407	24	160	45,5	45	1,0111
75—76 60	25	144	50,5	54	0,9352
74—75 311	25	155	46	50	0,9200
Durchschnittswerthe:		151,55	43,85	46,7	0,9405

Jahrgang u. N. c.		A.	L.	G.	V.	G/V.
b) 26—30 Jahre.						
75—76	37	26	150	42	44	0,9545
76—77	82	27	155	52,5	52	1,0096
75—76	15	28	155	45	46	0,9783
75—76	324	29	155	44,5	50	0,8900
75—76	13	30	160	52,5	57	0,9210
76—77	18	30	150	33,5	36	0,9305
Durchschnittswerthe:			154,16	45	47,5	0,9474
Gesammtdurchschnittswerth vom 21.—30.:			152,6	44,31	47,03	0,9432

Alter: 30—40 Jahre.

Wurde kein Fall beobachtet.

Alter: 41—50 Jahre.

76—77	91	41	155	41	44	0,9318
75—76	170	42	160	47,5	49	0,9694
Durchschnittswerthe:			157,5	44,25	46,5	0,9506

Alter: 51—60 Jahre.

75—76	46	53	150	45	48	0,9375
75—76	110	53	155	61,5	64	0,9294
Durchschnittswerthe:			152,5	53,25	56	0,9334

Alter: 61—70 Jahre.

75—76	32	63	145	32,5	36	0,9028

Tabelle 11.

Durchschnittswerthe bei Typhus.   Männliches Geschlecht.

Altersgruppen.	L.	G.	V.	G/V.	Anzahl der Fälle.
11—20 Jahre alt.	166,5	46,45	48,85	0,9509	10
21—30 » »	168,68	50,10	51,6	0,9715	19
31—40 » »	152,5	46	48	0,9555	2
41—50 » »	162,5	53,25	57	0,9245	2
51—60 » »	170	45,5	50	0,9100	1
Gesammtdurchschnitts-Werthe:	164,1	48,33	50,85	0,9599	34

Weibliches Geschlecht.

	L.	G.	V.	G/V.	Anzahl
11—20 Jahre alt.	150,5	37,5	40,17	0,9393	6
21—30 » »	152,6	44,31	47,03	0,9432	15
31—40 » »	—	—	—	—	—
41—50 » »	157,5	44,25	46,5	0,9506	2
51—60 » »	152,5	53,25	56	0,9334	2
61—70 » »	145	32,5	36	0,9028	1
	152,19	42,97	45,68	0,9406	26

Die Tabellen weisen eine beträchtliche Differenz des
absoluten Gewichts vom normalen auf, die beim männlichen
Geschlechte der bei Phthise nahe kommt. Sie beträgt im Durchschnitte für die ersten drei Altersgruppen zusammen 17,86 beim
männlichen Geschlechte (bei Phthise 19,22). Das absolute Gewicht
ist im Mittel beim männlichen Geschlechte 48,83 (45,57 bei Phthise),
beim weiblichen 42,97 (38,24 bei Phthise).

Das spezifische Gewicht ist erhöht und durchschnittlich
0,9599 beim mänulichen und 0,9406 beim weiblichen Geschlechte.

Die Erhöhung ist demnach nicht so bedeutend, wie diess bei
dem niederen absoluten Gewichte zu erwarten wäre. Es deutet diess
auf noch vorhandenen Fettbestand hin, da sonst z. B. bei gleichen
Verhältnissen der Abmagerung, wie bei Phthise die durchschnittliche männliche Typhusleiche von 50,85 Liter Volumen 49,6 Kilo
wiegen müsste.

In einer Altersklasse (vom 21. bis 30. Jahre) ist jedoch das
spezifische Gewicht auf 0,9715 erhöht, was bei einem Verlust an
absolutem Gewichte von 18,98 Kilo auf beträchtliche Abmagerung
schliessen lässt. Ich habe hiebei, in Anbetracht, dass die Mehrzahl der Typhusleichen Menschen der Altersgruppen vom 11. bis
30. Jahre angehören und zur Zeit vor der Infektion meist als vollkommen gesund und normal angesehen werden können, für die
Altersgruppe von 21—30 Jahren das oben erwähnte Durchschnitts-
gewicht der normalen Leichen in Rechnung gebracht. Es mag
hiebei der Ansatz von 69,08 Kilo vielleicht zu hoch gegriffen sein,
allein selbst bei der Annahme von 63 Kilo Normalgewicht*) für
das Alter von 21—30 Jahren beträgt der in 3—4 Wochen gesetzte
Verlust immerhin noch 13 Kilo.

Bei den Leichen der übrigen Altersklassen, insbesondere bei
allen dem weiblichen Geschlechte angehörigen ist, trotzdem der
Verlust an absolutem Gewichte 10—15 K. durchschnittlich beträgt,
noch durchweg Fettbestand vorhanden, wie aus dem mässig erhöhten spezifischen Gewichte hervorgeht.

Was die Einzelwerthe betrifft (s. Tab. 9 u. 10), so stieg das
spezifische Gewicht beim männlichen Geschlechte in einigen Fällen
bis 1,0 (Maxim. 1,01); in selteneren Fällen sank es unter 0,94.
(Minimum 0,8421). Beim weiblichen Geschlechte ist das Minimum
0,8864, das Maximum 1,0111.

---

*) S. d. Tabelle 2.

6.

Schliesslich seien noch die Untersuchungsresultate über einige Fälle von Marasmus senilis mit zum Theil beträchtlicher Atheromatose, beigefügt. Die betreffenden Leichen gehören sämmtlich dem männlichen Geschlechte an und dem Alter von 71—85 Jahren. Die Einzelwerthe sind:

Tabelle 12.

Atheromatose und Marasmus senilis beim männl. Geschlechte.

Jahrgang u. N. c.	A.	L.	G.	V.	G/V.
75—76 222	71	155	47,5	50	0,9500
74—75 368	85	160	40,5	45	0,9000
74—75 376	72	175	50	55	0,9090
75—76 204	76	155	43	45	0,9555
Durchschnittswerthe:		161,25	45,25	48,75	0,9286

Es zeigt sich durchweg bei diesen Leichen eine bedeutende Verminderung des absoluten Gewichtes, unter den bisher gefundenen Durchschnittswerthen bei Phthise und Typhus.

Es findet zwar normal im höheren Alter ebenfalls eine Abnahme des absoluten Gewichtes statt, jedoch sinkt dasselbe nach Quetelet nicht unter 57 Kilo.

Die Differenz zwischen diesem normalen Gewichte und dem bei Marasmus senilis ist demnach 12 Kilo.

Bei Typhus war sie   17,86 Kilo, ⎫ für die Jahre
„ Phthise ebenfalls 19,22   „   ⎬ von 11—40.

Dabei ist das specifische Gewicht ebenfalls (durchschnittlich zu 0,9286) verringert (in einem Falle bis 0,9000).

Es lässt sich diess in Anbetracht, dass die hierher gehörigen Leichen einen nur mässig entwickelten Fettbestand hatten, im Ganzen wohl nur durch die Fettentartung der Gewebe erklären, da sonst bei blosser Abmagerung oder vermehrtem Wassergehalt der Organe das specifische Gewicht sofort höher sein müsste.

Allerdings sind der Fälle nur vier, was zur allgemeineren Annahme der Durchschnittswerthe bei Marasmus senilis eine zu geringe Anzahl ist. Jedoch ist die Uebereinstimmung unter diesen

Fällen nicht abzuweisen, so dass sich demnach die Veränderung der Normalgewichte in einem Sinken beider kund gibt. Dies betrifft hauptsächlich das absolute Gewicht.

7.

Die im Vorigen mitgetheilten Ergebnisse der Untersuchungen über Gewicht und Volumen des Menschen und besonders in ihrer Veränderung an der Leiche zeigen somit, einmal, dass sich bei den Formen von chron. Phthise, Typhus, Plethoraherz, Marasmus sen. deren Einwirkung auf Gewicht und Volumen des Körpers in ziemlich constanten Werthen der beiden Gewichte des Körpers ausdrückt. Dies würde sich bei schärferer Ausscheidung der Einzelfälle nach eingehenderer Diagnose sicher noch deutlicher und präciser ergeben. Hier war eine solche weitere Ausscheidung wegen zu geringer Anzahl der Fälle für einige Altersklassen nicht mit Vortheil durchzuführen.

Ferner ergibt sich, dass das normale durchschnittliche Gewicht des gesunden Menschen für die einzelnen Altersgruppen von 11 bis 30 Jahren vielleicht etwas höher angeschlagen werden muss, als dies im Ganzen bisher geschehen ist. Bei den bisherigen Wägungen ist vielleicht nicht genügend auf den Gesundheitszustand Rücksicht genommen worden. Dass dies nöthig ist, erhellt aus den obigen Gewichten der an Phthise, Typhus oder Plethoraherz Gestorbenen.

Endlich wurde durch die mitgetheilten Messungen Volumen und spezifisches Gewicht des Menschen genauer festzustellen gesucht. Dass diess nicht so hoch ist wie meist (z. B. von Krause) angenommen wird, erhellt aus den angeführten Zahlen. Beim lebenden gesunden Menschen wird es wegen des Luftgehaltes der Lungen durchschnittlich etwas niederer angenommen werden dürfen.

II.

Messungen der Herzventrikel und der grossen Gefässe.

Von

Prof. Dr. von **Buhl**.

Die Aufforderung, über den Bright'schen Granularschwund der Nieren und die damit zusammenhängende Herzhypertrophie einen Vortrag zu halten, führte mich dazu, die schon in früheren Jahren abgeschlossenen Messungen am Herzen zu wiederholen. Ich erneuerte sie um so mehr, als ich in den früheren Jahren nur das linke Herz berücksichtigt hatte und es räthlich schien, nicht nur das Verhältniss des linken Ventrikels zur Aorta, sondern auch das des rechten Ventrikels zur Pulmonalarterie kennen zu lernen. Auf diese beiden Punkte zielen die neuen Messungen vorzugsweise ab. — Sie belaufen sich vorläufig auf 100 Fälle; ich sage „vorläufig"; denn wenn man bedenkt, dass unter den 100 Fällen nur ein Theil männlichen Geschlechtes und ebenso nur ein Theil weiblichen Geschlechtes ist, dass von den verschiedenen Altersklassen besonders die zwischen dem 21.—30. Lebensjahre vertreten ist, während die Zahl der übrigen sehr zu kurz kömmt, und wenn man endlich bedenkt, dass von wichtigeren Krankheiten nur schwache Procente in Rechnung kommen konnten, ja zufälliger Weise von Granularschwund der Nieren nur ein einziger Fall darunter ist, so wird man meine Meinung theilen, dass die 100 Fälle nicht genügen, um vollkommen zu befriedigen, und dass die Messungen fortgesetzt werden müssen, bis in allen Rubriken über eine ausreichende Ziffer verfügt werden kann. Gleichwohl stehe ich nicht an, die Resultate der an 100 Fällen erzielten

Messungen zu veröffentlichen, weil sie einestheils zur Stütze einiger
Angaben in meinem Vortrage dienen, andrentheils sehr wohl im
Stande sind, einen Blick in die allgemeinen Mass-Verhältnisse zu
gewähren und die Grundlage zu bilden zur Beurtheilung eines
Einzelfalles.

Die Methode der Messung habe ich im Vortrage über Bright's
Granularschwund mitgetheilt.

1.

Ich beginne mit der Zusammenstellung der Berechnungs-
Resultate aus sämmtlichen 100 Fällen
ohne Unterschied des Geschlechtes, des Alters und der Krankheit.

Der mittlere Aortenumfang   = 7,4 Cm. *)
Die Höhe des linken Ventr.   = 9,5 Cm.
Die Dicke der links. Ventr.-Wand = 1,6 Cm.   (Die
Dicke wurde stets in der Mitte der Ventrikelhöhe gemessen.)
Der mittlere Umfang der Art. pulm. = 8,0 Cm.
Die Höhe des rechten Ventr.   = 9,4 Cm.
Die Dicke der rechts. Ventr.-Wand = 0,5 Cm.

Nach diesen Ziffern ist im Allgemeinen
die Art. pulm. weiter als die Aorta   um 0,6 Cm. **)
der linke Ventr. höher als der rechte   „ 0,1 Cm. ***)
die Dicke der Muskulatur des linken
Ventrikels bedeutender als die des
rechten   „ 1,1 Cm.

Die Höhe des linken Ventrikels verhält sich zur mittleren Körpergrösse (157,0), wie 1 : 16,6.

Die mittlere Differenz zwischen Aortenumfang und

---

*) Die zweite Dezimalstelle wurde stets weggelassen.
**) J. Kimpen (Marburger Dissertation 1877) fand die Pulmonalis in 54%
weiter als die Aorta. Nach meinen Messungen ist dieses Verhältniss viel häufiger,
nämlich in 74%. Er fand beide Arterien gleichweit in 5—6%, ich in 8%.
Demzufolge ist die Aorta nur in 18% weiter als die Art. pulmonalis.
***) Einer Aorta, die weiter als die Pulmonalis ist, entspricht meist auch
ein grösserer linker Ventrikel; dagegen einer Pulmonalis, die weiter ist als die
Aorta, entspricht fast eben so oft ein weiterer linker als rechter Ventrikel. Ein
gleich weiter linker und rechter Ventrikel kömmt beinahe in einem Drittheile
der Fälle vor, in denen die Pulmonalis weiter als die Aorta ist. Bei gleich
weiten Arterien ist die Grösse der Ventrikel wechselnd.

Höhe des linken Ventrikels ergibt zu Gunsten des letzteren 2,0 Cm. (genau wie bei den früheren Berechnungen durch Dr. Stein). Die Differenz des Umfanges der Art. pulmonalis zur Höhe des rechten Ventrikels dagegen ebenfalls zu Gunsten des letzteren nur 1,3 Cm. Die linkseitige Differenz ist somit um 0,7 Cm. bedeutender als die rechtseitige.

· Die geringere Weite der Aorta gegenüber der Pulmonalarterie und die grössere Differenz zwischen ihr und der Ventrikelhöhe beweisen den höheren Grad von Elasticität der Wandung der Aorta. Nimmt man die Capacität für beide Ventrikel gleich und wird in beide Arterien die gleiche Menge Blut geworfen, so müssen sich auch beide in gleichem Masse bei der Systole erweitern; die Aorta setzt aber dem Strom grösseren Widerstand entgegen und retrahirt sich bedeutender als die Lungenarterie. Demgemäss ist auch immer die Ventrikelmuskulatur links überwiegend.

2.

Dem Geschlechte nach theilen sich die 100 Fälle
in 62 männlichen und
„ 38 weiblichen Geschlechtes.

Das mittlere Alter für die männlichen Individuen berechnet sich auf 45 Jahre, das für die weiblichen auf 32 Jahre. Somit gelten die folgenden Angaben beiläufig für das genannte Alter. Bei einem Vergleiche mit den Altersberechnungen trifft diess zu, wenn auch nicht genau.

Als mittleres Mass für den Aortenumfang habe ich erhalten
bei Männern 7,6 Cm.
„ Weibern 7,2 Cm.

Als Mittelmass für die Höhe des linken Ventrikels ergibt sich bei männlichen Individuen 9,4 Cm.
„ weiblichen   „   9,5 Cm.

Die mittlere Muskeldicke der linken Ventrikelwand ist
bei Männern 1,7 Cm.
„ Weibern 1,6 Cm.

Das Mittelmass des Umfanges der Pulmonalarterie ist
bei Männern 8,2 Cm.
„ Weibern 7,8 Cm.

Für die Höhe des rechten Ventrikels finde ich
bei männlichen Individuen 9,6 Cm.
„ weiblichen „ 9,1 Cm.
Die Dicke der Wand des rechten Ventrikels ist
bei männlichen Herzen 0,6 Cm.
bei weiblichen „ 0,4 Cm.

Man sieht also, dass sämmtliche Masse beim weiblichen
Geschlecht kleiner sind: nur die Höhe des linken Ventrikels ist
fast gleich; dagegen ist der Aortenumfang kleiner um 0,4 Cm., die
Muskeldicke links um 0,1 Cm., der Umfang der Pulmonalis um
0,4 Cm., die rechte Ventrikelhöhe um 0,5 Cm., die Muskeldicke
rechts um 0,2 Cm.

Alledem entspricht auch die Grösse des Herzens im Verhältniss zur Körpergrösse.

Die mittlere Körperhöhe beträgt bei den hier berechneten
männlichen Individuen 162,7 Cm., bei weiblichen 149,3 Cm.

Das Herz verhält sich sonach — resp. die Höhe des linken
Ventrikels — zur Körpergrösse, wie

1 : 16,9 beim männlichen Geschlecht, wie
1 : 16,3 beim weiblichen.

Also ist das weibliche Herz relativ zur Körperhöhe
etwas grösser, als das männliche.

3.

Betrachtet man die Mittelmasse nach dem Alter und zwar von
10 zu 10 Jahren, so ergeben sich einige beachtenswerthe Verhältnisse. Leider kommen vom hiesigen Krankenhause Leichen unter
15 Jahren höchst selten in das path. Institut und fangen somit die
100 Fälle erst von diesem Jahre an.

Das Gesammtalter sämmtlicher Fälle berechnet sich im Mittel
auf 38,5 Jahre.

Von 15—20 Jahren

beträgt das Mittelmass

für den Aortenumfang = 6,4 Cm. { beim Manne 6,4 Cm.
{ beim Weibe 6,4 Cm.

„ die Höhe des linken Ventr. = 8,7 Cm. { m. 8,9 Cm.
{ w. 8,6 Cm.

für die Dicke der linken Ventrikelwand   = 1,6 Cm. $\left\{\begin{array}{l}\text{m. 1,8 Cm.}\\\text{w. 1,5 Cm.}\end{array}\right.$

„ den Umfang der A. pulmon.   = 7,4 Cm. $\left\{\begin{array}{l}\text{m. 7,5 Cm.}\\\text{w. 7,3 Cm.}\end{array}\right.$

„ die Höhe des rechten Ventr.   = 9,1 Cm. $\left\{\begin{array}{l}\text{m. 9,6 Cm.}\\\text{w. 8,7 Cm.}\end{array}\right.$

„ die Muskeldicke desselben   = 0,4 Cm. $\left\{\begin{array}{l}\text{m. 0,5 Cm.}\\\text{w. 0,3 Cm.}\end{array}\right.$

Somit summirt sich die Differenz des Umfanges der grossen Gefässe zu den Ventrikeln

links zu   2,3 Cm. $\left\{\begin{array}{l}\text{m. 2,5 Cm.}\\\text{w. 2,2 Cm.}\end{array}\right.$

rechts zu 1,7 Cm. $\left\{\begin{array}{l}\text{m. 2,1 Cm.}\\\text{w. 1,4 Cm.}\end{array}\right.$

Die linke Ventrikelhöhe zur Körpergrösse ergibt:

1 : 18,4 für beide Geschlechter,
1 : 18,2 für das männliche,
1 : 18,6 für das weibliche.

Von 21—30 Jahren

sind die Mittelmasse folgende:

Aortenumfang   = 6,9 Cm. $\left\{\begin{array}{l}\text{m. 6,9 Cm.}\\\text{w. 6,9 Cm.}\end{array}\right.$

Höhe des linken Ventr.   = 9,4 Cm. $\left\{\begin{array}{l}\text{m. 9,4 Cm.}\\\text{w. 9,4 Cm.}\end{array}\right.$

Dicke der l. Ventr.-Wand   = 1,7 Cm. $\left\{\begin{array}{l}\text{m. 1,7 Cm.}\\\text{w. 1,6 Cm.}\end{array}\right.$

Umfang der A. pulm.   = 7,6 Cm. $\left\{\begin{array}{l}\text{m. 7,9 Cm.}\\\text{w. 7,3 Cm.}\end{array}\right.$

Höhe des rechten Ventr.   = 9,2 Cm. $\left\{\begin{array}{l}\text{m. 9,3 Cm.}\\\text{w. 9,1 Cm.}\end{array}\right.$

Dicke der r. Ventr.-Wand   = 0,5 Cm. $\left\{\begin{array}{l}\text{m. 0,6 Cm.}\\\text{w. 0,4 Cm.}\end{array}\right.$

Die Differenz der grossen Gefässe zu den Ventrikeln beträgt somit:

links: 2,5 Cm. $\left\{\begin{array}{l}\text{m. 2,5 Cm.}\\\text{w. 2,5 Cm.}\end{array}\right.$

rechts: 1,6 Cm. $\left\{\begin{array}{l}\text{m. 1,4 Cm.}\\\text{w. 1,8 Cm.}\end{array}\right.$

Die linke Ventrikelhöhe zur Körpergrösse verhält sich für beide Geschlechter wie 1 : 17,38;

das männliche 1 : 17,7;

das weibliche 1 : 16,4.

In den **Jahren 31—40** ergeben sich nachstehende Mittelmasse:

Aortenumfang	= 7,0 Cm.	m.	7,2 Cm.
		w.	6,9 Cm.
Höhe des l. Ventr.	= 9,6 Cm.	m.	9,3 Cm.
		w.	10,0 Cm.
Dicke der l. Ventr.-Wand	= 1,6 Cm.	m.	1,5 Cm.
		w.	1,6 Cm.
Umfang der A. pulm.	= 7,8 Cm.	m.	7,9 Cm.
		w.	7,7 Cm.
Höhe des recht. Ventr.	= 9,3 Cm.	m.	10,0 Cm.
		w.	8,5 Cm.
Dicke der Muskelwand	= 0,5 Cm.	m.	0,5 Cm.
		w.	0,4 Cm.

Die Differenz der grossen Gefässe zu den Ventrikeln berechnet sich somit

links auf 2,6 Cm.	m.	2,3 Cm.
	w.	3,1 Cm.
rechts auf 1,0 Cm.	m.	2,1 Cm.
	w.	0,8 Cm.

Die linke Ventrikelhöhe zur Körpergrösse verhält sich für beide Geschlechter wie 1 : 17,1

1 : 18,1 für das männliche

1 : 15,7 für das weibliche Geschlecht.

Von den **41—50er Jahren**

erhalte ich folgende Mittelmasse:

Aortenumfang	= 7,5 Cm.	m.	7,5 Cm.
		w.	7,6 Cm.
Höhe des linken Ventr.	= 9,5 Cm.	m.	9,5 Cm.
		w.	9,4 Cm.
Dicke der Muskelwand	= 1,5 Cm.	m.	1,7 Cm.
		w.	1,4 Cm.
Umfang der Art. pulm.	= 8,0 Cm.	m.	8,0 Cm.
		w.	8,0 Cm.

Höhe des rechten Ventr. = 9,5 Cm. { m. 9,7 Cm.
{ w. 9,2 Cm.

Muskeldicke desselben = 0,5 Cm. } m. 0,5 Cm.
} w. 0,5 Cm.

Somit beträgt die Differenz des Umfangs der grossen Gefässe zur Ventrikelhöhe:

links   1,9 Cm. } m. 2,0 Cm.
} w. 1,8 Cm.

rechts   1,4 Cm. { m. 1,7 Cm.
{ w. 1,2 Cm.

Die linkseitige Ventrikelhöhe verhält sich zur Körpergrösse
wie 1 : 16,9 im Ganzen,
1 : 17,4 für das männliche Geschlecht und
1 : 16,5 für das weibliche.

Die Altersrubrik von **51—60 Jahren** zeigt für

Aortenumfang   = 7,6 Cm. { m. 8,1 Cm.
{ w. 7,2 Cm.

Höhe des linken Ventr.   = 9,6 Cm. { m. 10,8 Cm.
{ w. 8,9 Cm.

Muskeldicke desselben   = 1,6 Cm. { m. 1,8 Cm.
{ w. 1,5 Cm.

Umfang der Art. pulm.   = 8,1 Cm. { m. 8,3 Cm.
{ w. 8,0 Cm.

Höhe des rechten Ventr. = 9,6 Cm. { m. 9,6 Cm.
{ w. 9,6 Cm.

Muskeldicke desselben   = 0,7 Cm. { m. 1,4 Cm.
{ w. 0,7 Cm.

Die Differenz zwischen Umfang der grossen Gefässe und
der Ventrikelhöhe beträgt somit:

links   1,9 Cm. { m. 2,2 Cm.
{ w. 1,7 Cm.

rechts   1,4 Cm. { m. 1,3 Cm.
{ w. 1,6 Cm.

Das Verhältniss der linkseitigen Ventrikelhöhe zur Körpergrösse ist   1 : 16,35 für beide Geschlechter;
1 : 16,6 für das männliche und
1 : 15,1 für das weibliche.

Von 61—70 Jahren

ergibt sich für

Aortenumfang	= 8,1 Cm.	m.	8,5 Cm.
		w.	7,8 Cm.
Höhe des linken Ventr.	= 9,5 Cm.	m.	9,3 Cm.
		w.	9,7 Cm.
Dicke der link. Ventr.-Wand	= 1,5 Cm.	m.	1,4 Cm.
		w.	1,7 Cm.
Umfang der Art. pulm.	= 8,5 Cm.	m.	8,9 Cm.
		w.	8,1 Cm.
Höhe des rechten Ventr.	= 9,5 Cm.	m.	9,5 Cm.
		w.	9,5 Cm.
Dicke der Wand	= 0,5 Cm.	m.	0,7 Cm.
		w.	0,4 Cm.

Die Differenz des Umfangs der grossen Gefässe zur Ventrikelhöhe beträgt sonach:

links	1,4 Cm.	m.	0,8 Cm.
		w.	1,9 Cm.
rechts	1,0 Cm.	m.	0,6 Cm.
		w.	1,4 Cm.

Das Verhältniss der l. Ventrikelhöhe zur Körpergrösse wird

zusammen   = 1 : 16,76,
für das männliche Geschlecht = 1 : 17,87,
    weibliche   „   = 1 : 15,72.

Nach dem Alter von 71—90 Jahren

endlich finden wir

Aortenumfang	= 8,4 Cm.	m.	8,9 Cm.
		w.	8,0 Cm.
Höhe des l. Ventr.	= 9,7 Cm.	m.	9,6 Cm.
		w.	9,8 Cm.
Dicke desselben	= 2,1 Cm.	m.	2,6 Cm.
		w.	1,7 Cm.
Umfang der Art. pulm.	= 8,8 Cm.	m.	8,9 Cm.
		w.	8,7 Cm.
Höhe des rechten Ventr.	= 9,8 Cm.	m.	10,0 Cm.
		w.	9,6 Cm.
Muskeldicke desselben	= 0,5 Cm.	m.	0,6 Cm.
		w.	0,5 Cm.

Die Differenz des Umfangs der grossen Gefässe zu den Ventrikeln ist somit:

links   = 1,3 Cm. $\begin{cases} \text{m. 0,7 Cm.} \\ \text{w. 1,8 Cm.} \end{cases}$

rechts = 1,0 Cm. $\begin{cases} \text{m. 1,1 Cm.} \\ \text{w. 0,9 Cm.} \end{cases}$

Das Verhältniss der linken Ventrikelhöhe zur Körpergrösse beträgt für beide Geschlechter 1 : 16,95,

für das männliche 1 : 17,6,

weibliche 1 : 16,3.

Aus diesen Berechnungen ergibt sich, dass das Herz mit dem zunehmenden Alter in allen Massen gewinnt, und zwar in den 7 Rubriken der Jahrzehnte folgender Weise:

Aortaumfang   = 6,4. 6,9. 7,0. 7,5. 7,6. 8,1. 8,4.

Link. Ventr.-Höhe = 8,7. 9,4. 9,6. 9,4. 9,6. 9,5. 9,7.

Seine Muskeldicke wächst nur um 0,5 Cm. während langen Lebens.

Pulmonal.-Umfang = 7,4. 7,6. 7,8. 8,0. 8,1. 8,5. 8,8.

Recht. Ventr.-Höhe = 9,1. 9,2. 9,3. 9,5. 9,6. 9,5. 9,8.

Seine Muskeldicke wächst unbedeutend oder nicht.

Diesen Verhältnissen gegenüber ist auffallend, dass sich die Differenz des Umfangs der grossen Gefässe zur Ventrikelhöhe ganz anders verhält:

links   = 2,3. 2,5. 2,6. 1,9. 1,9. 1,4. 1,3.

rechts = 1,7. 1,6. 1,4. 1,4. 1,4. 1,0. 1,0.

Während sie linkerseits bis zum 40. Lebensjahre zuzunehmen scheint, nimmt sie von da an entschieden und besonders vom 60. Lebensjahre an rasch ab.

Rechterseits nimmt sie continuirlich ab. Es mag dieses verschiedene Verhalten zwischen links und rechts wohl auf die etwas zu geringe Zahl von Fällen für alle Altersklassen bezogen werden. Die Ziffererhöhung bis zum 40. Jahre aber ist in den während dieser Zeit besonders häufigen Herzfehlern begründet.

Die genannten Differenzen verhalten sich also umgekehrt, wie die Herzmasse, indem letztere mit dem Alter immer zunehmen, erstere dagegen abnehmen. Hervorzuheben ist auch, dass der Umfang der Aorta und Pulmonalis, so verschieden er auch in den jüngeren Jahren ist, sich mit den Jahren mehr und mehr nähert, d. h. die Aorta wird etwas weiter, die Pulmonalis etwas enger.

Auch der rechte Ventrikel ist in den jüngeren Jahren überwiegend gross; zwischen 20 und 40 Jahren scheint der linke Ventrikel das Uebergewicht zu bekommen, um es später wieder dem rechten zu überlassen.

Endlich gewahrt man auch in Bezug auf die Höhe des linken Ventrikels zur Körpergrösse eine stetige Verminderung des Verhältnisses, was am besten das Wachsen des Herzens mit dem Alter bis zu 60 Jahren kundgibt. Dann aber scheint ein Stillstand oder eine unbedeutende Rückkehr einzutreten.

Bis zu 20 Jahren ist nämlich das Verhältniss

	f. das männl.	f. das weibl.
für beide Geschlechter	= 1: 18,4; = 1: 18,2;	= 1: 18,6
Von 20—40 Jahren	= 1: 17,24; = 1: 17,9;	= 1: 16,05
„ 40—60 „	= 1: 16,62; = 1: 17,0;	= 1: 15,8
„ 60—90 „	= 1: 16,85; = 1: 17,78;	= 1: 16,0

4.

Durch die bisherigen Zusammenstellungen habe ich die Grundlage gewonnen, nun auch die Beziehungen der gefundenen Werthe zu Krankheiten kennen zu lernen.

Ich will diess beispielsweise dadurch versuchen, dass ich aus den 100 Fällen gewisse Krankheitsgruppen aushebe, die Mittelzahlen der einzelnen Rubriken berechne und sie mit jenen vergleiche, welche aus allen Fällen errungen wurden. Dabei bleibt das Geschlecht ausgeschlossen; Einzelfälle aber müssen stets nach Alter und Geschlecht geprüft und beurtheilt werden.

Typhus abdominalis.

Davon sind 9 Fälle eingetragen, 4 männlichen und 5 weiblichen Geschlechts, die somit gegenseitig sich ausgleichen. Das mittlere Alter derselben ist 29 Jahre. Unter die Zahlen habe ich in zweiter Reihe zum leichteren Vergleiche die Mittelzahlen sämmtlicher Fälle gestellt.

	A.	l. V.	W.	P.	r. V.	W:	l. Diff.	r. Diff.	Bemerkg.
Typh.	6,8	9,8	1,5	7,9	9,6	0,5	3,5	2,1	Mittl. Typhusdauer:
Norm.	6,9	9,4	1,6	7,6	9,2	0,5	2,5	1,6	5,8 Wochen.

Man sieht hier die Aorta etwas zurückbleiben, die Art. pulm. wegen grosser Erschlaffung dagegen etwas weiter werden. Die Ziffer bei der Ventrikel ist erhöht, folglich auch die Differenz zwischen Aorta und l. Ventrikel, ja auch zwischen Art. pulm. und rechtem Ventrikel trotz der Erschlaffung und Erweiterung dieser Arterie.

Besonders auffallend gestalten sich 2 Fälle von Recidiven in der 5. Woche des Typhus, bei welchen Fettdegeneration des Herzmuskels nachgewiesen wurde; bei dem einen Falle (männlich 18jährig,) ist die Differenz zwischen linkem Ventrikel (Höhe 11,0 Cm.) und Aorta (7,0 Cm.) = 4 Cm., bei dem anderen (weiblich 23jährig,) zwischen l. Ventrikel (9,5 Cm.) und Aorta (6,0 Cm.) = 3,5 Cm. Nach dem betreffenden Alter und Geschlechte wäre die Differenz bei ersterem nur 2,5 Cm., bei dem zweiten nur 2,0 Cm.

Andere akute Krankheiten, z. B. croupöse Pneumonie, Puerperalpyämie etc. verhalten sich ähnlich, nur wegen der kürzeren Verlaufsdauer sind die Unterschiede geringer.

Von Phthise

habe ich 22 Fälle und zwar in ihren verschiedenen Formen zusammengestellt. Ihre Ziffern sind wenig von jenen verschieden, welche als Norm für das betreffende mittlere Lebensjahrzehnt (33 Jahre) gelten, etwas grösser ist nur die Differenz zwischen Aorta und linkem Ventrikel (um 0,05 Cm.). Hebt man die (12) Fälle, welche vorzugsweise daran Schuld tragen, heraus, und es sind solche, welche mit Fettdegeneration des Herzens behaftet waren, so wächst bei ihnen die Differenz auf 0,7 cm.

	A.	l. V.	D.	P.	r. V.	D.	l. Diff.	r. Diff.
33 mittl. Alter.	7,1	9,3	1,4	7,9	10,0	0,4	2,65	2,1
norm.	7,0	9,6	1,5	7,8	9,2	0,5	2,6	1,4
bei Fettdeg.	7,1	10,2	1,3	7,9	10,1	0,5	3,1	2,2

Sonderbar erscheint die Angabe von Kimpen (l. c.), welcher bei Phthisikern und bei Soldaten aus dem letzten Feldzuge die Aorta besonders eng, bei Krebskranken besonders weit fand. Er scheint vergessen zu haben, dass sowohl Phtbisiker als Soldaten meist zu den jüngeren Individuen (von 20—40 Jahren), deren Aorta enger ist, zählen, dagegen die Krebskranken zu den älteren (von 50—70 Jahren) gehören, bei welchen die Aorta normal weiter geworden ist.

Als Musterbilder für männliche Plethoriker dient folgende
Zusammenstellung:

	A.	l. V.	D.	P.	r. V.	D.	l. Diff.	r. Diff.
mittl. Alter: 65 Jahre	8,8	10,0	2,2	9,0	10,0	0,8	1,2	1,0
normal	8,1	9,5	1,5	8,5	9,5	0,5	0,4	1,0

Man ʃsieht, dass beide Ventrikel exeentriseh hypertrophirt sind, namentlich der linke, dass aber die Differenz zwischen
den grossen Gefässen und den Ventrikeln nur den sämmtlichen
grösseren Durchmesser-Verhältnissen entspricht.

In einer zweiten Gruppe von Plethorikern und ebenfalls doppel-
soitiger exeentrischer Hypertrophie ist jene Differenz links etwas
grösser und bezieht sieh dieselbe wieder auf eine leiehte Muskel-
degeneration.

	A.	l. V.	D.	P.	r. V.	D.	l. Diff.	r. Diff.
40 mittl. Jahr	7,7	10,8	2,0	8,5	10,0	1,5	3,1	1,5
normal	7,0	9,6	1,5	7,8	9,2	0,5	2,6	1,4

Ieh habe auch eine Zusammenstellung von Männern gemaeht,
welche schwerere Arbeiten ausführen und sie in Vergleieh gebraeht
mit solchen, welehe leiehtere Arbeiten ausführen. Ueberall, mit
Ausnahme des reehten Ventrikels, finde ieh die Ziffern bei ersteren
höher.

Das mittlere Alter ist in beiden Reihen 37.

A. 7,61 L. V. 9,87 Dieke d. Muskl. l. 2,1 R. V. 10,1 P. 8,15 Dieke 0,9

„ 7,50 „ 9,57 „ „ „ 1,6 „ „ 10,4 „ 7,77 „ 0,4

Diff. 2,26   Diff. 2,7

Unter allen Fällen hebt sieh nun der eine Granularsehwund
der Nieren dureh die edeutend höhere Differenz der grossen
Gefässe zu den Ventrikeln ab: beide Ventrikel sind exeentrisch
hypertrophirt, der reehte sogar weiter als der linke, die Fettdegeneration in beiden Ventrikelwandungen nur in den oberfläeh-
liehsten Lagen in Folge perikardialer Verwaehsung deutlieh, der
Muskel naeh überstandener Entzündung somit eigentlieh mehr hypertrophisch; prägnant ist vorzugsweise die relative Enge der Aorta
und Art. pulmonalis.

	A.	l. V.	D.	P.	r. V.	D.	l. Diff.	r. D.
29 Jahre	7,8	12,5	2,0	7,0	3 3,0	0,6	4,7	6,0
norm.	6,9	9,4	1,6	7,6	9,2	0,5	2,5	1,6

III.

Ueber Bright's Granularschwund der Nieren und die damit zusammenhängende Herzhypertrophie.

Vortrag, gehalten im ärztlichen Vereine zu München am 24. Januar und 7. Febr. 1877

von

Prof. Dr. von **Buhl**.

Meine Herren!

Dem Wunsche, meine Meinung über die Bright'sche Niere und die damit zusammenhängende Herzhypertrophie zu äussern, komme ich gerne nach, bitte aber schon im Voraus um Vergebung, wenn ich Geduld und Zeit übermässig in Anspruch nehme. Meine Meinung trägt manche Eigenthümlichkeiten an sich, die sich mir am Sektions- und Mikroskoptische aufnöthigten und die zu einem Theile gegen die geläufigen Annahmen verstossen.

Allein ich denke, einen so wichtigen Gegenstand von verschiedenen Seiten beleuchtet zu sehen, dürfte das Interesse an ihm nur steigern.

Um für so manche Frage eine statistische Handhabe zu gewinnen, habe ich das umfängliche, sich auf das zu besprechende Gebiet beziehende Material einer Reihe von Sektionserfahrungen neuerdings durchgegangen, gesichtet und die runde Summe von 300 Fällen zusammengestellt. Sie bilden ungefähr 3% (genau 2,8%) aller im gleichen Zeitraume vorgekommenen Leichenöffnungen.

Die nach Prozenten berechneten Ziffern, die ich hie und da beiziehen werde, fussen auf diesen 300 Fällen.

Die von Bright in klassischer Weise*) beschriebene und nach ihm benannte Krankheit gibt in Bezug auf die zu Grunde liegende charakteristische Veränderung der Nieren kein Anfangs- sondern ein vollendetes Schlussbild, den Granularschwund. Diesen Namen gebraucht Bright selbst und gebrauchen nicht minder die unmittelbar nach ihm darüber sich äussernden englischen Schriftsteller.

Man sollte demgemäss unter Bright'scher Niere und unter Granularschwund eine und dieselbe Veränderung und nichts anderes verstehen.

Insoferne aber jede Erkrankung in ihrer Entwickelung die Eintheilung in Stadien gestattet, so lässt sich nichts dagegen einwenden, wenn man den Schwund der erkrankten Niere als letztes oder drittes Stadium der Bright'schen Niere auffasst. Bright thut diess selbst, denn seine 3 Formen sind 3 Stadien der Krankheit. Nur müsste das, was man unter Bright'scher Krankheit zu verstehen habe, auch endgiltig definirt sein und dürften nicht Zustände mit diesem Namen belegt werden, die einen ganz anderen Verlauf nehmen und bald nur wegen des Vorkommens von Albuminurie während des Lebens, bald wegen anderer zutreffender Erscheinungen mit dem Morbus Brightii zusammengeworfen worden waren. Will man also von einem 3. Stadium der Nierenerkrankung sprechen, so müsste man die früheren Stadien mit solchen Merkmalen ausgestattet wissen, welche nothwendig zu dem Endresultate des Granularschwundes und zu nichts anderem führen.

Bartels that offenbar, die Vorarbeit so mancher Autoren richtig würdigend, einen kühnen Griff, als er den Granularschwund von dem, was der Uebereifer der Aerzte darauf klebte, wieder rein wusch, d. h. mit Scharfsinn und unter Zugabe neuerer klinischer Forschungen den Morbus Brightii reconstruirte.

Ich nahm Bartels erste Arbeit darüber schon desshalb mit der grössten Freude auf, weil ich nicht minder dieselbe Meinung hegte, und habe ich derselben auch in einigen Sätzen meiner Briefe über Lungenentzündung etc., die vor Bartels Arbeit geschrieben waren und in die Presse kamen, Ausdruck gegeben, indem ich betonte, wie himmelweit verschieden der ächte Morbus Brightii von anderen, nur mit Albuminurie verbundenen Nierenkrankheiten sei.

Ob es aber gut und recht war, den Namen Bright's und den „Granularschwund" ohne alles Motiv aus der Literatur escamotiren

---

*) Report of medical cases by Richard Bright 1827.

und vergessen machen zu wollen und zwar dadurch, dass man dafür
die Namen „interstitielle Nephritis und Schrumpfniere" einsetzte,
möchte ich nicht behaupten.

Betrachten wir zuerst die Benennung „Schrumpfniere"
(„contracting Kidney" Grainger Stewart), so ist mit ihr allerdings
ein kurzer und darum sich rasch Eingang verschaffender Terminus
gewonnen worden — aber sonst nichts, was die Sache besser bezeichnete, im Gegentheil, denn es gibt eine ganze Reihe von
Schrumpfnieren und man muss sich in jedem Falle fragen, ob ein
Autor, der den Ausdruck gebraucht, auch richtig und präcis genug
unterschieden hat?

Ich halte diese Frage für wichtig, weil es am Kadaver nicht
immer so leicht zu entscheiden ist, was man vor sich hat und es
bedarf manchmal vieler Sachkenntniss, die Antwort bestimmt zu
geben, ja sie ist hie und da ohne Zuhilfenahme des Mikroskopes
gar nicht möglich.

Ich muss gestehen, dass ich desshalb auf statistische Angaben
wenig Vertrauen habe, so lange der vieldeutige Ausdruck „Schrumpfniere" gebraucht wird und werde ich meinen Vorwurf auch aufrecht
erhalten, wenn man hinterher behaupten wollte, man habe unter
„Schrumpfniere" nie etwas anderes als Bright's Granularschwund
verstanden.

Ausser dem einfach anämischen und marantischen
Schwunde, bei welchen man keine Narbenbildung, sondern
nur Collaps und Verkleinerung sämmtlicher Gewebelemente wahrnimmt, sind es nämlich die senile Schrumpfniere, die atrophische Stauungsniere, die embolische Narbenniere,
die atrophische Speckniere, der Schwund nach parenchymatöser Nephritis, die Nephritis syphilitica, die Nephritis
urica, die vernarbende purulente Nephritis und Pyelonephritis, welche mit Granularschwund verwechselt werden können,
da sie manchmal beträchtliche Substanzverluste und tiefnarbige
Einziehungen erzielen, da sie mit Granularschwund gemischt vorkommen und letzteren verhüllen können und da der Granularschwund seine volle Charakteristik noch nicht erreicht haben kann.
Auch ist nicht zu vergessen, dass wirklicher Granularschwund
partiell vorkommt, und zwar in einer Häufigkeit, dass er bei ge-
nauem Durchsuchen in der 3. bis 4. Niere gefunden werden kann,
und besonders oft bei seniler Schrumpfung; da aber der Morbus

Brightii eine über die ganze Niere diffundirte Erkrankung darstellt, so darf der partielle Granularschwund nicht mit ihm zusammengeworfen werden.

Man sieht, es gibt ein ganzes Dutzend von Schrumpfnieren und ist es gewiss keine unnöthige Forderung, den allgemeinen Topf auszuleeren und jede besondere Schrumpfniere mit eigener Etiquette zu versehen. Nicht minder misslich steht es mit der Benennung „interstitielle Nephritis" oder „Nierencirrhose".

Als man nämlich anfing, dem histologischen Befunde und namentlich dem interstitiellen Bindegewebe mehr Rechnung zu tragen — diess geschah namentlich durch Beer (1859), wenn auch Henle der Erste war (1842), der bei Granularschwund die Zunahme des Bindegewebes erkannte — glaubte man das Richtige getroffen zu haben, wenn man den Granularschwund als interstitielle Nephritis bezeichnete. Der Name würde den Vorzug besonders desswegen verdienen, weil er einer Stadienentwicklung Raum lässt, während der Begriff „Schrumpfniere" Vorstadien eigentlich ausschliesst. Allein zugegeben, dass der Granularschwund auf einem entzündlichen Processe beruht, so ist, wie Klebs richtig betont, doch jede Entzündung eigentlich ein interstitieller Vorgang und würde mit dem Pleonasmus „interstitielle Nephritis" keine von anderen Nierenentzündungen verschiedene, besondere Form bezeichnet sein.

Uebrigens gebrauchte Virchow den Ausdruck zuerst und wollte er ursprünglich damit die eiterbildende Entzündung, die Nephritis purulenta, von der nicht eiterbildenden, der parenchymatösen, besonders im Epithel ablaufenden getrennt wissen.   •

Wählt man also·die Bezeichnung „interstitielle Nephritis", so müsste man zugleich angeben, dass die purulente Nephritis nicht damit gemeint sei, man müsste sie „interstitielle nicht eitrige Nephritis" heissen.

Allein auch das passt nicht, weil jede entzündliche Schrumpfung auf interstitieller Entwicklung von Bindegewebe an Stelle verlornen Parenchyms beruht. Demgemäss wäre auch die atrophische Stauungsniere, die embolische Narbenniere, die Nephritis urica und syphilitica, die atrophische Speckniere, der Schwund nach parenchymatöser Nephritis eine interstitielle nicht purulente Nephritis zu nennen.

Diesem Umstande hat man durch die Beinamen „diffus und primär" zu begegnen gesucht; allein eine diffuse interstitielle nicht eitrige Nephritis und eine primäre interstitielle nicht eitrige Nephritis oder gar eine primäre diffuse interstitielle nicht eitrige Nephritis sind wenn auch richtige doch so lange Namen, dass sie gewiss keinen Anklang finden.

Dazu kömmt noch eines; es gibt auch eine diffuse interstitielle Hyperplasie, bei welcher die Niere anstatt verkleinert, im Gegentheile vielmehr um ein Drittheil, ja bis auf das Doppelte vergrössert wird und vergrössert bleibt. Es ist ein grober Fehler, mit dem Begriffe einer interstitiellen Hyperplasie zugleich nothwendig den der Schrumpfung zu verbinden.

Ich bin daher der Ansicht, dass sowohl der Name „Schrumpfniere", als der der „Cirrhose oder interstitiellen Nephritis" in der Terminologie unseres Gegenstandes nicht voran, sondern unter die Synonyma zurückgestellt werden, dass man in Bezug auf die zu besprechende Nierenkrankheit entweder nur von Bright'scher Niere oder von Granularschwund sprechen sollte. Da es sich nicht um Vermehrung oder Verminderung der bereits grossen Zahl von Synonymis handeln kann, sondern nur um die Einführung einer kurzen und chrakteristischen Bezeichnung in den täglichen Gebrauch, so wüsste ich in der That keine bessere als „Granularschwund"; denn es gibt keinen Ausdruck, welcher das anatomische Bild so differentiell trefflich wiedergäbe, als der von Bright gewählte.

Welche Merkmale hat nun der Granularschwund?

Um klar zu werden, dürfte es gut sein, denselben vorerst im völlig ausgebildeten Zustande zu analysiren.

Die Fettkapsel ist in der Regel, weil Neigung zu Fettbildung überhaupt vorhanden ist, gewiss aber auch zum Theile um den Raum, welchen die verkleinerte Niere einnimmt, zu ersetzen, massenhafter, ihre Venennetze sind weiter und blutreicher. Das Volum der Niere kann auf die Hälfte des Normalen und noch weniger reducirt werden. Da der Prozess stets über beide Nieren ausgebreitet ist, so hat auch in der Regel das Volum beider Nieren ziemlich gleichmässig abgenommen. Doch trifft man auch Fälle wo die Verkleinerung der einen Niere der anderen mehr oder weniger vorauseilt. Diese Fälle zeigen, wie die Volumabnahme eine ziemlich rasche sein kann, wenn auch der ganze Prozess ein höchst chronischer genannt werden muss.

Auch die Albuginea ist blutreicher, besonders aber ist sie

verdickt und haftet straff auf der Nierenoberfläche an, so dass sie selten ohne Zerreissung der letzteren, namentlich wenn dünnwandige Cysten sich in der Rinde befinden, abgezogen werden kann. Durch die Verdichtung des Gewebes sind die darin befindlichen reichlichen Lymphräume und Gänge zu einem grossen Theile obliterirt.

Die ganze Oberfläche der Niere ist feinwarzig oder grob-höckerig, manchmal durch tiefe Einkerbungen wie traubenförmig gelappt.

Die kleinen vorspringenden Theile, Granula genannt, haben die beiläufige Grösse eines Stecknadelkopfes und erscheinen als weissliche Körner mit dunkel injicirten Grenzen (den stellulae Verheyeni), während die Vertiefungen dazwischen ein derbes, grauröthliches, schwielig-narbiges Gewebe von mehr oder weniger Breite darstellen.

Die schon erwähnten Cysten, welche wohl nicht constant, aber doch sehr häufig angetroffen werden, variiren von äusserster Kleinheit bis zu Kirschkerngrösse, enthalten meist farblose oder gelbliche klare Flüssigkeit oder ähnlich gefärbte Gallertmasse oder einen durch Blut oder verändertes Blut gefärbten dunkleren, ockergelben, braunen, schwärzlichen Brei. Nur in der Flüssigkeit grösserer Cysten war man im Stande Harn nachzuweisen.

Halbirt man die Niere der Länge nach von der Convexität gegen den Hilus zu, so fühlt man einen bedeutenden Widerstand; das Gefüge schneidet sich hart, fibrös.

Auf der Schnittfläche sieht man in der Rinde dieselben Farben wie auf der Oberfläche: weisse Flecken mit dunkel injicirtem Rande und dazwischen die grauröthlichen Züge schwielig-narbigen Gewebes. Rothe, radiär gegen den Hilus zu verlaufende Linien sieht man da und dort. Die Rinde ist um das 5—6fache verschmälert, bildet manchmal einen kaum 1 m/m. breiten narbigen Streifen über der Pyramidenbasis.

Die Markkegel sind verkürzt und erhalten dadurch eine scheinbar breitere Basis; sie sind dunkelstreifig geröthet und nur die Papillen blässer.

Das Nierenbecken erscheint durch die Verkürzung der Pyramiden weiter, seine Schleimhaut ist injicirter. Die Nierenarterie und ihre Aeste sind dicker und eher kleineren Querschnitts, entschieden enger ist ihr Lumen, ihre Wand dicker, die Venen dagegen sind weiter oder doch von normaler Weite.

Bei mikroskopischer Untersuchung der so eigenthümlich veränderten Nierenrinde gewahrt man bei Anwendung schwacher Vergrösserungen, dass die Interstitien zwischen den Harnkanälchen (intertubulär) und Bowman'schen Kapseln (circumcapsulär) mehr oder weniger sich verbreitert haben, und löst eine stärkere Vergrösserung diese Verbreiterung in ein Infiltrat dichtstehender kleiner Zellen auf, mit welchen die Bindegewebszüge durchspickt sind. Die Zellen zeigen sich entweder in runder, den Lymphkörperchen ähnlicher Gestalt oder in Spindelform, welche wohl in ungleichmässigen, aber dennoch diffus sich berührenden Gruppen eingelagert sind.

Auf dieser interstitiellen diffusen kleinzelligen Hyperplasie ruht der histologische Schwerpunkt der Charakteristik der Bright'schen Niere. Bei jeder anderen Schrumpfniere fehlt dieses zellige Infiltrat entweder ganz, wie z. B. bei der weissen Niere (Fettdegeneration der Epithelien der Rindenkanälchen) und ist durch einfaches fibröses Narbengewebe ersetzt, wie z. B. nach Embolien, oder es ist nur lokalisirt zu finden, wo eben circumskripte Entzündungsherde sich etablirt hatten.

Alle übrigen noch zu besprechenden Verhältnisse sind als Folgeerscheinungen der zelligen Hyperplasie zu betrachten.

Unter dieselben gehört vor Allem die Umschnürung und der endliche Untergang von mehr oder weniger Capillargefässen der Rinde, das Vas efferens der Glomeruli mit inbegriffen.

Anstatt des früheren normalen Capillarnetzes entwickelt sich ein neues, sparsames, dem in fibrösen Geweben analoges Gefässnetz mit unregelmässig langgestreckten Maschen. Es ist zu erwarten, dass durch diesen Vorgang sich mehrere Verhältnisse ändern.

Das Erste sehen wir in der geänderten Ernährung der Epithelien der Harnkanälchen. Zu nekrotischen Vorgängen kömmt es nicht, oder nur höchst selten, was die Langsamkeit des Prozesses ganz besonders bekundet. Wohl aber kömmt es wenn auch nicht allenthalben zu Degenerationen. Doch kann jede Degeneration auch fehlen.

Die Art der Degeneration ist dann in den gewundenen Kanälchen fast durchgehends fettiger Zerfall der Epithelien, in den Henle'schen schleifenförmigen bald die gleiche fettige, bald eine colloide Degeneration derselben; in den Sammelröhren der Pyramidenfortsätze und in den geraden Kanälchen der Marksubstanz dagegen vermisst man unveränderte Epithelien selten.

Die weissen Granula der Nierenoberfläche und die weissen Flecken des Rindendurchschnittes stammen zu einem Theile von der erwähnten Fettdegeneration; zu einem anderen aber bestehen sie aus fibrösem Gewebe. Da die interstitielle Hyperplasie constringirend wirkt, so findet man auch obliterirte Kanälchen, andrerseits aber — und diess betrifft zum Theil die gewundenen, zum Theil die schleifenförmigen Kanälchen — varikös erweiterte, wie auseinandergezerrte Kanälchen. Die Erweiterung ist die Folge des excentrisch auf die Kanälchen wirkenden Verdichtungszuges; doch darf nicht vergessen werden, dass auch die Verengerung und Obliteration in der Höhe der Spitzen der Pyramidenfortsätze und des Schweigger-Seidel'schen Schaltstückes insofern eine Schuld treffen könnte, als in den gewundenen Kanälchen, so wie in dem absteigenden Schenkel der Schleifen, zum Theil auch noch im aufsteigenden der Henle'schen Schleifen eine Secretstauung stattfindet.

Die Erweiterung kann sehr bedeutend werden und wird sie dann die gewöhnliche Grundlage der namentlich oberflächlich gelagerten Cysten. In diesen sieht man hie und da vollständige Epithelauskleidung, was ihren Ursprung aus Harnkanälchen deutlich bekundet; selbst papilläre Wucherungen ragen manchmal in Inseln von der Wand in den Cystenraum herein. Dass auch die Bowman-schen Kapseln sich zu Cysten erweitern können, ist sicher, aber selten; man wird dann an einer Stelle der Wand der Cyste den geschrumpften Glomerulus erkennen.

Viele der mikroskopischen Cysten oder varikösen Gänge lassen deutlich die Umwandlung der Epithelien zu gallertigen (colloiden), das Licht schwach rosa brechenden Kugeln wahrnehmen, ganz so wie man sie in der Schilddrüse kennt. Die Colloidmassen confluiren später und füllen dann als umfängliche Klumpen den Raum der erweiterten Kanälchen völlig aus. Sie dürfen, als durch Substanzmetamorphose des Epithelprotoplasmas entstanden, nicht mit den exsudativen Gerinnseln verwechselt werden. Letztere finden sich als Ausfüllungsmasse bei fast allen atrophischen Zuständen der Nierenrinde in den schleifenförmigen Kanälchen, also auch beim Granularschwund, sie finden sich aber ebenso in den

meisten akut entzündlichen Vorgängen, und dann (wenn auch schon
in den gewundenen) besonders in den geraden Kanälchen des Markes,
aus welchen sie mit dem Harne als sogenannte Cylinder entleert werden.

Beide Sorten von gallertähnlichen Massen lassen sich in der
Niere leicht unterscheiden; die Colloidmassen findet man anstatt
der Epithelien, die Exsudatcylinder dagegen mit Epithel rings umgeben, das Lumen des Kanälchens ausfüllend.

Die jüngst durch Perls und Weissgerber bei experimentell
erzeugter venöser Nierenstauung (Arch. f. exp. Pathol. VI. 1876.
p. 113) erzielten Gerinnsel sind Exsudate; weil aber diese es sind,
dürfte noch nicht zu folgern sein, dass alle gallertigen Ausfüllungen
der Kanälchen solche seien.

Die Tunica propria der Kanälchen ist regelmässig verdickt.

Den Veränderungen im Kanalsysteme der Niere und jenen in
den Capillargefässen der Niere stehen auch solche in den übrigen
Gefässen zur Seite. Die interstitielle Hyperplasie kann man
als ausgehend von den Capillargefässen und dem sie um-
hüllenden Bindegewebe betrachten. Durch die folgende narbige
Constriktion fallen dann die Glomeruli und Interlobararterien durch
ihr nahes Aneinanderliegen auf.

Die Glomeruli sind bald gross, bald kleiner und immer kleiner,
selbst bis auf die Hälfte ihres Normalvolums reducirt, dann blutleer,
glänzend, derb, zu einem fibroiden, hie und da selbst kalkigen
Knötchen verwandelt, das nicht mehr injicirt werden kann und zugleich eine so homogene Beschaffenheit annimmt, dass schliesslich
eine farbige Tinktion der Gefässkerne sehr undeutlich oder gar nicht
gelingt. Wenn eine anfängliche Kernvermehrung wohl vorhanden
zu sein scheint, aber nicht mit Sicherheit zu constatiren ist, so ist
im Gegensatze dazu gewiss, dass ihre Zahl immer mehr abnimmt,
bis sie endlich verschwinden.

Die Bowman'sche Kapsel umschliesst eng das sich verkleinernde
Körperchen und erscheint nach und nach dadurch in mehrfachen
Lamellen geschichtet. Zwischen letzteren sieht man sehr schmale
Kerne eingelagert.

Je nach Ausbildung des Zustandes, das muss ich wiederholen,
trifft man indess noch mehr oder weniger wohlerhaltene, selbst ver-
grösserte Glomeruli. Insbesondere sind es die in der Grenzschichte
liegenden, welche am längsten Widerstand leisten. Doch habe ich
den Granularschwund schon in so hohem Grade angetroffen, dass

es nicht mehr möglich war, irgend ein Malpighisches Körperchen aufzufinden.

Die Interlobulararterien, von welchen die Vasa afferentia zu den Glomerulis abgehen, sind dem entsprechend bald von normaler Weite, bald sind sie grösseren Querschnittes, bald verengt, ja sie gehen (von der Nierenoberfläche anfangend gegen die Pyramiden zu) einer Obliteration entgegen.

Die Arterienwand erscheint meistens, wie schon erwähnt, verdickt und betrifft dies nicht bloss die Adventitia und Muskelhaut, sondern auch die Intima und ihr Endothel*). —

Die immer mehr sich verkleinernden Glomeruli und die immer zunehmende Verengerung der Interlobulararterien geht mit einer entsprechenden **Collateralcirculation** Hand in Hand, die sich besonders gegen die im Uebrigen wenig betheiligte Pyramidensubstanz ausbildet.

Ueber diese Collateralcirculation sei es mir erlaubt, ein Paar Worte einzuschalten.

Sie geschieht einestheils gegen die Fettkapsel und Albuginea (daher die Hyperämie dieser Theile), sowie gegen das Capillarnetz der Rinde, das in Folge seiner Continuität ganz dafür geeignet ist, anderentheils aber und vorzugsweise durch merkwürdige Gefässeinrichtungen an der Grenzschichte zwischen Rinde und Pyramiden. Von dem Augenblicke an, wo die Vasa afferentia der Glomeruli -- und diess bezieht sich, wie schon erwähnt, von der Nierenoberfläche anfangend nach und nach auf die ganze Reihe der von einer Interlobulararterie entspringenden Malpighi'schen Körper — durch die celluläre Umschnürung enger werden und weniger oder kein Blut mehr durchlassen, wird auch der Blutstrom von ihnen abgelenkt und zwar nicht bloss gegen die noch zugängigen Glomeruli und Rindencapillaren, sondern vorzüglich nach den in parallelen Büscheln von der Grenzschichte aus in das Mark einstrahlenden Vasa recta. Dieser von Donders gewählte Name verdient desswegen den Vorzug vor dem gewöhnlichen „Arteriolae rectae", weil es nicht allgemein entschieden ist, ob dieselben für Arterien oder Venen zu halten sind. Sie haben eben einen mehrfachen Ursprung. Für ihre venöse Natur spricht, dass sie aus den Capillaren der Grenzschichte (Henle, Hyrtl) oder aus den Vasa afferentia der innersten Glomeruli (Bowman, Kölliker) entspringen

---

*) S. später p. 65 etc.

und dass sie keine Ringmuskeln besitzen (Ludwig). Für Arterien
spricht, dass sie aus den in der Grenzschichte liegenden Bogen der
Art. interlobul. oder aus Aesten der letzteren zwischen 2 Glomerulis
entstehen (Virchow, Beale, Arnold, Ludwig). Auch stimmen
meine Untersuchungen an Specknieren dafür, dass sie trotz des
Mangels an Quermuskeln für Zugehörige des Arteriesystems anzusprechen sind, da sie durch Methylanilin, wie die Arterien und
Glomeruli, roth gefärbt werden, was bei dem Vas efferens und den
Capillaren nicht der Fall ist. Jedenfalls vermitteln sie die Verbindung
der Rinden- und Markcapillaren, welche den Pfortaderästen vergleich-
bar (Henle), von Capillaren kommen und zu Capillaren gehen, und
wohl im gesunden Zustand mehr als Venen dienen, unter krankhaften
Verhältnissen aber, d. h. unter Circulationsinsufficienz der Rindengefässe die Rolle tauschen und ihren Ursprung als Arterien gegen
die Marksubstanz zur Geltung bringen.

Es ist aber begreiflich, dass die Stromänderung auch ander-
weitige Veränderungen veranlasst. Das Quantum Blut der Nierenarterie, welches im gesunden Zustand für beide, für Rinde und
Mark bestimmt ist, fliesst nun zum grossen Theile durch die Vasa
recta der Marksubstanz allein zu. Diese Gefässe, normal schon
2—3 mal grösser als die Capillaren, nämlich von einem Durchmesser
von 0,02—0,03 Mm., werden doppelt, ja dreifach so weit und der
Seitendruck des Blutes in ihnen, der normal so gering ist, dass die
Gefässe resorbirend wirken, wird nun umgekehrt bis zur Exsudation
erhöht, ja es scheint, dass er grösser wird als er früher in den
Glomerulis war. Die Glomeruli mit ihrem engeren Vas efferens,
die in gesunden Nieren auch als mächtige Widerstände betrachtet
werden können, welche zwischen Arterien und Capillaren eingeschaltet
sind, um den Blutdruck gegen letztere zu mässigen, diese Schutz-
barrièren fehlen in unserem pathologischen Falle zum grossen
Theile und so muss — selbst bei gleichbleibendem Drucke in
der Arteria renalis — mit der Zunahme des Unterganges von
Capillaren und Glomerulis in der Rinde das Arterienblut mit dem
Plus überschüssiger Druckkraft, welches früher auf dieselben verwendet war, in die Markcapillaren und von ihnen auch rascher in
die Venen eingetrieben werden. Eine Erweiterung aller dieser Gefässe ist die nothwendige Folge. Daher gibt ein Corrosionspräparat
den Eindruck, als bestünde der Gefässapparat einer granulirten Niere
hauptsächlich aus Venen und gelingt eine Injection der Rindengefässe

von den Arterien aus so schwer, indem die benützte Masse dem Widerstand der verengten oder obliterirten Arterien ausweicht und rasch in den Venen erscheint. Durch dieselben Gründe ist auch die schon erwähnte Hyperämie der Schleimhaut des Nierenbeckens und seiner Kelche, nämlich durch die Collateralcirculation zu erklären. Der erhöhte Blutdruck in den collateral gefüllten Gefässen wird entlastet zunächst durch vermehrte Wasserausscheidung.

Was in gesunden Nieren nur die Malpighi'schen Körper verüben, fällt, abgesehen von den wenigen übrigen, namentlich an der Grenzschichte liegenden Glomerulis, jetzt den collateral hyperämischen Gefässen anheim und lassen diese sogar mehr Wasser durch als jene.

Den Widerstand, welchen sonst die Vasa efferentia leisteten und welcher die Wasserausscheidung in die Bowman'schen Kapseln bedingt, übernehmen jetzt sämmtliche erübrigte Capillargefässe der Niere, namentlich die des Markes. Daher die beim Granularschwunde am Krankenbette zu beobachtende gleichbleibende oder selbst grössere Wasserausscheidung, welche direkt und grösstentheils in die geraden Sammelröhren von der Grenzschichte aus geschieht. Das Wasser gelangt auch fast in toto in den Harn, da mit den Arterien und Capillaren die in ihren Scheiden verlaufenden Lymphgefässe mit obliteriren.

Man könnte hier fragen, wie es denn kömmt, dass beim Granularschwunde mehr, dagegen bei der Stauungsniere, wo die venöse Hyperämie noch viel bedeutender ist, weniger Harn gelassen wird?

Darauf ist zu erwidern, dass die gewöhnlich vom rechten Herzen ausgehende Stauung (bei Insufficienz des Lungenkreislaufes oder Bicuspidalstenose etc.) nicht blos in den Nieren, sondern in sämmtlichen Geweben des Körpers stattfindet und dass das in die Höhlen und Gewebe dabei ausgepresste Wasser den Nieren, resp. dem Harne nothwendig entzogen wird.

Der etwa später in grossen Mengen fliessende Harn zeigt an, dass die allgemeine Stauungswirkung aufgehört hat und wird das Wasser überall resorbirt. Aber das Wasser wird nicht desswegen resorbirt, weil mehr Harn fliesst, sondern der Harn wird reichlicher, weil in andere Gewebe kein Wasser mehr exsudirt und somit alles für die Nieren disponibel wird.

Diese Verhältnisse finden häufigst auf den Granularschwund keine Anwendung, weil meist kein Hydrops besteht. Entwickelt sich jedoch Hydrops, so wird auch beim Granularschwunde der

Harnabgang vermindert. In diesem Falle wird Bright'scher Nieren-schwund und die amyloide oder Fettentartung der Niere leicht mit einander verwechselt werden können, wenn andere Unterscheidungs-merkmale etwa fehlen.

Ich berühre nur vorübergehend, als für meine Auseinander-setzung von geringerem Belange, dass mit dem höheren Blutdrucke, für welchen die Markcapillaren nicht präformirt sind und mit der so veränderten Rindenstruktur auch eine Anzahl von Blut- und Exsudateylindern (nicht zu verwechseln mit der Colloidbildung) und eine gewisse Menge von gelöstem Eiweiss, dagegen eine ver-minderte Menge der spezifischen Bestandtheile in den Harn gelangt, Dinge, welche den Morbus Brightii ganz besonders charakterisiren und beweisen, dass die Niere nicht ein einfaches Blutfilter, sondern ein specifisches Secretionsorgan sei, indem mit dem Schwunde der Rindensubstanz sich auch die Fähigkeit der spezifischen Secretion verliert. Diess ist ebenfalls ein Unterschied der Schrumpfniere von der Stauungsniere etc.

Die specifischen Harnbestandtheile bleiben im Blute und führe ich diess nicht nur an, weil alle Gewebe und Flüssigkeiten des Körpers — der Humor aqueus des Auges, die Secrete, die hydropische Flüssigkeit etc. — damit imprägnirt werden, so dass der Harn sich von solchen hydropischen Exsudaten nur wenig mehr unterscheidet, sondern weil auch körnige und krystal-linische Ablagerungen davon in den Markkegeln der Niere vor-kommen und so den Granularschwund compliciren.

Ich fand mit dem letzteren nicht bloss die Nephritis urica häufig zusammen, sondern auch bei 7% Harnsteine, letztere im Nierenbecken liegend oder in die Harnleiter vorgerückt und auf der entsprechenden Seite Hydro- oder Pyonephrosis hervorbringend.

Die Arthritis urica gehört ebenfalls zu den nicht seltenen Erscheinungen im Symptomencomplexe des länger dauernden Mor-bus Brightii. Einige Engländer bezeichnen die Krankheit daher mit dem Namen „gouty Kidney".

Wenn man nun am Krankenbette wasserreicheren Harn und grössere 24stündige Harnmenge wahrnimmt, so ist im Allgemeinen die Veränderung der Niere dafür verantwortlich zu machen und zunächst das gute Gelingen einer ungehinderten Collateralcirculation und die wenigstens unveränderte Spannung in der Arteria renalis. Nimmt die Herzkraft ab, sonach auch die normale Spannung in der

Arteria renalis, so versteht sich von selbst, dass auch die Harnmenge abnehmen wird. Nimmt dagegen die Herzkraft über das Normalmass zu, so wird die Harnmenge ebenfalls vermehrt werden.

Bei Bright'schem Granularschwund findet sich in der Regel excentrische Hypertrophie des linken Ventrikels, folglich nimmt die Spannung in der Arteria renalis noch um ein Moment zu.

Es ist aber unbegründet, die vermehrte Harnmenge bei Granularschwund einzig von der linkseitigen Herzhypertrophie abzuleiten. Granularschwund und seine ganze Symptomatologie kann vielmehr ohne Herzhypertrophie durch die eigenen Fähigkeiten der wunderbaren Circulationsverhältnisse der Niere, wie sie Virchow nennt, vorkommen. Vor Kurzem kam ein Beispiel der Art von der Abtheilung meines Collegen v. Ziemssen zur Sektion, der in dieser Beziehung lehrreich ist. Denn ist bei Granularschwund eigentlich verminderte Harnsekretion zu erwarten, so müsste diese Verminderung den höchsten Grad erreichen, wenn gleichzeitig der Herzdruck abnähme, Schwund des Herzens (Verkleinerung des linken Ventrikels, Verdünnung und Fettdegeneration des Muskels) vorhanden wäre. Bei dem berührten Falle traf diess neben Herzbeutelverwachsung anatomisch zusammen, allein die Harnmenge war nach Mittheilung des Herrn v. Ziemssen die normale. Auch fehlte der Hydrops. Hier hat offenbar nicht das Herz, sondern haben die Nieren den Hydrops verhütet.

Umgekehrt, wenn die vermehrte Harnmenge und Albuminurie von der neben dem Granularschwund bestehenden Hypertrophie des linken Ventrikels abhängig wäre, so müssten jene auch beobachtet werden, wenn besagte Hyertrophie neben gesunder Niere vorkäme. Ich werde später einen derartigen Fall (Sektion einer 64jährigen Frau, Juli 1877) mittheilen, wo letztere Combination sich fand, während der Harn wenig, ohne Eiweiss und von hohem specif. Gewicht war.

Nach dieser Abschweifung kehre ich zu meinem abgebrochenen Gegenstande zurück und stelle mir die Frage, wie entwickelt sich der Granularschwund? Suche ich nämlich nach den Vorstadien des ausgebildeten Granularschwundes, so finde ich zunächst Nieren, deren Gesammtumfang und deren Rinde kaum kleiner ist, als im gesunden Zustande, und welche noch eine leicht abziehbare Albuginea und darunter eine glatte Oberfläche, keine Granulirung besitzen. Aber die weissen Punkte der künftigen

Granula auf der Oberfläche der Niere, sowie auf der Schnittfläche sind bereits angedeutet. Rindfleisch's „gefleckte Niere" halte ich für das genannte Stadium.

Hier liegt es klar zu Tage, dass einerseits die interstitielle Hyperplasie in zerstreuten Herden im Umkreise der Bowman'schen Kapseln und im nahen Intertubulargewebe, gewöhnlich an der Nierenoberfläche, seltener auch tiefer innen, beginnt, und daselbst die Vasa efferentia und Capillaren, sowie die begleitenden Lymphgefässe beeinträchtigt.

Ich halte es für unrichtig, aus dem bezeichneten Beginne zwei Formen unterscheiden zu wollen: eine circumkapsuläre und eine intertubuläre, denn beide Niederlassungen sind wohl in jeder Bright'schen Niere zu finden.

Die von Klebs aufgestellte Glomerulonephritis gehört — soweit meine Untersuchungen reichen — dem Morbus Brightii nicht zu. Er hat sie nur bei Scharlach, Bull jedoch auch ohne Scharlach gesehen und ich fand die beschriebenen Merkmale regelmässig bei frischer, akuter purulenter Nephritis und Nephropyelitis. Allein ich hege Zweifel über die Identität meiner und der Klebs'schen Fälle oder über die richtige Deutung des Gesehenen; denn eine Vermehrung der Gefässkerne fand ich auch hier nicht mit Bestimmtheit, sondern nur eine Aufquellung der Substanz und Füllung der Glomerulusschlingen mit weissen Blutkörpern, was den Eindruck von Kernvermehrung leicht veranlassen kann.

Ganz besonders zu betonen ist, dass die Axel-Key'sche Bindesubstanz der Glomeruli nach meinen Untersuchungen ebenfalls völlig unbetheiligt ist, woraus hervorgeht, dass die schliesslich fibroide Umwandlung derselben nicht auf einem entzündlichen Vorgange in jener Bindesubstanz, sondern einzig und allein auf Collaps und Schrumpfung beruht als Folge der collateralen Umgehung derselben durch den Blutstrom. Auch eine Verdickung der Arterienwände ist noch nicht oder doch nur in erster Andeutung nachzuweisen. Trotzdem, dass nur sehr wenige Glomeruli obliterirt sind, hat die Hyperämie der Marksubstanz sich schon sehr hervorgethan. Was die Kanälchen und ihre Epithelien betrifft, so ist die Fettdegeneration bald reichlicher, bald unbedeutender, als im Granularschwunde vertreten.

Cysten gibt es noch keine, und ebenso äusserst wenig Obliterationen, und wenn ja, doch nur im Umkreise der Bowman'schen

Kapseln. Aber in den Henle'schen Schleifen, weniger in den
Sammelröhren stecken gallertige Gerinnsel. In den letztgenannten
Kanälchen auch hie und da Blut- und Exsudatcylinder.

Hat man sich hinreichende Kenntniss von der Beschaffenheit
dieser Veränderungen zu eigen gemacht, so kann man nach noch
früheren, nach den Anfangsstadien suchen. Solche Nieren aber,
bei welchen über den ersten Anfang des Processes kein Zweifel besteht, sind sehr selten und schwer aufzufinden, da man eben nicht
jede Niere einer mikroskopischen Untersuchung bis ins letzte Detail
unterwirft.

Das Ueberwiegende für den ersten Anblick in diesem Beginne
ist, dass die Rinde Volumzunahme und Hyperämie zeigt, wenn
auch jetzt schon und eben durch die Aufquellung der Rinde und
Ablenkung des Blutstromes die Marksubstanz blutreicher ist, als
die Rinde.

Bei genauerer Betrachtung mit unbewaffnetem Auge erkennt
man stellenweise neben den injicirten Inseln der Rinde eine
grauröthliche, matte Farbe und dass sich eine, wenn auch sehr geringe Menge gallertig-schleimiger Substanz abstreifen lässt.

Mit dem Mikroskope findet man, dass die graue Farbe von
dem gallertig aufgequollenen interstitiellen Bindegewebe der Rinde
herrührt, das sich wie embryonales Schleimgewebe oder junges
Granulationsgewebe verhält. Die Interstitien sind breiter, insbesondere wieder um die Bowman'schen Kapseln und kleine
Rundzellen gewahrt man in den intertubulären Parthien, bald in
kleinen Gruppen beisammenliegend, bald einzeln — kurz man erkennt den Beginn der interstitiellen Hyperplasie.

Die Zellen sind wuchernde endotheloide Zellen, welche
die Lymphbahnen der Nierenrinde, bekanntlich im Umkreise der
Bowman'schen Kapseln und intertubulär längs der Blutgefässe
angelegt, verfolgen. Ich kann mich mit der Idee vorläufig nicht
befreunden, dass sie Wanderzellen sind und zwar so lange nicht,
als es nicht über allen Zweifel dargethan ist, dass aus den Wanderzellen fixe Bindegewebzellen werden.

Was die gewundenen Kanälchen anlangt, so finde ich hie und
da Blutgerinnsel in denselben, das Protoplasma der Epithelien ist
aufgequollen, glänzender, weniger confluent als in der Norm, sondern
eher schärfer contourirt, viele mit 2 Kernen versehen. Manche
von ihnen runden sich ab und desquamiren; diese zeigen um den

Kern herum feine Fettmoleküle. Die schleifenförmigen und geraden Kanälchen enthalten häufig Exsudatcylinder. Die Glomeruli sind vergrössert und zwar nur durch Hyperämie und Quellung, nicht durch Kernvermehrung ihrer Bindesubstanz und Gefässe. Die Arterien verhalten sich in ganz normaler Weise. So sind drei wohl unterscheidbare Stadien des Morbus Brightii anzunehmen:

1) die gallertige Infiltration, d. h. die Anfänge für die Bindegewebshyperplasie;

2) die deutlich ausgeprägte Hyperplasie, bei welcher die Wucherung zur Ruhe gelangt ist oder nur noch Nachschübe macht;

3) der Granularschwund, der nun wirklich das III. Stadium des Morbus Brightii darstellt. Ich halte, wie die meisten Autoren den Process für einen entzündlichen, und zwar den interstitiellen für das Primäre, die Veränderung an den Glomerulis und die Degeneration und Abstossung der Epithelien für das Sekundäre.

Er hat anatomisch-histologisch die vollste Analogie mit der Lungencirrhose, welche als Endstadium aus der von mir sogenannten genuinen Desquamativ-Pneumonie hervorgeht und deren interstitielle Bindegewebshyperplasie ebenfalls aus einem „gallertigen Infiltrate (Laënnec)" sich entwickelt und sich dadurch von der „consecutiven Desquamativ-Pneumonie" auszeichnet, welche sich analog der Fieberniere, der akuten parenchymatösen Nephritis und weissen Niere verhält; letztere sind in ihrer ganzen Entwicklung und Ausbildung total vom Granularschwunde verschieden. Sie ist aber auch verschieden von dem Process, der zur käsigen Pneumonie führt, die, obwohl sie ebenfalls aus genuiner Desquamativ-Pneumonie hervorgeht, durch raschere Zelleninfiltration stets zu nekrotischen Vorgängen strebt, denn diese kommen dem Morbus Brightii nicht oder doch höchst selten zu.

So viel über den Granularschwund selbst.

Das Verhältniss des Bright'schen Granularschwundes zur Herzhypertrophie anlangend, habe ich mich vorerst dahin auszusprechen, dass das Zusammenvorkommen eine, wenn auch nicht constante, doch gewöhnliche Thatsache sei und dass zwischen beiden somit ein Zusammenhang existiren müsse. Wenn man sich frägt, welche Möglichkeiten es gibt, die Thatsache zu erklären, so finden wir dreierlei: entweder ist

1) der Granularschwund Folge der Herzaffektion oder

2) die Herzhypertrophie ist umgekehrt die Folge des Granularschwundes der Nieren oder

3) beide, die Herzhypertrophie und der Granularschwund, sind
die Folgen einer Allgemeinkrankheit, sind Theilerscheinung derselben.

Die Annahme, dass der Granularschwund Folge eines
Herzleidens sei, ist wohl die älteste. Sie wurde bereits von Traube
widerlegt und kann ich füglich kurz darüber hinweggehen.

Die Veränderungen, welche durch Herzaffectionen in den Nieren
gesetzt werden, sind auch ganz andere, sie beschränken sich
vorzugsweise auf die Entwicklung der Stauungsniere oder
embolischen Nephritis. Erstere geht vorzugsweise von excentrischer Hypertrophie des rechten Ventrikels aus; letztere folgt
besonders auf fungöse und uleeröse Endocarditis im linken Herzen.

Beide Zustände sind bei einiger Aufmerksamkeit mit Granularschwund, soferne dieser ausgebildet ist, nicht zu verwechseln.
Freilich in geringeren Graden sind Verwechselungen möglich, wie
ich schon bei der Kritik der Nomenklatur der Bright'schen Niere
anführte, und um so mehr, als sie sich mit Granularschwund combiniren und ihre charakteristischen Merkmale einander verwischen
können. Ein geübtes Auge und das Mikroskop werden endgiltig
entscheiden. So ähnelt der Granularschwund früheren Stadiums der
Stauungsniere, wenn eben die venöse Stauung in den Nierengefässen
bedeutend ist; mehr oder weniger ausgesprochen ist sie in 70 %.
Embolische Keile combinirt mit Granularschwund finde ich in 2,5 %*).

Die zweite Annahme, dass die Herzhypertrophie Folge
des Granularschwundes sei, ist die Theorie Traube's.

Traube hat durch scharfsinnige Aufstellung gefolgert, dass der
Bright'sche Granularschwund, indem er mit Verlust von
einer mehr oder weniger grossen Summe secernirender
Substanz und von Gefässen der Niere verbunden ist, nothwendig die Spannung und den Seitendruck im Aortensystem erhöhen müsse und dadurch die excentrische
Hypertrophie des linken Herzventrikels herbeiführe.

Und in der That wird die excentrische Hypertrophie des
linken Ventrikels in einer Häufigkeit (in 91,6 %, nach Galabin

---

*) Ich füge nur an, dass hie und da in granulirten Nieren käsige Stellen
vorkommen, welche wohl embolischen Ursprungs sind, oder in sehr seltenen
Fällen auch aus genuiner Nekrose durch das Zelleninfiltrat hervorgegangen sein
können.

[Centralblatt 1875] in 80,3%) beobachtet, dass man am Krankenbette durch die perkutorisch nachweisbare Verlängerung des Herzens,
durch die Verstärkung des Chocs, der weiter nach unten und aussen
gefühlt wird, durch verhältnissmässig starke Diastoletöne an den
Aortaklappen und durch schleudernden aber kleinen Puls den
Granularschwund mit ziemlicher Kühnheit annehmen darf.

Traube's Meinung, schon von Bright angedeutet, wird heutzutage von den meisten Klinikern getheilt, nur Bamberger, Lebert,
Campana, Erichson und theilweise Rosenstein und Schrötter
sprachen sich dagegen aus.

Wenn man nun auch gegen Traube's geistreiche Deduktionen
nicht im Mindesten eine Einwendung machen kann, so wird man
doch bei länger fortgesetzter Prüfung an der Leiche finden, dass ihr
die feste Basis fehle und sie folglich nicht haltbar sei. Schon als
Traube seine erste Arbeit darüber veröffentlichte (1856), war ich
gezwungen, mich gegentheilig auszusprechen. Namentlich waren es
die path.-anatomischen Demonstrationen, in welchen ich jede Gelegenheit benützte, Gegenbeweise öffentlich beizubringen. Damals tauchte
auch schon eine andere Theorie in mir auf und kann ich sagen,
dass sie nunmehr zu einer gewissen Vollendung gereift ist und ich
mich berechtigt fühle, Stellung zu nehmen.

Traube fasst die anatomischen Beweismittel für seine Theorie
in folgenden Satz zusammen: „Man finde bei Morbus Brightii
fast immer Dilatation und Hypertrophie des linken Ventrikels allein, seltener Dilatation und Hypertrophie
beider Ventrikel, dagegen niemals Hypertrophie
des rechten Ventrikels allein."

Das letztere Vorkommen lasse ich als im Allgemeinen zugestanden bei Seite.

Gegen das erstere aber streiten folgende Facta:

1) Es gibt excentrische Hypertrophie des linken
Ventrikels oder beider Ventrikel ohne Bright's Granularschwund.

Ich kann darüber selbst wohl keine statistischen Angaben
machen, weil ich bei meinen Zusammenstellungen das Vorhandensein
des Granularschwundes als Basis nahm. Dagegen lässt sich aus der
Arbeit von Gull und Sutton (Med. chir. Transactions Bd. 55. 1872),
welche von dem Vorhandensein der Herzhypertrophie, wie ich noch
näher zeigen werde, ausgingen, berechnen, dass die excentrische

Hypertrophie des linken Ventrikels ohne Granularschwund der Nieren in beiläufig 25,7% ihrer Fälle vorkam.

Eigentlich ist dieser Satz nicht geeignet, vom anatomischen Standpunkt aus gegen Traube zu gelten; allein er ist am Krankenbette für den Arzt wichtig, denn er wird sich nicht stets durch die Erscheinungen der linkseitigen Herzhypertrophie verführen lassen, Morbus Brightii zu diagnosticiren, selbst wenn Albuminurie oder vermehrte Harnausscheidung vorhanden sein sollte. Es versteht sich von selbst, dass die excentrische Hypertrophie in Folge von Ostiumerkrankungen und Klappenfehlern nicht in Betracht kommen. Auch schliesse ich die Fälle von Plethora mit excentrischer Hypertrophie beider Ventrikel und entsprechender Erweiterung des gesammten Arterien- und Venensystems aus. Dagegen mache ich auf die excentrische Hypertrophie beider Ventrikel des Herz- und Körpermuskeln übermässig anstrengenden Arbeiters und Bergsteigers aufmerksam, welche dem Bright'schen Herzen analoge Verhältnisse zeigt.

Noch häufiger ist einfache Dilatation des linken Ventrikels ohne Hypertrophie. Diess ist z. B. nach Typhus und ähnlichen schweren Fieberprocessen, nach Pericarditis etc., manchmal zu beobachten.

2) Es gibt exquisiten Granularschwund ohne Hypertrophie und Dilatation des linken Ventrikels — in fast 8%, genau berechnet in 7,9 %.

Gull und Sutton bestätigen auch diesen Satz. Ich finde in 2,3 % das Herz normal; ja ich habe 5,6 % Granularschwund verzeichnet, bei welchen Muskelatrophie des Herzens vorhanden war. Diess sieht man namentlich bei Herzbeutelverwachsungen, doch auch ohne eine solche bei Fettdegeneration des Herzmuskels.

3) Es gibt neben Granularschwund Hypertrophie des linken Ventrikels ohne Dilatation.

Schroen in Neapel bewahrt ein paar klassische Fälle davon auf; ich selbst habe einige Male (in 0,6 %) die gleiche Beobachtung gemacht. Die Muskeldicke stieg in einem Falle bis über 4 Cm., und das Lumen des linken Ventrikels betrug nicht mehr als Bleistiftdurchmesser. Bei dieser concentrischen Hypertrophie wird die Verminderung der Ventrikelhöhle im Querschnitte zu einem Theile durch den bedeutenden Längsdurchmesser compensirt.

4) Ein nothwendiges Desiderat der Traube'schen Theorie wäre zunächst eine der erhöhten Spannung im Aortensysteme entsprechende

Erweiterung des ganzen Arteriensystemes. Diese ist aber durchaus nicht zu constatiren.

Es gibt wohl eine partielle Erweiterung in Folge von atheromatöser Degeneration (eine Aneurysmaform) und es gibt eine dem nicht excentrisch hypertrophirten Ventrikel entsprechende Weite des Arteriensystems. Allein beide Verhältnisse können nicht als die Traube'sche Consequenz der Nierenerkrankung gelten.

Aber auch theoretische Gründe sprechen gegen eine solche Arterienerweiterung; den erhöhten Seitendruck von den Nieren aus in der Aorta zugegeben, bliebe unverständlich, warum er durch die vielen und bedeutenden Abzüge nach auf- und abwärts nicht sollte wenigstens so weit ausgeglichen oder doch so weit abgeschwächt werden, dass er für das Herz unfühlbar würde und seine Muskel nicht zu so gewaltiger excentrischer Hypertrophie anspornte, wie man sie manchmal beobachtet.

Analogien beweisen hier nichts.

Bei Lungencirrhose z. B., dem gleichwerthigen Processe des Bright'schen Granularschwundes, sieht man allerdings eine excentrische Hypertrophie des rechten Ventrikels; allein hier ist in Folge des Mangels collateraler Abzweigungen zu anderen Organen eine Ausgleichung nicht möglich. Auch ist eine Erweiterung des ganzen Pulmonalarteriensystems gegeben. Dieser Fall lässt somit keinen Vergleich zu.

Ebenso wird man die Lebercirrhose nicht heranziehen dürfen, da bei ihr wohl das Pfortadersystem, wie bei Lungencirrhose das Lungenarteriensystem in erhöhte Spannung versetzt wird, aber die Leberarterie und sofort das Aortensystem und das Herz unberührt bleibt.

Thatsächlich ist für den Granularschwund, dass eine Erweiterung des Aortensystems nicht existirt.

5) Unverständlich wäre, warum alle übrigen Nierenatrophien, bei welchen nicht minder Gefässe und secernirende Substanz verloren gehen (so namentlich die angeborne Cystenniere, die Hydronephrosis, die Adiposis renum, der Mangel der einen Niere, angeboren oder erworben, ausgebreitete embolische Narben, eitrige und käsige Zerstörungen der Nieren, die Exstirpation einer Niere etc.) ohne Rückwirkung auf die Spannung im Aortensysteme bleiben und eine excentrische Hypertrophie des linken Ventrikels nicht zu Stande bringen.

6) Eine weitere Consequenz müsste sein, dass die excentrische Hypertrophie einzig und allein und immer nur auf den linken Ventrikel beschränkt wäre. Diess ist nun gegenüber den Angaben Traube's, welcher behauptete, dass häufiger der linke Ventrikel allein hypertrophire, nach meinen Zusammenstellungen so selten, dass auf 3,3 Fälle von Granularschwund erst einer mit excentrischer Hypertrophie besonders des linken Ventrikels oder allein trifft, alle übrigen zeigen gleichzeitig auch excentrische Hypertrophie des rechten Ventrikels. In Procentverhältnissen ausgedrückt heisst diess: der linke Ventrikel allein oder besonders der linke Ventrikel ist hypertrophisch in 21,4 %, beide Ventrikel aber sind hypertrophisch in 70,8 %.

Galabin (Centralblatt 1875, p. 105) berechnet unter 66 Fällen 17mal eine Hypertrophie des linken Ventrikels, d. h. 25,7 %.

Auf den rechten Ventrikel kann aber, wie Traube selbst zugesteht, die erhöhte Spannung des Aortensystems keine Anwendung finden.

7) Traube behauptete, seit er sich von der Häufigkeit der gleichzeitigen excentrischen Hypertrophie des rechten Ventrikels überzeugt hatte, sie entwickle sich erst nachträglich. Er musste eben nothwendig bemüht sein, eine plausible Erklärung zu suchen, denn wenn gleich von Anfang eine excentrische Hypertrophie des rechten Ventrikels vorhanden sein würde, so wäre damit seiner Theorie der stärkste Stoss gegeben. Ihn abzuwehren, machte er vorerst folgenden Vergleich: „es läge hier derselbe Fall vor, wie bei Insufficienz der Aortaklappen, wo gleichfalls zunächst Dilatation und Hypertrophie des linken Ventrikels und später erst die des rechten folge."

Diess ist nun, soferne es sich um eine reine Insufficienz der Aortaklappen handelt, durchaus irrthümlich — denn in diesem Falle wird das Ostium aortae und das ganze Arteriensystem weiter und in demselben Masse als es mehr Blut enthält, muss nothwendig das ganze Venensystem weniger enthalten, und drückt sich dieses Verhältniss auch anatomisch durch das gerade Gegentheil, nämlich durch entsprechende Verkleinerung des rechten Herzens aus. Der rechte Ventrikel sieht wie ein Anhang des linken aus.

Handelt es sich dagegen um eine organische, d. h. fibröse oder knöcherne Stenose der Aortenmündung, wohl gewöhnlich gleichzeitig mit Insufficienz der Klappen, so entsteht allerdings vorerst eine excentrische Hypertrophie des linken Ventrikels, aber auch eine der Stenose entsprechende verminderte Spannung und Enge des Aortensystems, somit Anhäufung des Blutes im Hohlvenensysteme und kleinen Kreislaufe, das rechte Herz muss dilatirt und hypertrophisch werden.

Nimmt man aber beim Granularschwunde eine erhöhte Spannung im Aortensysteme an, so ist eine Vergleichsanwendung auch der organischen Aortenstenose, bei welcher eine verminderte Spannung im Aortensysteme charakteristisch ist, zur Erklärung der Existenz der excentrischen Hypertrophie des rechten Ventrikels neben einer solchen des linken nicht statthaft.

Traube scheint diess gefühlt zu haben, denn er erklärt in späteren Aufsätzen die nachfolgende excentrische Hypertrophie des rechten Ventrikels aus einer nachlassenden Energie des linken Ventrikels in Folge einer in dessen Muskeln eingetretenen Fettdegeneration.

Diese Fettdegeneration im linken Ventrikel fehlt aber in den weitaus meisten Fällen und somit fehlt auch jeder anatomische Anhalts- und Beweispunkt für die supponirte Abnahme der Energie des linken Ventrikels.

Ich habe im Gegentheile mehrere Fälle verzeichnet, bei welchen die Fettdegeneration einzig und allein im hypertrophischen rechten Ventrikel vorkam.

8) Nach Traube ist die linkseitige Herzhypertrophie die Folge des Granularschwundes, des Verlustes einer mehr oder weniger grossen Summe secernirender Substanz und von Gefässen. Die Theorie muss, da diess ihr Vordersatz ist, mit dem Nachweise, das die Hypertrophie schon vor dem Schwunde vorhanden ist, nothwendig fallen.

Schon Bamberger sah sie vor dem Schwunde und mir stehen aus dem II. Stadium der interstitiellen Hyperplasie, wo von Granularschwund noch nichts zu sehen ist, eklatante Beweise zu Gebote, dass die excentrische Hypertrophie des Herzens und zwar beider Ventrikel schon vor dem Nierenschwunde ausgebildet sei. Dem stimmt auch neuestens Schrötter (Ziemssen's Handb. VI. p. 180) zu.

Diese 8 Punkte sind während mehrer Jahre so oft auf ihre Stichhaltigkeit und Wahrheit geprüft worden, dass ich die Unhaltbarkeit der Traube'schen Theorie für hinreichend erwiesen erachte.

Ich füge zum Schlusse nur noch an, dass ich gemäss der schon erörterten Gefässverhältnisse der Nieren und gemäss der durch sie ermöglichten und in der Regel trefflich von Statten gehenden Collateralcirculation geradezu gezwungen bin, das Fundament der Traube'schen Theorie zu läugnen, nämlich, dass der Granularschwund eine rückwärts gegen die Aorta und den linken Ventrikel zu fühlbare erhöhte Spannung erzeuge.

Man darf sich eben nicht die grobe Vorstellung machen, dass der Blutstrom an den gegebenen Hindernissen wie etwa die Meereswelle am Felsenstrande anschwelle und von dort nach mächtigem Anpralle zurückgeschleudert werde. Eine solche fühlbare erhöhte Spannung in Aorta und Herz von den Nieren aus wäre auch gar nicht zu erwarten, da die Krankheit meist schleichend anfängt und sich entwickelt; sie wäre nur in den seltenen Fällen eines akuten fieberhaften Beginnes denkbar; in den späteren Stadien aber und ich wiederhole es, gerade bei der äusserst langsamen Ausbildung des Schwundes der Nieren weicht der Blutstrom vielmehr den Hindernissen aus und fliesst die Bahnen geringeren Widerstandes ruhig weiter. Auch eine Ueberfluthung könnte nur in jenen akuten, fieberhaften Anfangsstadien eintreten.

In diesen Fällen kömmt es dann zu cylindrischen Exsudatgerinnseln und nicht minder zu Blutungen aus den Glomerulis in die Bowman'schen Kapseln, in die gewundnen schleifenförmigen und geraden Kanälchen.

Später aber ist hinreichend Zeit gegeben, die Ausgleichung vollkommen zu machen. Sie ist als eine Thatsache hinzunehmen. Und gerade für diese spätere Zeit des Schrumpfungsprozesses nimmt man an, dass eine erhöhte Spannung in der Aorta erzeugt würde! Die collaterale Ausgleichung in der Bright'schen Niere hat eben so viel Berechtigung als die collaterale Ausgleichung nach Unterbindung einer Carotis oder Cruralarterie, bei welcher eine Rückwirkung auf Aorta und Herz nicht minder fehlt.

Ausser der Traube'schen Theorie existiren noch einige Erklärungsversuche des Zusammenhanges von Herzhypertrophie und Nierenschwund. Allein sie sind einestheils nicht gehörig durchgearbeitet, anderntheils sind sie nicht befähigt, den Gegenstand fest genug zu packen und unser Urtheil zu fesseln, so dass ich ein näheres Eingehen wohl unterlassen kann.

Dahin gehört z. B. die Ansicht der meisten englischen Autoren, Bright voran, besonders aber von G. Johnson, welche die Nieren-erkrankung, wie Traube, für das Erste, die Herzaffektion für das Spätere halten, aber zwischen beide ein Mittelglied, das durch Retention von Harnbestandtheilen unrein gewordene Blut einschalten. Schlechtes Blut, behaupten sie, ernähre die Gewebe schlecht, circu-lire überhaupt mit grösserer Schwierigkeit, vergrössere so den Wider-stand in den Capillaren und diess erzeuge die Hypertrophie des linken Herzventrikels.

Diese Annahme enthält nach jetzigem Wissen so viele noch vorher zu lösende physiologische Fragen, dass sie für uns nicht brauchbar ist.

Ich wende mich daher sogleich zu der Theorie von Gull und Sutton.

Kann man nämlich die Hypertrophie des Herzens neben Granular-schwund weder als das Primäre, noch als das Sekundäre betrachten, so bleibt nur übrig, beide Erkrankungen auf eine gemeinsame Quelle zurückzuführen.

Eine solche gemeinschaftliche Ursache geben Gull und Sutton an.

Freilich Traube wehrt sich, Nieren- und Herzaffektion als Coëffekte einer und derselben Ursache zu betrachten, da es ein Widerspruch wäre, in dem einen Organe Hypertrophie, in dem anderen Atrophie anzunehmen und da es besonders unbegreiflich bliebe, warum nur der linke Ventrikel afficirt würde. Ich habe schon angegeben, dass es ein Irrthum ist, vom hypertrophischen linken Ventrikel allein zu sprechen, da in den meisten Fällen auch der rechte Ventrikel excentrisch hypertrophirt. Was den berührten Widerspruch von Hypertrophie und Atrophie anlangt, so muss man bedenken, wie himmelweit verschieden anatomisch und physiologisch das Herz und die Nieren, das eine ein Hohlmuskel, die anderen Sekretionsdrüsen, sind und dass dieselbe Ursache in dem einen Organe wohl den entgegengesetzten Erfolg wie in dem anderen haben könnte und dass man nicht so gewaltig fehlt, wenn man die interstitielle Hyperplasie der Nierenrinde und die Hypertrophie des Herzmuskels zusammenstellt.

In der Annahme von Gull und Sutton, das ist kein Zweifel, liegt etwas Greifbares und pathologisch-anatomisch Discutirbares vor und desshalb imponirt ihre Anschauung unter allen Theorien neben der Traube's am meisten.

Ich muss mir daher erlauben, ihre Arbeit in einem kurzen Abrisse wiederzugeben.

„Das Grundthema ihrer Schlussfolgerungen geht dahin, dass es einen Krankheitszustand gibt, der durch eine „hyalin-fibroide" Veränderung in den Arteriolen und Capillaren der meisten Organe des Körpers charakterisirt ist. Diese Gefässveränderung bedingt Schwund der zugehörigen Organe. Die Schrumpfung der Niere bildet einen Theil, aber nicht einen nothwendigen Theil der genannten Allgemein-krankheit. Die Nieren können wenig verändert sein, während in anderen Organen die Krankheit vorgeschritten ist. Für den Morbus Brightii ist die Gefässerkrankung das Primäre und Wesentliche. Die klinische Geschichte wechselt mit den Organen, die primär und besonders afficirt sind. Nach unseren jetzigen Kenntnissen können wir die Gefässveränderung keiner Bluterkrankung, bedingt durch mangelhafte Harnexcretion zuschreiben. Die Hypertrophie des linken Herzventrikels ist nicht vom Granularschwunde, sondern von der Arteriolenerkrankung abhängig. Obgleich die bezeichnete Allgemeinkrankheit (Gull und Sutton nennen sie Morbus Brightii oder Arterio-capillary-fibrosis) ihr Hauptcontingent an Kranken erst vom 40. Lebensjahre an gewinnt, so ist sie dennoch verschieden von den Altersveränderungen."

Diesen letzten Satz will ich zugeben, jenen aber, dass die Hauptvorkommnisse des Morbus Brightii, insbesondere die Herzhypertrophie von einer Blutveränderung durch Retention von Harnbestandtheilen abzuleiten sei, habe ich bereits zurückgewiesen.

So bleibt mir also zunächst nur darüber zu sprechen übrig, wie es sich mit den bezeichneten Veränderungen in den Arteriolen verhält und ob sie wirklich das Primäre für den Granularschwund und für die Herzhypertrophie abgeben und somit in den Vordergrund des Krankheitsbildes gedrängt werden müssen.

Die übrigen Sätze Gull-Sutton's werde ich später berühren.

Gull und Sutton haben bei den meisten Fällen von Granularschwund der Nieren die hyalinfibroide Veränderung der kleinsten Arterien nicht nur in den Nieren, sondern auch regelmässig in der Pia mater des Gehirnes, einige Male in der Retina (bei Retinitis albuminurica), im Herzmuskel, in den Lungen, im Magen, in der Milz, in der Haut gefunden.

Da sie diese Erkrankung für das Wesentliche des Morbus Brightii halten und da sie dieselbe auch ohne den Granularschwund beobachteten, so kommen sie zu dem eigenthümlichen Schlusse, dass die genannte Nierenerkrankung zum Morbus Brightii gar nicht nöthig sei, d. h. sie statuiren einen Morbus Brightii ohne Morbus Brightii, denn die Nierenerkrankung ist nur Theilerscheinung und kann desshalb fehlen.

Unter ihren 35 Fällen waren 9, also auffallend genug der vierte Theil, nicht mit granulirten Nieren versehen.

Von diesen 9 Fällen waren 3mal die Nieren ganz gesund, 2mal wurden sie als venös congestionirt angegeben und 4mal wurde akute Nephritis notirt, die Niere gross, weich, blutreich, mit eingestreuter grauer Masse beschrieben. Es ist offenbar, dass die venöse Congestion in Zusammenhang mit excentrischer Hypertrophie des rechten Ventrikels gestanden haben musste und bei den 4 Fällen von akuter Nephritis, bei welchen eine mikroskopische Untersuchung leider fehlt und es also unsicher ist, ob man es mit den Anfangsstadien der interstitiellen Hyperplasie oder mit einer anderen akuten Nephritis zu thun hatte, ist 2mal Emphysem der Lungen verzeichnet, welches nicht minder eine excentrische Hypertrophie des rechten Ventrikels fordert.

Gull und Sutton scheinen indess wenig Gewicht auf die Theilnahme des rechten Ventrikels zu legen, denn unter den 35 Fällen wird nur 4mal desselben Erwähnung gethan, davon 3mal bei den Fällen ohne Granularschwund der Nieren, nämlich 1mal neben Lungenemphysem und 2mal bei den Fällen akuter Nephritis. So träfe auf die 26 Fälle von Bright'schem Granularschwund ohne die erwähnten Complikationen die excentrische Hypertrophie des rechten Ventrikels nur 1mal — d. h. sie käme nach Gull und Sutton nur in 3,8% der Fälle vor, während ich 70,8% berechne — ein Verhältniss, welches unmöglich der Wahrheit entspricht.

Es ist zweifellos, dass, wenn man zu einer richtigen Anschauung kommen will, mit allen Faktoren gerechnet werden müsse und unter diesen spielt die excentrische Hypertrophie des rechten Ventrikels keine untergeordnete Rolle.

Freilich Gull und Sutton umgehen diesen Faktor, denn aus ihrer Theorie ist seine Existenz nicht erklärbar.

Ich folgere aus der allgemeinen Erkrankung der Arteriolen und Capillaren, die nur in $^{3}/_{4}$ der Fälle mit Nierenschwund, aber in allen 35 Fällen mit Hypertrophie des linken Ventrikels verbunden ist, dass sie mit Granularschwund der Nieren insoferne und so oft in Zusammenhang stehen müsse, als dieser mit Hypertrophie des linken Ventrikels angetroffen wird. Fehlt die Herzhypertrophie, so fehlt auch die allgemeine Gull-Sutton'sche Erkrankung.

Wenn man mich nur frägt, ob es denn wirklich eine derartige Allgemeinerkrankung gebe, so antworte ich allerdings bejahend. Gull und Sutton haben das Verdienst, sie recht ans Licht gebracht zu haben, wenn man sie auch schon kannte, jedoch unter anderem Namen und nicht in dieser Allgemeinheit an den feinsten Arterien. Sie ist nichts anders, als was man bisher im weitesten Sinne allgemeine Atheromatose des Arteriensystems (Arteritis chronica und Endarteritis nodosa) genannt hat, in deren Begleitung man die excentrische Hypertrophie des linken Ventrikels längst wusste. Abgesehen von den bekannten Veränderungen in den grösseren Arterienstämmen und Aesten kannte man ferner unter Umständen auch ganz die gleichen Bildungen in den feineren Arterien und sind diese wieder dasselbe, was neuestens Friedländer u. A. gemäss des Endresultates Arteritis obliterans oder besser wegen der besonders betonten Verdickung der Innenwand Endarteritis obliterans tauften *).

Ich finde nur nicht den mindesten Grund, sie mit dem Namen Morbus Brightii, von welchem doch die Nierenkrankheit nicht ausgeschlossen werden kann und das Wesentliche darstellt, zu belegen. Dass die Krankheit Gull-Sutton's etwas Selbständiges, vom Granularschwunde Unabhängiges sei, ergibt sich nicht bloss aus ihrer eignen vorerwähnten Statistik, sondern ganz besonders klar aus der genaueren Untersuchung der Nieren selbst.

Die hyalin-fibroide Veränderung der feinsten Arterien ist beim Granularschwunde der Niere in der That vorhanden; man könnte sogar Vertreter für die Ansicht finden, dass sie sich vermöge der

---

*) Heubner's Arteritis syphilitica und Baumgartner's Arteritis traumatica zeigen dieselben Veränderungen.

Axel-Key'schen Bindesubstanz nicht nur bis in die Glomeruli erstrecke, sondern in ihnen beginne. Wenn ich mich dieser Ansicht auch nicht anschliessen kann, so steht mir nach meinen Untersuchungen doch so viel fest, dass sich die hyalin-fibroide Arteriolenverdickung ganz anders, als die für den Granularschwund der Nierenrinde so charakteristische Hyperplasie verhält.

Während man längs der Arterienwände (sowohl in deren Intima und Endothel als in der nächstliegenden Schichte) ein fertiges, fibroides Bindegewebe mit sparsamen schmalen Spindelzellen wahrnimmt, dessen Bündel hyalin glänzen und zwischen die ebenfalls und noch mehr glänzenden Muskelzellen einwachsen, letztere zum fibroiden oder degenerativen Schwunde zwingen, stellt sich die circumkapsuläre und intertubuläre Hyperplasie als ein diffuses Infiltrat mit kleinen Rundzellen dar, das keine Verwechselung mit der hyalin-fibroiden Verdickung der Arteriolen zulässt, selbst dann nicht, wenn viele dieser Rundzellen etwa Spindelform angenommen haben sollten. Beide Veränderungen sind in demselben Organe als wohl unterscheidbare Processe nebeneinander gestellt.

Dies sieht man am besten, wenn man eine senile Schrumpfniere mit partiellem Granularschwunde untersucht. Eben als ich diess schreibe, habe ich eine solche von einem 80jährigen Manne vor mir, noch dazu combinirt mit Nephritis urica. Hier sieht man einerseits obliterirte Glomeruli und die arteritische Verdickung ohne das kleinzellige Infiltrat in ihrer Nähe; andrerseits völlig sufficiente Glomeruli, welche mit jenem Infiltrate umgeben sind. Man kann die Unabhängigkeit beider Processe von einander nicht besser demonstriren.

Es ist keine Frage, die Arteritis obliterans (die Atheromatose, die Gull-Sutton'sche Krankheit) vermag das betreffende Organ zum Schwunde zu führen. Das Gehirn, die Retina, die Milz, die Magenschleimhaut etc. tragen die Merkmale dieses Schwundes an sich; und so gibt es auch einen senilen Schwund der Nieren, der einzig und allein auf Arteritis obliterans beruht. Aber alle diese Atrophien zeigen nicht die Form, wie man sie bei Bright'schem Granularschwunde der Nieren beobachtet. Die charakteristische Form fehlt, nicht bloss weil die Nieren ihre besondere Struktur besitzen, sondern weil das diffuse kleinzellige Infiltrat fehlt.

Dieses Infiltrat mit kleinen Rundzellen hat weit mehr Aehnlichkeit (ich sage „Aehnlichkeit" und nicht etwa „Identität") mit dem Zelleninfiltrate der Syphilis, der Tuberkulose, der Speckniere, sogar mit jenem, welches man im Stroma des Pflasterepithelkrebses antrifft, als mit der hyalin-fibroiden Verdickung der Arteriolen G u l l - Sutton's, welche sich als einfache vorzugsweise nicht numerische Hypertrophie des Bindegewebs ausweist.

Der Granularschwund kann daher unmöglich auf die Gull-Sutton'sche Krankheit zurückgeführt werden, sondern er stellt einen wahrhaft genuinen entzündlichen Process dar, dem sich die hypertrophische Veränderung in den Arterien des Nierenparenchyms nur anschliesst.

Was die neben Granularschwund vorkommende Herzhypertrophie anlangt, so kann man, da G u l l und S u t t o n dieselbe auch von einem peripher erhöhten Circulationswiderstande ableiten, im Allgemeinen dieselben Gegengründe aufstellen, wie gegen T r a u b e. Namentlich würden unter Voraussetzung der B r i g h t'schen Nierenkrankheit zu wiederholen sein:

1. Dass die linkseitige Herzhypertrophie auch ohne Granularschwund zu beobachten sei;

2. Dass es Granularschwund auch ohne Herzhypertrophie gebe;

3. Dass das ganze Aortensystem weiter sein müsste, was nicht der Fall ist;

4. Dass der rechte Ventrikel meist mit dem linken gleichzeitig hypertropisch gefunden werde.

Und noch hinzuzufügen wäre, dass

5. zu Anfang der Nierenerkrankung die fibroide Verdickung der Capillaren und Arteriolen nicht vorhanden sei und

6. dass fast immer nur die Nieren in entschiedener Schrumpfung angetroffen werden, selten noch ein anderes Organ, welche Thatsache doch als eine Sonderbarkeit betrachtet werden müsste, wenn die Arterio-capillary-fibrosis als ein allgemeiner Process die Ursache wäre.

Nachdem ich mich bisher bemüht habe zu zeigen, dass weder die T r a u b e'sche, noch die G u l l - S u t t o n'sche Theorie in Stande seien, die neben Granularschwund vorkommende Herzhypertrophie zu erklären, so frägt sich, was ich selbst dafür einzusetzen habe?

Denn es liegt nicht bloss daran, Bauwerke, welche in allen

ihren Verhältnissen vortrefflich und anstaunenswerth sind, einzureissen, sondern es liegt daran statt ihrer einen neuen, besser fundirten und widerstandsfähigeren Bau aufzuführen, selbst auf die Gefahr hin, dass die Façade nicht so glänzend und bestechend ausfallen sollte.

Die Negation ist aber leichter, als Positives zu bringen und Sie begreifen, warum ich nicht schon viel früher meine Meinung publicirte, ja dass ich heute noch schüchtern und mit gewissem Bangen öffentlich darangehe, die so verwickelten Verhältnisse klären und in wissenschaftliche Ordnung bringen zu wollen.

Dass eine allgemeine Ursache obwalten müsse, geht aus der Betrachtung der Nieren wohl unwiderleglich hervor; denn

1. der Granularschwund ist eine symmetrische, beide Nieren befallende Erkrankung;

2. die Veränderungen sind über jede Niere in diffuser Weise ausgebreitet und

3. die Veränderungen sitzen in der Rinde, sind also primär vom Blute aus erzeugt, gehen nicht sekundär vom Nierenbecken aus. Allein diese Umstände geben noch nicht den Beweis einer auch für das Herz gemeinsamen Ursache.

Meine Hypothese geht aber dahin, dass für die Affektion der Nieren und des Herzens eine gemeinsame Quelle existire.

Nenne ich diese Ursache, da ich die Gull-Sutton'sche zurückgewiesen habe, eine unbekannte Grösse, so kann ich meine Anschauung schon im Voraus kurz folgendermassen skizziren:

Beide Organe erkranken gleichzeitig; die Entwicklung der Herzhypertrophie ist auf die selbsteigne Thätigkeit des Herzens zurückzuführen — ähnlich wie ich die Affektion der Nieren als ein selbständiges Verhalten derselben darzustellen versuchte.

Meine Beweispunkte für die gleichzeitige Erkrankung von Herz und Nieren sind nun folgende:

1. Die Thatsache, die ich schon in Thesis 8 gegen Traube anführte, dass Andere und ich selbst schon vor der Schrumpfungsperiode die Herzhypertrophie beobachtet haben.

2. Die Erkrankung des Herzens besteht nicht bloss in Dilatation und Hypertrophie des linken Ventrikels, die man nach Traube und Gull-Sutton allein vor sich haben müsste, sondern meist auch in excentrischer Hypertrophie des rechten und finden sich

beide Ventrikel in diesem Zustande schon vor der Schrumpfungsperiode der Nieren.

3. Häufig finden sich — und diess ist wohl der wichtigste Punkt —
Reste und Ausgänge abgelaufener Entzündungen am
Herzen, deren Entstehung man in die Zeit des Beginnes der Nierenerkrankung zurückzuverlegen gezwungen ist.

In jeder statistischen Zusammenstellung der Nebenvorkommnisse
bei Bright'schem Granularschwunde der Nieren, von Frerichs
an, der eine Zahl von nahezu 300 (von Bright, Dickinson,
Johnson etc. und eignen gesammelten) Fällen bekannt gibt, bis
auf die neuesten Studien von Bull leuchtet dieses Verhältniss hervor, ohne dass man es jedoch näher würdigte und pathologisch
verwerthete.

Meine Statistik ergibt 35,3% Herzbeutelentzündungen und zwar
davon 19,4% Herzbeutelverwachsungen, 12,9% andere
Residuen oder frische recidive Pericarditis. Ferner
sind in anderen Fällen: Klappen- und Endocardverdickun-
gen, auch Vegetationen mit 20,6% eingetragen (daher
man in granulirten Nieren wirkliche embolische Narben antrifft);
am häufigsten sieht man sie an der Bicaspidalklappe, dann an den
Aortaklappen, auch die Tricuspidalis ist nicht ausgeschlossen, ja selbst
an den Pulmonalklappen. habe ich sie angetroffen.

Alle diese anatomischen Veränderungen an den Klappen dürfen
aber, wenn das Krankheitsbild nicht total verschoben werden soll,
weder Klappeninsufficienz, noch Ostiumstenose erzeugen.

Gerade die Sufficienz der Klappen und Ostien
ist ein Hauptkriterium für die Reinheit des Falles
eines Morbus Brightii.

Von Muskelerkrankungen ergibt sich die entzündliche
Fettdegeneration von selbst aus den Peri- und Endocard-
entzündungen, an welchen das Myocard mehr oder weniger stets
theilnimmt, d. h. 55,9% ; dagegen sind für intensivere Myocarditis
beweisend 9,8% Fälle, nämlich 3,6% particelle wahre Herz-
aneurysmen, 1,2% Herzrupturen und endlich die glasige
Verquellung (hyaline oder wachsige Degeneration) der Muskulatur, bald mit Verbreiterung der Primitivbündel, bald mit Ver-
schmälerung derselben bis zu fibroider Umwandlung in 5%. Letztere
ist wahrscheinlich sehr häufig vorhanden, aber leider nur selten

notirt worden. Das gibt in toto die Summe von 65,7% Resten von Herzentzündung bei B r i g h t 'schem Granularschwunde.

Da ich demgemäss auch in 65,7% Myocarditis annehmen muss, da ich dazu auch die Fälle von Muskelschwund mit Fettdegeneration (5,6%) ebenfalls als Ausgänge der Myocarditis bezeichnen muss, so dass sich Alles auf 71,3% berechnet, so sagt diese Ziffer gewiss genug, um sich mit der Ansicht vertraut zu machen, d a s s d e r M o r b u s B r i g h t i i n i c h t b l o s s m i t N e p h r i t i s, s o n - d e r n a u c h m i t M y o c a r d i t i s (ohne oder mit Peri- oder Endo- carditis) b e g i n n t.

Rechne ich die 71,3% von den bei Morbus Brightii gefundenen 92,2% Herzhypertrophien ab, so bleiben 20,9% übrig, bei welchen keine Entzündungsausgänge am Endo- oder Pericard und keine Merkmale intensiverer Myocarditis bemerkt sind, die also als Folge einfacher Myocarditis oder transitorischer Fettdegeneration auf- zufassen wären, da die Herzhypertrophie, wie wir noch sehen wer- den, ohne sie keine Erklärung hätte. Bei den meisten derselben bezeugt nur der Schwund der subpericardialen Fettschichte die ab- gelaufene Myocarditis.

4. Geht man den S t a d i e n d e s P r o c e s s e s nach, so erkennt man den Parallelismus der Veränderung in Herz und Nieren. Man findet nämlich mit dem ausgeprägten Granularschwunde die oben erwähnten Endresultate der Herzentzündungen; mit dem 2. Stadium sieht man diese Vorgänge am Herzen in noch frischerer Veränderung und endlich mit dem frühesten Stadium den akut entzündlichen Zu- stand sowohl der Nieren als des Herzens und hier den letzteren bald als frische Peri- oder Endocarditis, bald als frische Myocarditis parenchymatosa. Am Krankenbette ist dieser Beginn in manchen Fällen durch a k u t e n i n i t i a l e n H y d r o p s bezeichnet, der dann auf die Nieren das Augenmerk lenkt. Meine Untersuchungen des ersten Stadiums stammen von solchen Fällen.

Die angeführten Punkte erweisen nicht nur für die Nieren, sondern auch für das Herz eine allgemein wirkende und gemein- same Ursache und ihre gleichzeitige Erkrankung. Ich muss wieder- holen, diese mit der G u l l - S u t t o n'schen Krankheit oder mit allgemeiner Atheromatose zu identificiren, ist unstatthaft, denn die genannte Allgemeinkrankheit dieser Autoren existirt in der Anfangs- zeit des Morbus Brightii entschieden nicht und habe ich mich bis jetzt umsonst bemüht, Momente aufzufinden, welche beweisend für ihr primäres Auftreten beim Bright'schen Granularschwunde wären. Wie nun die Nieren den überstandenen Entzündungsprocess für den übrigen Körper durch Ausgleich schadlos machen und zwar auf ganz selbständige Weise, so ist diess auch mit dem Herzen der Fall.

Ein Dreifaches ist denkbar und auch thatsächlich zu erweisen:
1) Das Herz geht unverändert an Volum, Höhlenweite und Muskeldicke aus dem Entzündungsprocesse hervor.

Dieser seltene Fall lässt dem Gedanken Raum, dass das Herz kaum oder nicht ergriffen war.

2) Das Herz wird nach der Entzündung atrophisch. Besonders oft unter ihnen war gleichzeitig Herzbeutelverwachsung zu beobachten. In den letzten Tagen kamen naeheinander drei Fälle von eminentem Granularschwunde zur Sektion; bei zweien waren die Herzwände und Höhlen wie im normalen Zustande; bei dem einen starke Fettdegeneration in beiden Ventrikeln, bei dem andern nur im linken; bei dem dritten Falle war der linke Ventrikel etwas atrophisch, der rechte dagegen in bedeutender excentrischer Hypertrophie begriffen — in Folge von Lungenemphysem.

Solche Fälle würden unmöglich weder in die Traube'sche noch Gull-Sutton'sche Theorie passen. Endlich
3) das Herz erleidet eine Hypertrophie und diess ist der gewöhnliche Fall, der desshalb eine nähere Besprechung erheischt.

Es kömmt auf Nebenumstände an, ob das eine oder andere eintritt.

Wie ist es nun möglich, dass das Herz in toto und namentlich im linken Ventrikel fast regelmässig excentrisch hypertrophirt?

Das erste Ereigniss, welches durch die angegebene entzündliche Affektion des mehr oder weniger immer befallenen Herzmuskels erscheint, ist offenbar und nothwendig die Verminderung der Widerstandskraft gegen den Blutdruck: die Höhle muss erweitert werden.

Der Grad der Dilatation entspricht in gewissem Sinne dem Kraftverluste der Musculatur und der vorhandenen Blutmenge.

Zu Anfang und in der Blüthe der Entzündung, wo die Kammerwand am meisten nachgiebig ist und wo die Blutmenge in der Regel unverändert ist, wird die Wirkung am bedeutendsten sein.

Die gleich beim Beginne sieh entwickelnde Dilatation der

Ventrikel — und nicht nur des linken, sondern auch des rechten, denn die Entzündung ergreift fast stets das ganze Herz — ist somit leicht erklärbar.

Anders verhält es sich mit der Hypertrophie, denn diese beginnt erst mit dem Schlusse des entzündlichen Processes. Setzt man die Dauer desselben auf etwa 6—8 Wochen, ja wollte man ihn auf ¼—½ Jahr taxiren, so ist immerhin bezüglich der langen, selbst auf mehrere (bis gegen 20) Jahre sich ausdehnenden Dauer des Morbus Brightii der Anfang der Hypertrophie in dessen früheste Zeit zurück zu verlegen.

Dass der Muskel hypertrophirt, ergibt sich aus mehreren Gründen. Zunächst aus dem allgemeinen Gesetze, nach welchem sich dem Ende jeder Entzündung und zwar in allen Organen und Geweben ein Stadium der Uebererernährung unmittelbar anschliesst. Sollte man späterhin etwa das Gegentheil, also Schwund beobachten, z. B. bei Herzbeutelverwachsungen, mit welchen manchmal Hypertrophie, manchmal aber entschiedener Schwund des Muskels verknüpft ist, so ändert diess an der Wahrheit des Satzes nicht das Mindeste.

Der Herzmuskel macht keine Ausnahme.

Im Pericardium sieht man Verwachsungen, Sehnenflecken, im Endocardium und an den Klappen bilden sich Verdickungen aus, der Muskel hypertrophirt — alles ohne dass irgend eine andre Ursache dazu nöthig wäre.

Man sieht aber die Möglichkeit ein, dass die Hypertrophie durch übermässige Degeneration überboten werden könnte; einige wenige Fälle des Morbus Brightii gehören hieher.

In der Regel kömmt jedoch wegen des Baues und der Funktion des Herzens noch ein zweites Moment dazu — nämlich dadurch, dass die erweiterten Ventrikel eine grössere Menge Blut zu bewältigen haben, nimmt die schon angebahnte Hypertrophie in einem der stattgehabten Erweiterung entsprechenden Masse in Folge der ihnen aufgebürdeten Mehrleistung der Ventrikel zu.

Dilatation und Hypertrophie sind also begründet in abgelaufener Herzentzündung, namentlich in Myocarditis und wäre der Zwang nicht nöthig, sie von dem Verluste einer Summe peripherer Capillargefässe (gleichviel nach Traube oder Gull-Sutton) abzuleiten; und wenn doch, so müsste man eingestehen, dass die supponirte erhöhte

Spannung im Aortensystem auf den rechten Ventrikel keinen Einfluss ausüben würde.

Wenn nun der Grad der Erweiterung der bei der Entzündung verminderten Widerstandskraft der Herzwände und der vorhandenen Blutmenge entspricht, nicht aber vom Granularschwunde der Nieren abhängt, mit welchen sie zusammen vorkommen oder welcher fehlen kann, so ist begreiflich, dass es nicht nur verschiedene Grade der Erweiterung, sondern auch der folgenden Hypertrophie geben müsse. Eine gesunde Herzwand coaptirt sich der verminderten Blutmenge leicht, allein der starre hypertrophische Muskel oder der degenerirte insbesondere des linken Ventrikels sehr schwer oder gar nicht. So sehen wir, wenn die Schwächung, nicht aber die Blutverminderung übergross war, bedeutende Dilatation, ein anderes Mal, wenn die Coaptation wegen auffallender Blutabnahme wohl im Querschnitte aber nicht im Längsdurchmesser des Ventrikels möglich war, concentrische Hypertrophie, wieder ein anderes Mal Dilatation und Hypertrophie sich das Gleichgewicht halten. Letzteres ist der gewöhnliche Fall.

Mit diesen Verhältnissen darf natürlich die mit dem Alter gleichmässig fortschreitende Vergrösserung des Herzens und namentlich der Muskeldicke nicht verwechselt werden. In solchen Fällen fehlen alle Entzündungsresiduen, fehlt auch das noch zu erörternde Verhalten der Aorta.

Ich komme nun auf einen sehr wichtigen und interessanten dritten Grund der excentrischen Hypertrophie der Kammerwände zu sprechen. Letzterer hängt nämlich nicht bloss von den Entzündungsvorgängen an sich und nicht bloss von der durch die Ventrikeldilatation geforderten Mehrleistung, sondern auch von der Weite der Ausflussmündung der Ventrikel ab.

Ich spreche natürlich nicht von Klappenfehlern, auch nicht von organischen Ostiumverengerungen, ebenso nicht von der excentrischen Hypertrophie beider Herzventrikel mit entsprechend weiterem Aorten- und Venensystem, wie man es bei Plethorikern beobachtet.

Dagegen habe ich schon in der These 4 gegen Traube und auch bei den Sätzen gegen Gull und Sutton angeführt, dass bei Morbus Brightii die Weite des Aortensystemes nicht der Grösse des dilatirten linken Ventrikels entspreche, wie man es durch die erschlossene erhöhte Spannung in Folge des höheren capillaren

Widerstandes (nach Traube und Gull-Sutton) mit Nothwendigkeit erwarten müsste.

Im Gegentheile, man hat es mit einer relativen Enge des
Aortensystemes zu thun.

Dieses Verhältniss — mit der angebornen Enge der Aorta
nicht zu verwechseln — scheint merkwürdiger Weise bisher gänzlich
übersehen worden zu sein und muss ich es als eine wichtige Zugabe
in den pathologisch-anatomischen Complex von Thatsachen bei Morbus
Brightii hinstellen.

Schon im Jahre 1850 fielen mir hervorragende Fälle der Art
auf und veranlasste ich daher Dr. Stein, als er seine Arbeit über
Myocarditis bei mir ausführte, Messungen in genannter Richtung
anzustellen. Ich habe dieselben häufig und neuerdings *) wiederholen
und vervollständigen lassen, so dass die erhaltenen Ziffern gesichert sind.

Es lag mir natürlich daran, eine rasch anwendbare Methode zu
finden.

Für die Aorta und die Art. pulmonalis war es leicht; ich mass
ihren Umfang im aufgeschnittenen Zustande an der Linie des Einganges in die Valsalva'schen Taschen.

Die Ventrikel aber in gleicher Weise zu messen, ist nicht thunlich.
Nach vielen Versuchen blieb ich bei Folgendem als genügend stehen.
Ich ging davon aus, dass der linke Ventrikel bei seiner Hypertrophie
vorzugsweise seine Dimensionen der Länge nach vergrössert und
diese konnte leicht gemessen werden. Der Schnitt zur Eröffnung
des linken Ventrikels wird neben dem Septum geführt und in die
Aorta fortgesetzt, und gemessen wird von der obenbezeichneten Linie
der Aorta bis zur Innenwand der Herzspitze. Beide Ziffern, obwohl
Ungleichnamiges enthaltend, gewinnen Werth durch Vergleichung.

Als Resultat ergab sich aus den neueren Messungen, dass bei
Zusammenrechnung aller Fälle ohne Rücksicht auf Geschlecht,
Alter und Krankheit die mittlere Differenz zwischen Aortenumfang und Länge des linken Ventrikels zu Gunsten
des letzeren 2,0 Cm. beträgt; dass die Differenz im normalen
Zustande nach Ausscheidung von jenen Krankheiten, welche besonderen Einfluss darauf ausüben, zwischen — 0,5 und + 2,5 Cm.
schwankt, im Mittel daher niedriger ist und ungefähr 1,7 Cm. aus-

---

*) S. den vorhergehenden Aufsatz.

macht; dass in den Lebensjahren von 15—40 die Differenz weit grösser ist, als von 41—90 Jahren — nämlich links im Mittel 2,4 für die früheren und 1,6 Cm. für die späteren Jahre, rechts 1,6 für die früheren und 1,2 Cm. für die späteren Jahre.

Endlich resultirt und diess ist für unsere gegenwärtige Erörterung am wichtigsten, dass bei der Hypertrophie des linken Ventrikels neben Granularschwund die Differenz bis auf die bedeutende Grösse von 3—7 Cm. steigt! Wenn man nun bedenkt, dass der Morbus Brightii sein Hauptcontingent erst nach dem 40sten Lebensjahre findet und hier die mittlere Differenz 1,6 Cm. (bei Männern 1,4 Cm., bei Weibern 1,8 Cm.) beträgt, so sagt diess: die Aorta wird im Verhältnisse zum linken Ventrikel um das Doppelte, Dreifache und Vierfache der Normaldifferenz und selbst mehr zu eng!

Diess gilt auch für die Fälle von concentrischer Hypertrophie, bei welcher die Höhle des linken Ventrikels wohl im Querdurchmesser, aber nicht im Längsdurchmesser abnimmt.

Wie entsteht nun diese Verengerung des Aortensystems?

Da sie nur eine relative in Bezug auf den dilatirten linken Ventrikel ist, so könnte man denken, dass der gemessene Umfang der Aorta der normale, unveränderte sei; allein diess ist schon desswegen unmöglich, weil mit der grösseren Capacität des centralen Bassins des Kreislaufes, ich meine vorerst nur den linken Ventrikel, nothwendig die Blutsäule im Aortensysteme einen kleineren Querschnitt gewinnen muss.

Ganz dasselbe Verhältniss zeigt sich auch am rechten Herzen; auch die Differenz zwischen dem Umfange der Pulmonalarterie und der Länge des rechten Ventrikels wird bei Morbus Brightii um ein ähnliches Mass zu Gunsten des Ventrikels grösser. Ich sage, um ein „ähnliches", denn während der letztere dilatirt ist, muss die Blutsäule im arteriellen Strome des kleinen Kreislaufes einen entsprechend kleineren Querschnitt erhalten. Allein wie die Dilatation des linken Ventrikels nicht vollkommen adäquat der des rechten Ventrikels ist, so ist zu erwarten, dass auch die Differenzen zwischen Aorta und linkem Ventrikel einerseits und zwischen Pulmonalis und rechtem Ventrikel andrerseits nicht congruent sind.

Jedenfalls ist klar, dass, während das Pulmonalsystem des kleinen Kreislaufes und das Aortensystem eine schmächtigere Blutsäule führen, die relativ voluminösere dem Lungenvenen-, Hohlvenensysteme und den beiden dilatirten Ventrikeln zufällt.

Zu der beschriebnen ungleichen Blutvertheilung wäre also nur die entzündliche Affektion des Herzmuskels mit nachfolgender Dilatation ohne organische Klappen- und Ostiumfehler nöthig; die allgemeine Blutmenge wäre dabei gleichgiltig.

Die allgemeine Blutmenge nimmt aber während der Dauer der Krankheit regelmässig in Folge der Albuminurie und der so häufigen Verdauungsstörungen ab.

Während sich nun das elastische Röhrensystem der Aorta und Pulmonalis jeder kleinsten Verminderung der Blutsäule anpasst, gelingt diess nur wenig dem Hohlvenen- und Lungenvenensysteme und sehr schwer dem durch Hypertrophie starren Muskel des Herzens.

Es ergibt sich somit als nothwendige Consequenz gegenüber der grösseren Capacität der Ventrikel und des Lungenvenen- und Hohlvenenstroms eine der zunehmenden Blutverminderung entsprechende Zunahme der relativen Stenose des Aortensystems und der arteriellen Lungenblutbahn.

Den immer wachsenden Widerstand der Aortenverengerung zu überwinden, muss der linke Ventrikel an Hypertrophie bedeutender werden.

Diess ist am rechten Ventrikel in geringerem Masse der Fall, da die Pulmonalis nicht die Resistenz darbietet wie die Aorta, ja es vermag der rechte Ventrikel desshalb mit der Annahme des Allgemeinblutes eher seine Dilatation und Hypertrophie zu vermindern.

So wird es begreiflich, wie schliesslich der linke Ventrikel besonders oder allein hypertrophirt angetroffen wird.

Uebrigens fallen bei einem Vergleiche zwischen links und rechts durchschnittlich 0,07 Cm. mehr auf den linken Ventrikel, was von dem grösseren Widerstande, den die Aorta gegenüber der Pulmonalarterie der Systole entgegensetzt, abhängt. Es ist ferner begreiflich, wie in Fällen, in welchen der Bright'sche Granularschwund eminent war, die Herzhypertrophie fehlen kann, weil eben die Myocarditis fehlte oder zu unbedeutend war; und wie in anderen Fällen, wo der Granularschwund gänzlich fehlte, und er gar nicht in Frage kam, excentrische Hypertrophie des linken Ventrikels entstehen konnte, wenn nur Myocarditis und Blutverminderung gegeben waren, so nach Pericarditis, bei schweren

Infektionskrankheiten, bei den entzündlichen Myocardreizungen nach übermässigen Körperanstrengungen etc. *).

So wird beim Typhus, bei welchem nicht nur das Blut rasch consumirt wird, sondern auch so gerne die Kraft des Herzmuskels, sei es durch nervöse Einflüsse oder durch Fettdegeneration abnimmt und bei welchem man häufig das Peri- oder Endocard weiss getrübt, den Muskel durch Oedem abgeblasst findet — Zeichen, welche auf entzündliche Reizung zurückzuführen sind — in den meisten Fällen eine leichte Dilatation der Ventrikel und eine Verminderung des Querschnittes der grossen Gefässstämme d. h. eine mittlere Differenz um 1,0 Cm. mehr für den linken und um 0,5 Cm. mehr für den rechten Ventrikel als im normalen Zustande beobachtet.

Aehnlich verhält sich z. B. das Puerperalfieber, bei welchem die Differenz linkerseits sich um 1,40 Cm., rechterseits um 0,87 Cm. höher herausstellt.

Aber auch bei Pneumonie wächst die Differenz und zwar links um 0,65 Cm., rechts um 0,37 Cm. Bei Blutungen erhöht sich die Differenz nach der Grösse derselben; im Mittel berechne ich die Erhöhung auf 0,95 Cm. im linken, auf 0,78 Cm. im rechten Herzen. Bei perniciöser Anämie kam mir jüngst das Gleiche vor; die beiden Herzkammern waren dilatirt, die Differenz des Aortenlumens zum linken Ventrikel betrug 3,1 Cm. Letzterer war fettig degenerirt.

Bei Phthisikern tritt ein eigenes Verhältniss ein, indem die Differenz am linken Herzen im Mittel wohl steigt, jedoch nur unbedeutend (um 0,05 Cm.), während am rechten Herzen die Differenz um 0,7 Cm. höher ist, d. h. die excentrische Hypertrophie des rechten Ventrikels, wie sie bei chronischer Phthise so häufig ist, geht Hand in Hand mit Fettdegeneration, insbesondere des rechten Ventrikels und zugleich mit allgemeiner Blutverminderung — ein

---

*) Zur Bestätigung diene folgendes Beispiel: Bei der Sektion einer 64jährigen Frau (Juli 1877) war das Herz in beiden Ventrikeln hypertrophisch, besonders aber im linken und zeigte noch Reste stattgehabter Myo-Pericarditis; in den Lungen waren tief eingezogene Narben, entsprechend schwarz pigmentirte Knollen, Merkmale früherer hämorrhagischer Infarkte, in den Nieren einzelne kleine Narben. Das sonstige Nierengewebe in jeder Beziehung normal. Von der excentrischen Hypertrophie des linken Ventrikels aus entwickelte sich allgemeine Atheromatose, Hämatom der dura mater, apoplektische Erweichung im rechten Sehhügel etc. — also ein Complex von Erscheinungen, wie bei Granularschwund. Die Menge des Harns war nicht vermehrt, dessen spec. Gewicht erhöht.

Verhältniss, welches keinen Vergleich mit den Vorkommnissen des Morbus Brightii gestattet.

Der Grund, warum bei parenchymatöser Nephritis, bei weisser Niere und bei Speckniere trotz ihres intertubulären zelligen Infiltrates eine Herzhypertrophie so selten beobachtet wird, liegt nicht in dem Mangel einer Myocarditis, denn diese ist sogar ziemlich häufig in parenchymatöser Form von Anfang mit zugegen, sondern darin, dass bei diesen Krankheiten das degenerative Moment der Entzündung vorherrscht. Es folgt daher wohl hie und da Dilatation der bleibend degenerirten Herzwände mit Abnahme der Leistungsfähigkeit, aber keine Hypertrophie. Von einer erhöhten Spannung im Aortensystem kann hier keine Rede sein. Es kann aber in seltenen Fällen doch eine linkseitige Herzhypertrophie folgen und zwar aus denselben Gründen, warum sie überhaupt auch ohne jegliche Nierenaffektion sich ausbilden kann.

Wenn ich so eben den Satz aussprach, dass die Hypertrophie des Herzens sich ausbilde, wenn nur Myocarditis und Blutverminderung gegeben waren, so möchte ich nicht missverstanden werden. Abgesehen davon, dass Myocarditis und Blutverminderung auch das Gegentheil von Hypertrophie zur Folge haben können, so ist das genannte Moment doch nicht die einzige Ursache der Herzhypertrophie. Ich habe z. B. schon mehrfach von dem Herzen der Plethoriker, sowie der Muskelüberanstrengung Erwähnung gethan — in beiden Fällen kann Morbus Brightii der Nieren völlig ausgeschlossen sein.

Hat man sich alle diese Verhältnisse zurecht gelegt, so begreift man kaum, wie man noch von der Rückwirkung der obliterirten Nierengefässe beim Granularschwunde sprechen kann; sie wäre offenbar verschwindend klein gegenüber der unmittelbar auf den linken Ventrikel wirkenden Aortenstenose. Auch der Effekt der Gull-Sutton'schen Krankheit steht gegenüber der relativen Aortenstenose weit zurück. Endlich weiss man, dass viel grossartigere Beschränkungen des Capillarbezirkes, wie z. B. bei Oberschenkelamputationen, eine linkseitige Herzhypertrophie nicht zur Folge haben. Die relative Aortenstenose mit sufficienten Klappen ist jedoch für den Kreislauf von ganz anderer Bedeutung, als eine fibröse oder knöcherne Striktur des Ostiums der Aorta.

Das zu enge und der Systole noch so bedeutenden Widerstand entgegensetzende Lumen des Aortensystems ist in den Fällen des

Morbus Brightii nicht unveränderlich starr, sondern erweiterungs-
fähig und das Blut wird durch den hypertrophischen linken Ventrikel
nur mit einer dem Widerstand entsprechenden grösseren Kraft in
die Aorta geworfen.

Die thatsächlich erhöhte Spannung im Aortensysteme
und die Herzhypertrophie sind somit nicht vom Granularschwunde der Nieren, auch nicht von einer verbreite-
ten Arterio-capillary-fibrosis, sondern umgekehrt die
erhöhte Spannung im Aortensysteme ist von der Hypertrophie des linken Ventrikels und von der relativen Aortenstenose abhängig. Sie fehlt, wenn beide fehlen. Die Hypertrophie des linken Ventrikels wirkt, wenn man sich überhaupt dieses
teleologischen Ausdruckes bedienen will, compensatorisch nicht gegenüber dem Granularschwunde der Nieren oder anderer obliterirten
Capillaren, sondern gegenüber der engeren Aorta.

Eine kräftig anschlagende, aber kleine Pulswelle*) wird am
Kranken fühlbar; sie steigt, obwohl die Klappen sufficient sind,
wegen der Aortenenge nicht hoch, aber so lange die Herzkraft nicht
gelitten hat, steil an und fällt ziemlich steil ab, ähnlich wie bei
Insufficienz der Aortaklappen; die erhöhte Spannung ist aber
keine continuirliche, wie sie vom Granularschwunde oder der
Gull-Sutton'schen Krankheit aus supponirt werden müsste, sondern wegen der Schlussfähigkeit der Klappen nur eine systolische.

Diess ist auch einer der Gründe, warum der excentrisch hypertrophirte linke Ventrikel keine Erweiterung des Aortensystems be-
wirkt. In anderer Weise wird die Frage, warum der linke Ventrikel
nicht mit der Zeit die Aorta bis zur Ausgleichung zu erweitern
im Stande ist, in klarster Weise durch den Fick'schen Satz, nach
welchem das Blut aus dem Ventrikel in die Aorta nicht durch
Ueberdruck, sondern nur vermöge der ihm ertheilten Geschwindigkeit hineingelangt, nicht hineingepresst, sondern nur hineingeschleu-
dert werde, beantwortet. Auch das durch Muskelüberanstrengung
hypertrophirte Herz kann als Beweis hier beigezogen werden. Ich
habe Fälle notirt, in welchen die Differenz der Ventrikelhöhe zu
dem Umfange der grossen Gefässe um das Zwei- bis Dreifache

---

*) Es ist in der That merkwürdig, dass der Widerspruch zwischen dem
nachweisbar grosshypertrophischen Herzen und dem kleinen Pulse nicht schon
darauf geführt hat, die Aorta näher zu untersuchen.

erhöht war, d. h. bei welchen die Ventrikel, besonders der linke, excentrisch hypertrophirt, die grossen Gefässe aber relativ viel zu eng waren, ohne dass in den Nieren oder anderswo ein grösseres Capillargebiet insufficient gewesen wäre.

Der Ventrikel kann noch so weit und noch so hypertrophisch sein, er provocirt keine Aortenerweiterung, ja es kann der Unterschied im Kaliber der Aorta und des Ventrikels sogar immer zunehmen. Eine Aortenerweiterung wäre nur denkbar nach Degeneration der Wandung (s. später). Bei dieser Gelegenheit darf ich die Beobachtung nicht verschweigen, die mir mehrere Male aufgefallen ist, nämlich dass bei Hypertrophie des linken Ventrikels ohne Klappenfehler der Conus arteriosus nicht schon erweitert, sondern unter besonders starker Hypertrophie verengt ist, während die Erweiterung mehr gegen die Herzspitze und nach rückwärts gegen das Ostium venosum zu liegt. Hier ist natürlich die Frage, warum der Ventrikel die Aorta nicht erweitert, unnütz; der Fall, bedeutende allgemeine Blutverminderung voraussetzend, bildet gewissermassen den Uebergang zur concentrischen Hypertrophie, bei welchem die besprochene Frage gar nicht mehr auftauchen kann. Eine concentrische Hypertrophie könnte sogar zu der Idee führen, als bestünde die Bright'sche Krankheit eigentlich in einer über das ganze arterielle System, vom linken Herzen bis in die Arteriolen ausgebreiteten Schrumpfung und Verdickung. Allein ein solcher Fall gehört gegenüber der excentrischen Hypertrophie doch zu den Seltenheiten und es müsste zugleich angenommen werden, dass nicht nur die Nieren, sondern auch das rechte Herz mit dem Pulmonalgefässsystem ähnlich leiden, was doch zu viel der Theorie wäre.

Der Nachweis eines relativ zu engen Aortensystemes steht nicht nur der Traube'schen, sondern auch der Gull-Sutton'schen Theorie als ein mächtiges Zeugniss entgegen. Denn nach ihrer Auffassung müsste sich Aorta und Herz verhalten, wie bei Insufficienz der Aortenklappen ohne Stenose: nicht nur der linke Ventrikel wäre dilatirt und hypertrophisch, sondern auch die Aorta und das ganze Arteriensystem wäre weiter, der rechte Ventrikel und mit ihm das ganze Venensystem dagegen eng.

Bei diesem Falle ist die excentrische Hypertrophie des linken Ventrikels nur die Folge der Mehrleistung und continuirlich erhöhten Spannung, da er sowohl das ihm regelrecht vom Vorhofe

zufliessende, als auch das von der Aorta zurückstürzende Blut wegzuschaffen hat, eine Myocarditis ist. nicht vorausgegangen.

Nach Traube und Gull-Sutton hätte man es bei Morbus
Brightii gleichfalls nur mit einer Mehrleistung in Folge erhöhter
Aortenspannung zu thun und es müsste sofort eine Erweiterung der
Aorta und Kleinheit des rechten Ventrikels, erwartet werden.

Nach beiden Theorien müsste auch vorausgesetzt werden, dass der
Gefässinhalt während der Dauer des Morbus Brightii nicht abnehme;
denn die Capillarverödung könnte die Spannung im Aortensysteme
nur dann erhöhen, wenn die Blutmenge wenigstens die gleiche bliebe,
oder die Wasserausscheidung durch den Harn vermindert würde.
Die Beobachtung lehrt aber, dass vielmehr die Blutmenge ab- und
das Wasser regelmässig im Harne zunimmt. —

Endlich muss ich noch eines vierten Momentes, welches die
Hypertrophie des Herzmuskels begünstigt, erwähnen.

In Folge der eben auseinandergesetzten Verhältnisse muss der
Druck, unter welchem das Blut vom linken Ventrikel aus bei der
Systole in die Aorta und von der Aorta aus, so lange ihre Wände
die volle Elasticität besitzen, bei der Diastole zurück in die Coronar-
gefässe eingetrieben wird, bedeutend höher zu schätzen sein als im
Normalzustande. Der gegen die Aortaklappen zurückwirkende Druck
erweitert in einzelnen Fällen die Valsalva'schen Taschen beträchtlich.
Diess ist auch der Grund, wesshalb der Muskel nur sehr selten in
Fettdegeneration, dagegen häufiger unter Verdickung der Arteriolen
in fibroider Umwandlung angetroffen wird.

Hier ergibt sich nun ein wesentlicher Unterschied des Bright-
schen Herzens von der excentrischen Hypertrophie des linken
Ventrikels bei Aorteninsufficienz und Stenose. Bei reiner Insufficienz
der Aortaklappen wird wohl der Systoledruck in den Kranzgefässen
erhöht sein, aber die Aortenwirkung auf die Kranzarterien während
der Herzdiastole muss eine beträchtlich abgeschwächte sein.

Bei Stenose des Ostium Aortae ferner — gleichviel ob mit oder
ohne Klappeninsufficienz — ist sowohl der systolische als auch der
diastolische Druck abgeschwächt und daher ist die Fettdegeneration
des Herzmuskels, obwohl schon bei reiner Klappeninsufficienz häufig,
hier aber nicht nur eine häufige Erscheinung, sondern sie wird immer

bedeutender mit der Zunahme der Stenose und mit dem Sinken der Allgemeinkräfte *).

Was die **weiteren Consequenzen** der gesetzten Verhältnisse anlangt, so habe ich folgendes hervorzuheben.

Zunächst ist wichtig, dass die Aorta und ihre sämmtlichen Aeste, wenn sie auch nicht erweitert werden, dennoch den systolisch erhöhten Seitendruck nicht gleichgiltig hinnehmen, sondern durch entsprechende Vorgänge beantworten. Hier ist der Punkt, noch einmal auf die G u l l - S u t t o n'sche K r a n k h e i t, d i e a l l g m e i n e A t h e r o m a t o s e, d i e A r t e r i t i s o b l i t e r a n s einzugehen. Gull und Sutton geben eine Ursache für sie nicht an.

Unsere jetzigen Kenntnisse über die Entwickelung der Atheromatose sprechen dafür, dass sie stets einem Uebermasse des Seitendruckes der Blutsäule, welchem die Arterienwand für die Dauer nicht gewachsen ist, ihre Entstehung verdankt und welcher theils durch fibröse Peri- und Endoarteritis, theils durch fibröse Umwandlung der Ringmuskeln, theils durch Fettdegeneration der letzteren und der inneren entzündlichen Verdickungsschichten beantwortet wird.

Diess gibt sich nun bald in der Aorta selbst, bald erst an ihren Haupt- oder erst in ihren Nebenästen, bald endlich an den capillaren Arterien kund, ja zunächst und am constantesten am Orte des grössten Widerstandes, eben den feinsten Arterien.

Je näher am Herzen durch einen nicht zu engen Conus arteriosus und durch endliche Ueberwindung des Ostium aorticum die

---

*) Wenn ich, Gesagtes wiederholend, die unter einander vergleichbaren Veränderungen an den Herzventrikeln auf ihre Verschiedenheiten nach Weite und Enge prüfen soll, so ergibt sich folgendes Schema:

	Linker Ventr.	Aortensystem	Rechter Ventr.	Arterielles Pulmonalsystem	Venensystem
Reine Insuff. der Aortaklappen	excentr. Hypertrophie	Erweiterung	Verengerung	Verengerung	Verengerung
Stenose des Ostium aorticum	excentr. Hypertrophie	Verengerung mit dem gen. Fehler	exc. Hypertr.	Erweiterung	Erweiterung
Bright'sches Herz	(excentr. oder concentr.) Hypertrophie	Verengerung ohne Klappenfehler	(exc. oder conc.) Hypertrophie	Verengerung	Erweiterung

Wirkung gewissermassen gesättigt wird, um so eher wird an dieser Anfangsstelle der Aorta die Kraft für das übrige Arteriensystem gebrochen — z. B. unter Ausbildung starker Atheromatose schon an dem aufsteigenden Theile der Aorta, wobei dann dieser erweitert anstatt verengt wird, noch mehr bei Entwickelung von Aortenaneurysmen. Je unverletzter aber die grossen Arterien bleiben, um so mehr concentrirt sich die Wirkung auf die Arterien zweiter oder dritter Ordnung oder auf die feinsten Arteriolen.

Da nun die relative Mächtigkeit der Quermuskeln gegenüber den übrigen Wandschichten in den feineren Arterien grösser ist als in den grossen Arterien und zumal in der Aorta, so reagiren die Muskeln der feineren Arterien mehr durch fibroide Umwandlung, während sie in jenen (den grösseren Arterien) mehr fettig degeneriren und die Hypertrophie den anderen Wandbestandtheilen überlassen.

Die Gull-Sutton'sche Krankheit ist nicht Ursache, sondern Folge der linksseitigen Herzhypertrophie.

Meine Anschauung ist somit die gerade umgekehrte Gull-Sutton'sche: Die Erkrankung von Herz und Nieren ist das Primäre und aus ersteren folgt erst die verbreitete Arteriolenveränderung.

Ich habe übrigens bei Granularschwund der Nieren und linkseitiger Herzhypertrophie 41,8 % Fälle von Atherom der Aorta berechnet und darunter befinden sich 3,5 % Aortenaneurysmen.

Ich weiss nun wohl, dass ich mit der Umkehrung von Ursache und Wirkung in Bezug auf Herzhypertrophie und Atheromatose grossen Anstoss errege; allein ich besitze hinreichend Beweise für meine Behauptung, man wird sie mir hier aufzuzählen aber erlassen. Ich füge dagegen an, dass, wenn man nichts von Lues und anderen ähnlichen Infektionskrankheiten weiss, welche in multiplen Organen jene lokalisirte Arteritis obliterans hervorrufen, und nicht mit ganz Unbekanntem rechnen will: man durch die Gull-Sutton'sche Krankheit selbst nothwendig auf das Herz als der allgemein wirkenden Ursache, die sie erzeugt, gewiesen wird.

Damit ist nicht gesagt, dass ich keine anderen Ursachen der Arteritis obliterans, als die allgemein wirkende linkseitige Herzhypertrophie annehme.

Es kann ja jede lokalisirte entzündliche Hyperplasie, wie Friedländer gezeigt hat, neben der Gewebs-

induration Verdickung und endliche Obliteration der betheiligten
Arterien zu Stande bringen.

Das uns interessirende Beispiel ist die vollendete g r a n u l i r t e
N i e r e selbst.

Für sie muss ich wiederholen, dass die Arterien nicht nur
thatsächlich verdickt sind und vermöge der interstitiellen Schrumpfung näher aneinandergerückt sind, so dass man oft kein mikro-
skopisches Präparat anzufertigen im Stande ist, ohne 1 oder 2 Arterien darin zu finden; sondern auch dass die fibroide Verdickung
total verschieden ist von der interstitiellen kleinzelligen Hyperplasie
der Nierenrinde. Die Nieren schrumpfen nicht, weil ihre Arteriolen
hyalin-fibroid verdickt sind, sondern weil sie von entzündlicher
Hyperplasie befallen waren. Die Arterienverdickung ist sekundär.

Wenn ich nun auch die These aufstelle, dass der erhöhte Blutdruck die Ursache der Arterienverdickung ist, so bin ich nämlich
gerade für die Nieren, in welchen die Verdickung bedeutender als
irgendwo anders entwickelt ist, gezwungen, die Schuld auf mehrere
Schultern zu wälzen, d. h. nicht bloss auf den hypertrophischen
linken Herzventrikel, sondern auch gemäss der Schrumpfung d. h.
des Unterganges der Rindencapillaren in dem hyperplastischen Stroma
auf die dadurch eingeleitete collaterale Ueberbürdung.

Dafür habe ich zwei Gründe; einmal, weil die verdickten Arterien
zum Theil der Grenzschichte zwischen Rinde und Pyramiden, zum
Theil der Pyramidensubstanz zugehören, also sich gerade da finden,
wo die Collateralcirculation sich bethätigt; ferner weil die Arterienverdickung auch in jenen Fällen, obwohl geringeren Grades zu beobachten ist, wo die Herzhöhlen enger, das Muskelfleisch derselben
fettig oder atrophisch ist, wie z. B. bei Herzbeutelverwachsungen.

Wenn ich mich nun um die **weiteren Wirkungen** der neben
Granularschwund durch die linkseitige Herzhypertrophie auftretenden
G u l l - S u t t o n 'sche Erkrankung in den verschiedenen O r g a n-
g e w e b e n des Körpers umsehe, so möchte ich die L u n g e n
vorerst von den übrigen absondern, da ihre Erkrankung (in 13,8%
der Fälle zu beobachten) nicht als Folgeerscheinung, sondern a l s
g l e i c h w e r t h i g e r u n d g l e i c h z e i t i g e r P r o c e s s mit
dem in den Nieren und im Herzen aufzufassen ist. Diese Erkrankung ist d i e g e n u i n e Desquamativpneumonie, die
in C i r r h o s e endet, namentlich in den Lungenspitzen sitzt und
gerne mit glattwandigen oder ulcerösen Bronchiectasien verbunden ist.

Ich habe mir bereits früher schon den Vergleich im path.-histologischen Sinne erlaubt, und wiederhole ihn hier nur wieder.

In allen anderen Organgeweben finde ich die Consequenz der Gull-Sutton'schen Krankheit als Verkleinerung und Verdichtung ohne celluläre Wucherung, so im Gehirn und seinen Häuten mit Hydrops ex vacuo, in der Retina als sogenannte Retinitis albuminurica, in der Milz- und Leberkapsel, im Milz- und Leberparenchym, in der Magen- und Darmwand, in der Haut, in den Knochen etc.

Hier sind auch besonders die Todesursachen beim Morbus Brightii zu suchen. Oedeme und Gefässzerreissungen geben Zeugniss davon. So berechne ich 3 % Tod durch Gehirnödem, 13 % durch Apoplexie*), 1,8 % durch Pachymeningitis haemorrhagica, 5 % Magen- und Duodenalgeschwüre aus hämorrhagischen Erosionen entstanden und Blutungen erzeugend.

Aber nicht bloss die vom hypertrophischen linken Herzventrikel aus erzeugte Atheromatose bringt entsprechende Veränderungen und Todesursachen mit sich, sondern auch der excentrisch hypertrophirte rechte Ventrikel und die in Folge der allgemeinen Arterienenge vermehrte venöse Blutfülle erzeugt für sich wieder seine Stauungshyperämien und Stromaverdichtungen, so dass sich die Folgen vom linken und rechten Herzen aus in den Organen mischen.

Von einer Wirkung des excentrisch hypertrophirten rechten Ventrikels auf die Lungencapillaren, ähnlich wie sie von der Aorta aus im grossen Kreislaufe ausgeübt wird, also von einer Arteritis obliterans, einer Atheromatose in den Pulmonalgefässen kann ich bis jetzt nichts angeben. Es scheint eher eine Capillarectasie der Lungenbahn zu Stande zu kommen, wenn auch nicht sehr häufig. Ich berechne als vom rechten Herzen ausgehend die braune Induration und den hämorrhagischen Infarkt der Lungen (in 15,5 %), dann der venösen Stauung auch vom rechten Herzen aus angehörend, die Gastroadenitis, die Muskatnussleber, die cyanotische Induration der Nieren — diese also gemischt mit der interstitiellen Hyperplasie und mit Arteritis obliterans —, endlich den Hydrops (in 40 %).

Der Hydrops erscheint bei Morbus Brightii in zwei Perioden seines Ablaufes: gleich zu Anfang, im akuten Beginne der Krank-

*) Diese Ziffer ist offenbar zu niedrig und dürfte sie gewiss auf 20 % zu erhöhen sein; allein meine Berechnung, die von Sektionen stammt, bei welchen häufig der Schädel nicht geöffnet werden durfte, ergab eben nur 13 %.

heit und später im chronischen Zeitraume, ja oft erst am Schlusse des Lebens. Für den initialen Hydrops möchte ich die rasche Abschwächung der Herzkraft in Folge der akuten Myocarditis und die plötzliche Aenderung der Circulation in der Niere, während der akuten Nephritis verantwortlich machen — also ganz ähnlich wie bei akuter Fettdegeneration der Niere. Vielleicht spielen in diesem Falle auch die Hautgefässe (Cohnheim und Lichtheim Virch. Arch. Bd. 59 p. 106) eine Rolle.

Für den späteren Hydrops aber ist die Sache anders gelagert. Ich habe oben auseinandergesetzt, dass der Hydrops kömmt und geht mit dem schlechteren oder besseren Vonstattengehen der Collateralcirculation in den Nieren. Warum in 60% der Bright'-schen Krankheit kein Hydrops entsteht, wird darin seinen gewichtigsten, wenn auch nur den einen Grund haben, dass nämlich die Collateralcirculation trefflich und ausreichend wirkt.

Ein anderer und noch viel wichtigerer Grund liegt aber ebenso deutlich in der Beschaffenheit des Herzens und der allgemeinen Circulationsbahn. Je enger die Lungenbahn gegenüber dem excentrisch hypertrophirten rechten Ventrikel ist, um so mehr wird sich das Blut im Hohlvenensystem sammeln und die erhöhte Spannung, sobald sie nicht durch Erweiterung oder allgemeine Blutabnahme sich ausgleicht, zur Ausschwitzung führen. Und auf der anderen Seite, wenn die Kraft des linken Ventrikels nachlässt, so wird das Blut wohl noch durch die Capillaren getrieben, aber der Druck wird kaum mehr ausreichen, es auch mit gehöriger Kraft durch die Venen in das rechte Herz weiterzuführen. So ist ein weiterer Grund für die erhöhte Spannung im Hohlvenensystem gegeben.

Es kommt nun auf den Grad der letzteren Momente an, ob der Hydrops eintritt oder nicht; wenn er eintritt, so ist die Ursache in den genannten hochgradigen Circulationshindernissen zu suchen. Das Wasser wird den Nieren entzogen, die Harnsecretion wird vermindert. Bessern sich die Kreislaufsverhältnisse oder waren nicht schlimm geworden, so werden die Nieren ausreichen, das Wasser wegzuschaffen, resp. den Hydrops zu verhüten. Weder die Insufficienz der Nierenrinde, noch die excentrische Hypertrophie des linken Herzventrikels, noch die Eiweissverluste und Hydrämie spielen zur Erzeugung des Hydrops die Hauptrolle.

Wo die relative Aortenstenose und die excentrische Hypertrophie des rechten Herzens fehlt, da fehlen auch alle eben aufgezählten Folgen.

Von anderen Lebensgefahr bedingenden Erscheinungen sind zu nennen: Pleuritis in 6%, croupöse Pneumonie in 4,1%, Bronchitis purulenta in 5%, Oedema glottidis in 1,8%, Rückenmarkserweichung und Apoplexie in 0,7%.

Mehr als zufällige Vorkommnisse verzeichnet habe ich: Lungenemphysem, Lungenbrand, Struma, Eczema.

Die Frage der Aetiologie des Morbus Brightii, d. h. der äusseren Ursachen, entzieht sich eigentlich der pathologischen Anatomie und schlägt mehr in das Gebiet des Arztes, ja es ist zunächst seine Aufgabe, sie zu ermitteln.

Allein die pathologische Anatomie kann in dem Dunkel doch einige Richtungspunkte angeben, und desshalb sei es mir gestattet, kurz darauf einzugehen.

Das männliche Geschlecht steht nach meiner Statistik zum weiblichen im Verhältniss wie 1,8 : 1. Diese Ziffern sind jedoch für eine ätiologische Verwerthung nicht brauchbar, da überhaupt weitaus (beiläufig ¼) mehr männliche Leichen in meine Hände kommen.

Bull hat indess ebenfalls ein Ueberwiegen des männlichen Geschlechtes (1,3 : 1) beobachtet, nur zieht er daraus den Schluss, dass der Branntweingenuss die hauptsächlichste Ursache des Morbus Brightii sei.

Dagegen möchte ich geltend machen, dass man wohl in Ländern, in welchen alkoholische Getränke besonders volksthümlich sind, zu solcher Ansicht gelangen kann. In München aber sind Branntweinsäufer selten; München steht in dieser Beziehung nach der neueren Statistik von Huss in den untersten Linien der grösseren Städte Europas. Auch ist hervorzuheben, dass wenn sich die Folgen des genannten Lasters im Körper geltend machen, regelmässig nicht Morbus Brightii, sondern Lebercirrhose oder Leberverfettung, weisse Nieren, Fettdegeneration des Herzens zu verzeichnen ist und haben diese Erscheinungen weit mehr Berechtigung als Merkmale des Alcoholismus zu gelten. Auch ist Granularschwund der Nieren und Lebercirrhose eine seltene Combination — in kaum 5% —, was umgekehrt der Fall wäre, wenn beide in Alcoholismus begründet wären.

Was das Alter anlangt, so ist richtig, dass 79,4% der an

Morbus Brightii Verstorbenen älter als 40 Jahre waren, während für die jüngeren Jahre nur 18,3% entfallen, d. i. ein Verhältniss wie 4 : 1. Mit der höchsten Ziffer figurirt das Alter zwischen 50—60 Jahren (mit 21,9%).

Bull meint daher, dass man den Morbus Brightii als eine Involutionskrankheit ansehen könne.

Allein diese Anschauung bringt die Gefahr mit sich, Altersveränderungen mit Morbus Brightii zu confundiren, was schon Gull und Sutton gerügt haben. Es ist sicher, dass es bejahrte Greise gibt, welche keine Spur von Bright'scher Krankheit an sich tragen und andrerseits gibt es, wie die Zusammenstellung erweist, Fälle von Granularschwund in frühester Jugend. Gull und Sutton citiren einen Fall mit 9 Jahren, ich selbst habe einen mit 6, ja sogar einen mit 1½ Jahren von ausgeprägtem Granularschwund beobachtet.

Auch gestaltet sich der senile Schwund der Nieren ganz anders als der Granularschwund und prägt sich auch das Alter am Herzen ganz anders aus, als bei Bright'scher Krankheit.

Was sich vom pathologisch-anatomischen Standpunkte aus ermitteln und ätiologisch benützen lässt, bezieht sich auf zwei Dinge: einerseits auf den Sitz, andrerseits auf die Natur der Hauptstörungen, welche im Morbus Brightii gegeben sind.

Geht man die Befunde durch, so gewahrt man, dass es zunächst anatomisch und histologisch analoge Gewebe, nämlich seröse Membranen, sind, welche besonders ergriffen werden: Das Pericard, die Pleura, das Endocard, die Synovialmembranen der Gelenke. Den serösen Häuten schliessen sich Herz- und Körpermuskeln an, von Organen besonders aber das interstitielle Bindegewebe der Nieren und der Lungen d. i. von Organen, welchen beiden die physiologische Funktion der Wasserausscheidung in hervorragender Weise obliegt. Was die Natur der Hauptstörungen anlangt, so würde es mich hier zu weit führen, wollte ich genauer darauf eingehen und muss ich mich mit dem Schlusssatze begnügen, dass es in allen diesen Geweben eine bestimmte und analoge Krankheitsform gebe, welche ich wegen ihres besonderen Ausganges als „fibröse Entzündung" zusammenfasse.

Dass nun der Körper in den bestimmten Lokalitäten und in dieser bestimmten Form auf eine störende Ursache antwortet, diess kann wohl zunächst in der Beschaffenheit dieser Ursache gesucht werden, liegt aber offenbar ebensoviel im befallenen Körper selbst, oder mit anderen Worten, es gehört wahrscheinlich eine gewisse Disposition oder Constitution dazu und hier mögen Geschlecht und Alter, Beschäftigung und Lebensweise von Bedeutung sein.

Bezüglich des Geschlechtes wäre daran zu denken, ob das männliche Geschlecht nicht wegen seiner manchmal übermässigen Muskelanstrengungen mehr betheiligt ist. Solche Anstrengungen bedingen auch eine Ueberreizung des Myocards (einen Grad von Myocarditis), und damit, wenn sie auch ohne Verminderung des Allgemeinblutes einhergehen, wohl eine excentrische Hypertrophie der Ventrikel, aber nicht schon eine Erweiterung der grossen Gefässe wie bei Plethorikern. Ferner wäre zu ermitteln, ob und wie oft mit der Affektion des Herzens auch die Nieren gleichzeitig erkranken.

Was das Alter, die Beschäftigung und Lebensweise anlangt, so träfen die 40—60er Jahre, d. h. die Zeit, in welcher die Bright'sche Krankheit ihr Hauptcontingent fordert, zusammen mit der Lebenszeit, in welcher die höchsten Aeusserungen der Muskelthätigkeit sich abspielen, und wobei gleichzeitig ein Schutz vor atmosphärischen Einflüssen am wenigsten beachtet wird.

Es ist natürlich kaum denkbar, dass bei dem Obwalten einer solchen Grundlage alle einschlägigen Gewebe und Organe jedesmal zugleich und in gleicher Intensität betroffen werden; auch kann man nicht überrascht sein, in den späteren Stadien der Krankheit recidive frische Entzündungen und selbst purulente Entzündung der serösen Häute zu finden. Im Gegentheile, man wird die grösste Mannigfaltigkeit wahrnehmen, in der Regel bald die, bald jene, bald nur ein oder ein paar Organe besonders erkrankt finden, während den übrigen die Nebenrolle zufällt. Darnach wird das klinische Bild charakterisirt und getauft werden. Wir werden im akuten Beginne entweder von Pericarditis oder Pleuritis, von Endo- oder Myocarditis, von akutem Gelenk- oder Muskelrheumatismus, von akuter acquirirter Phthise, von Nephritis acuta, akutem Hydrops sprechen. Bei schleichender, chronischer Entwickelung nennt man die Krankheit Herzhypertrophie, Herzbeutelverwachsung, Klappenfehler, Arthritis urica oder deformans, Lungencirrhose und Phthise, Morbus Brightii etc.

Bei letzterer Krankheit ist der Fall angenommen, dass sich die Affektion besonders auf die Nieren und in zweiter Linie auf das Herz geworfen habe. Das Herz wird, während die Nieren dem charakteristischen Granularschwunde unbehindert entgegengehen, wohl Residuen der ursprünglichen Affektion an sich tragen, viele Verhältnisse an ihm aber erhalten den deutlichen Anstrich, dass sie erst später sich ausgebildet haben.

Denkt man sich die Sache umgekehrt, das Leiden auf das Herz concentrirt, so wird die gleichzeitige, aber geringere Primäraffektion der Nieren in den Hintergrund treten, sie wird durch die vom Herzen ausgehenden Veränderungen (embolische Nephritis, Stauungsinduration) überwogen, zum Stillstande gebracht und verwischt.

Diess erklärt das manchmal zweideutige Zusammentreffen, wobei auch die weiteren Consequenzen — die Arterienaffektionen — sich ändern.

Ich bin zu Ende.

Wenn ich mich noch einmal unbefangen über den Werth der zwei wichtigsten Theorien, welche den Zusammenhang der Herz- und Nierenerkrankung zu erklären versuchen, befrage, so muss ich bekennen, dass die Traube'sche wohl die einfachste und denkbequemste ist und desshalb von den Klinikern und Aerzten noch sobald nicht verlassen werden wird, trotzdem dass mehreren Thatsachen (der häufigen excentrischen Hypertrophie des rechten Ventrikels, der peripheren allgemeinen Atheromatose — Gull-Sutton's Krankheit —, der relativen Aortenstenose, dem Collateralkreislauf in den Nieren) in ihr nicht Rechnung getragen ist; dass aber der Gull-Sutton'schen Theorie der Vorzug zukömmt, da sie einen allgemeineren Standpunkt einnimmt und ihr Gesichtskreis weit umfassender ist. Auch gebührt ihr das Verdienst, die pathologische Anatomie und Pathologie des Morbus Brightii mit einem neuen Merkmale, der allgemeinen Arterio-capillary Fibrosis berechnet zu haben.

Allein nach reiflicher Abschätzung aller vorgebrachten Faktoren vermag ich mich auch für diese nicht zu entscheiden, da ich für den Morbus Brightii eine primäre Arterio-capillary Fibrosis nicht anzuerkennen vermag;

da durch sie die Zweifel über die Struktur der granulirten Niere (nämlich das unabhängige Nebeneinander von interstitieller entzündlicher Hyperplasie und einfacher Arteriolenhypertrophie) nicht gehoben werden;

da man aus ihr einerseits die Theilnahme des rechten Herzens,

andrerseits die entzündlichen Residuen am Herzen, ferner die relative Enge der Aorta nicht erklären kann und endlich da meine
Beobachtungen aus früherer Entwickelungsperiode des Morbus
Brightii einer anderen Auslegung, als der von mir gegebenen nicht
wohl fähig sind.

Das Urtheil über meine eigene Auffassung muss ich erwarten.
Jede Theorie beruht auf der mehr oder weniger richtigen An-
einanderreihung der Erscheinungen nach Ursache und Folge. Ich
habe die Kühnheit gehabt, alle bisherigen Theorien in ihr Gegentheil umzukehren. Sollte ich nicht im Stande gewesen sein, alle
Thatsachen richtig aneinanderzufügen, so hoffe ich doch zum neuen
Nachdenken über den so interessanten Gegenstand, von welchem
ich natürlich nur ein Bruchstück berührte, angeregt zu haben.

IV.

Studien über Diphtherie und Croup.

Von

Dr. med. **Ernst Schweninger,**

Privatdocent und Assistent am pathol. Institute in München.

Wer einem eingehenderen Studium der als Croup und Diphtherie bezeichneten Krankheitsformen sich unterzieht, überzeugt
sich bald von· der grossen Verwirrung und der Menge streitiger
Punkte, die in Auffassung dieser Krankheiten herrschen, und dem
Anscheine nach noch lange nicht ihre Erledigung finden. Einen
nicht unbeträchtlichen Theil der Schuld an dieser Thatsache trägt,
wie sich bald herausstellt, die Vieldeutigkeit in Sinn und Vorstellung, die von den einzelnen Autoren, ohne dass sie sich oft noch
klar darüber aussprechen, mit den Namen Croup und Diphtherie
verbunden wird, und die oft weniger dem Wesen der Krankheiten
als ihrer äusseren Form gelten. Senator*) hat in richtiger Erkenntniss und Würdigung dieser Sachlage in neuerer Zeit vorge-
schlagen, für die Diphtherie den schon bei älteren Schriftstellern
gebrauchten Namen Synanche oder Cynanche mit dem Prädikat
„contagiosa“ einzusetzen, während schon viel früher, zum Theil
wohl aus demselben Grunde der Name, Isthmotyphus u. A. im
Gebrauche waren.

Das Wort Diphtherie stammt aus dem Griechischen von

---

*) Nr. 78 in der Sammlung klinischer Vorträge von R. Volkmann. H.
Senator über Synanche contagiosa (Diphtherie).

διφϑήρ *) = Fell, Haut und wurde bekanntermassen zuerst von Bretonneau **) in die medicinische Sprache eingeführt. Aus den Untersuchungen Bretonneau's selber wie aus denen späterer Forscher (Ozanam, Fuehs, Eisenmann, Hecker etc.) ging aber hervor, dass mit diesem neuen Namen durchaus keine neue Krankheit, sondern die schon bei Homer und Hippokrates, dann aber auch von Aretäns, Cälius Aurelianus und Actius u. A. als ulcus oder malum aegyptiacum, s. syriaeum (später Garotillo, Fregar etc.) geschilderte, bösartige Rachenentzündung gemeint sei. Als Charakteristicum dieser Krankheit, welche sich durch ihren schlimmen Verlauf, sowie durch die Heftigkeit und Gefährlichkeit der Erscheinungen auszeichnete, galt schon vor Bretonneau die Bildung speckartiger Membranen auf meist mehren der Halstheile zu gleicher Zeit. Die membranösen, oft erst scharf umschriebenen, dann mehr confluirenden Flecken, wie sie sich an Tonsillen, Gaumen, Zäpfchen, Zungenwurzel, hinterem Nasenrachenraum etc. fanden, hielt man für gangränose Geschwüre und die von den Kranken durch Husten entleerten Stücke galten ausschliesslich für brandigen Schorf. Im Ganzen war diese Krankheit für die Aerzte der früheren Zeit weniger interessant und wichtig erschienen, da sie angeblich nur selten und vereinzelt zur Beobachtung kam. Als sie jedoch im Anfange dieses Jahrhunderts häufiger und nach und nach in allen Theilen der Welt auftrat und zahlreichere Opfer forderte, stieg natürlich das Interesse für sie.

In den Beginn dieser Zeit fielen die Arbeiten Bretonneau's, der als pathologisches Kriterium für die Diphtherie das Exsudat ansah, und davon auch den Namen gab. Nur eine Entzündung mit Exsudation auf den betreffenden Organen galt ihm als Diphtherie und zwar auch nur dann, wenn ausser dem vorhandenen Exsudat die Krankheit nachweislich durch Contagion entstanden war. Die Ansteckung geschehe nur durch Einimpfung des diphtheritischen Exsudates in eine erweichte Schleimhaut oder auf eine von Epidermis befreite Oberhaut.

Das Exsudat selbst stelle das Gift dar. Dabei ist zu bemerken,

---

*) Man wird darnach richtiger Diphtherie als Diphtheritis sagen müssen.
**) Brétonneau (Precis analytique du croup de l'angine couenneuse et du traitement, qui convient à ces deux maladies, Paris 1826. Dann: Des inflammations speciales du tissu muqueuse et en particulier de la diphthérite ou inflammation pelliculaire comme sous le nom de croup 1826.

dass Bretonneau verschiedene Processe zur Diphtherie zählte, und
so unter Anderem ganz besonders die durch Soor bedingte Krankheit, wie sie bei Kindern (Aphthen), aber auch bei Erwachsenen,
namentlich marantischen, häufig vorkommt. Seit die Pilznatur der
letzteren und ihre Verschiedenheit von Diphtherie erkannt ist, wurde
sie natürlich von dieser getrennt.

Zudem hatte man, seit Home (1765) mit dem Namen Croup *)
eine acute Entzündung des Kehlkopfes und der Luftröhre, bisweilen
auch der Bronchien, wenn sie durch schnelle Bildung einer Membran
auf diesen Organen charakterisirt war, bezeichnet. Gleichwohl gab
es neben diesem Namen noch eine Reihe anderer für dieselbe Krankheit,
wie affectio orthopnoica, strepitosa, Cynanche stridula, membranacea
etc., und deutsch nannte man sie, wie auch heute noch im Gegensatze
zur Diphtherie oder Rachenbräune, häutigen Croup, pfeifende
Stick- oder Halsbräune; Kehlkopfbräune.

Auch diese Krankheit war zweifelsohne schon den ältesten
Schriftstellern bekannt, wenn gleich ihre Schilderung häufig unklar
und unbestimmt erscheint. Es erklärt sich diess leicht daraus, dass
man ja in jener Zeit die Krankheiten nur nach den Symptomen
schied und bei der Aehnlichkeit, die darin Croup und Diphtherie
vielfach bieten, vielleicht beide oft zusammenwarf.

Nachdem nun zuerst Samuel Bard, ein amerikanischer Arzt,
im Jahre 1771 die gangränöse Natur der Diphtherie geläugnet und
ihre nahe Verwandtschaft mit dem Croup urgirt hatte, war es erst
Bretonneau und fast gleichzeitig mit ihm Guersent, welche
nach eingehenden Studien die Zusammengehörigkeit und Identität
von Croup und Diphtherie mit viel Umsicht und Geschick vertraten.

Seit jener Zeit eigentlich datirt erst der lange Streit, ob die
in Frage stehenden Krankheiten zusammen gehören, oder ob sie
von einander zu trennen sind.

In Frankreich hat Trousseau **), der hervorragende Schüler

---

*) Croup, ursprünglich ein schottisches Wort, das allmählig in alle Sprachen
übergegangen ist, bedeutet eigentlich soviel wie Einklemmung oder Einschnürung;
von Patrik Blair wurde es 1713 zuerst gebraucht. Cooke berichtet, dass
jenes weisse Häutchen, welches bei den Hühnern auf der Zunge als Pips bekannt
ist, mit dem Namen Croup bezeichnet wurde.

**) Trousseau Gaz. des hopitaux 1855. Transact. of the epidemial. Soc. of
London I. 1860. Med. Klinik des Hôtel Dieu in Paris. Deutsch bearbeitet von
Dr. L. Culmann. Würzburg 1866 und 1867.

Bretonneau's, die Lehre seines Meisters im Wesentlichen adoptirt, und auch in der Folge wurde sie nur in wenigen Punkten erweitert und modifizirt, so dass sie dort selbst bis zum heutigen Tage die allgemein geltende ist [*]).

Auch in Deutschland hielt man lange, vorzugsweise nach dem Vorgange der Wiener Schule, beide Processe für identisch, nur subsumirte man sie im Gegensatz zu den Franzosen, welche den von Bretonneau einmal eingeführten Namen Diphtherie beibehielten, unter dem gemeinsamen Namen Croup.

Später aber machte sich in England und mehr noch in Deutschland mit der Entwickelung der pathologischen Anatomie und Histologie eine andere Auffassung vielfach geltend, nach der die Verschiedenheit von Croup und Diphtherie festgehalten wurde. Eine Reihe pathologischer Anatomen, wie Virchow, Buhl, auch Rokitansky u. A. hielten beide Processe wegen ihrer anatomischen Ungleichheiten für vollkommen heterogen. Andere pathologische Anatomen, so namentlich Wagner, fanden, von gleichem Standpunkte ausgehend, mannigfache Analogien in histologischer Beziehung zwischen Croup und Diphtherie, sowie Uebergänge zwischen beiderlei Formen, so dass sie eine Trennung für unthunlich hielten. Ebenso verschieden gestalteten sich aber auch die Auffassungen der Kliniker. So hielten Schönlein, Canstatt, Bamberger, Oppolzer [**]), Niemeyer u. A. an der wesentlichen Verschiedenheit des Croup und der Diphtherie vom klinischen Standpunkt aus entschieden fest, so schwer, ja unmöglich auch oft die differentielle Diagnose werden mag. Dabei wurde Croup als eine lokale, nur durch Asphyxie tödtliche, von Klima und Jahreszeit abhängige, aber nie epidemisch auftretende Krankheit des Kehlkopfes und der Trachea aufgefasst, die als solche nur bei Kindern vorkommt — während die Diphtherie ein spezifisches, epidemisches Allgemeinleiden mit Lokalisation im Rachen und sekundär im Kehlkopf darstelle, das zwar häufiger bei Kindern, doch auch bei Erwachsenen sich finde. Andere Kliniker, so namentlich Traube [***]), Bartels [†) etc. halten jede klinische Trennung zwischen Croup und Diphtherie für unmöglich.

---

[*]) S. Bull. de l'académie de médecine Paris 1858—59 und Clinique médicale de l'Hôtel-Dieu 4° ed. Paris 1872. Ferner Journal du Progrès des Sc. méd. I. über die Frage, ob Croup und Diphtherie identisch sind.

[**]) S. Virchow. Path. und Therapie Bd.

[***]) Berl. klin. Wochenschrift 1872; Discussion in der Berl. med. Gesellschaft.

[†) Bartels. Deutsches Archiv für klinische Med. 1866 II. 4. u. 5.

Aber weder der anatomische, noch der klinische Standpunkt brachte bis jetzt volle Klarheit in die Auffassung der in Rede stehenden Krankheiten. Wer für Croup eine leicht lösbare Membran auf der sonst mehr minder intacten Schleimhautoberfläche als charakteristisch ansah, konnte sich der Wahrnehmung nicht verschliessen, dass auch bei Diphtherie sehr oft gleichzeitig ein oberflächliches Exsudat in Trachea und Bronchien sich finde. Gerade dieses Moment bestimmte viele der Kliniker, an der Zusammengehörigkeit beider Processe festzuhalten.

Virchow selbst kam in der Folge dazu, beide Begriffe wieder klinisch und den der Diphtherie mehr causal zu fassen. Dabei wollte er Croup allerdings für die Affektionen am Kehlkopf und Luftröhre reservirt wissen, wo er aber einen fibrinösen und diphtherischen Croup annimmt.

Mit der Definition der Diphtherie als eines Processes, bei dem es sich lokal um eine acute Verschorfung oder Gewebsnekrose handle, begann noch eine neue Schwierigkeit, die viel Verwirrung brachte. Bekanntlich kommen bei Typhus, Scharlach, Pyämie etc. etc., dann namentlich auf Schleimhäuten, so des Schlundes, Larynx, dann des Uterus, Vagina, ferner in Folge von Druck, Embolien etc. acute Gewebszerstörungen und Geschwürsbildungen zu Stande, die anatomisch dem bei der Diphtherie beobachteten Process vollkommen gleichen. Dieselbe Aehnlichkeit findet sich beim Hospitalbrand, bei der Dysenterie, in Darmstücken über Strikturen u. s. w. Für gewisse Formen der Entzündung der Cornea und Conjunctiva, die alle mehr minder contagiös sind, ergeben sich sogar so übereinstimmende Verhältnisse, dass sie Graefe und viele spätere Autoren für ein Allgemeinleiden und identisch mit der Rachenbräune halten konnte. Andere allerdings, wie Jakobson, hielten an der lokalen Natur jener Augenaffektionen fest.

Indem man nun alle erwähnten Processe mit dem Namen der Diphtherie oder diphtherischen Entzündung belegte, kam es zu einer grossen Unklarheit in der Auffassung der eigentlichen Diphtherie oder Rachenbräune als selbstständiger Infektionskrankheit. v. Buhl schlug desshalb vor, mit Diphtherie nur mehr die letztere Form der Erkrankung zu bezeichnen, für die übrigen Verschorfungen und Geschwürsbildungen dagegen mehr die Namen „entzündlicher, typhöser, scarlatinöser, pyämischer, tuberkulöser, krebsiger u. s. w. Gewebsnekrose", eventuell „Druckbrand, Compressionsnekrose, embolische Nekrose" zu gebrauchen.

Wie schlimm und gefährlich der vorerwähnte Missgriff war, erhellt daraus, dass man in der Folge und auch heute noch gar zu gerne beinahe jeden geschwürigen Process, sei es an Wunden oder innerhalb der Mund- und Rachengebilde oder an anderen Schleimhäuten als Diphtherie bezeichnet.

Allerdings gibt es in neuerer Zeit auch Autoren (Hüter u. A.), welche die Rachendiphtherie als selbstständige, spezifische Krankheit nicht anerkennen und in ihr gleich den übrigen auf Schleimhäuten oder der äusseren Haut auftretenden Geschwürsbildungen nur den höchsten Grad einer Entzündung erblicken, während Croup einen niederen Grad derselben darstellt.

So ist abgesehen von klinischen, anatomischen und ätiologischen Streitpunkten in der Frage von Croup und Diphtherie auch das Wort ein unbestimmtes, vieldeutiges und desshalb streitiges geworden. Denn viele nehmen Diphtherie rein etymologisch nach seiner Abstammung von δυφθήρ und erblicken demnach diese überall da, wo im Allgemeinen ein Häutchen auf einer Schleimhaut oder Wundfläche, gleichviel von welcher anatomischen Dignität sich findet. Andere fassten Diphtherie mehr anatomisch und histologisch auf und verstanden darunter bald fibrinös-eitrige, oft mit Blut untermischte Exsudate, bald wieder Geschwürsprocesse, wie sie an Wunden und Schleimhäuten, so namentlich auch beim Hospitalbrand getroffen werden. Auch im symptomatoloischen Sinne wird das Wort gebraucht und damit jede graue oder gelbe Auf- und Einlagerung in das Gewebe bezeichnet. Allerdings am häufigsten ist der klinische oder epidemiologische und ätiologische Begriff für Diphtherie in Gebrauch, indem darunter die bekannte epidemisch auftretende, bösartige, infektiöse Form der Rachenentzündung oder die Rachenbräune verstanden wird.

Verwirrend wurde ferner, dass man Diphtherie und Diphtheritis je nach Gutdünken willkührlich gebrauchte, um gewisse Verschiedenheiten hervorzuheben. Bretonneau selbst nannte „Diphtherie" die specifische Rachenaffektion, und „Diphtheritis" die sonstigen gelblichen Ein- und Auflagerungen auf Schleimhäuten; dieser Unterschied wurde jedoch in der Folge nicht immer streng durchgeführt und konnte auch nicht durchgeführt werden, namentlich seit mit der neuen Bezeichnung Diphtheroid (Lasègue u. A.), welche für

diphtherieähnlich oder eine „Varietät" der Diphtherie gebraucht
wurde, die Nomenclatur wieder ganz unnöthig bereichert wurde.

Dieselbe Verschiedenheit in der Bedeutung findet man bei dem
Worte Croup. Bald bezeichnet dasselbe bestimmte Symptome, wie
Husten, Stickanfälle u. dgl., unter denen manche Kehlkopfs- und
Trachealaffektionen, so namentlich auch der Pseudocroup, auftreten,
bald wieder wird eine bestimmte Form des Exsudats oder der Häut-
chenbildung darunter verstanden, bald verbindet man mit dem Worte
Croup eine ganz lokale, eigenthümliche unter noch unbekannten
Verhältnissen bei Kindern auftretende Form der Entzündung an der
Kehlkopf- und Trachealschleimhaut; endlich wird Croup und Diph-
therie in jeder Beziehung gleichwerthig gebraucht.

Bei dieser Vieldeutigkeit und Verwirrung ist es vor Allem
nöthig, den Begriff, den man mit dem Namen Croup und Diphtherie
verbinden soll, zu fixiren. Da scheint es nun allerdings am zweck-
mässigsten, den Bezeichnungen die ursprüngliche Bedeutung zu geben,
falls man sie nicht aus der medizinischen Sprache verbannen will,
wozu eigentlich kein Grund vorliegt. Ursprünglich gebrauchte man
aber die Namen Croup und Diphtherie in der Art, dass man damit
ganz bestimmte Krankheitsbegriffe verband. Darnach soll man unter
Diphtherie nur die genuine epidemisch auftretende bösartige
Rachenbräune, unter Croup eine lokal auftretende, mit rascher
Bildung einer Membran einhergehende Entzündung des Kehlkopfs
und der Luftröhre begreifen, eine Trennung, welche, wie sich des
Weiteren zeigen wird, nothwendig aufrecht erhalten werden muss.

Die ersten Schwierigkeiten bietet nun schon bei Diphtherie
und Croup der lokal-anatomische Befund in Rachen und
Luftwegen. Frägt man nemlich nach den grobanatomischen,
namentlich aber nach den feineren histologischen Verhältnissen, sowie über die Abstammung der sog. Croup- und Diphtheriemembranen
oder über die Art ihrer Entstehung, so trifft man die divergirend-
sten Ansichten. Es rührt diess mit daher, dass theils der Croup,
theils die Diphtherie für sich und selbstständig beschrieben wurden,
während man andererseits Croup und Diphtherie mit Affectionen,
die an verschiedenen Organen als croupöse und diphtheritische Exsudate bezeichnet wurden, zusammengeworfen und beschrieben hat.

Was zunächst die Diphtherie betrifft, so hatte man lange ziemlich allgemein die Ansicht, dass es sich hiebei um ein gewöhnliches,
faserstoffiges Exsudat handle, welches nicht oder doch nur in geringer

Menge an die freie Oberfläche abgesetzt werde. Vielmehr liege es ganz oder wenigstens zum grösseren Theile in der Substanz der Schleimhaut selbst und erzeuge durch Compression der Gefässe brandiges Absterben und Zerfall des Gewebes. Wenn mehr Exsudat an der Oberfläche sass, nannte man es Croup. Da nun beide Formen mit- und nebeneinander vorkommen, so hielt man auch dafür, dass sie nicht zu trennen seien.

Bretonneau selbst hatte über anatomische und histologische Beschaffenheit der Diphtheriemembranen sich wenig ausgesprochen und hielt nur im Allgemeinen an der Ansicht fest, dass diese in bestimmten Beziehungen zu den Schleimdrüsen stehe.

Erst V i r c h o w *) unterschied auf Grund seiner histologischen Untersuchungen Diphtherie strenge vom Croup. Bei Diphtherie hob er die Exsudation in das Gewebe, in Folge dessen Aufhören der Ernährung und Absterben desselben hervor. Das Exsudat besteht aus geronnenem, sehr dichtem, trockenem und amorphem Faserstoff, liegt in der oberflächlichen Schicht der Schleimhaut selbst, und wenn es die freie Fläche der Bindegewebsschicht überschreitet, so liegt es doch gewöhnlich unter dem Epithel. Hiebei füllten sich die Zellen rasch mit einer todten Substanz und zerfallen unter Freiwerden von Fett. In seinem Handbuch der speziellen Pathologie und Therapie (1854. I. p. 292) nennt V i r c h o w Diphtheritis diejenigen Zustände, in denen unter der Ablagerung einer derben, trockenen, der Speckhaut oder dem Faserstoff gleichenden Masse eine Nekrose der Gewebe geschieht. Er rechnet hiezu die Bretonneau'sche Mund- und Rachenaffektion, den Hospitalbrand, manche Formen der Cholera, der sog. Endometritis diphtheritica, der Dysenterie des Dickdarms. Der Unterschied zwischen Croup und Diphtherie geht in einzelnen Fällen oft verloren. Auch der eigentliche Croup des Kehlkopfes und der Luftröhre greift in das Gewebe der Schleimhaut und verbindet sich· oft mit Diphtherie des Rachens und Schlundes. Immer erfüllt sich der von Diphtherie betroffene Theil mit trüber, gelber oder weisser, unter dem Mikroskop gewöhnlich körniger, seltner homogener Masse, die oft mehre Linien tief eingreift, bald trockner und härter, bald weicher und breiiger ist. Später (in den gesammelten Abhandlungen 1856) spricht V i r c h o w davon, dass in den nekrotisirenden diphtheritischen

*) V i r c h o w, Arch. I. 1847 p. 251 ff.

Theilen neben freiem Faserstoff im Innern der Gewebe eine dichte,
feinkörnige Substanz getroffen wird, die das weisse, anämische,
todte Aussehen der erkrankten Stellen bedingt und der Hauptsache
nach aus Fett besteht. Ein anderes Mal (Berl. klin. Wochenschr.
1865 Nr. 2 und Charité-Annalen 1876) will er im Allgemeinen den
croupösen und diphtheritischen Process klinisch und pathologisch-
anatomisch getrennt wissen. Freie, fibrinöse Membranen auf der
Oberfläche des Pharynx und der Mandeln, die unter croupöser
Pharyngitis verstanden würden, kenne er nicht. Die Bezeichnung
Croup sei nicht für eine anatomische, sondern klinische Krankheitsform anzuwenden. Der Unterschied zwischen freien, superfiziellen
Exsudaten, gegenüber den diphtheritischen Formen, welch letztere
in der Tiefe sitzen und durch eine Art von Ulceration abgelöst werden, sei beizubehalten. Es sei zweifelhaft, ob die Masse, die bei
Diphtherie innerhalb der Gewebe sitze und ebenso wie dieses ab-
sterbe, jemals Fibrin sei.

Nach Rokitansky *) ist bei Diphtherie eine Infiltration der
Schleimhaut mit Exsudat und Verschorfung vorhanden, wobei der
weissliche, gelbliche, braune, grünlichbraune, blutigsuffundirte,
morsche, brüchige oder zähe Brandschorf gebildet wird. Dagegen
characterisirt ein hautartiger, mehr minder haftender, auf die Oberfläche abgesetzter Erguss den Croup.

Wedl **) findet bei der genaueren Formanalyse des croupösen
und diphtheritischen Exsudates meist granuläre, oft braungelb pigmentirte Massen in vielfachen Schichten übereinander gelagert;
schollig-fetzige, seltner fadenförmig-genetzte Massen lassen sich nach
sorgfältiger Isolirung erblicken.

Den Unterschied von croupösem und diphtheritischem Exsudat
erkennt Gerhardt ***) an, erklärt aber, dass am Larynx weder
pathologisch-anatomisch, noch klinisch scharfe Grenzen zwischen
Croup und Diphtheritis existiren. In den meisten Fällen sei die
Diphtheritis am Larynx, die eigentliche croupöse Entzündung an
Trachea und Bronchien zu treffen.

---

*) Rokitansky, dessen Lehrbuch der path. Anatomie I. S. 140 und
II. S. 43 und 45.
**) Wedl, Grdz. d. pathol. Histol. 1854, p. 252.
***) Gerhardt, der Kehlkopfscroup 1859, p. 12.

Jaffe *) lässt bei der epidemischen Diphtherie auf der freien Oberfläche der Schleimhaut einen Erguss plastischen Fibrins entstehen, welches durch Gerinnung eine Pseudomembran bildet, die bald lockerer, bald fester an der darunter gelegenen Schleimhaut haftet.

Nach Pauli **) liegen die Pseudomembranen bei Croup über dem Epithelium. Unter dem Mikroskop zeigen sie ein Gewebe aus feinen, sich in spitzen Winkeln kreuzenden Fasern, welches moleculäre Granula, Epithelialzellen, sowie hie und da letzte Verzweigungen der Epithelialzellen enthält.

Dem entgegen nimmt E. Wagner ***), der Croup und Diphtherie für durchaus gleiche, vielleicht nur durch Zeit und Ort und in diesen etwa durch ihre Localisation in Rachen und Luftröhre sich verschieden gestaltende Processe hält, eine gesonderte Stellung in Bezug auf die histologischen Details der sog. Croup- und Diphtherie-Membran und die Art ihrer Entstehung ein. Für die Croupmembran suchte er zu beweisen, dass dieselbe von einer eigenthümlichen (faserstoffigen) Metamorphose der Epithelien herrühre; dabei zeige in sog. reinen Fällen von Croup die darunter liegende Schleimhaut ausser Hyperämie keine weitere Veränderung. Neben diesem sog. rein croupösen Exsudat komme an denselben Orten (Gaumen, Tonsillen, Rachen etc.) das croupös-diphtheritische und das diphtheritische Exsudat vor, wobei nicht nur die genannte Epithelveränderung, sondern auch eine Schwellung und Injection, sowie Kern- und Eiterzelleninfiltrat im Gewebe nachzuweisen sei. Zwischen croupösem und croupös-diphtheritischem Exsudat fänden alle Uebergänge statt bis zum rein diphtheritischen, wo das Schleimhautinfiltrat überwiege. Diese Anschauung Wagner's über die bei Croup und Diphtherie auftretenden Membranen und namentlich von der faserstoffähnlichen Metamorphose der Epithelien hat vielfache Zweifel erfahren. So hat Nassiloff †), der sich, wie auch eine Reihe anderer Forscher, von den eigenthümlichen Gestaltsveränderungen

---

*) Jaffe, Abhandlungen über Diphtheritis in Schmidts Jahrbüchern 1862, CXIII. p. 97 u. d. ff.

**) Pauli, der Croup, 1865.

***) E. Wagner, Arch. d. Heilkunde VII. 1866 p. 481. Handbuch der allg. Pathologie, 3. Aufl. 1865 u. ff.; v. Ziemssen, Handbuch der spec. Path. und Therap. VII. Bd. 1. Heft.

†) Nassiloff, Virch. Arch. 50., S. 550.

der Epithelzellen, die E. Wagner sah, überzeugte, dieselben so aufgefasst, dass die Zellen in gleicher Weise contractil geworden seien, wie diess bei den Hornhautepithelien durch Reiz der Fall ist (Hoffmann, v. Recklinghausen, Stricker). Die Balken des bei der Diphtherie zu beobachtenden Netzes hielt er für Fibrin. Nach Heiberg *) besteht Croup und Diphtherie wenigstens der Wunden in einer Eitercoagulation und Nekrose, Hospitalbrand sei eine serpiginöse Nekrose.

Eine eigene und von der bisherigen verschiedene Auffassung über die bei Diphtherie und Croup auftretenden Membranen hatte v. Buhl **). Nach ihm ist die sogenannte Diphtherie-Membran zunächst das geschichtete Pflasterepithel des Rachens selbst, in welches constant Pilze eingefilzt seien, darunter aber habe sich ein aus Kern- und Zellenwucherung bestehendes Infiltrat im Schleimhautgewebe entwickelt, das er mit der faserstoffähnlichen (desmoiden) Bindegewebswucherung, wie er sie für die Entzündung seröser Häute beschrieben hat, vergleicht. Dieses Infiltrat aus Zellen, die den farblosen Blutkörpern ähnlich seien, stelle das Wesentliche und Charakteristische der lokalen diphtherischen Erkrankung dar, und sei ähnlich wie bei Tuberculose, Cerebrospinalmenigitis, Syphilis etc. Durch den Vorgang im Schleimhautgewebe werde das Epithel (die Diphtheriemembran) abgestossen und wieder regenerirt oder es würden bei sehr grosser Menge des Infiltrates die Gefässe comprimirt und würde anämische Nekrose herbeigeführt. Das Verschorfte würde dann ebenfalls abgestossen und dann liege das diphtherische Geschwür vor. Strenge verschieden von Diphtherie sei der Croup, wobei ein freies, fibrinöses, mit Eiterkörpern untermischtes Exsudat auf das mehr minder intacte Epithel in Membranen ausgeschieden werde. Kommt, wie es ja nicht selten geschieht und seit Ruppius und Bretonneau genugsam beobachtet ist, bei Diphtherie Croup vor, so hat dieser nur die Bedeutung einer Folgeerscheinung.

Bartels ***) fand bei Croup und Diphtherie durchweg und immer

---

*) Heiberg, Virch. Arch. IV., p. 257.
  **) Buhl, das Faserstoffexsudat. Sitzungsbericht der kgl. bayer. Akad. der Wissensch. 1863, p. 85. Einiges über Diphtherie. Zeitschr. für Biolog. 1867, S. 341 u. f.
  ***) Deutsches Arch. f. klin. Medicin II., 4 u. 5 p. 367, 1866.

dieselbe Beschaffenheit der Membranen. Sie liessen sich von der unterliegenden Schleimhaut oft in grossen Fetzen und Schläuchen abziehen, waren gleich dick und zähelastisch und bestanden mikroskopisch aus einer leicht streifig geronnenen Grundsubstanz und zahllosen eingelagerten, cystoiden, kernhaltigen Zellen. Die unterliegende Schleimhaut war durchgehends unversehrt, etwas gewulstet, blass oder mehr minder geröthet; nur in seltenen Fällen war Ulceration der Mandeln bemerkbar.

O. Weber gibt in seinem Handbuch der Chirurgie (I) ungefähr folgende Vorstellung von den fraglichen Processen: „War die Reizung der Schleimhaut sehr bedeutend und ist sie von ungewöhnlich reichlicher faserstoffiger Auflösung auf den tieferen Zellschichten begleitet, sind die jungen Elemente sehr massenhaft, so kann dadurch die Circulation und die Ernährung der Stellen ganz unterdrückt werden, — es entsteht diphtheritische Entzündung. Wohl aber gehen beim Croup nur die oberflächlichen Schleimhautschichten durch moleculäre Nekrose oder Nekrobiose zu Grunde, während bei Diphtheritis die Zerstörung tiefer greift."

Oppolzer *) lässt die Croupmembran aus amorphem oder fein faserigem Fibrin mit zahlreichen, eingebetteten, jungen Zellen bestehen, während bei der Diphtherie die Auflagerungen im Gewebe der Schleimhaut sitzen und den Zerfall desselben zu lockeren, zottigen Fetzen bedingen, desshalb ist nach Entfernung derselben die Schleimhaut geschwürig, mit grübchenartigen Vertiefungen besetzt und blutet leicht.

In seiner ersten Arbeit findet Oertel **), dass die Diphtheriemembranen ausser aus Mikrokokken nur aus Epithelien bestehen; die Epithelien bieten namentlich mehr in der Tiefe der Membran oft ein balkenförmiges Aussehen dar. Die oft sonderbar geformten Epithelreste entstünden durch den Vegetationsprocess der Pilze, die ihren Nährstoff daraus bezögen. Von einer Faserstoffausschwitzung oder Auflagerung ist nichts zu entdecken. Bei der die Rachendiphtherie begleitenden, croupösen Entzündung der Luftwege findet man die Membran aus entarteten und zum Theil endogen entstandenen jungen Zellen zusammengesetzt, jedoch lässt sich

---

*) S. Wien. Med. Wochenschr. XVIII, 72—89, 1868.
**) Dr. M. Oertel, Studien über Diphtherie. Bayer. Intelligenzblatt 31, 1868.

hier ein Faserstoffexsudat mit ziemlicher Wahrscheinlichkeit nachweisen.

Die eigenthümlichen Zellen der Croupmembran lässt Oertel[*]) durch Gerinnung von hyalinem, bewegungsfähigem Protoplasma entstehen, das in Form von eigenthümlich grossen, rundlichen, zelligen Gebilden aus dem Inhalte der Epithelzellen abgeschieden wird. Die Membran betheiligt sich dabei nicht. In v. Ziemssens Handbuch endlich unterscheidet Oertel pathologisch-anatomisch eine catarrhalische, croupöse, septische und gangränöse Form der Diphtherie, und findet damit also sowohl bloss oberflächliche Eiterung, als Auflagerung einer aus Faserstoff und Eiter bestehenden Membran auf der durch kleinzelliges Infiltrat etc. geschwellten Schleimhaut. Letzteres kann aber zur Bildung einer acuten Schorfmembran führen, die natürlich mit der catarrhalischen und croupösen Form pathologisch-anatomisch und histologisch nichts gemeinsam hat.

Aehnliche Unterschiede in der Form des Belages statuiren Senator[**]) und Koenig[***]) bei Croup und Diphtherie.

Nach Trendelenburg[†]) soll der Unterschied, der zwischen lose aufliegenden Membranen der Trachea und den fest haftenden an Pharynx und Tonsillen bestehe, nur von der Beschaffenheit des Schleimhautepithels — Flimmer- oder Pflasterepithel — herrühren.

Letzerich[††]) beschreibt bei Diphtherie ein amorphes Exsudat mit reticulärer Anordnung der Moleküle.

Nach Classen[†††]) bildet das Charakteristische bei der Diphtherie jene Veränderung der Epithelzellen in der obersten Schicht, welche ein deutlich reticuläres Ansehen darbietet und wohl dasselbe darstellt, was E. Wagner als faserstoffige Metamorphose, der Epithelien jedoch mit Unrecht geschildert hat, das Primäre der Erkrankung bilde der lokale Process.

---

*) Oertel, Arch. f. klin. Med. 1871.

**) l. c.

***) Koenig, Bemerkungen über Diphtherie, Berl. klin. Wochenschr. Nr. 19.

†) Trendelenburg, über die Contagiosität und lokale Natur der Diphtheritis. Arch. f. klin. Chirurg. X. S. 720 u. f.

††) Letzerich, Beiträge zur Kenntniss der Diphtherie. Virch. Arch. XLV. 1869, S. 327 ff. und XLVI. S. 229 ff. Zur Kenntniss der Diphtherie XLVII, S. 519 ff. LII. S. 231.

†††) Centralblatt 1870, S. 516. Virch. Arch. LII S. 260. Beitrag zur Kenntniss der Diphtherie.

F. Hartmann *) beschreibt Croup und Diphtheritis als identische Processe. Das in die Schleimhaut ergossene Plasma werde
durch die Contraction der Rachenmusculatur auf die Oberfläche gepresst und gerinne hier zur croupösen Membran. Erfolgen Nachschübe der Entzündung, so sei dem Plasma der Austritt versperrt,
es komme zur Anhäufung von Exsudat in der Schleimhaut, zur
Diphtheritis.

Steudener **) lässt die Croupmembranen auf der des Epithels
beraubten Schleimhaut fest aufsitzen, und spricht sich sowohl
gegen die aktive Betheiligung der Epithelien an der zelligen Neubildung (Buhl) als gegen die faserstoffige Umwandlung der Epithelien
(E. Wagner) aus, hält vielmehr die ganze Membran durch Exsudation aus den Gefässen zu Stande gekommen.

Zu ganz ähnlichen Resultaten kam Boldyrew ***), der den
epithelialen Ursprung der Pseudomembranen läugnet und sie durch
successive Gerinnung eines flüchtig auf die Oberfläche ausgetretenen
fibrinösen Exsudates zu Stande kommen lässt.

Senator †), der, wie oben erwähnt, eine catarrhalische, croupöse
und diphtheritische oder nekrotisirende Form der Diphtherie unterscheidet, kommt wie Virchow, Buhl u. A. zu dem Schlusse, dass
ein wahrer Croup, bei dem das Fibrin den wesentlichen Bestand-
theil der Membran darstelle, bei der Diphtheritis in Rachen und
seinen Nachbartheilen sich nicht oder nur sehr selten finde, sondern
nur im Larynx und der Trachea.

Nach Rindfleisch (Lehrbuch der pathologischen Gewebelehre
1873, S. 312 ff.) soll bei Croup des Pharynx (sog. Diphtheritis)
die Pseudomembran an Stelle des Epithels sitzen und nicht
aus Fibrin, sondern aus eigenthümlicher Entartung des
Zellprotoplasmas der Epithelien bestehen. Bei Croup des
Larynx und der Trachea finde sich eine stufenweise Aufeinander-
folge von einfachem Catarrh und pseudomembranöser Ausschwitzung.

---

*) F. Hartmann, über Croup und Diphtheritis der Rachenhöhle, Exsudat
und Eiterbildung. Virch. Arch. LII. S. 240.

**) Steudener, zur Histologie des Croup im Larynx und Trachea. Virch.
Arch. LIV. 500 u. f.

***) Boldyrew, ein Beitrag zur Histologie des croupösen Processes, Reichert
und Du-Bois-Reymonds Archiv 1872, 75 u. ff.

†) Senator, über Diphtherie, Virch. Arch. 1872, LVI. 56 ff.; und Volk-
manns klinische Vorträge Nr. 78.

Letztere bestehe aus Keimgewebszellen und einer Substanz, die oft in Schichten abgelagert, den Eindruck von Fibrin gibt. Obwohl er sie anatomisch für gleich hält, will er sie klinisch doch getrennt wissen.

In der med. Time Aug. u. Sept. 1859 spricht Bristowe davon, dass bei Diphtherie die Ausschwitzung zuerst unter und in den Epithelien beginnt und aus Epithelien und einem Netzwerk von Faserstoff besteht. Unter dieser Decke bilden sich neue Exsudate, welche dann nur aus dem Faserstoffnetz bestehen.

Sanderson *) dagegen schildert das Exsudat aus granulirtem Faserstoff bestehend, in dem viele Kerne und kernhaltige Zellen eingebettet seien. Anfänglich besteht es hauptsächlich aus Zell-elementen, die spätere Ausschwitzung enthalte mehr Fibrin und nur wenig Zellen.

Ranking, Harley und die Sanitarycommission **) wollen in den diphtherischen Pseudomembranen nie Faserstoff gefunden haben.

Unter den französischen Autoren schildert Isambert ***) bei der Diphtherie die Ausschwitzung von Faserstoff, der zu mehr oder weniger festen Pseudomembranen gerinnt, unter welchen die kranke Schleimhaut verschwärt und wobei das Exsudat gangränösen Geruch verbreitet. Die Pseudomembranen des Croup, der bösartigen Scharlach-Angina und der wahren Diphtherieen zeigen mikroskopisch ein Gewebe aus feinen, sich in verschiedenen Richtungen und in spitzen Winkeln durchkreuzenden Fasern, welches auch eine ziemliche Menge von molekulären Granulationen, Epithelzellen und zuweilen Blut- und Eiterkörperchen einschliesst. Diese Pseudomembranen zeigen nie Organisation und Gefässbildung. Diphtherie und Croup seien dadurch verschieden, dass bei ersterer die ergriffene Schleimhaut verschwärt, bei letzterer nicht.

Nach diesen Angaben aus der Literatur, die nur ein Bild von den verschiedenen Auffassungen der bei Diphtherie und Croup auftretenden lokalen Veränderungen geben sollen, und durchaus keinen Anspruch auf Vollständigkeit machen, komme ich zu den Resultaten meiner eigenen Untersuchungen. Es ist klar, dass bei der ver-

---

*) Sanderson, Brit. med. journ., Mai 1859.
**) S. Lancet 1859.
***) Isambert, Arch. gén. März u. April 1857.

schiedenen Auffassung, die man dem Worte Diphtherie zu Theil werden lässt, auch die Beurtheilung des Materiales, soweit es nicht der eigensten Beobachtung entstammt, mit gewissem Misstrauen geschehen muss. In der That ist es im Verfolge meiner Untersuchungen vorgekommen, dass mir Präparate von Fällen vorgelegt wurden, die nicht im Mindesten mit der epidemischen Diphtherie etwas zu schaffen hatten, oder deren Beziehung zur epidemischen Diphtherie oft im höchsten Grade fraglich war. Nicht nur Fälle von ganz unbedeutenden Anginen, sogar Fälle von Soor, sowie von eigenthümlicher durch ausgedehnte Pilzwucherungen charakterisirte Affektionen im Schlund und auf den Tonsillen sind mir dabei untergekommen. Wohl am häufigsten bekam ich Präparate von sekundären Erkrankungen des Rachens, wie sie namentlich bei Scharlach beobachtet werden, zur Untersuchung. Es braucht kaum erwähnt zu werden, dass alle diese für die im Nachstehenden zu schildernden Veränderungen vollständig ausser Acht gelassen wurden. Als Grundlage für diese Untersuchungen dienten vielmehr nur die reinen Fälle von Diphtherie und da für diese die Diagnose während des Lebens bekanntlich sehr oft erschwert, ja unter Umständen völlig unmöglich ist, so wurden nur solche verwendet, bei denen der Tod und die darauffolgende Sektion den sonst genauen Beobachtungen am Leben den Stempel der Sicherheit über die Diagnose aufdrückte. Wo demnach der Tod gewissermassen als pathognomonisches Zeichen der Diphtherie eintrat, da konnte ein Zweifel darüber, ob man es mit Diphtherie zu thun habe, wohl nicht bestehen. Nur von diesen Fällen sind auch die während des Lebens beobachteten und mikroskopisch untersuchten Veränderungen aufgenommen. Denn es stellte sich bald heraus, dass genau dieselben Veränderungen, die sich bei den tödtlich endenden Fällen fanden, auch bei den günstiger verlaufenden auftreten, und es bedurfte also nur der Untersuchung und Beobachtung vom ersten Beginne der Krankheit bis zu dessen Ende, um ein klares, verlässiges Resultat über die fortlaufenden lokalen Veränderungen bei der Diphtherie zu gewinnen. Freilich ist das Material bei diesem streng ausscheidenden Standpunkte ein weniger zahlreiches, aber um so verlässigeres geworden. Nur wenige Fälle konnten zu diesem Behufe aus dem Krankenhause links der Isar verwerthet werden. Die meisten waren mir aus dem Kinderspitale, sowie einzelne aus der Privatpraxis zur Verfügung gestanden. Die Resultate der Sektion, die den Beobachtungen am Krankenbette

dann angefügt wurden, bilden nun im Vereine mit diesen die
Grundlage für meine Mittheilung, und betreffen sowohl die Ver-
änderungen im Rachen als in Kehlkopf und Luftröhre bei der
Diphtherie.

Zunächst an den Tonsillen, Zäpfchen, Zungen- und hinterer
Nasenrachenraum, Gaumen etc. zeigt sich schon makroskopisch,
dass die Veränderungen durchaus nicht immer und unter allen
Umständen die gleichen sind. Man findet namentlich in der aller-
ersten Zeit kleinere oder grössere, grauweisse, meist nur dünne
Flecken, die bald vereinzelt, bald mehr confluirend die Schleimhaut
bedecken. Sie ragen nur wenig oder gar nicht über das Niveau
der Schleimhautoberfläche hervor und so scharf sie sich auch durch
ihre Farbe von den umliegenden, stark geröthetn, aber meist
trockenen Parthieen abheben, so gehen sie doch in diese unmittelbar über, so dass sie schon makroskopisch mit diesem ein continuirliches Ganze darzustellen scheinen. Versucht man sie gleich anfangs
abzuziehen oder mit einem Pinsel und dergl. abzuwischen, so ist
das nicht immer mit besonderen Schwierigkeiten verbunden. Die
unterliegende Schleimhaut erscheint dann nach blossem Ansehen
meist unversehrt, mehr minder glänzend, ziemlich stark geröthet,
fast nie blutend. Die Dicke der Flecken beträgt wohl nie mehr
als höchstens 0,1—0,2 mm. Die mikroskopische Untersuchung derselben gibt zunächst darüber Aufschluss, dass hier ein exsudativer
Process, wie ihn eine vermehrte Schleim- und Eiterabsonderung bei
Catarrh z. B. charakterisirt oder eine fibrinöse Ausschwitzung nicht
vorhanden ist. Es ist vielmehr der Epithelüberzug der Schleimhaut selbst, aus welchem, freilich mehr minder verändert, im
Wesentlichen die abgezogenen Häutchen bestehen. Betrachtet
man nun Zupfpräparate oder besser noch Schnitte solcher in Alkohol
gehärteter Flecken, so überzeugt man sich, dass gut erhaltene,
normal gebliebene Epithelien allerdings nur selten sind. Die meisten
haben eine Veränderung erlitten, die sowohl in der Form als in der
Grösse und im Inhalt derselben sich kundgibt. Zunächst die Form
anlangend, so haben sie, mit Ausnahme der obersten Lagen vielleicht ihre abgeplattete, mehr minder polygonale Gestalt verloren
und sind grösser, rundlicher geworden. Ihr Inhalt hat sich häufig
getrübt, so dass nicht selten der Kern undeutlich wird. Davon,
dass diese Trübung wenigstens nicht ausschliesslich aus albuminösen
Niederschlägen besteht, überzeugt man sich sofort durch Anwendung

von Essigsäure, die nur eine ganz geringe Aufhellung der Präparate verursacht. Neben, zwischen und über den Epithelien gewahrt man nur ganz vereinzelt Schleim- und Eiterkörperchen ähnliche Gebilde, meist nicht zahlreicher, als sie normal an diesen Stellen auch getroffen werden. Dagegen findet sich, worauf Buhl zum ersten Male aufmerksam gemacht hat, constant ein Pilz in und zwischen den Epithelien eingelagert. Seine Menge ist nach ihm so bedeutend, dass er sicher einen nicht unbeträchtlichen Antheil an der Grösse und Farbe der Flecken hat. Er ist es, dessen meist äusserst kleine, gleichmässig runde, in rundlichen Haufen und unregelmässigen Ballen beisammenliegende Elemente das ganze Präparat so trüb und weniger scharf erscheinen lassen. Die einzelnen Haufen zeichnen sich durch leicht bräunliche Färbung und durch ihr eigenthümlich chagrinirtes Ansehen aus, das dadurch zu Stande kommt, dass die einzelnen, kugelförmigen, scharf conturirten Elemente ziemlich gleichmässig in die durchsichtige, gallertartige Masse eingebettet sind.

Indem diese Gebilde sich nicht nur auf die Epithelien lagern, sondern auch zwischen und selbst in dieselben sich eindrängen, wird einerseits deren Zusammenhang gelockert, andererseits werden Bildungen veranlasst, die noch am meisten der von Wagner beschriebenen sogenannten faserstoffigen Metamorphose der Epithelien etwa in ihrem zweiten Stadium entsprechen. Es schwindet nämlich, vielleicht durch den Druck der wuchernden Pilzmassen, das Protoplasma der Epithelien an einzelnen Stellen, und so entstehen dünne Spangen oder unregelmässig geformte, bald dünne, bald kolbige Ausläufer der Epithelzellen, die durch Essigsäure wenig verändert werden und oft ziemlich glänzen, namentlich wenn sie nicht mit Mikrokokken erfüllt sind. In letzterem Falle scheinen sie dunkler und gekörnt. Eine weitere Umwandlung der Epithelien lässt sich nicht wahrnehmen und vor Allem nicht die Umwandlung in jenes eigenthümliche Balkennetz, das nach Vielen die Croup-, nach Andern die Diphtheriemembran charakterisirt.

Unter den Epithelien aber findet man, namentlich an Schnitten, die senkrecht zur Oberfläche hergestellt wurden, nicht selten eine Anhäufung von kleinen, runden Zellen, die in eine feinkörnige, amorphe Masse (geronnenes Eiweiss) eingeschlossen sind. Essigsäure oder Färbung mit Carmin und Anilin weist in diesen Zellen oft zwei, drei, biscuit-, kleeblatt-förmige kleinste Kerne nach, während die moleculären Massen durch Essigsäure durchweg fast durchsichtig werden. Von dieser subepithelialen Masse wird die Ablösung der Membran in der Regel vollzogen.

Es kann nun sein, dass ausser der Epithelmembran und der körnigen und kernreichen Masse unter ihr keine Veränderung im Rachen bei der Diphtherie wahrgenommen wird; solche Fälle sind es denn auch, die am ersten zur Heilung neigen. Nur äusserst wenige Fälle dieser Art führen zum Tode.

Macht man von diesen Durchschnitte durch die Schleimhaut, die von der Diphtherie ergriffen scheint, so zeigt sich, dass in ihr ein kleinzelliges Infiltrat vorhanden ist, das verschieden tief in das Gewebe eingreift. Diesem Infiltrat scheint auch die zwischen Epithellager und Schleimhaut sich sammelnde Schicht zu entstammen, und man gewinnt unwillkürlich den Eindruck, als sei die ganze Veränderung am Epithel, die Aufquellung, Ablösung und vielleicht auch die Pilzinvasion bedingt durch den Vorgang in der Schleimhaut.

Dauert nun der Process länger, so schreitet er in der Regel auch weiter fort, und dann treten jene gelb-weissen, oft verschieden dicken Schichten auf, die eigentlich am häufigsten sowohl im Leben als bei Leichen getroffen werden, und um die sich der Streit, ob Croupoder Diphtheriemembran, ob identisch mit der später in den Luftwegen zu erwähnenden häutigen Ausscheidung oder nicht, eigentlich dreht. Kleine Bruchstücke dieser Bildung trifft man manchmal schon an Epithelfetzen, die nicht in den ersten 12—24 Stunden entfernt werden, und nur unter Blutung von der dann deutlichen Substanzverlust zeigenden Unterlage abgezogen wurden. Ihre Dicke kann 2—3 Mm. betragen, wodurch sie sehr beträchtlich die Oberfläche überragen. Bald trifft man sie inselförmig an einzelnen Schleimhautparthieen, zuweilen aber bedecken sie ganze Parthieen der Rachenschleimhaut, der Tonsillen etc.

Wurde diese membranartige Schichte, die oft ganz fest den unterliegenden Theilen adhärirt, etwa gewaltsam entfernt, so beachtet man nicht selten nach kürzerer oder längerer Zeit die Bildung einer zweiten, ganz gleichbeschaffenen, manchmal sogar noch einer dritten derartigen Membran, die sich übrigens auch nach spontaner Ablösung der ersten dicken Schichte wieder bilden können. Häufiger jedoch, bei günstigem Ausgange, lockert sich diese erste Schichte nach einiger Zeit von selbst und wird dann von ihrem Grunde durch eine demarkirende Eiterung getrennt. Diese Eiterung bahnt dann auch in der Folge bei den gut verlaufenden Fällen die Heilung des

durch die abgestossene Schichte in der Regel verursachten Substanzverlustes an. An Leichen überzeugt man sich, je nach dem längeren
Bestande der gelb-weissen Schichte, dass sie an einzelnen Stellen
oft bereits schon gelockert ist, während sie an andern noch so fest
haftet, dass sie nicht oder nur schwer abgezogen werden kann und
continuirlich in das tieferliegende Gewebe übergreift. Das Mikroskop lehrt, dass die wechselnde Farbe dieser Membran durch zufällige Verunreinigungen, durch feinmolekuläre Massen, weniger
durch Mikrokokken, welche sich, wenn überhaupt vorhanden, nur
an der Oberfläche finden, sowie durch theils frisches, theils verändertes Blut veranlasst ist. Abgesehen davon ist aber diese Membran
weissgelb gefärbt und besteht aus einem mehr minder unregelmässig
gestalteten Netzwerk, dessen Balken äusserst stark, oft wie ein starkes
elastisches Netz glänzen. Man hat den Glanz mit dem der Specksubstanz
verglichen, aber schon E. Wagner hat dargethan, dass von einer
solchen durchaus nicht die Rede ist, da auch die Behandlung mit Jod
und Schwefelsäure die characteristische violette Färbung nicht gibt.

Was an dem Netzwerk am meisten auffällt, ist die namentlich
in den oberen Lagen ziemlich breite Beschaffenheit der Balken, welche
oft noch beträchtlicher als die der elastischen Fasern ist. Diese
Balken zeigen unter einander innige Verbindung nach den verschiedensten Richtungen und bilden dadurch in mehr minder gleich-·
mässigen Abständen Räume. Diese Räume oder Lücken erscheinen
bald mehr rundlich, bald mehr oval, kurz verschiedengestaltig.
Ihre Grösse ist meist nicht sehr bedeutend und schwankt in der
Regel nur von der eines weissen oder rothen Blutkörperchens bis
zu der einer Epithelzelle; am zahlreichsten aber trifft man die kleineren wiewohl auch die grösseren, namentlich in den tiefern Schichten, wo innerhalb der Lücken des gröberen, weitmaschigen Netzwerks
oft noch ein feineres beobachtet wird, gar nicht so selten sind. In
sehr vielen Lücken ist kein Inhalt wahrzunehmen, höchstens dann
und wann feine Körnchen, albuminösen Niederschlägen oder Fett
angehörig; manche Balken und Lücken enthalten kleinste, punktförmige Kerne, zu zweien, dreien etc. neben einander, die gerade nicht
immer denen von Lymph- oder Eiterkörperchen gleichen; von Protoplasma um sie herum ist meist nur wenig oder gar nichts zu entdecken. Zahlreicher finden sich etwas grössere Kerne in den Lücken der
untern Schichten der Membranen, und hier sind dann auch die
zelligen Elemente innerhalb der Balken selbst beträchtlicher ange-

häuft. Mikrokokken, wie sie Klebs und Andere innerhalb der
Lücken gefunden haben wollen, habe ich in der Regel in diesen
Membranen vermisst; sind sie vorhanden, so trifft man sie nur in
den alleroberstcn Lagen der Membran, während sie weiter abwärts
wenigstens in den von mir beobachteten Fällen nie da waren. Nur
die in der Tiefe getroffenen feinen, zarten, sich vielfach durchkreuzenden Bälkchen, die nicht nur innerhalb der grossen Balkenzüge, sondern auch über und in der Schleimhaut sich finden, gleichen so von
vorneherein vollkommen dem auch sonst bekannten Faserstoffnetze und
finden sich in ihm eingestreut auch häufiger Lymph- oder Eiterkörperchen.   An den Balken des oberen glänzenden Netzwerkes sind
zwar auch manchmal in ihren Breiten- oder Dickendurchmessern
erhebliche Verschiedenheiten zu constatiren, doch besitzen sie oft
eine gewisse Regelmässigkeit und Dicke, welch letztere in der Regel
immer noch das 6- und 8fache der bekannten feinen Fibrinfasern
beträgt.   Die chemische Reaction ergibt einen Unterschied der Balken dieses Netzes von den gewöhnlichen Fibrinfasern und Netzen,
insofern als Essigsäure sie zwar stark aufquellen lässt, so dass die
Lücken zwischen ihnen kleiner werden, ja oft selbst verschwinden;
doch wird weder durch sie noch selbst durch Alkalien, wenn sie
nicht zu concentrirt sind, eine so starke Veränderung erzielt, dass
sie etwa unsichtbar werden.   Durch längeres Kochen tritt ebenfalls
keine erhebliche Veränderung ein.   Die Balken verlieren zwar hiebei etwas von ihrem Glanz, schrumpfen leicht ein, so dass die
Lücken etwas grösser und unregelmässiger werden, aber nie wird
dadurch das Netzwerk vollständig zum Verschwinden gebracht. —
Mit blossem Auge ist eine Grenze von der unterliegenden Gewebs-
fläche nur da zu constatiren, wo eine mehr minder grosse Lockerung
der Membran bereits stattgefunden hat.   Ist diess aber nicht der
Fall, dann ist in der Regel auch jede Abgrenzung unmöglich, vielmehr scheint diese weissgelbe Schichte mit dem Untergrund ein
continuirliches Ganze zu bilden.   Anders gestaltet sich diess bei der
mikroskopischen Betrachtung.   Hier hebt sich zwar die weissgelbe
Schichte scharf von der unterliegenden Schleimhaut ab, namentlich
durch den auffallend starken Glanz; wo aber, wie so häufig, die
untern Schichten ebenso wie die ganze Schleimhaut oder Drüsensubstanz (Tonsillen) eine hochgradige Infiltration mit kleinen Rundzellen zeigt, da ist es oft schwer, die Grenze zu bestimmen, und
man überzeugt sich leicht, dass auch der starke Glanz des Balken-

netzes nicht immer plötzlich aufhört; vielmehr gehen die glänzenden
Balken allmählig in das Bindegewebsgerüste der unterliegenden
Schleimhaut und Drüsensubstanz über und infiltriren dieselbe. So
lassen sich nicht selten die mehr minder senkrecht zur Oberfläche
verlaufenden Balken in das subepitheliale Gewebe verfolgen und
namentlich um die Gefässe und Drüsen der eigentlichen Schleimhaut
ist nicht nur kleinzelliges Infiltrat, sondern oft auch eine be-
beträchtliche Infiltration mit diesem Balkennetz zu beobachten.
Oft zeigen diese Häute, besonders am Zäpfchen und Gaumen, eine
deutliche Schichtung. Dieselbe besteht darin, dass zunächst der
Oberfläche die breitesten, am stärksten glänzenden Balken sich
finden, die auch parallel zur Oberfläche verlaufen und durch verschieden dicke Querbalken getheilt, die unregelmässigen Lücken darstellen. Hier sind diese Lücken gewöhnlich am kleinsten und fast ohne
jeglichen Inhalt. Unter dieser Schichte werden die Lücken grösser,
die continuirlich und parallel zur Oberfläche verlaufenden Balken
verlieren sich mehr und mehr und auch ihre Dicke hat in der
Regel ziemlich abgenommen. Die Aehnlichkeit oder Identität mit
dem gewöhnlichen Faserstoffnetz wird hier schon deutlicher, da
zwischen den grössern Lücken und in diesen selbst oft noch das bereits
erwähnte kleinere, dem gewöhnlichen Faserstoff vollkommen ähnliche
Gebälke sich findet. Zellige oder Kerngebilde sind auch hier in
der Regel nur spärlich vertreten, sie finden sich zahlreicher erst in
der Drüsensubstanz und unmittelbar vor dieser und geben so nicht
selten den optischen Eindruck einer weiteren Schichtung. An verschiedenen Stellen dieses gross- und kleinbalkigen, unregelmässigen
Netzes trifft man Blut und Pigment oft in grösseren Haufen, bald
frisch, bald mehr minder verändert. Was nun die Deutung dieser
ganzen weissgelben Bildung betrifft, so ist vorerst hervorzuheben, dass die Lehre E. Wagner's, als sei das Balkennetz bei
der Diphtherie durch eine faserstoffähnliche Umwandlung der Epithelien zu Stande gekommen, deren Anfangsstadien die oben beschriebenen Zellformen darstellten, wohl unhaltbar. Abgesehen davon, dass man diese Umwandlung nie genauer verfolgen kann, ist
auch schon wiederholt hervorgehoben worden, dass die Bildung einer
so dicken Membran und oft noch einer zweiten und dritten sich aus
der dünnen Lage des Epithels nur schwer erklären lasse. Dazu
kommt der oft fast gänzliche Mangel von Kernen oder Kernderi-
vaten, wenigstens in den oberen, breiteren Schichten, die sich doch

gewiss in irgend einer Form noch nachweisen lassen müssten, wenn das Balkennetz aus, wenn auch noch so merkwürdiger Veränderung

Fig. 1 *).

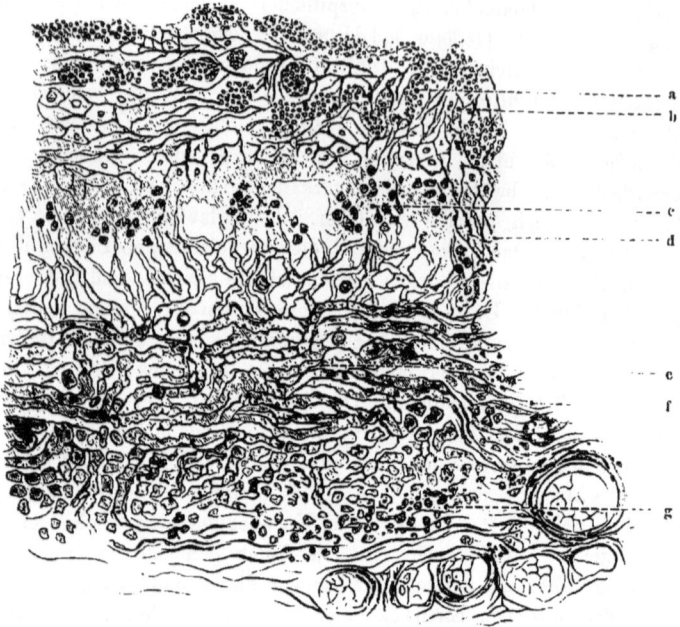

Lokale Veränderungen am Zäpfchen bei Diphtherie; Durchschnitt durch dasselbe. (Hartnack, System VII. Ocul. III.)
  a Mikrokokkenhaufen in der Epithelschicht.
  b Epithelien verändert, zum Theil glänzend.
  c Anhäufung von Eiweissmolekülen, Kernen und Kernstückchen unter der Epithelschicht.
  d Uebergang des Epithels der von Diphtherie ergriffenen Stelle in das angrenzende normale Epithel.
  e Eigenthümlich glänzendes Balkennetz, mit nur wenigen Kernen, kleinsten Calibers, stellenweise in Gruppen.
  f Uebergang des Balkennetzes in die Bindegewebsfasern der Schleimhaut.
  g Schleimhautgewebe, mit grösseren kleinzelligen Infiltraten unter dem Balkennetz und zwischen den Drüsen.

des Epithels entstanden wäre. Auch wäre es schwer erklärlich, wie dann ganz dieselben Bildungen auf von Epithel entblössten

*) Die Zeichnungen wurden von Herrn Dr. J. Gossmann nach meinen Präparaten möglichst naturgetreu hergestellt, wofür ich ihm an dieser Stelle meinen besten Dank ausspreche.

Stellen, auf Granulationen, ja selbst in der Pia mater zu finden wären.
Die genauere Untersuchung lehrt aber noch viel Bestimmteres darüber. In Fällen nemlich, die entweder so acut verlaufen, dass die
oberste Schichte nicht durch mechanischen Insult oder therapeuti-
schen Eingriff entfernt wurde, oder wo ein überhaupt milderes Ver-
fahren dieselben erhalten liess, findet man, dass dieselbe zu oberst
aus dem Epithel der Schleimhaut mit den darin eingelagerten
Zooglocahaufen, ganz wie diess oben beschrieben wurde, besteht,
dass also das Epithel deutlich über dem eigenthümlichen Balkennetz liegt. An solchen durchaus nicht so seltnen Präparaten, deren
ich eines in Fig. 1 vom Zäpfchen abgebildet gebe, werden auch
die übrigen Verhältnisse deutlich. Unter dem Epithel findet sich
häufig, wenn auch nicht immer, eine feinkörnige Schicht mit mehr
minder zahlreichen Kernen und Kernstückchen. Nach ihr beginnt die
oft mehre Millimeter dicke, zähe, gelbweisse Schicht, deren oberer Theil
meist die mehr parallel zur Oberfläche verlaufenden, breiten, glänzenden
Balken mit oft nur kleinen Lücken und äusserst spärlichen, nicht selten
gruppirten und kleinsten Kernen enthält. Erst unter ihr beginnt das weit-
maschigere feinfascrige Netz von wechselnder Dicke, in dem die Zellin-
filtration manchmal auch schon dicker wird, und das sich verschieden
weit und ausgebreitet in das subepitheliale, eigentliche Schleimhautgewebe fortsetzt. Dabei sind nicht selten die Gefässe von dicken Schichten dieses Fasernetzes umgeben. Die eigentliche Drüsensubstanz indess
scheint meist nicht mehr von dem Processe berührt, oder höchstens
noch in mässiger Menge mit kleinen Zellen infiltrirt. An verschiedenen Stellen finden sich ausserdem noch Blutergüsse. Vergleicht
man diese Durchschnitte nun mit denen von normalen Schleimhäuten
an entsprechender Stelle, so ergibt sich, dass der grösste Theil der
bei Diphtherie zwischen Epithel und Drüsensubstanz vorhandenen
Schichte zum schon bestehenden Gewebe hinzugekommen und aber
nicht nur unter das Epithel abgelagert, sondern zum guten Theile
auch in das subepitheliale Gewebe infiltrirt ist. Diese Schichte nun
etwa für ein neugebildetes Gewebe zu halten, ist bei oft gänzlichem
Mangel von Zellen und Kernen, namentlich in der Balkenschicht,
unthunlich und spricht auch jedes andere Verhalten dagegen. Vielmehr muss man, trotz mancher Eigenthümlichkeit im chemischen
und optischen Verhalten, wie wir gesehen haben, die ganze Bildung
als ein aus Blut- und Lymphgefässen hervorgegangenes Exsudat
betrachten, der Hauptsache nach aus Faserstoff bestehend. Vielleicht

ist es die Mächtigkeit der Epithelschichte, die demselben nicht gestattet, auf derselben sich abzulagern. Das eigenthümliche Verhalten des exsudirten Faserstoffes, namentlich in der oberen Schichte, könnte dann darin vielleicht seine Erklärung finden und hinge einestheils mit dem stärkern Druck, anderseits mit bedeutenderer Aufquellung zusammen. Vielleicht auch sind einzelne hier noch vorhanden gewesene epitheliale oder lymphoide Zellen durch Faserstoff verändert und ihre Kerne zerfallen. So kann man der von Wagner, Virchow, Oertel vertretenen Ansicht, dass auch bei Diphtherie im Rachen eine Faserstoffmembran *) zu Tage trete, beipflichten, freilich nicht im Sinne einer freien Oberflächenexsudation, wie wir sie in Kehlkopf und Trachea noch kennen lernen werden.

Nach Entfernung dieser Schichte kann nun, wie erwähnt, noch eine zweite, selbt dritte, im Wesentlichen gleiche gebildet werden, oft aber herrschen später die Eiterkörperchen vor. Indess ist diese spätere Eiterschicht mehr im Sinne eines demarkirenden, die Heilung anbahnenden Vorganges aufzufassen. Als solcher ist er sekundär und für die eigentliche Diphtherie weniger bedeutend. Was hiebei das Verhalten der Schleimhaut selbst anlangt, so ist bereits erwähnt, dass ein Theil der weissgelben Schichte mit ihren reichverzweigten Fasern, noch mehr aber die kleinen runden Zellen in dieselbe infiltrirt sind. Dadurch erscheint die Schleimhaut blässer, beträchtlich geschwellt und glänzend. An vielen Stellen finden sich in ihr ausserdem oft noch Hämorrhagien.

Nun ist aber die eben entwickelte Veränderung, wenn auch sehr häufig, so doch nicht constant zu beobachten. Denn es kann, wie wir bereits gesehen haben, nur die aus Epithel und Pilzen bestehende Membran getroffen werden und nach deren theilweisen oder ganzen Entfernung der Fall günstig verlaufen. Es kann aber nach dem Abheben des Epithels der Process noch fortschreiten und

---

*) Die Bezeichnung Faserstoff, Fibrin für die aus verschiedenen Balkennetzen zusammengesetzte Schichte gilt auch hier, wie ziemlich allgemein, für eine nur durch das äussere Ansehen und durch die physikalischen Verhältnisse gezeichnete hautartige Bildung, resp. Gerinnung eines Eiweisskörpers, dessen chemische Eigenschaften von dem gewöhnlichen Blutfaserstoff wie von andern Eiweissmodifikationen jedoch differiren kann. Betreffs der Entstehung des Fibrins theile ich die neuerlich von Weigert auch für den Croup vertretene Ansicht, dass sich dasselbe unter dem Einfluss des beim Zerfall der weissen Blutkörperchen entstehenden Fermentes (Schmidt) bilde.

jetzt erst die gelbweisse Schichte gebildet werden. Nur so erklärt es sich, wenn das Balkennetz nicht mehr vom Epithel bedeckt getroffen wird. Es kann aber auch eine weitere Schichtung in der Membran fehlen und nur die breitbalkige Netzschicht und in der Schleimhaut das kleinzellige Infiltrat vorhanden sein.

Ausser diesen Variationen ist noch ein anderer Befund hervorzuheben, der jedoch gewöhnlich nur in der Leiche beobachtet wird, und bei Fällen sich findet, die unter den schwersten oft septischen Erscheinungen und sehr acut zum tödtlichen Ende führen. Dabei zeigt sich im Rachen meist eine ausgebreitete gangränöse Zerstörung der betroffenen Gewebstheile. Der Schorf, der allenthalben zu Tage tritt, ist mehr minder breiigweich, missfarbig, oft sehr übelriechend, seltner trocken, derb, morsch, manchmal werden einzelne Parthieen davon in grossen Massen noch vor dem Tode abgestossen und nach aussen befördert. Eine genauere Untersuchung belehrt darüber, dass es sich hier durchaus nicht immer um eine Auf- oder Ablagerung handelt. Vielmehr kann es recht gut das Gewebe der Schleimhaut selbst sein, welches stark gequollen, mit zahlreichen Zellen infiltrirt und nur vielleicht rapider zum Absterben und raschen Zerfall gelangt ist. Anderseits kann die Zersetzung und der Zerfall nach der Bildung der oben beschriebenen Schichten erst aufgetreten sein, und dann entweder diese allein oder die Schleimhaut mit ihnen betroffen haben. Bei der mikroskopischen Untersuchung findet man dem entsprechend auch die ganze missfarbige Parthie in Auflösung und Zerfall begriffen. Zahlreiche Moleküle trüben das Gesichtsfeld und bestehen aus Fett, Eiweiss, Blutfarbstoff und Mikrokokken, einzeln oder in Ketten, länglich oder oval, ruhend oder in Bewegung, häufig auch in unregelmässig geformten Ballen beisammenliegend, Reste von Bindegewebs- und elastischen Fasern, Faserstoffnetze mehr minder gequollen, stark glänzend, finden sich nebenbei nicht selten, dessgleichen Kern- und Kerntheilehen, selbst zellige Gebilde in verschiedener Weise verändert.

Diess sind die wesentlichsten Befunde, welche man bei der epidemischen Diphtherie, allerdings in wechselnder Combination, oft mit- und nebeneinander im Rachen constatiren konnte. Zu erwähnen bleibt vielleicht noch, dass in der Nähe der Ausführungsgänge von Drüsen und über diesen die beiden ersterwähnten Bildungen in der Regel am raschesten und leichtesten sich abheben oder abheben lassen, was vielleicht, wie vielfach angenommen wird, von einer Lockerung durch secernirte Schleimmassen abhängt.

Es kann nun sein, dass diese lokalen Veränderungen im Rachen bei der Diphtherie allein auftreten. Häufiger jedoch finden sich gleichzeitig mit ihnen auch Veränderungen vom Kehldeckel abwärts ausgebreitet über die Trachea, Bronchien, selbst bis in die Lungen. Endlich gibt es ganz unzweifelhafte Fälle, wiewohl sehr selten, bei denen eine Affection im Rachen mikroskopisch ganz zu fehlen scheint, und erst im Kehlkopf und Trachea sich ausgebildet hat. Einen exquisiten Fall dieser Art hat B u h l mitgetheilt, ein ähnlicher kam mir zur Beobachtung. Doch lässt hier eine genauere mikroskopische Untersuchung auch in der Rachenschleimhaut mehr minder dichte Zelleninfiltration und stellenweise kleine Blutungen constatiren.

Was nun die Kehlkopf- und Trachealaffection betrifft, so kann diese gleichzeitig mit der Rachenaffection auftreten, häufiger jedoch scheint sie derselben zu folgen. Die Formen, unter denen sie zu Tage tritt, scheinen auch oft verschieden. Am häufigsten ist die pseudomembranöse Ausschwitzung, die meist in Röhrenform, seltner in circumscripten Flecken die Flimmerepithel tragende Schleimhaut des Larynx, der Trachea und oft noch der Bronchien bis in ihre feinsten Verzweigungen auskleidet und deren Dicke 1—2 Mm. und mehr beträgt. Theile dieser Membran oder ganze röhrenförmige Abgüsse der Trachea werden nicht selten schon während des Lebens durch seröse Transsudation und schleimige Absonderung von ihrer Unterlage abgehoben und durch Husten nach aussen befördert. Trifft man sie in der Leiche, so ist sie nicht selten noch in mehr minder festem Zusammenhang mit der Schleimhaut, häufiger jedoch löst sie sich von derselben ziemlich leicht ab. Die Schleimhaut ist oft dabei glänzend, beträchtlich geschwellt und hat bald ein mehr blasses, bald ein stärker rothinjicirtes Ansehen. Bei der mikroskopischen Untersuchung der Schleimhaut überzeugt man sich vor Allem davon, dass das Epithel in der Regel grösstentheils vorhanden und nur vielleicht mehr getrübt, gequollen und gelockert ist. Ihre Cilienkrone haben die Flimmerepithelien häufig hiebei verloren. Zwischen den Epithelzellen sieht man manchmal feinste Fasern von Fibrin einerseits bis an die Oberfläche, andererseits in die Tiefe des Gewebes verlaufen. Im Allgemeinen ist das Gewebe unter den Epithelzellen, die selbst schon theilweise Eiterkörperchen in ihrem Protoplasma führen, infiltrirt mit kleinen, runden Gebilden, die in

Allem mit den Lymphkörperchen oder exsudirten weissen Blutzellen gleiche Beschaffenheit zeigen. Unmittelbar unter dem Epithel ist die Ansammlung dieser Gebilde am massigsten und verliert sich gegen die Tiefe zu allmählig. Die histologischen Bestandtheile der Membran sind vorzugsweise Zellen und unregelmässige Fasern. Die Zellen finden sich in wechselnder Menge, bald vereinzelt, bald in grösseren Haufen eingestreut in jenes eigenthümliche Netz dicht untereinander verwebter und verfilzter, zarter, heller Fäserchen, welche das geronnene Fibrin characterisiren. Auf Essigsäurezusatz quillt der Faserstoff so vollständig auf, dass er völlig verschwindet und die Kerne der zelligen Gebilde in einem vollkommen durchsichtigen Medium zu liegen scheinen. Gibt man Wasser oder Kochsalzlösung hinzu, so erscheint der Faserstoff wieder.

Die zelligen Gebilde sind fast überall gleich gross und tragen das Gepräge von Eiterkörperchen. Ihre Kerne markiren sich deutlich bei der Essigsäurereaktion und werden namentlich bei Behandlung der Schnitte von erhärteten Membranen mit Carmin oder Anilin besonders deutlich. Der Faserstoff erleidet durch die Färbung mit Anilin meist keine Aenderung, während er durch Carmin wie die Zellkerne roth wird. Ganz vereinzelt sieht man in diesen Membranen, die oft deutliche Schichtung erkennen lassen, so dass Eiter- und Faserstofflagen abwechseln, mehr oder weniger veränderte Cylinder-Epithelien. Diese scheinen bei der Membranbildung, die doch wohl durch Exsudation aus den Blut- und Lymphgefässen erfolgte, von ihrer Unterlage abgehoben und bei der Gerinnung in die Masse eingeschlossen worden zu sein. Es ist auffallend, dass zahlreiche Beobachter (Wagner, Steudener etc.) sich von der Anwesenheit des Epithels, gerade in den Fällen, wo die exsudirte Membran noch ziemlich fest an der Schleimhaut haftet, nicht überzeugen konnten. In Fällen, die zur Sektion kommen, nachdem erwiesenermassen die Pseudomembran bereits durch Husten oder nach Tracheotomie mechanisch entfernt worden war, findet man allerdings oft Stellen, die mehr minder von Epithel frei sind. Aber ebensoviele Parthien der Schleimhaut sind noch davon bedeckt. Es lässt sich wohl denken, dass nach einem so gewaltigen Process auf der Schleimhaut, der ja auch die Epithelien wesentlich alterirte, dieselben wenigstens theilweise (schleimig) degeneriren, sich abstossen und durch Regeneration ersetzt werden. Was den Ursprung der Membran anlangt, so stehe ich nicht an, dieselbe wie Steudener

und Boldyrew (Arch. f. Anat. u. Physiol. 1872. p. 78) als ein
Exsudat zu betrachten, das aus den Blut- und Lymphgefässen der
unterliegenden Schleimhaut produzirt wurde, wobei die ausgetretenen
lymphoiden Körperchen in die gerinnende Faserstoffmasse eingeschlossen wurden, dafür spricht denn auch die Anhäufung ganz
gleichwerthiger Rundzellen in der obersten Schicht der Schleimhaut,
sowie die unmittelbar beobachtete Fortsetzung der Faserstofffädchen
zwischen die Epithelien hindurch in das subepitheliale Gewebe.

Eine eigene Erwähnung verdienen hier auch eigenthümliche
Plasmamassen von wechselnder Gestalt, die sie auch noch unter
dem Mikroskope ändern, namentlich in einer mehr indifferenten
Flüssigkeit und bei Beobachtung auf dem heizbaren Objecttisch.
Neben ihnen trifft man Epithelzellen, mehr minder verändert, grösser,
gequollen, mit excentrisch oder concentrisch gelagertem Kern und
1, 2, 3 und mehren vollkommen runden, scharf gerandeten Vacuolen.
In einzelnen Fällen liegt in diesen bereits durch ihre Conturen angedeuteten Höhlen noch eine Plasmamasse, die bei zweckmässiger
Behandlung, namentlich Erwärmung auf dem heizbaren Objecttisch
und unter Erscheinungen selbstständiger Contraction aus der Epithelzelle heraustritt und dabei eine helle, durchsichtige, vollkommen
runde Lücke zurücklässt. Im freien Felde gleicht sie dann den
schon dort vorhandenen Plasmamassen, deren Abstammung aus den
übrigen durchlöcherten, oft sehr zahlreich vorhandenen Epithelien
damit wahrscheinlich wird. Diese Bildungen habe ich zum ersten
Male im Jahre 1872 gesehen, als ich die Veränderungen der Horn-
hautzellen nach entzündlichen Reizen studirte. Ich fand sie da
constant schon wenige Stunden nach der Einwirkung des Reizes
im Conjunctivalsecret, oft in wechselnder Menge. Seit der Zeit
traf ich dieselben Bildungen zahlreich wieder, nicht nur in dem
Conjunctivalsecret bei meinen Transplantationsversuchen, sondern
auch im catarrhalischen Secret von Schleimhäuten, namentlich im
acuten Stadium. Ich weiss nicht, ob es dieselben Bildungen sind,
die auch Oertel [*]) bei seinen Untersuchungen gefunden hat, und aus
denen er, wenigstens in seiner ersten Arbeit zum guten Theil die
Pseudomembranen entstehen lässt. Dagegen spräche allerdings der
constante Fund derselben bei Catarrhen und entzündlichen Reizen

---

[*]) S. Arch. für klin. Med. Bd. VIII, 3tes und 4tes Heft S. 260 u. f. In der
neuern Zeit (Ziemssens Handbuch II. Bd. I. Thl. S. 606) bekennt sich Oertel
zur Faserstoffexsudation.

der Epithelien überhaupt, wo von einer Fibrinbildung nichts zu constatiren ist. Wahrscheinlicher ist es mir, dass der ganze Vorgang ein Zerstören und Zugrundegehen der Epithelien bedeutet.

Wird der bisher erwähnte Befund am Kehlkopf und Trachea auch in den weitaus meisten Fällen bei der Diphtherie des Pharynx getroffen, so kommen doch noch zwei andere davon mehr minder verschiedene Bildungen vor. Wie nemlich im Pharynx kann auch im Larynx und Trachea das Epithel und die unterliegende Schleimhaut verändert und zerstört werden und zwar kommt diese Veränderung der Schleimhaut und ihres Epithels für sich allein vor, oder aber, was allerdings am seltensten ist, auf das schollig veränderte Epithel setzt sich noch eine mit der oben geschilderten Faserstoffeitermembran vollkommen gleiche Bildung ab. Schon makroskopisch unterscheiden sich diese Bildungen sehr wesentlich von einander. Während die auf dem Epithel gelagerte, oben geschilderte Faserstoffmembran mehr glatt, zusammenhängend, zähelastisch ist und nach dem Abziehen die zurückbleibende Schleimhaut ebenfalls glatt, glänzend und mehr minder intact erscheint, ist in den letzterwähnten Fällen nichts von dieser Glätte und Gleichmässigkeit zu bemerken. Vielmehr finden sich in der Trachea und Luftröhre grössere und kleinere, oft dicht aneinanderstehende, bröcklige, spröde Massen, nach deren Entfernung man deutlich einen Substanzverlust, sei es von Epithel oder noch tiefergreifend in der Schleimhaut wahrnimmt. Mikroskopisch findet man nun Veränderungen des Zerfalls und der Degeneration des Epithels und eventuell des subepithelialen Gewebes, wie sie auch im Rachen beobachtet wird. Am oberen Theile des Larynx bis unter die Stimmbänder ist diese Form wie eine aufgelagerte Faserstoffeitermembran ziemlich gleich häufig vorhanden. Die Epithelzellen erscheinen in diesen Fällen vergrössert, ihr Protoplasma getrübt, an einzelnen Stellen stark glänzend, hie und da mit verschiedenen Ausläufern versehen, namentlich, wenn auch hier, was indess seltener als im Pharynx beobachtet wird, Mikrokokken in grosser Anzahl sich finden. Oft ist das ganze untersuchte Stückchen ausgezeichnet durch eine hochgradige Trübung, die durch Fett- und Eiweissmoleküle bedingt wird. In anderen Fällen trifft man auch hier wieder ein ausgedehntes Netz mit mehr minder breiten glänzenden Balken und verschieden grossen aber doch im Allgemeinen ziemlich engen Lücken, die theils leer, theils mit Molekülen, öfter mit Einzelkernen oder eiterzellenähnlichen Gebilden erfüllt oder auch ganz leer sind. Nebenbei wird auch in dem ausstossenden Schleimhautgewebe, das dadurch oft blässer und blutärmer erscheint, das Fasernetz und das kleinzellige Infiltrat nicht vermisst. Ausserdem finden sich auch in ihr oft zahlreiche Ecchymosen. Diese neben reichlicher Exsudation mit mehr minder Gewebsumänderung und Zerstörung verbundene Veränderung in Trachea und Kehlkopf findet sich in den Fällen fast regelmässig, bei denen eine Affektion des Pharynx nicht vorhanden zu sein scheint.

Nun gibt es auch Fälle mit rein fibrinösem Exsudat auf der mehr minder intacten Schleimhautfläche des Larynx und der Trachea ohne gleichzeitige Affektion im Rachen. Diese haben aber mit der Diphtherie, wie wir sehen werden, durchaus nichts zu thun und zwingen zu der Annahme eines von der Diphtherie unabhängigen Croup.

Wie aus dem Vorstehenden erhellt, bieten die localen anatomischen Befunde, die bei der Diphtherie sich finden, wesentliche Verschiedenheiten dar. Nicht nur die im Rachen beobachteten Veränderungen zeigen makroskopische und mikroskopische Unterschiede von einander, die von mannigfachen Verhältnissen abhängen mögen und gewiss für die Diphtherie verschiedenwerthig sind, auch im Kehlkopfe und in der Trachea sind die zu beobachtenden Befunde nicht immer dieselben und unter ihnen sogar solche, die wie die Faserstoffeitermembran über dem Epithel, gar nie im Rachen beobachtet werden.

Es ist in erster Linie die Bildung von dünnen Häutchen, die nur aus Epithelien und Mikrokokken bestehen, und immer im Rachen, seltener im Larynxeingang, ausnahmsweise auch im untern Larynx und Trachea sich finden; ferner die aus einem glänzenden Netzwerk und andern Schichten bestehende Bildung, die unter dem Epithel sich findet und in dieser Form häufig im Rachen, ganz selten in Larynx und Trachea zu Stande kommt. Sie wird in günstig verlaufenden Fällen durch eine aus Eiter oder aus einer von Eiter und Faserstoff gebildeten Membran abgehoben, die oft längere Zeit über der mehr minder geschwürigen Schleimhaut liegen bleibt. Verlauft der Process rascher und schlimmer, so kommt es zu ausgedehnteren Blutungen und gangränösen Processen, die jedoch fast ausschliesslich nur im Rachen vorkommen. Und endlich ist die Faserstoffeitermembran zu erwähnen, die, über dem Epithel gelagert, so häufig die Luftwege auskleidet, im Rachen aber nur unter demselben oder doch wenigstens über der epithelentblössten Schleimhaut getroffen wird. Ich hätte nur noch des Catarrhs zu gedenken, der in neuester Zeit (von Oertel, Senator u. A.) als leichteste Form der Diphtherie beschrieben wird. Meine Beobachtungen haben mir eine derartige Annahme nie aufgedrängt, sondern wo die Diphtherie vorhanden war, trat sie gleich mit den oben geschilderten Veränderungen in die Erscheinung. Dabei läugne ich keineswegs, dass Diphtherie zu einem bereits bestehenden Catarrh hinzutreten kann, ebenso wie etwa Typhus und Cholera zu einer Diarrhoe; jede Diarrhoe aber für eine leichtere Form oder das Anfangsstadium von Typhus und Cholera in allen den Fällen, wo diese Krankheiten überhaupt unter einer Bevölkerung getroffen werden, zu halten, scheint mir ebenso bedenklich und unthunlich, wie wenn man jeden Rachencatarrh zur Zeit einer Diphtherieepidemie zu dieser zählte. Dazu kommt noch, dass mit dem Auftreten der bei der Diphtherie beschriebenen Veränderungen jede vermehrte Schleimabsonderung und Oberflächeneiterung, die doch wohl den Catarrh charakterisirt, meist vermisst wird, selbst an Stellen, wo weder die Epithelmembran, noch die andern Schichten sich finden.

Geht man von den geschilderten Thatsachen aus, so ergibt sich von selbst die Stellung, welche wir zu den verschiedenen Auffassungen, wie sie in der Literatur bekannt geworden sind, einzunehmen haben. Nicht ein bestimmtes, grob anatomisches Verhalten, nicht die Ein- und Auflagerung, nicht das festere oder lockere Aufsitzen der Membran, nicht das Exsudat oder Infiltrat kann so kurzweg zur Bezeichnung der lokal anatomischen Veränderungen bei der Diphtherie herbeigeholt werden. Dieselben bilden vielmehr einen Complex von lokalen Vorgängen, verschieden nach ihrer Bedeutung als Stadien oder Folgezustände, sowie nach ihrer Lokalisation im Rachen oder in den Luftwegen, und vielleicht abhängig von uns noch unbekannten äusseren Einflüssen. Alle zusammen aber geben erst das Gesammtbild der lokal anatomischen Veränderungen bei der Diphtherie. Darunter sind allerdings die Epithelmembranen mit den Pilzen, deren Stellung und Bedeutung für die Diphtherie wir noch weiter unten prüfen werden, ein sehr charakteristischer, wenn auch das Wesen der Diphtherie nicht bestimmender Befund und für die Diagnose gewiss äusserst wichtig. Was indess bei aller Mannigfaltigkeit am constantesten in die Erscheinung tritt, das ist der Vorgang in der Schleimhaut selbst — eine Infiltration mit Rundzellen und häufig auch mit Faserstoff neben capillären Blutungen

in verschiedener Ausdehnung. Ein grosser Theil der verschiedenen
Bildungen über der Schleimhaut, die wir oben kennen gelernt haben,
erklärt sich aus der jeweiligen Intensität des Vorgangs in der Schleimhaut. Besteht die Epithelmembran mit den Pilzen und höchstens
eine kleine subepitheliale Eiterung allein, so ist auch die Schleimhaut nur wenig geschwellt, sie erscheint stärker injicirt, weil auch
das kleinzellige Infiltrat nur gering ist und wenig noch auf die
Gefässe drückt, Ecchymosen trifft man nur stellenweise. Bei der
Bildung der verschieden dicken, gelbweissen Membran findet sich
die Schleimhaut selbst schon stärker afficirt, sie erscheint blässer,
da ausser den kleinen Zellen auch der Faserstoff, oft in grosser
Menge, in dieselbe infiltrirt ist, und die Gefässe damit auch mehr
comprimirt werden; daneben sind die Blutungen zahlreicher und
stärker. Am ausgebreitetsten und tiefgreifendsten ist der Process
aber bei der gangränösen Form, die oft septisch tödtet und tiefe,
missfärbige Geschwüre setzt. Zu betonen ist, dass alle diese Intensi-
tätsgrade mit und neben einander v rkommen können, was für ihre
Zusammengehörigkeit spricht.

Es frägt sich nun, ob die einzelnen lokalen Vorgänge, wie wir
sie kennen gelernt haben, etwas für die Diphtherie ausschliesslich
Geltendes, Charakteristisches darstellen, oder ob es noch andere
Krankheitsprocesse gibt, bei denen die gleichen oder ähnliche Veränderungen getroffen werden. In dieser Beziehung scheint es für
unsere Processe vor Allem wichtig, zu untersuchen, ob es eine
Affektion des Kehlkopfes und der Luftröhre gebe, welche mit
der Bildung einer Pseudomembran in diesen Theilen verbunden von
der Diphtherie unabhängig sei, d. h. ob ein von der Diphtherie unabhängi-
ger, primärer, genuiner Croup in der That angenommen werden müsse.

Die literarischen Angaben, die ich oben gemacht habe, lehren,
dass es wohl zu jeder Zeit sehr gewichtige Stimmen gegeben hat,
die sich für die Selbstständigkeit des Croup als einer lokalen Affektion der Kehlkopf- und Trachealschleimhaut ausgesprochen haben.
Mit der Erkenntniss aber, dass die bei Diphtherie auftretenden Membranen im Kehlkopf und Trachea dieselben Erscheinungen und pathologisch-anatomische Dignität besitzen, wie die bei Croup, trat immer
mehr die Ansicht hervor, beide Processe auch ätiologisch zusammen-
zuwerfen. Die Affektion im Rachen und in den Luftwegen sollte
danach immer und unter allen Umständen durch ein und dieselbe
Diphtherieursache bedingt sein.

Wie sehr die Ansichten darüber selbst heute noch aus einander gehen, dafür gibt das neue Handbuch von Ziemssen einen klaren Beleg. In demselben beschreibt Oertel die Diphtherie als eine von Croup vollkommen verschiedene Krankheit, während nach E. Wagner im VII. Band desselben Handbuches eine scharfe Grenze zwischen Croup und Diphtherie nicht besteht, eine Anschauung, die auch J. Steiner im V. Band desselben theilt und vertritt.

Nun lässt es sich schon bei genauer Beachtung durchaus nicht läugnen, dass in der That ganz lokale, von Diphtherie oder andern Infektionskrankheiten unabhängige Affektionen der Kehlkopf- und Trachealschleimhaut existiren, die mit der Exsudation einer schnell

Fig. 2.

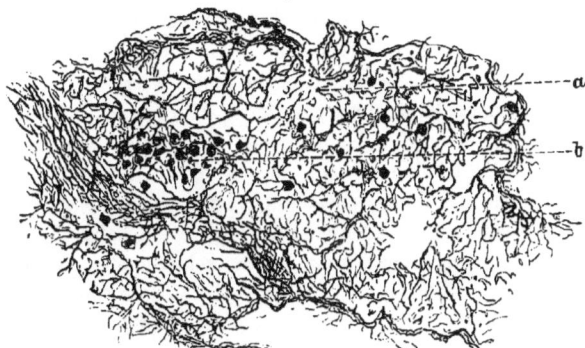

Genuiner Croup aus der Trachea Durchschnitt durch die röhrenförmige Membran (Hartnack, System VII Ocul. III.)
a Feinstes, verfilztes Faserstoffnetz mit nur spärlichen Eiterkörpern.
b Stärkere Anhäufung von Eiterkörpern in demselben.

gerinnenden, faserstoffreichen Membran auf die Oberfläche verbunden sind. Man beobachtet nämlich zweifellos eine selbstständige, nie epidemisch und meist nur bei Kindern auftretende Krankheit; die auch noch in anderer Hinsicht von der Diphtherie abweicht. Sie trägt nie den Charakter einer allgemeinen oder Infektionskrankheit, sondern stets den einer Lokalaffektion und ist nie, wie die Diphtherie in der Regel, von Lähmungen gefolgt etc. Weder capilläre Blutungen, noch Veränderungen in parenchymatösen Organen, speziell in den Nieren, werden bei ihr beobachtet. Aber die Faserstoffeitermembran, welche durch die Exsudation gesetzt wird und bald in Streifen und Flecken, bald wieder in röhrenförmiger Auskleidung erscheint, ist in ihren histologischen Details mit der in der Regel bei Diphtherie in den Luftwegen gefundenen vollkommen identisch. Sie zeigt jenes äusserst feine, zierliche und unregelmässige Netzwerk (s. Fig. II), das der Faserstoff bei seiner Gerinnung macht, und in dasselbe eingeschlossen mehr minder zahlreiche Eiterkörperchen. Beide — Faserstoff und Eiter — sind bald gleichheitlich in der Membran vertheilt, bald wieder ist eine deutliche Schichtung bemerkbar, die sowohl durch abwechselnde Lagen von Faserstoff und Eiter, als durch verschieden dichte Faserstoffmassen bedingt sein kann. Mikrokokken sind in der Regel gar nicht, oder doch nur in untergeordneter Menge und dann meistens in den oberflächlichsten Lagen sichtbar. Die untergelegene Schleimhaut ist häufig gewulstet, geröthet und meist mit Epithel bedeckt. Nur in späterer Zeit geht das Epithel durch schleimige Metamorphose zu Grunde und wird durch neu regenerirtes ersetzt. Wo das Epithel vorhanden, da sind die einzelnen Zellen vielleicht etwas vergrössert, getrübt, in ihrem Zusammenhang etwas gelockert; Fibrinfasern schieben sich zwischen sie durch und sind stellenweise in das unterliegende, mässig eiterinfiltrirte Schleimhautgewebe zu verfolgen. Nicht selten sieht man auch jene eiterkörperchenhaltige Epithelzellen oder Vacuolen in ihnen, genau so, wie ich sie oben beschrieben habe.

Ein ganz stringenter Beweis für die selbstständige Natur eines von Diphtherie unabhängigen Croup kann jedoch nur durch die Resultate derjenigen Experimente geführt werden, nach welchen derselbe Process durch verschiedene Ursachen erzeugt werden soll. Wenn es sich darthun lässt, dass dieselbe lokale Erkrankung mit denselben anatomischen und histologischen Charakteren, wie sie bei der Diphtherie in den Luftwegen sich finden, durch verschiedene Ursachen und Einflüsse hervorgebracht werden kann, so muss wohl auch jeder Zweifel über die Möglichkeit eines genuinen Croup fallen. Denn es kann sich bei dem Streit über das Verhältniss von Croup und Diphtherie nicht nur um die Gleichheit oder Ungleichheit von Symptomen und Lokalaffektion handeln, sondern mehr noch, ob sie durch gleiche oder verschiedene Ursachen hervorgerufen werden. Die Erzeugung eines künstlichen Croup wurde nun schon in früherer Zeit vielfach angestrebt.

Bekanntlich will Bretonneau durch Injektion von Olivenöl mit Cantharidentinctur in die Trachea eines Hundes einen künstlichen Croup) mit Bildung einer deutlichen Pseudomembran hervorgerufen haben. Aehnlich versuchten **Albert**, **Duval**, **Schoepfer** u. A. durch Säuren, Höllenstein, Alkohol etc. in den Luftwegen eine pseudomembranöse Entzündung hervorzurufen, doch in der Regel ohne positives Resultat. Erst **Delafond** schien es nach seinen Angaben gelungen zu sein, durch Ammoniak, Schwefelsäure, Arsenik, Sublimat u. s. w. bei Thieren einen künstlichen Croup zu erzeugen. In neuerer Zeit sah W. **Reitz** *) nach Einspritzung von Ammoniak in die Luftröhre von Kaninchen constant croupöse Beschläge auftreten, die zuweilen das Tracheallumen ganz ausfüllten, und aus Rundzellen und feinsten Netzen von Faserstoff bestanden. Nach ihm hat **Oertel** in der gleichen Weise Ammoniak in die Trachea von Kaninchen und Hunden gebracht und dabei jedesmal eine croupöse Entzündung der Trachea und Bronchien erhalten. In ähnlicher Weise will **Trendelenburg** **) durch Injektion von schwachen Sublimatlösungen in die Trachea von Kaninchen Membranen erzeugt haben, die dem echten Croup vollkommen glichen. Diesen Angaben gegenüber hat H. **Mayer** ***) behauptet, dass es durch Einbringen von Ammoniak in die Luftröhre von Thieren nicht gelinge, eine Entzündung hervorzurufen, welche mit dem menschlichen Croup in seinen Erscheinungen vollkommen identisch ist, worauf **Oertel** †) neuerlich wieder seine früher gewonnenen Resultate vertrat. Noch verdient erwähnt zu werden, dass **Sommerbrodt** durch Injection von Blut und Liquor ferri sesquichlorati, sowie durch letzteres allein in die Trachea von Hunden eine „croupöse" Pneumonie bekommen haben will. Da auch die Angaben über das Auftreten von zweifellosem Croup bei Menschen und Thieren nach Verbrühung von manchen Seiten Zweifel erregt haben, so schien es wohl geboten, diese Frage von Neuem einer Bearbeitung zu unterziehen.

Schon im vorigen Jahre habe ich ††) von Professor **Bollinger**

---

*) W. **Reitz**, Untersuchungen über die künstlich erzeugte croupöse Entzündung der Luftröhren, Wien. Acad. Sitzungsberichte math.-naturw. Cl. 1867, II. Abth. LV. S. 501 u. f.

) **Trendelenburg, Arch. f. klin. Chir. X. 720.

***) Ueber die morphologischen Veränderungen in Trachea und Lungen durch Ammoniak, Arch. d. Heilk. XIV. p. 512 u. f.

†) Arch. f. klin. Med. 1874, XV. p. 202.

††) Mittheilungen aus den path.-anat. Demonstrationen des Prof. v. **Buhl**. München bei Finsterlin, 1876. S. 21.

demonstrirte Präparate von Thieren und Menschen beschrieben, welche die Erzeugung einer Faserstoffeitermembran, wie sie bei Croup vorkommt, durch physikalische und chemische Einflüsse beweisen.

Zunächst war es eine deutliche röhrenförmige Membran, bestehend aus geronnenem Faserstoff und Eiter, die von einem Pferde ausgehustet wurde. Demselben waren beim Eingiessen von Medicamenten davon in die Trachea und Bronchien gelangt, was zur Ausscheidung einer deutlichen Membran Anlass gab. Es ist diess eine Beobachtung, die bei den Pferden öfter gemacht wird und in der That für die Erzeugung fibrinös-eitriger (Croup-)Membranen durch chemische Reize spricht.

Eine zweite Membran von derselben Beschaffenheit stammte von einem Rinde und war, durch Rauch in einem brennenden Stalle bedingt, schon nach wenigen Stunden zu Stande gekommen.

Eine dritte 8 Mtr. lange Membran endlich wurde von einem Rinde durch den Darm entleert als röhrenförmiges Gebilde, das deutlich den Abguss von Kerkringischen Falten trug. Obwohl man im Allgemeinen weiss, dass solche Exsudate nach Gaben von scharfen Arzneien auftreten, so konnte im betr. Falle die Ursache doch nicht ermittelt werden.

Endlich fand sich bei einem Manne, der an Hundswuth verstorben war, als' interessanter Nebenbefund eine Croupmembran in den Bronchien des Unterlappens der linken Lunge und hier auch croupöse Pneumonie. Dem Kranken war am Abend vor dem Tode Chloral und Milch gegeben worden und davon zufällig durch Verschlucken in die Lungen gelangt. In der aus Faserstofffilz und Eiter bestehenden Membran fand man denn deutlich die Fettkügelchen der Milch, so dass hier wohl mit ziemlicher Bestimmtheit durch die aspirirte Flüssigkeit, speziell durch das Chloral der Anlass zur Faserstoffexsudation geschehen ist. Noch an anderen Stellen habe ich seit der Zeit Gelegenheit gehabt, fibrinöseitrige Membranen zu untersuchen, die als das Produkt lokal wirkender Ursachen aufgefasst werden mussten und mit Diphtherie nichts zu thun hatten.

Im Jahre 1876 wurde von Prof. Dr. Rothmund und Stabsarzt Dr. Seggel eine bösartige Form der Augenentzündung, die als eine ganz eng begrenzte epidemische und infektiöse nach allen Anhaltspunkten aufgefasst werden musste, beobachtet. Dass dieselbe mit der

Racheudiphtherie als etwaiger Ursache nichts zu thun hatte, liess sich leicht constatiren. Bei der mikroskopischen Untersuchung der pathischen Produkte zeigte sich, dass dieselben Membranen darstellten, zusammengesetzt aus Schichten von Faserstoff und Eiter, gerade so wie sie sich bei der Diphtherie im Larynx oder auch beim genuinen Croup finden.

(Ueber die Resultate der Impfungen mit diesen Membranen werde ich weiter unten berichten.)

Endlich will ich noch kurz der Untersuchung dreier Membranen Erwähnung thun, die von Dr. Bezold am Trommelfell beobachtet wurden, wo sie eine zweifellos von Diphtherie unabhängige lokale Affektion darstellten*). Ein solcher Trommelfellabguss ist in Fig. 3 a makro-skopisch, in Fig. 3b ein mikroskopischer Schnitt davon dargestellt. Bei der mikroskopischen Un-tersuchung der mit Carmin oder besser noch mit Anilin tingirten Schnitte von den in Alkohol ge-härteten Präparaten fiel vor Allem auf, dass die weitaus überwiegende Menge derselben nicht aus zelligen Elementen, sondern aus Faser-stoff besteht (s. Fig. 3 a). Derselbe fand sich in äusserst zierlichen, netzförmig aber unregel-mässig unter einander verbundenen, oder wirr verfilzten Fäden, an denen man feine Linien und kleine Pünktchen oft scharf unter-scheiden konnte. In den Netzen, deren Lücken rundlich, eckig, oval, kurz verschieden ge-staltig waren, konnte man an sehr vielen Stellen nichts von zellen- oder kernähnlichen Gebilden nach-weisen. Das einzige, was in diesen amorphen Faserstoffmassen, die besonders an der freien Oberfläche die Hauptmasse ausmachten, constant vorhanden war und namentlich in den Anilinpräparaten sich schön färbte, waren kleinere und grössere Haufen von Mikrokokken, die aus kleinsten, rundlichen Kügelchen von gleicher Grösse be-standen und so in gleichen Abständen in die umgebende Gallert-

Fig. 3 a.

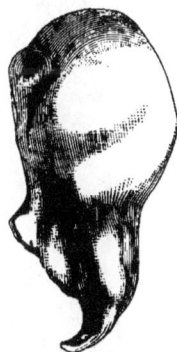

*) Ich habe dieselbe bereits in einer Arbeit von Bezold (S. Virch. Arch. Bd. 70, Heft 3, S. 348 kurz beschrieben.

masse eingebettet waren, dass sie ein deutlich chagrinirtes Aussehen darboten. In den tieferen Schichten fanden sich in dem Faserstoff reichlich hie und da auch Eiterkörper eingestreut, und zwar so, dass sie an der betreffenden Stelle die überwiegende Menge ausmachten, bald so, dass sie nur vereinzelt in dem Faserstoff zu treffen waren. Manchmal wechselten Faserstoff und Lymphkörper schichtweise ab. Die Kerne der letzteren traten durch die Färbung meist sehr deutlich und scharf hervor. Machten nun diese zelligen Gebilde

Fig. 3 b.

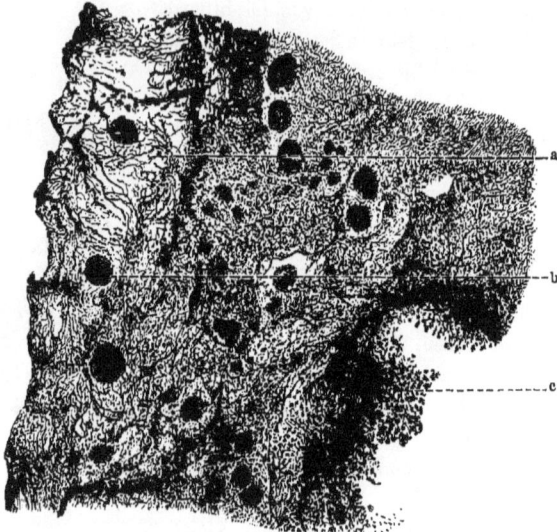

Membran vom Trommelfell. (Schiefschnitt.) (Hartnack Syst. IV. Ocul. III.)
a Feinstes Faserstoffnetz mit nur wenig Eiterkörpern an der Oberfläche.
b Mikrokokkenhaufen in demselben.
c Eiterkörperchen in grösserer Menge angehäuft, gegen die Tiefe zu gelegen, da wo die Membran dem Trommelfell auflag.

im Verhältniss zum Faserstoff überhaupt nur den geringeren Theil der Membran aus, und fanden sie sich auch nur mehr in der Tiefe, da wo die Membran dem Trommelfell auflag, so war noch weiter zu constatiren, dass hier in diesen Schichten fast nie eine Spur von Mikrokokken, einzeln, oder in Haufen vorhanden war. Dagegen traf man hie und da vereinzelt zwischen Faserstoff und Eiter noch gut erhaltene, pflasterförmige, deutlich kernhaltige Epithelien, wie sie

der äusseren Trommelfelloberfläche aufsitzen, sowie manchmal Anhäufungen von rothen Blutkörpern. Der Sitz der Pilze und Pilzhaufen in der oberen Faserstoffschicht und zwar zunächst am meisten
wieder an der Oberfläche scheint wesentlich für ihre geringe Bedeutung und macht deren Betheiligung an dem exsudativen Process
unwahrscheinlich. Es könnte sein, dass der zunächst gebildete Faserstoff auf der Trommelfelloberfläche die Mikrokokken getroffen, in
sich eingehüllt und durch die nachrüekenden Faserstoff- und Zellschichten von der Oberfläche entfernt hat. Viel wahrscheinlicher
schien es jedoch, dass die Pilze erst auf dem Faserstoff zur Entwicklung gelangt sind und demnach etwas sekundär, später Gebildetes
darstellen. Für die Membran ist wohl die Abstammung aus den Blut-
und Lymphgefässen wahrscheinlich. Die Annahme von E. Wagner
u. A., dass sie hier wie andere derartige Membranen etwa durch eine
Art faserstoffiger Umwandlung der Epithelien zu Stande gekommen
sei, liess sich in Anbetracht des oft von Kernen und Zellen
freien Faserstoffes und bei der mehr minder grossen Intactheit des
unterliegenden Epithels durchaus nicht halten. Immerhin wäre es
kaum fasslich, dass die dünne Epithelschichte eine so dicke Faserstoffmembran, ja oft deren zwei und drei durch Umwandlung ihrer
zelligen Elemente erzeugen könnte. — Die ganze Membran hob sich
ziemlich leicht von der unterliegenden Fläche ab, was dagegen
spricht, dass man für die leichtere Entfernbarkeit die Anwesenheit
einer homogenen Grenzschicht in Anspruch nehmen muss, wie Rindfleisch, Oertel u. A. diess behaupten.

Die gleiche histologische und histochemische Beschaffenheit
dieser Membran mit der in der Trachea beschriebenen spricht
aber auch gegen die Annahme, dass die Beschaffenheit des unterliegenden Epithels (Pflaster- oder Cylinderepithel) die verschiedene
Gestaltung des Faserstoffs bedinge. Weiter spricht die Membran
deutlich dafür, dass auch hier am Trommelfell primär ein Faserstoff-
Exsudat (sog. Croupmembran) gebildet werden könne, deren Ursache zwar unbekannt, gewiss aber nicht mit der der Diphtherie
identificirt werden kann.

Zu alledem habe ich auch noch die Einwirkung des gewöhnlichen verdünnten Ammoniak auf die Schleimhaut der Luftröhre —
denn um eine Affektion dort handelt es sich ja zunächst — studirt.
Nach den Angaben der oben erwähnten Autoren wurde verschiedenen Kaninchen die Luftröhre durch einen Längsschnitt geöffnet und

dann in dieselbe etliche Tropfen gewöhnlichen, käuflichen Ammoniaks
gebracht. In der ersten Zeit nach der Operation traten gewöhnlich
heftige Exspirationskrämpfe ein, die jedoch oft bald wieder schwanden,
worauf das Thier hie und da eine Zeit lang fast ganz normal erschien.
In den meisten Fällen (nur vereinzelte liessen auch später nie Reac-
tionserscheinungen erkennen) trat aber nach einiger Zeit eine erschwerte, pfeifende mit allmählig sich steigernder Intensität erschwerte
Respiration ein, die mit Ausnahme von wenigen Fällen bis zum
Tode währte, der in der Regel in der Zeit von 10 Stunden bis 3 Tage
nach der Operation eintrat. Nur bei ganz wenigen Kaninchen verschwand diese Erscheinung der erschwerten Respiration bald wieder
und ohne dass sie eine besondere Höhe erreicht hatte, und diese waren
auch bald wieder völlig normal. Untersuchte man nun die Thiere,
welche unter den Erscheinungen der höchsten Asphyxie, wie sie durch
Hindernisse in den Luftwegen erzeugt wird, gestorben waren, näher,
so fand sich constant eine mehr minder dicke Membran (bis zu
2 Mm.), welche die Schleimhaut der Luftröhre oft bis an die Bifurcation und noch weiter nach abwärts auskleidete. Dieselbe ist im
Allgemeinen weiss, gelbweiss oder mehr grau von Farbe und zeigt
eine zähe, elastische, seltner leichter zerreissliche Beschaffenheit, die
schon makroskopisch in allem mit einer Faserstoff-Membran (s o g.
echten Croup) übereinstimmt. Die Schleimhaut unter ihr erscheint blass, oder vielleicht etwas mehr als gewöhnlich injicirt und
meistens glatt. Diess zeigt sich auch bei der mikroskopischen
Untersuchung, wo die Schleimhaut in der Regel wohl noch an sehr
vielen Stellen Epithel, wenn auch durch Quellung, Trübung und Faserstoff verändert und gelockert, trägt, und nach abwärts mit mehr minder
vielen Rundzellen besetzt erscheint. Untersucht man die abgezogene
Membran zunächst frisch an Zupfpräparaten unter dem Mikroskop,
so überzeugt man sich davon, dass sie im Allgemeinen dieselbe
Zusammensetzung hat, wie die schon öfter geschilderten zellunter-
mischten Faserstoff-Membranen. Wenn auch Zellreste, moleculäre
Massen, Körnchenhaufen und Zellen nebst Mikrokokken, wie Mayer
hervorhebt, getroffen werden können und auch unregelmässig geformte
Plasmamassen und vacuolenhaltige Epithelien in der Regel nicht
fehlen, so macht diess doch nicht die Hauptsache bei der künstlich
erzeugten Membran aus. Diese besteht vielmehr aus feinfaserigem,
oft zu zierlichen Netzen verbundenem und verfilztem Faserstoff, der
stellenweise allerdings auch mehr fein moleculär auftreten kann.

In ihr eingeschlossen finden sich dann meist in wechselnder Anzahl Eiterkörperchen.

An Schnittpräparaten (s. Fig. 4), namentlich wenn sie gefärbt sind, treten die Kerne der Eiterzellen deutlich hervor, und wird auch häufig eine Schichtung, die jedoch durchaus keinen constanten Befund bildet, getroffen. In der Regel haftet nun dieser Membran stellenweise an der der Schleimhaut zugekehrten Fläche eine oder zwei Schichten des Epithels an, das aber verändert ist. Die Zellen sind nemlich nur mehr im Allgemeinen durch ihre Configuration, Cylinderform, durch ihre Verbindung untereinander u. s. w. gekenn-

Fig. 4.

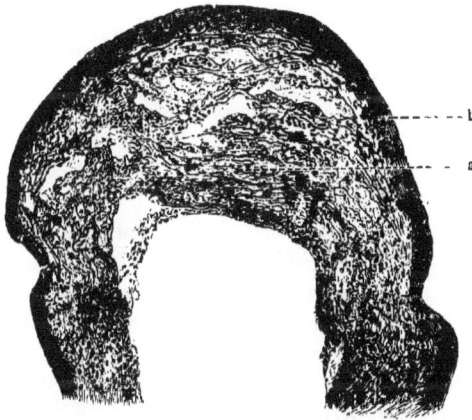

Röhrenförmige Membran entstanden in der Trachea eines Kaninchens nach Einträufe-
lung von Ammoniak. Durchschnitt durch dieselbe. (Hartnack, System IV. Oxul. III.)
a Gegen das Tracheallumen zu gelagerte Faserstoffschichten in dicker Lage.
b Mehr minder veränderte Epithelien u n t e r denselben, noch im Zusammenhange.

zeichnet. Dagegen ist sowohl das Protoplasma wie der Kern undentlich und verwischt. Es ist dieser Befund weniger aus der direkten Einwir-kung des Ammoniaks als aus Faserstoffimprägnirung (Weigert) und aus der durch sie hervorgerufenen Veränderung in den Epithelien zu er-klären. Dem Ammoniak ist es vielleicht zum Theil zuzuschreiben, wenn, wie so oft, die Flimmerhaare der Epithelien nicht mehr oder doch nicht mehr deutlich getroffen werden.

Ohne auf die Veränderungen in den Lungen, die theils durch das Ammoniak, theils durch die Einwirkung anderer mittels

Aspiration dorthin gelangter fremdartiger Dinge veranlasst werden, hier näher einzugehen, lässt sich doch wohl die Thatsache nicht verkennen, dass die durch Ammoniak erzeugte Membran in allen wesentlichen Befunden makroskopisch und mikroskopisch der sowohl bei der Diphtherie als bei andern Processen (genuinem Croup etc.) geschilderten vollkommen identisch ist.

Nach Alle dem muss man sich zu der Annahme rückhaltslos bekennen, dass die in den Luftwegen anatomisch und histologisch gleichen, membranartigen Gebilde durchaus nicht immer ein und derselben Ursache, wie etwa der Diphtherie, wo wir sie zuerst kennen gelernt haben, ihre Entstehung verdanken. Wir müssen vielmehr an der Ansicht festhalten, dass dieselben Membranen lokal auch durch andere chemisch oder mechanisch wirkende Einflüsse erzeugt werden können, und stützen diese Ansicht durch Beobachtungen an Menschen, Thieren, sowie durch Versuche. Demnach ist eine ge- nuine von Diphtherie unabhängige Lokalerkrankung der Luftwege mit Bildung einer aus Faserstoff und lymphoi- den Körperchen bestehenden Pseudomembran auch aus diesen Gründen unter allen Umständen festzuhalten, d. i. ein von Diphtherie unabängiger und verschiedner Croup.

Wie nun diese Membranen in Kehlkopf und Trachea keine der Diphtherie ausschliesslich zukommenden Bildungen sind, so ist es auch mit den übrigen lokal anatomischen Veränderungen im Nasen-Rachen- raum. So trifft man nicht selten auf den besagten Theilen (Tonsille, Rachen, Gaumen, Zäpfchen etc.) hautartige Bildungen, die bei der mikroskopischen Untersuchung oft aus einem dichten Filz von Mikro- kokken, meist in Gallerthaufen beisammen liegend, gebildet erscheinen. Zwischen ihnen finden sich dann hie und da veränderte, getrübte, glän- zende Epithelien, sowie Schleim- und Eiterkörperchen in mässiger Menge. Dr. Schech hat mir wiederholt grössere Fetzen derartiger Häute, die auch äusserlich den bei Diphtherie beschriebenen Epithel- membranen gleichen, zur Untersuchung überbracht. Sie stammten von einem Falle, bei dem sie sich, trotz der energischsten Anwendung von Salicylsäure, Carbolsäure, Borsäure etc., monatelang auf den Tonsillen und im Rachen immer wieder bildeten, ohne dass auch nur im Mindesten eine Störung des Allgemeinbefindens stattgefunden hätte [*].

---

[*] Eine ähnliche gutartige Mykose im Rachen hat Fränkel (Sitz. der Berl. med. Gesell. 1878) beschrieben, wobei an den Tonsillen etc. weisse Auflagerungen aus Mikrokokken und Stäbchenbakterien bestehend sich fanden.

Aber auch andere Veränderungen, solchen bei der Diphtherie beschriebenen ähnlich, finden sich, wie schon von vielen anderen Autoren hervorgehoben worden ist, bei allen akuten Verschorfungs- processen auf Schleimhäuten, so im Darm bei Dysenterie, in den Genitalien (vagina), Harnblase etc. Und selbst die übrigen Bildungen, wie die Faserstoffmembran, kann man bei verschiedenen anderen Processen constatiren, ebenso wie das brandige Absterben unter rascher Fäulnissentwicklung. So sind es namentlich eine Reihe von akuten Infektionskrankheiten, wie Typhus, Pyämie, Puerperalfieber, seltner schon Masern, Keuchhusten, Erysipel etc., bei denen als Folge- zustände akute Verschorfungen und Nekrosen, ähnlich wie unter Um- ständen bei der Diphtherie im Rachen nachgewiesen werden. Nur die Ausbreitung des lokalen Processes ist bei diesen Krankheiten vielleicht nicht so bedeutend, wie bei der genuinen Diphtherie, indem meist nur eine oder die andere Tonsille, seltner schon der Gaumen oder das Zäpfchen, jedoch nur an umschriebenen Stellen afficirt werden. Die meiste Aehnlichkeit im makroskopischen und mikroskopischen Ver- halten des lokalen Processes hat die bei Diphtherie primär auf- tretende Rachenaffektion mit der bei Scharlach erst sekundär er- scheinenden. Besonders gerne tritt bei letzterer gerade die brandige Form gerne auf, ohne dass jedoch die Epithelmembran und das weit verzweigte breitbalkige Faserstoffnetz namentlich im Anfang vermisst wird. Dagegen ist bei Scharlach der Process nie auch im Larynx zu finden, was bei Diphtherie fast die Regel bildet.

Aus alledem geht nun hervor, dass die einzelnen geschil- derten lokalen Befunde bei der Diphtherie ihr nicht ausschliesslich angehören, sondern dass es noch eine Reihe von Krankheiten gibt, bei denen dieselben Veränderungen freilich in der Regel nicht primär, auch nicht in der bei Diphtherie beobachteten Combination getroffen werden. Es scheint daher unstatthaft, die bei der Diph- therie gefundenen anatomischen und histologischen Veränderungen als ihr allein zukommende, spezifische zu bezeichnen, noch weniger aber findet man in der Aehnlichkeit oder vielleicht theilweisen Gleichheit gewisser pathologisch-anatomischer Befunde im Rachen bei Scharlach, Pyämie, Typhus u. dergl. mit denen bei Diphtherie eine Be- rechtigung, jene als diphtherisch oder diphtheritisch zu bezeichnen. Es wäre die Zahl der mit ähnlichen sekundären Veränderungen einher- gehenden Krankheitsprocesse noch leicht zu vermehren, diess dürfte hier zu weit führen, da dabei jedenfalls auch das Verhältniss der

Diphtherie zum Hospitalbrand, zu den geschwürigen Processen an Wunden etc., namentlich bei septischen Zuständen u. s. w. eine eingehendere Schilderung erfahren müsste. Hier lag es zunächst nur daran, auf die Aehnlichkeit oder Gleichheit der einzelnen anatomischen Befunde im Pharynx und in den Luftwegen bei der Diphtherie und andern Affektionen hinzuweisen, allerdings mit dem Bemerken, dass sie bei Diphtherie die Lokalaffektion primär darstellen, bei anderen Processen aber oft erst sekundär auftreten. Muss man aber alle Processe, die vielleicht anatomisch gleich oder ähnlich sich verhalten, jedoch nachweislich verschiedenen Ursprung haben, von einander trennen, so muss man die Diphtherie um so eher von anderen ähnlichen Krankheitsformen (Croup) trennen, als bei ihr, wie bereits mehrfach erwähnt, die Veränderungen im Rachen, Kehlkopf und den anliegenden Schleimhäuten die primäre Lokalaffection darstellen. Ferner wird nur bei Diphtherie der ganze Complex von Veränderungen, namentlich der gleichzeitige Befund im Rachen und Luftwegen, wie er ja die Regel bildet, getroffen, während andere ähnliche Krankheiten sich davon wesentlich unterscheiden. So schreitet der Process beim Scharlach, der diphtherieähnlichsten Erkrankung, nie auf die Luftwege fort, ebenso wenig wird ein ähnliches Uebergreifen bei den andern Sekundärprocessen beobachtet. Das durchgreifendste Moment für die Trennung der Diphtherie von anderen ähnlichen Processen liegt aber sicher in der Ursache, freilich auch nur dann, wenn dieselbe eine eigenartige, spezifische ist und durchaus mit keiner anderen zusammenfällt. Dass nun die Diphtherie eine ihr eigens zukommende spezifische Ursache hat, haben wir allen Grund aus der Analogie mit anderen Infektionskrankheiten zu schliessen, denn es zeigt sich, dass wie bei diesen, die wir ja auch nur aus ihren Wirkungen kennen, die Krankheit zu gewissen Zeiten oder an gewissen Orten auftritt und sich verbreitet, und dann alle Fälle in Symptomen, Verlauf und pathologischem Befund sich äusserst ähnlich verhalten. Diese Ursache nun soll nach einer Reihe neuerer Forscher in den Pilzen gelegen sein, die man constant bei der Diphtherie findet. Wie schon erwähnt, war Buhl*) der Erste, der darauf aufmerksam gemacht hat, dass diese Gebilde bei der Diphtherie regelmässig die Epithelschichte der Schleimhaut durchsetzen und durch-

---

*) Buhl, Zeitschrift für Biologie 1867.

wuchern. „Seine Elemente," sagt B u h l, „sind so klein, dass Unkundige häufig genug zu dem falschen Schlusse geführt werden, dass das untersuchte Objekt einen völligen k ö r n i g e n Gewebs-zerfall andeute. Ob nun dieser Pilz," führt er weiter, „ein eigen-thümlicher und für die Diphtherie wesentlicher, oder ob er der gewöhnlich im Mundschleim vorkommende Leptothrix buccalis, somit nur eine zufällige, auf guten Boden gefallene Beigabe ist, lasse ich, da mir die Frage gegenwärtig zu weit abliegt, dahin gestellt."

Nach B u h l haben nun H ü t e r*) und O e r t e l**) ein Jahr später fast gleichzeitig das constante Vorkommen von zahlreichen Pilzen, die den von N ä g e l i zuerst so genannten Schizomyceten an-gehören, bei der Diphtherie nachgewiesen. Und zwar sollten nach diesen Forschern dieselben nicht nur in den diphtherischen Mem-branen, sondern auch in der anliegenden Schleimhaut gefunden werden, von wo sie entsprechend dem Weiterschreiten des Processes auch in die Lymphe und Blutgefässe, ins Blut und in die inneren Organe, Leber, Milz, Nieren etc. sich verbreiten. Die darauf-folgenden Arbeiten bestätigten meist übereinstimmend die ständige Anwesenheit der Mikrokokken bei der Diphtherie.

So haben namentlich N a s s i l o f f***), C l a s s e n†), E b e r t h††), Klebs†††), Letzerich*†) u. A. dieselben im Rachen, im Blute und in verschiedenen Organen bei der Diphtherie nachgewiesen. K l e b s fand auch als Ursache der Blutungen der Pia mater reichliche Pilze in dem perivasculären Raum; ferner sind nach ihm die obersten Schichten der sog. Hirnrinde diffus durchsetzt von Pilzen, und bei sog. Augendiphtherie fand er die Pilzhaufen zahlreich in der Cornea. Es lag nahe, dass in einer Zeit, wo man die Parasiten nament-

---

*) H ü t e r, Pilzsporen in den Geweben und im Blute bei Gangraena diph-theritica, Centralblatt VI. 1868 p. 177; sowie H ü t e r und T o m m a s i, Central-blatt 1868 p. 531.

**) O e r t e l, Bayer. ärztl. Intell.-Blatt, 1868 Nr. 31.

***) N a s s i l o f f, über die Diphtheritis, Virch. Arch. S. 550.

†) C l a s s e n, Beitrag zur Kenntniss der Diphtherie des Rachens. Virch. Arch. LII. S. 260.

††) E b e r t h, Med. Centralblatt. Die diphtheritischen Processe 1873, Nr. 8 S. 113. Zur Kenntniss der Wunddiphtherie 1873, Nr. 19 S. 291. Ueber Bak-terienmykose, Leipzig 1872.

†††) K l e b s, Arch. f. exp. Path. I. ff.

*†) L e t z e r i c h, l. c.

lich in Bezug auf die Infektionskrankheiten eine so grosse Rolle
spielen lässt, diese Befunde wesentlich zu der Annahme beitrugen,
dass die bei Diphtherie gefundenen Pilze die Ursache derselben darstellen. Betrachtet man aber die Angaben hierüber näher, so gehen die
einzelnen Autoren doch schon mehr weniger in ihren Beschreibungen
der Pilzformen auseinander. Am häufigsten zwar sind die Kugelbakterien, Mikrokokken, einzeln, in Ketten und Colonien, erwähnt,
oft aber zugleich mit ihnen eine verschieden grosse Anzahl Stäbchen
(Bakterium termo), selbst Fäden. Neben diesen beschreibt Letzerich
einen Diphtheriepilz (Zyogodesmus fuscus) mit seinen Entwicklungs-
stufen. Die Anfangs glänzenden gelben Körnchen sollen sich in
Fäden umwandeln, dann in die Schleimhaut einbohren und so die
Schleimhaut in amorphe Massen verwandeln. Später lehrt Letzerich
4 Formen des Diphtheriepilzes kennen; nemlich Mikrosporenmassen,
Plasmaballen, Mikrokokkenblasen und endlich die Brandpilzform
Tilletia. Klebs findet nach Culturversuchen sein Mikrosporon
diphtheriticum mit den sich daraus entwickelnden Gebilden wesentlich verschieden von den bei anderen Processen gefundenen
Formen. Indess wurde durch die Constatirung der Thatsache, dass
ganz dieselben Formen schon in dem gewöhnlichen Mundhöhlen-
inhalt sich finden, sowie bei nicht spezifischen Mundcatarrhen
(Senator, Hiller), ferner auf den Auflagerungen von übel aus-
sehenden Wunden, gleichviel, ob diese mit der Diphtherie in irgend
einen Zusammenhang gebracht werden können oder nicht, die
Lehre von der ursächlichen Bedeutung des bei der Diphtherie
vorkommenden Pilzes schwankend. Zudem stellten die Anhänger dieser
Lehre sich auf verschiedene Standpunkte. Die Einen (Hüter,
Eberth u. A.) ausgehend von der Ueberzeugung, dass die vorkommenden Mikrokokken immer dieselben entzündungserregenden
seien, aber im unmittelbarsten Zusammenhang mit den beobachteten
Krankheiten stünden, gaben für die Diphtherie den Spezifitäts-
begriff auf und sahen in ihr überhaupt nur den höchsten Grad
der Entzündung, der sich an den verschiedensten Stellen des Körpers
manifestiren könne und erst von da aus etwa eine Allgemeininfektion erzeuge. Die Anderen (Klebs, Letzerich, Hallier etc.)
die an der Spezifität der Krankheit festhielten, suchten durch Züch-
tungen und morphologische Characteristica die Unterschiede von
ähnlichen Gebilden festzustellen. Wieder andere (Oertel etc.) hielten
zwar die Spezifität aufrecht, liessen sich aber über die Beziehungen

zu anderen Krankheiten, bei denen sich die gleichen oder ähnliche Pilzbildungen finden, in ihren Arbeiten wenig aus.

Eine wesentliche Stütze für die parasitäre Auffassung der Diphtherie entstand nun aus den Versuchen, die mit der Impfung von Diphtherie angestellt wurden. Obwohl schon früher derartige Impfungen versucht wurden, waren es Hüter und Tommasi*), welche in neuerer Zeit zuerst wieder Impfversuche an Thieren in dieser Richtung anstellten. Ersterer hatte bei Gangraena diphtheritica sowohl wie nachträglich bei Rachendiphtherie an der Wundstelle im Blut und in den Geweben kleine rundliche, in Bewegung begriffene Organismen getroffen, denen er, gleichviel, ob sie Leptothrix oder Monas crepasculum oder Bakterium termo seien, und obwohl seine Culturversuche selbst nach Hoffmann's Ausspruch Nichts für die ätiologische Betheiligung lebender Organismen bei der Diphtherie sprechen, dennoch das Wesentliche bei der Diphtheritis zuschrieb. Er hielt sich um so mehr dazu berechtigt, als seine mit Tommasi angestellten Impfversuche an Kaninchen ihn dazu bestimmten. Die Membranen nemlich, 2mal durch die Tracheotomie, 1mal durch Aussaugen der Bronchien und 2mal aus dem Rachen für die Impfung gewonnen, zeigten immer diese Organismen in zahlloser Menge. Dieselben Organismen fanden sich in zahlloser Menge bei den geimpften Thieren sowohl im Blute während des Lebens als auch an den Impfstellen und namentlich nach dem Tode, meist in lebhafter Bewegung. Impfversuche, die sie mit faulenden eiweissartigen Flüssigkeiten anstellten, lieferten ihnen unter Umständen dieselben Resultate, so dass sie daran glaubten, dass der diphtheritische Infektionsstoff in gewissen Phasen der Fäulniss entstehe, ohne dass er mit dem Infektionsstoff der putriden Flüssigkeiten, welcher die septikämischen Erscheinungen hervorruft, identisch sei.

Nach ihm impfte Trendelenburg**) 52 Thiere (Kaninchen, Tauben, Hühner etc.) mit croupösen und diphtheritischen Membranen kürzlich verstorbener Menschen und hatte dabei 11mal Erfolg. Dieser bestand darin, dass er ähnliche Croupmembranen, wie Wagner sie beschrieb, bestehend aus dickeren oder feineren Fasern mit Eiterkörperchen untermischt, fand, wenn er wie zumeist in die Trachea impfte. Bei einem Versuche mit Impfung in die Kehlkopf-

*) Centralblatt 1868 S. 532.
**) Trendelenburg, über die Contagiosität und lokale Natur der Diphtheritis, Arch. f. klin. Chirurg. X. S. 720 ff.

schleimhaut war der Belag inniger mit der Schleimhaut vorhanden. Bei Impfungen mit demselben Material an verschiedenen Kaninchen blieb das eine intact, das andere bekam Catarrh, ein drittes Ecchymosen, ein viertes deutliche Membran. Obwohl er nie einen Process ähnlich der Diphtherie des Pharynx mit Fortsetzung auf den Larynx und Trachea erzeugen konnte, sprach er sich doch für die lokale Natur und die Uebertragung der Diphtherie durch Impfung aus. Weiter erklärte er nach seinen Versuchen die Verschiedenheit der lose aufsitzenden Membran auf Trachea, der fester haftenden an Tonsille und Gaumen aus der verschiedenen Beschaffenheit des Schleimhautepithels (Rindfleisch, Oertel etc.). Controlversuche mit indifferenten Substanzen ergaben wohl Catarrh, nie croupöse Entzündung der Trachea, die er aber bei Anwendung verdünnter Sublimatlösungen erhielt.

Die eingehendsten Untersuchungen und systematisch angestellten Versuche finden sich für diese Frage in der bekannten Arbeit Oertels *). Dieser Autor fand bei der genauesten Untersuchung reiner Diphtheriefälle pathologisch-anatomische Veränderungen, die er als charakteristisch für diese Krankheit ansah. Als solche waren zunächst die Mikrokokken anzusehen, welche ursprünglich an der Infektionsstelle haften und von da ausgehend radienförmig sich nach dem Körper verbreiten, bis sie sich endlich im Blute, in allen Organen u. s. w. vorfinden. Dessgleichen fand sich eine ausgedehnte Kerninfiltration nicht nur in der von diphtheritischen Membranen besetzten Schleimhaut, sondern fast in allen Organen, selbst in der grauen Substanz des Rückenmarks. Constant finden sich auch capilläre Hämorrhagieen und „zwar ist diese Erscheinung," wie Oertel sich ausdrückt, „so charakteristisch, dass man in diesem Befunde schon ein ganz brauchbares diagnostisches Kennzeichen hat." Er traf sie nicht nur im subepithelialen und submukösen Gewebe, sondern bei ausgebreiteter Erkrankung in fast sämmtlichen Organen, in serösen Häuten, Nieren, Rückenmark etc. Die Milz war meist vergrössert, die Nieren parenchymatös entzündet.

Durch seine Impfversuche mit diphtheritischen Massen, Muskelsaft, Exsudatflüssigkeit bei Thieren (Kaninchen) kommt er zu dem Schlusse, dass sich eine mit der Diphtherie beim Menschen vollkommen congruente Krankheit darstellen lasse, da sowohl die

---

*) Oertel, experimentelle Untersuchungen über Diphtherie; deutsches Archiv für klinische Medicin 1870.

Symptome, soweit sie sich bei Thieren feststellen liessen, als namentlich die pathologisch-anatomischen Veränderungen und die Mikrokokken in den Organen (im Trachea die Pseudomembranen) der inficirten Thiere sich wiederfanden. Bei der Versuchsreihe, die mit Einimpfung von diphtherischen Membranen in die Trachea angestellt wurden, sollen Pseudomembranen sich entwickeln, die in Allem den durch diphtheritische Erkrankungen im menschlichen Kehlkopf entstandenen gleichen, und durch hyaline Plasmakugeln, grosse Zellen, fibrinöses Gerinnsel, Kerne, die frühern Zellen entsprachen und durch Pilzwucherungen ausgezeichnet waren. Da er nun nach Impfungen mit diphtheritischen Membranen unter die Haut und in die Muskeln von Kaninchen keine Localisationen im Rachen, Kehlkopf und Trachea fand, so schloss er, dass die Diphtherie ursprünglich eine Lokalkrankheit sei, indem das Gift da, wo es zur Einwirkung kommt, zunächst zerstörend auf seinen Boden wirkt. Indem es nun weiter in die Lymphgefässe und Gewebe vordringt, bedingt es erst die Allgemeininfektion. Aus den Resultaten, die er durch Impfung mit verschiedenen in Zersetzung begriffenen Substanzen unter die Haut und in die Muskeln von Kaninchen erzielte, konnte er keinen der diphtheritischen Erkrankung ähnlichen oder identischen Prozess folgern, wiewohl er die Möglichkeit, dass solche Stoffe im Sinne H ü t e r s sich bei Fäulnissprozessen fänden, zugibt. Vorläufig aber liessen die pathologisch-anatomischen Veränderungen in den mit diphtheritischen Stoffen geimpften Thieren nur einen ganz constanten, eigenartigen, spezifischen Prozess erkennen. Endlich gelangen ihm nicht nur Impfungen von einem Thiere auf das andere, sondern auch Ueberführung von Stoffen des letzteren in die Trachea eines andern Kaninchen und diese erzeugten wieder Diphtherie der Trachea. Durch eine grosse Zahl von Versuchen hat dann E b e r t h [1]) sich überzeugt, dass die Kaninchencornea diphtherisch werde durch Verimpfung des diphtherischen Belags vom Rachen, der endocardialen Auflagerung bei primärer, maligner Endocarditis, des diphtheritischen Mundbelags, des Eiters entzündeter Venen Pyämischer, des eitrigcroupösen Exsudates bei puerperaler Peritonitis und des Blutes an Sepsis und Diphtherie verstorbener Wöchnerinnen. Selbst Eiter einer Wunde von nicht diphtheritischem Ansehen und Veneneiter,

---

*) C. J. Eberth, die diphtheritischen Processe, med. Centralblatt 1873 Nr. 8. S. auch Nr. 32.

welcher nur sehr wenig Kugelbakterien enthält, ergibt bei Impfung eine Diphtherie auf der Cornea. Nach ihm ist die Diphtherie meistens eine Pyämie. Manche Formen von Septico-Pyämie sind combinirte Mykosen von Diphtherie und Fäulnissbakterien. Durch weitere Versuche constatirte er einen quantitativen Unterschied in · der Wirkung der Diphtherie- und Fäulnissbakterien, was ihm eine Verschiedenartigkeit dieser Organismen wahrscheinlich machte. Bei der Diphtherie siedeln sich die Pilze nach Eberth[*]) zuerst auf dem Epithel der entsprechenden Schleimhäute oder auf Wundflächen an, und durchdringen dann succesive die tiefere Epithellage, Schleimhaut benachbarten Gewebe, zerstören endlich selbst feste Theile, wie Knochen und Knorpel, hauptsächlich auf dem Wege der Lymphgefässe und Gewebsspalten; von hier erst gelangen sie in die Blutbahn und in die übrigen Organe. Die Diphtherie ist ihm eine Mykose und die Träger des Contagiums die Pilze.

Zu ähnlichen Resultaten gelangte Nassiloff, der mit diphtheritischen Membranen, in die Hornhaut impfte. Impfungen mit frischen nekrotischen Massen eines Hospitalbrandkranken auf die Hornhaut eines Kaninchen, welche Nassilloff misslangen, waren nach Recklinghausen[**]) von diphtheritischer Keratitis gefolgt. Th. Leber[***]) erzeugte durch Impfung mit Leptothrixmassen Hypopyonkreatitis, ohne jedoch wuchernde Leptotrixmasse nachweisen zu können.

Zu denselben Resultaten kam Stromayer[†]) nach Impfungen mit Leptothrix, faulem Eiter, fauler Muskelsubstanz, die er auch mit den Ergebnissen, wie Eberth sie fand, fast für völlig identisch erklärte. Endlich gaben aber Versuche, die mit Impfung stäbchenund kugelförmigen Mikrokokken (Dolschenkow), kugelbacterienhaltigem, peritonitischen Eiter (Orth), Fäulnissbacterien (Frisch) angestellt wurden, mehr minder dieselben Resultate. Immer entstanden Trübungen der Hornhaut verschieden in Art und Ausbreitung, je nachdem mehr minder verbreitetes Auftreten von Eiter oder Eiter und Mikrokokken zugleich nachgewiesen wurde; auch diphtheritische Entzündung mit oft consecutiver Allgemeininfection und Panophthalmitis etc. wurden beobachtet. Ebenso fand Marcuse

---

[*]) Zur Kenntniss der bakteritischen Mykosen, 1872.
[**]) Virch. Arch. 50, p. 552.
[***]) Med. Centralblatt 1870, Nr. 9.
[†]) Med. Centralblatt 1871, Nr. 21.

(Zeitschrift f. Chirurg. 1875. V.) sowohl durch Impfung diphtherischer Membranen in die Trachea gleich Trendelenburg eine diphtherische Affektion entstehen; doch konnte er auch mit faulenden Substanzen Trachealcroup erzeugen. In neuester Zeit hat J. Rosenbach*) bei der Diphtherie die Mikrokokken auch im Herzmuskel, wo sonst noch verchiedene Degenerationsformen, namentlich die wachsige beobachtet werden, gefunden. Durch seine mit dem Herzmuskel ausgeführten Impfungen glaubt er die Ansicht zu stützen, dass das diphtheritische Contagium häufig auch in den Herzmuskel und in so wirksamer Form eindringt, dass es diesen inficirt die Myocarditis veranlasst, und auch von hier weiter übertragen werden kann.

Trotz dieser Angaben sind noch immer hervorragende Autoren, (Billroth, Senator u. A.) von der mykotischen Natur der Diphtherie nicht überzeugt, und halten die Pilze vielmehr für zufällige Dinge.

An diese Daten will ich nun die von mir in Bezug auf die Pilze bei Diphtherie beobachteten Thatsachen, wie sie sich aus den mikroskopischen Untersuchungen, sowie aus zahlreichen Impfversuchen ergaben, anschliessen. In dem früher Gesagten erwähnte ich schon ganz kurz, dass sowohl der Sitz, als die Ausbreitung dieser kleinsten Gebilde je nach dem lokal anatomischen Befunde erheblich differiren.

Am constantesten und ausgebreitetsten finden sich die Mikrokokken in den bei der Diphtherie zuerst beschriebenen Epithelmembranen. In der Regel bilden sie hier Haufen von kleinsten, rundlichen, scharf conturirten Gebilden, die in ziemlich gleichen Abständen in eine Gallertmasse eingebettet sind und eine etwas bräunliche Färbung erkennen lassen. Diese Haufen sind bald mehr rundlich, auch eckig, seltener vielgestaltig und sind nicht nur an der Oberfläche, obwohl hier am zahlreichsten, sondern auch in den einzelnen Schichten der Epithelien zu finden. Sie lagern sich hiebei auf und unter die Epithelien, werden hie und da auch in deren Protoplasma getroffen und dringen selbst zwischen die mehr minder gelockerten einzelnen Zellen. Hat man die Membranen vom Lebenden ziemlich frisch und bald nach der Entfernung aus der Rachenhöhle untersucht, so sind wohl die erwähnten Haufen die am meisten vertretenen. Nur hie und da finden sich, neben einzelnen beweglichen Körnchen

---

*) Ueber Myocarditis diphtheritica von Prof. Dr. J. Rosenbach. S. Virch. Arch. 70. Bd 3. Heft, S. 352.

meist aber dann nur ganz oberflächlich lange, schmale zerbrechliche Fäden, in Haufen beisammen und in nichts verschieden von dem bekannten Leptothrix buccalis, wie er auch sonst auf der feinkörnigen Zersetzungsmasse der Mundhöhle, auf dickem Zungenbelag, im Weinstein und in den Speichelsteinen (Klebs) getroffen wird. In Präparaten dagegen, bei denen die Epithelmembranen aus der Leiche gewonnen wurden, finden sich manchmal auch noch mehr bewegliche Einzelnkörnchen, oder zwei und drei mit einander verbunden, nicht selten auch Stäbchen einzeln und in Ketten. Dabei ist zu bemerken, dass nur dann bei den einzeln getroffenen Mikrokokken deren organische Natur angenommen wurde, wenn sie entweder durch selbstständige Bewegung und gleichmässige Grösse sich auszeichneten, oder durch zusammenhängende Ketten eine Theilung und Vermehrung wahrscheinlich machten. Denn die bekannte Reactionslosigkeit der Mikrokokken nach Anwendung von Säuren, Alkohol, Chloroform, kaustischen Alkalien etc. schützt (Naegeli und Schwendener) nicht vor Verwechslung mit krystallinischen, feinkörnigen Niederschlägen und molekulären Ausscheidungen etc. Bei Behandlung mit Carmin und Anilin traten namentlich die Zoogloeahaufen schön gefärbt aus der umgebenden Masse hervor. Abweichend von diesem Befunde war die Beobachtung an den unter dem Epithel aufgetretenen Bildungen. In den weitaus meisten Fällen konnten hier weder in den Lücken des feineren oder gröberen Maschennetzes (Klebs u. A.), noch auch in oder auf den Balken irgendwie pilzliche Organismen nachgewiesen werden, sondern diese waren meist frei davon, wenigstens sobald sie frisch vom Lebenden oder möglichst bald nach dem Tode untersucht wurden. Allerdings, wenn die Leiche längere Zeit gelegen hatte, da konnten Mikrokokken, und zwar sowohl die kugel- als stäbchenförmigen, bald vereinzelt, bald zu Ketten verbunden, oder in Zoogloeahaufen, und zwar ruhend oder in Bewegung, je nach Umständen in wechselnder Menge, nachgewiesen werden. Waren die Membranen aber frisch, so konnten höchstens in der alleobersten Balkenschichte, deren Ansehen dadurch auch trüber und undeutlicher wurde, Mikroorganismen in Haufen getroffen werden. Wo die Epithelmembran mit dem Balkennetz noch zusammenhing, waren nur in ersterer die Pilzhaufen massenhaft und grenzten diese dadurch von dem letzteren deutlich ab. Auch in der später etwa gebildeten Eiter- und Faserstoffmembran gewahrte man in der Regel nichts von Pilzen. Dagegen waren sie am zahlreichsten in den durch rasche Gangrän und Fäulniss missfärbig gewordenen, oft übel riechenden Schorfen und Fetzen. Eine lebhafte Bewegung zahlloser runder und länglicher Mikrokokken, vereinzelt oder zu Ketten von zwei, drei und mehr Gliedern verbunden, sieht man hier in jedem Gesichtsfelde neben den Resten zerfallener Gewebsmassen und mehr minder gehäufte Zooglöa. Von den Affektionen, welche bei Diphtherie in Kehlkopf und Trachea beschrieben wurden, waren fast nur die mit Zerstörung der Epithelien verbundenen Bildungen und diese nicht immer von Pilzhaufen und einzelnen Mikrokokken bedeckt, weniger durchsetzt, während die reinen Faserstoffeitermembranen, ebenso wie beim genuinen und künstlichen Croup, oft keine Spur von pflanzlichen Gebilden erkennen liessen, oder wenn, so doch nur in mässiger Menge und auf den obersten Schichten. In der Schleimhaut selbst war ausgenommen bei der gangränösen Form, wenigstens in den von mir darauf untersuchten Fällen, nie eine Spur von Mikroorganismen zu finden. Dagegen waren nicht selten Haufen von den rundlichen Gebilden auf dem Epithel aufgelagert an Stellen, wo sonst eine Veränderung, die allenfalls auf die Diphtherie zu beziehen gewesen wäre, nicht bestand; in der nächsten Nähe davon konnte allerdings eine von Diphtherie befallene Stelle sein.

Parallel mit diesem verschieden zahlreichen Auffinden der Pilzelemente in Rachen und Luftwegen schien auch der Befund derselben in den übrigen Organen zu stehen, so weit diess an Leichen überhaupt mit einiger Bestimmtheit eruirt werden konnte. Denn bei Leichen im Allgemeinen, namentlich aber bei leicht faulenden, oder wenn sie von Infektionskrankheiten verschiedener Art stammen, finden sich in den parenchymatösen Organen (besonders Nieren) diese Gebilde oft sehr zahlreich, ohne dass ihre Beziehungen zu den Erkrankungen daraus nur mit einiger Sicherheit erschlossen werden könnten. Doch war im Ganzen zu constatiren, dass, wo die Mikrokokken, namentlich die sich bewegenden runden und länglichen, in erheblicher Zahl lokal im Rachen etc. zu finden waren, wie bei der gangränösen Form, von der dann auch die meist zum Tode führende Septicämie oder Pyämie auszugehen schien, sie dann auch meistentheils in den Säften und Geweben sich zahlreich fanden. Bei dieser letzteren Form waren auch die Kerninfiltrate und die capillaren Blutungen (Ecchymosen) in Nieren, Muskeln, Pleuren etc. am verbreitetsten und constantesten vorhanden. Uebrigens bieten diese letzteren Befunde, die allerdings bei Diphtherie, wie ich mit Oertel konstatiren kann, ziemlich regelmässig getroffen werden, durchaus niehts für diese Erkrankung Charakteristisches. Denn man kann sich leicht überzeugen, dass Kerninfiltrate und capilläre Blutungen in allen Organen und Geweben, letztere namentlich in serösen Häuten überaus häufig bei Infektionskrankheiten aller Art, besonders aber bei Typhus, Pyämie, Septicämie und mineralischen Vergiftungen vorkommen. Man darf also in diesen Erscheinungen weit weniger als in den einzelnen lokalen Veränderungen am Eingang des Respirations- und Digestionstractus etwas der Diphtherie Eigenartiges, Charakteristisches erkennen. Aber auch der Befund der Pilze an sich rechtfertigt eine solche Auffassung noch nicht. Denn abgesehen von der, wie wir gesehen haben, sehr variablen Menge und der Abhängigkeit von der bestimmten Form des lokalen Processes bei der Diphtherie haben diese Organismen auch nicht ein einziges morphologisches oder chemisches Kriterium, was sie von anderen Mikroorganismen unterschiede. Denn es finden sich dieselben Pilzformen sowohl im Munde und Rachen ohne Diphtherie oder diphtherische Lokalaffektion und selbst die lokal gleichen Processe, die wir als sekundäre bei Typhus etc., namentlich aber bei Scharlach kennen gelernt haben, zeigen dieselben Pilze, ohne Unterschied auf Form, Menge und dergl. Und ebenso wenig lassen die Organismen bei anderen Infektionskrankheiten, Masern, Blattern, Scharlach und speziell bei Septicämie und Pyämie, oder die bei der Fäulniss gefundenen nur irgend nennenswerthe Verschiedenheiten nachweisen.

Allerdings berechtigt die äussere Aehnlichkeit der bei Diphtherie gefundenen Pilzorganismen mit den bei anderen Infektionskrankheiten konstant auftretenden noch nicht dazu, ihre völlige Identität zu behaupten. Man kann die Annahme, die durch zahlreiche Versuche (Hallier, Klebs, Letzerich) erhärtet werden sollte, a priori wenigstens nicht von sich weisen, dass diese kleinsten Formen Entwickelungsstufen eines ganz bestimmten für die Diphtherie spezifischen höheren Pilzorganismus sei. Um diess zu beweisen, müsste man aber die Spaltpilze frei von allen anhaftenden Geweben und Flüssigkeiten in einer geeigneten Nährflüssigkeit züchten können. Solche sogenannte Reinculturen stossen aber bei den Schizomyceten theils wegen ihrer Kleinheit, theils wegen ihrer allgemeinen Verbreitung in Wasser und Luft auf unüberwindliche Schwierigkeiten. Die einzelnen Mikrokokken aber sind, abgesehen von der Unmöglich-

keit, sie von anderen ähnlichen Gebilden zu unterscheiden, auch
nicht einige Stunden hindurch in einem Objekte durch das Mikroskop festzuhalten und eine allenfallsige Veränderung daran festzustellen (Naegeli und Schwendener). Wir dürfen daher alle
Angaben, welche die Entstehung von Mikrokokken aus anderen
Organismen oder ihre Umbildung in andere höhere Formen dar-
thun, bis heute wenigstens noch immer nicht für bewiesen erachten.
Und ebenso sind alle anderen ähnlichen Versuche in Bezug auf ihre
Resultate und die daraus gezogenen Schlüsse gewiss nur mit der
grössten Vorsicht aufzunehmen, da die Unbekanntschaft mit der
Lebensweise dieser Gebilde leicht auch ungeeignete Experimente
mit sich bringt, die ebenso wie die fast unmögliche mikroskopische
Verfolgung wenig Verlässiges schliessen lassen. Etwas günstiger dem
Erwähnten gegenüber gestalten sich die Resultate nach Impfungen.
Allerdings stellen sich auch hier manche Bedenken entgegen, zunächst die, dass ausser den Mikrokokken unvermeidlich auch andere
möglicherweise sehr schädlich wirkende Dinge übergeimpft werden.
Zudem ist gerade die Wunde, welche durch die Impfung gesetzt
wird, ein Faktor, der wenigstens bei dem gewöhnlichsten Ent-
stehungsmodus der Diphtherie nicht gekannt ist. Immerhin wird
aber eine richtige Konstatirung der Thatsachen und eine vorur-
theilslose Beurtheilung des Befundes manches Wichtige zu bringen
im Stande sein.

Ich habe nun zunächst eine Reihe von Impfversuchen angestellt,
mit Material, das von reinen Diphtheriefällen gewonnen wurde und
zwar sowohl aus dem Rachen als aus den Luftwegen von Lebenden
und von Leichen. Um nicht zu weitläufig zu werden, will ich aus
allen Versuchen nur einzelne hervorheben.

A. 1) Einem halberwachsenen Kaninchen wurde in die eröffnete Trachea auf
die intacte Schleimhaut ein Stückchen einer Membran gebracht, welche von den
Mandeln eines diphtheriekranken Kindes stammte und bei der mikroskopischen
Untersuchung zumeist aus mehr minder verändertem Epithel, feinkörnigen
Massen und Mikrokokken in Zooglöaform bestand; Eiterkörper und Schleimzellen
waren nur in untergeordneter Menge vorhanden. Bei der Section des Thieres,
welches am 4. Tage zu Grunde ging, fand sich als Todesursache eine mehr auf
die unteren und hinteren Partieen beider Lungen beschränkte entzündliche
Affektion, die in Allem den Charakter einer Fremdkörperpneumonie trug. Theile
der eingebrachten Membran waren in die kleineren Bronchen und Alveolen gelangt und gaben als fremde Körper den Reiz für die entzündliche Affektion ab,
wie die mikroskopische Untersuchung nachwies. An der Operationsstelle, zwi-

schen Haut und Trachea, war ein kleiner, eingedickter Abscess. Die Schleimhaut der Trachea, namentlich in der Nähe der Operationswunde, etwas stärker geschwellt und injicirt und in ihrem Verlaufe nach abwärts mit einzelnen locker aufklebenden schleimigeitrigen Massen bedeckt. Von einer faserstoffigen Membran oder einer bedeutenderen Veränderung der Epithelien war nichts wahrzunehmen, ebenso fehlten hier eine grössere Anzahl Mikrokokken und in der Substanz der Schleimhaut fast jede bedeutendere Anhäufung rundzelliger Elemente.

2) Einem grauen Kaninchen wurde in die Trachea ein Stückchen der weissgelben Schichte am Zäpfchen eines diphtheriekranken Mädchens gebracht. Dasselbe bestand zumeist aus dickbalkigem Netze und enthielt keine Mikrokokken. Am 3. Tage wurde das Thier getödtet, zeigte aber keine andern Erscheinungen, als etwas stärkere Schleimhautinjection und etwas Schleim und Eiter in der Trachea. Nur im rechten Lungenuterlappen war eine etwa haselnussgrosse, derbere, luftärmere Stelle.

3) Dasselbe Material wurde bei einem andern Kaninchen auf eine vorher künstlich erodirte Schleimhautpartie der Trachea gebracht. Bei der Section des am 4. Tage getödteten Thieres zeigte sich ziemliche Eiterabsonderung von der im Allgemeinen geschwellten Trachealschleimhaut, an der Impfstelle eiteriger Belag, eiterinfiltrirte Ränder der wunden Stelle, keine andere Auf- oder Einlagerung.

4) In die Trachea eines ausgewachsenen Kaninchens wird eine Membran gebracht, die von der Leiche eines an Diphtherie verstorbenen, 2½jährigen, 14 St. p. m. secirten Kindes stammte. Die Membran bestand aus Pflasterepithel mit nur wenigen Blut- und Eiterkörperchen. Die Epithelien waren zum Theil unregelmässig, scharfglänzend, netzförmig; zwischen den Zellen und in denselben fanden sich Zooglöahaufen in grosser Menge; ausserdem im freien Felde bewegliche, meist runde, seltener längliche Mikrokokken. — Das Thier ging nach 36 Stunden zu Grunde. Auf der Schleimhaut der Trachea fanden sich blutigfetzige, leicht von der Unterlage ablösbare Massen von zähflüssiger oder schmieriger Beschaffenheit. Mikroskopisch bestanden dieselben meist aus Eiter und Schleim, daneben Plasmakugeln ohne deutlichen Kern, auch Kerne allein. Ausser denselben waren mehr minder gequollene oder getrübte Epithelzellen, oft mit glänzenden, unregelmässigen Ausläufern versehen, vorhanden. Ebenso traf man Epithelien mit Vacuolen; ferner fanden sich grössere Haufen feiner, moleculärer Massen, die wohl in der Regel durch Essigsäure verschwanden, wenn sie nicht aus beweglichen, einzelnen oder zusammenhängenden, rundlichen und länglichen Mikrokokken bestanden, die dann auch nach Anwendung von kaustischen Alkalien bestehen blieben. Endlich sah man Mikrokokkenhaufen, aber in geringer Menge. Die Schleimhaut selbst war gewulstet, mehr minder injicirt, zum Theil mit Ecchymosen durchsetzt und zeigte eine von oben gegen die Tiefe zu abnehmende Eiterinfiltration. In Lungen wie in den übrigen Organen keine erheblichen Veränderungen.

5) Bei zwei anderen Kaninchen, denen ein ähnliches Material auf die Trachealschleimhaut gebracht wurde, und die bald darauf zu Grunde gingen, hatten sich auf der stärker injicirten und ecchymosirten Schleimhaut etwas mehr schmierige Massen gebildet, die in der Hauptsache dieselben Details, wie beim vorhergehenden Fall zeigten. Durchschnitt durch einen erhärteten Theil dieser

Massen liess nie deutlich Faserstoff in grösseren Mengen in denselben erkennen, höchstens hie und da unregelmässig krümmliche Formen, zwischen den feineren Molekülen und den Schleim- und Eiterkörperchen. In beiden Fällen waren ferner in den Lungen lobuläre Pneumonieen, charakterisirt durch kleine, lobuläre, eitrige Infiltrate, an luftleeren Stellen zu Stande gekommen. Die Pleuren wie der Herzbeutel wiesen capilläre Blutungen auf; ebensolche fanden sich auch in den zum Theil missfärbigen Weichdecken um die äussere Operationswunde herum, sowie vereinzelt in den Nieren, deren Harnkanälchen mit getrübten theilweise gelockerten Epithelien gefüllt waren; Füllung der Blutgefässe, namentlich der venösen. Mikrokokken in fast allen Organen in mässiger Menge, meist einzeln oder in Ketten, und ebenso wie die Stäbchen beweglich.

6) Einem jungen Kaninchen wird in die Rachenschleimhaut ein Stückchen einer Diphtheriemembran, die aus Epithelien, zahlreichen Zooglöahaufen, stark glänzendem Netzwerk und vereinzelnden, lebhaft sich bewegenden Mikrokokken besteht, und vom Lebenden (3 Jahr alten Kind) gewonnen wurde, eingeimpft. An der Impfstelle entstand ein etwa kirschkerngrosses Geschwür, mit etwas speckigem Grunde und Rändern, das aber am 7. Tage, an dem das völlig muntere Thier getödtet wurde, wieder in Heilung begriffen schien. Die umliegende Schleimhaut war nur wenig geschwellt, injicirt und eiterinfiltrirt. Der Geschwürsbelag bestand meist aus Eiterzellen in fettiger Degeneration aus molekulären Massen, wenigen einzelnen Mikrokokken und Mikrokokkenhaufen.

7) 3 ähnliche Versuche von Einimpfung an derselben Stelle, mit demselben Material aus dem Rachen, das jedoch 2 mal erst nach dem Tode gewonnen wurde, endeten lethal, während ein vierter Versuch mit Material vom Todten ohne wesentliche lokale und allgemeine Erscheinung blieb. In den tödtlichen Fällen fand sich an der Impfstelle im Umkreis von Kirschkern- bis Bohnengrösse eine mehr minder graulichgrüne schmierige Masse, die aus zerfallenen Epithelien und Eiterkörpern, sowie aus körnigen Molekülen der Hauptsache nach bestand. Letztere waren entweder in Haufen gelagerte Mikrokokken, oder schon sich lebhaft bewegende runde oder ovale Formen, oft zu zweien, dreien und mehrere an einandergekettet, oder reine Zerfallsmoleküle. In einem Falle war die Zerstörung besonders weit in die Tiefe gedrungen, da fanden sich denn auch noch in der Belagsmasse Reste von Bindegewebs- und elastischen Fasern, sowie weithin verbreitete Eiter- und Jaucheinfiltration. An anderen Stellen im Pharynx oder Larynx war keine Veränderung zu finden, dagegen war im dritten Falle eine hochgradige mit Blutungen versehene Lobularpneumonie beiderseits entstanden. Einzelne pneumonische Heerde verhielten sich hiebei oft wie macerirtes weiches Gewebe und waren dem entsprechend missfarbig; Ecchymosen an der Pleura. In allen 3 Fällen war die Milz erheblich vergrössert, dunkel geröthet, körnig, von mässig weicher Consistenz, wie bei akuten Infektionskrankheiten. Starke Röthung der Nieren, die auch gequollen erscheinen. Im 3. Falle fanden sich sehr zahlreich Mikrokokken aller Art im Blut und in den Geweben, namentlich auch in den der Impfstelle nächstgelegenen geschwellten Lymphdrüsen, sowie in den umliegenden Weichtheilen, weniger dagegen in den übrigen beiden.

Versuche, bei denen Diphtheriemembranen aus Kehlkopf oder Trachea ohne Verletzung der Schleimhaut in den Rachen gebracht wurden, blieben resultatlos.

8) Einem Kaninchen mittlerer Grösse wurde in die Hornhaut des rechten

Auges von einer Diphtheriemembran aus dem Rachen eines 7jährigen Kindes
geimpft. Dieselbe bestand aus Haufen meist etwas bräunlicher, gleichmässig ge-
körnter Mikrokokken, auf und zwischen den Epithelien (Zooglöa), doch auch ohne
diese; hie und da kleine Rundzellen feinkörnige, unregelmässig gestaltete Epithelien; stellenweise viel feinkörniges Fett. Die Membran war bald nach ihrer
Bildung, und bevor noch therapeutische Eingriffe stattgefunden hatten, entfernt worden. Am nächsten Tage schon sah man nicht nur an der Impfstelle,
sondern auch noch an einem andern Punkte derselben Cornea je einen leicht über
die Oberfläche prominirenden Punkt von weisslichem Ansehen. Am 3. Tage
hatten sich diese Punkte etwas vergrössert, indem sie kleine Fortsätze in verschiedenen Richtungen aussandten. Diese Fortsätze vergrösserten sich bis zum

Fig. 5.

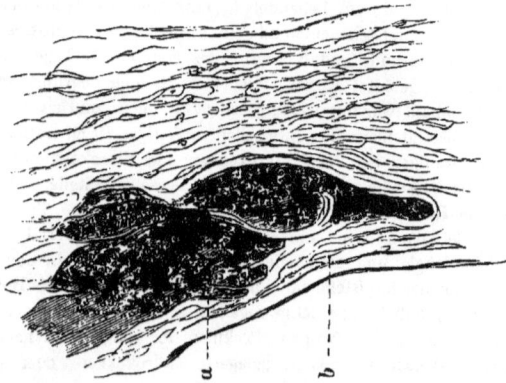

Durchschnitt durch die Hornhaut eines Kaninchens nach deren Impfung mit Diphtheriematerial, das während des Lebens aus dem Rachen eines diphtheriekranken 7jährigen
Kindes entfernt wurde. (S. Text A 3. Vers.)
  a Pilzhaufen die Spalten und Lücken der Hornhaut in dichten Massen durchsetzend.
  b Normales Hornhautgewebe in ihrer Umgebung. (Hartnack, System VIII, Oxul III.)

4. und 5. Tage zu deutlichen, vielzackigen Sternen, ohne dass jedoch eine erhebliche Reaktion in der Umgebung stattgefunden hätte, die Conjunctiva zeigte
geringe Injektion, mässige Eiterung, vacuolirte Epithelien und einige unregelmässige Plasmamasse. Das Thier schien völlig normal; am 5. Tage getödtet,
zeigten sich sämmtliche Organe normal. Mässige Schwellung und Injektion der
Conjunctiva, geringe Eiterung. Durchschnitte durch die prominirenden, weissen
Sterne ergaben zunächst, dass dieselben nur aus kleinen, rundlichen, eng an-
einanderstehenden Mikrokokken bestehen. Dieselben haben durchweg einen etwas
bräunlichen Farbenton. Allenthalben scheinen sie zwischen die Lamellen und in
die Gewebslücken eingelagert, diese erweiternd, ausfüllend und in ihnen sich
vorwärts schiebend. Die fixen Hornhautkörper in ihrer Umgebung scheinen
wenig verändert, höchstens einzelne leicht vergrössert und körnig getrübt, und

auch die Wanderzellenanhäufung ist gegenüber den übrigen Partieen kaum vermehrt zu nennen. (S. Fig. V a u. b).

9) Einem Kaninchen werden in beide Hornhäute Membranen geimpft, welche von einer an Diphtherie verstorbenen kindlichen Leiche aus dem Rachen stammten. Mikroskopisch konnten wenig Epithelien und Zooglöahaufen, dagegen mehr das breitbalkige, glänzende Netz und lebhaft sich bewegende, meist rundliche Mikrokokken nachgewiesen werden. Nach 24 Stunden schon zeigte sich heftige Lokalreaktion. Hochgradige Conjunctivalschwellung und Eiterung; die Hornhaut ist beiderseits trübe, stark geschwellt und an den Impfstellen ist eine undurchsichtige, im Centrum erhabenere Partie; bis zum 3. Tage, an dem das Thier zu Grunde ging, war diese Stelle, die jetzt auch noch deutlicher über die Oberfläche prominirte, grösser und mehr sternförmig, die allgemeine Trübung erheblicher. Die Sektion und mikroskopische Untersuchung wies in den Hornhäuten von der Impfstelle radienförmig sich zwischen die Lamellen und Lücken der Hornhaut einschiebend Mikrokokkenhaufen nach, die etwas bräunlich erschienen und durch Carmin und Anilin sich gut färbten. Im Umkreise von dieser Stelle war eine sehr beträchtliche Eiterinfiltration zu Stande gekommen, das Hornhautgewebe geschwellt, zum Theil molekulär getrübt. Diese Moleküle waren zum Theil Eiweiss, zum Theil aber Mikrokokken, was sie durch ihre gleichmässige Grösse, selbstständige Beweglichkeit und durch ihr Verhalten gegen Säuren und Alkalien bekundeten. Dieselben Gebilde traf man in den wenig blutreichen Organen, namentlich in Milz und Nieren, ebenso im Blute. In Herz und Nieren war parenchymatöse Trübung, sowie einzelne capilläre Blutungen vorhanden, zum Theil auch in der Leber. Die Milz war etwas vergrössert. Derselbe Versuch mit ähnlichem Material vom Lebenden brachte das gleiche Resultat.

10) Einem ausgewachsenen Kaninchen wird in die rechte Cornea von der meist aus Zooglöahaufen und Epithelien bestehenden Membran eines an Diphtherie verstorbenen 4jährigen Kindes geimpft. Freie bewegliche runde oder längliche Formen waren in mässiger Menge vorhanden. Neben ziemlich heftiger Conjunctivaleiterung sieht man am nächsten Tage eine diffuse leicht rauchige Trübung der Hornhaut, die an der Impfstelle fast schon undurchsichtig ist. Am 3. Tage ist eine kleine, geschwürige Stelle vorhanden, die Eiter secernirt. Die Eiterbildung dauerte noch einige Tage, nahm jedoch allmählig ab und schliesslich nach 24 Tagen war die Hornhaut an der Impfstelle durch eine undurchsichtige, kleine Narbe verheilt, an den übrigen Partieen aber durchsichtig. In einem diesen ganz ähnlichen Falle, wo die Tödtung des Thieres vorgenommen wurde, traf man nirgends im Körper, auch nicht in der Hornhaut, Pilze in nennenswerther Menge, wenigstens gar keine Zooglöahaufen. Dagegen war das Hornhautgewebe infiltrirt mit Rundzellen, am dichtesten an der Impfstelle, gegen den Skleralrand sich allmählig verlierend.

11) Einem 4 Wochen alten Kaninchen wird in die rechte Cornea aus der Trachea eines an Diphtherie verstorbenen Kindes gebracht. Die Membran bestand fast nur aus Faserstoff und Eiter, nirgends waren Mikrokokken zu sehen. Der Erfolg war eine nur wenige Tage dauernde oberflächliche Eiterung. In die linke Cornea dagegen war vom Pharynx gebracht, wo die Membranen aus Epithelfetzen, Zooglöahaufen, dickem Balkennetz und theilweise zahlreichen sich bewegenden Pilzen bestanden. Nach fünf Tagen, während welcher mässige Con-

junctivaleiterung bestand, wurde das Thier getödtet und die sternförmigen, weissen
Prominenzen, die sich auf der Cornea fanden und von denen die eine der Impfstelle entsprach, näher untersucht. Sie bestanden aus den sternförmigen Pilz-
lagern, wie wir sie oben schon beschrieben haben, von etwas bräunlicher Färbung. Im Umkreise fand sich kleinzellige (Eiter-)Infiltration in mässiger Menge
— Eine Impfung mit dem Materiale dieser pilz- und eiterinfiltrirten Stelle auf
die Cornea eines andern ebenfalls 4 Wochen alten Kaninchen gelang in der
Weise, dass auch hier Pilzsterne auftraten, gefolgt von einer mässigen Eiterung
in der Umgebung, wie sich bei der Section zeigte. Das Thier ward durch Ver-
blutung getödtet, nachdem es keine Allgemeinerscheinungen gezeigt hatte, vielmehr ziemlich wohl sich befunden hatte. *)

12) Einem grossen Kaninchen wird von einer Diphtheriemembran aus dem
Pharynx der Leiche eines 10jährigen Knaben in die Cornea geimpft. Das Impfmaterial war ein gangränoser Schorf, der nur mehr missfärbig erscheint und Zer-
fallsprodukte von Gewebselementen, freie Kerne und Körnchen, Bindegewebsstücke
und Reste von elastischen Fasern, rothe und weisse Blutkörper, mehr minder verändert enthielt, daneben waren frei und selbständig sich bewegende kugelförmige
Mikrokokken, auch Stäbchen in beträchtlicher Menge neben Haufen von Zooglöa. Das Thier war 24 Stunden nach der Impfung todt, nachdem die Cornea
ungeheuer vorgetrieben, trüb, verdickt und sehr weich geworden war; in der Umgebung wurde meist jauchiger Eiter gefunden. Die nähere mikroskopische Untersuchung der Cornea ergab, dass dieselbe durch eine Verquellung und Auffaserung
ihrer Elemente ein eigenthümliches, unregelmässiges, mit grossen weiten Lücken
versehenes Netzwerk darstellte, so dass das ursprüngliche Gewebe nur schwer
mehr zu erkennen war. In den Lücken waren oft Mikrokokken der kleinsten
Art in Haufen eingelagert, daneben und namentlich an der Oberfläche Eiterkörper.
Im Blut und in den Geweben, besonders in der stark vergrösserten Milz, Leber
und Nieren waren dieselben Haufen, mehr noch aber lebhaft sich bewegende
Körnchen und Stäbchen vorhanden. Ecchymosen fanden sich in der Pleura, kleine
Blutungen auch in den Nieren, ihre Epithelien fast alle vergrössert und molekulär
getrübt.

Von der erkrankten Hornhaut dieses Kaninchens wurden Stückchen in die
Cornea eines andern Kaninchens geimpft; sie erzeugten wohl eine kleine ge-
schwürige Stelle mit oberflächlicher Eiterung; doch war am 17. Tage bereits
Heilung unter Bildung einer kleinen Trübung (Narbe) eingetreten.

Zwei andere Kaninchen, von denen das eine mit Blut, das andere mit Nierengewebe von Vers. 12 in die Cornea geimpft war, verloren das betr. Auge durch Panophthalmitis unter hochgradiger Eiterung. Nach Ablauf des lokalen Processes blieb
beidemale nur ein atrophischer Bulbus zurück, die Thiere waren aber sonst wohl.

13) Zwei Kaninchen wurden mit mikrokokkenhaltigem Blute, das von einem
an Diphtherie verstorbenen 6jährigen Kinde stammte, in die Cornea geimpft.
Bei dem einen trat keine Reaktion auf, das andere bekam eine ziemlich erhebliche Conjunctival- und Corneaeiterung, die erst nach längerer Zeit unter Zurücklassung einer nicht unbedeutenden Hornhauttrübung endete.

───────

*) Impfungen mit Material von genuinem oder künstlichem Croup blieben
erfolglos.

14) Impfung mit Material aus dem Rachen eines an Diphtherie verstorbenen Kindes, das aus Epithel, Balkennetz, Zooglöa und beweglichen Mikrokokken bestand, in die Oberschenkel-Muskeln eines Kaninchens, dasselbe starb nach 36 Stunden. S e k t i o n : Impfstelle missfarbig, capilläre Blutungen in nächster Umgebung, Ecchymosen in Pleura und namentlich in vergrösserten, blutreichen Nieren. Milz grösser als normal. Mikroskopisch fand sich Anhäufung von Rundzellen in den nächst der Impfstelle gelegenen Lymphdrüsen, im Muskel, der hie und da hyalin degenerirt ist, in der Leber, in den Nieren, deren Epithelien vergrössert und staubig getrübt sind. Mikrokokken meist als Zooglöa, weniger frei beweglich, fast überall — besonders zahlreich im Muskel, Milz und Nieren. Impfung in den Schenkel eines Kaninchens mit Material aus der Impfstelle dieses Falles hatte denselben Erfolg.

Es lag natürlich daran, gleichzeitig mit den vorerst beschriebenen Versuchen auch Impfungen zu beginnen, die mit Material von nicht an Diphtherie erkrankten oder gestorbenen Menschen geschahen. Es war nemlich wichtig, zu erfahren, von welchen Veränderungen die Impfungen gefolgt wären, welche mit Schorfmembranen von anderen Kranken, so mit Scharlach, Typhus, Schorf-Belag bei Endometritis diphtheritica, Leichenfurunkel etc. angestellt wurden, und welche Gleichheiten oder Verschiedenheiten die Resultate hievon mit den vorher geschilderten etwa darbieten. — Ich gebe sie kurz der Reihe nach, wie ich sie in meinen Protocollen aufgeführt finde.

B. 1) Einem schwarzen Kaninchen wird von einem Schorfe aus dem Dickdarme eines Mannes geimpft, bei dem wahrscheinlich durch starke Drastica Verschorfung fast der ganzen Darmschleimhaut zu Stande gekommen war. In dem Impfmaterial fanden sich Reste zerfallenen Gewebs, (Kerne, Fasern moleku-läre Massen, Eiterzellen, mehr minder veränderte Epithelien von Pilzen, kugel-und stäbchenförmige Gebilde meist in lebhafter Bewegung, viele in Ketten an-einander gelagert, wenige ruhend, sehr wenige Zooglöahaufen.) Am nächsten Tage ist die ganze Hornhaut rauchig getrübt und die Impfstelle als weisser, etwa stecknadelkopfgrosser Punkt etwas hervorragend. In den folgenden 6 Tagen hat sich eine sehr beträchtliche Conjunctivaleiterung sowie eine ausgedehnte Keratitis mit kleinem Geschwür an der Impfstelle ausgebildet. Am 10. Tage nach der Impfung wurde das Thier todt gefunden. Im Eiter der Conjunctiva, wo namentlich in den ersten Tagen viele Plasmakugeln und mit Vacuolen versehene Epithelien vorhanden waren, zeigten sich bei der mikroskopischen Untersuchung Mikrokokken, sich bewegend in mässiger Menge. Zahlreicher waren sie schon in der eitrig infiltrirten Cornea, namentlich in und nahe der Impfstelle. Frei sich bewegende Kugeln und Stäbchen waren ferner zahlreich in Blut, Herz und Lungen nachweisbar, weniger in der erheblich vergrösserten Milz und in den Nieren; capilläre Blutungen in Lungen-Pleuren und Herzbeutel.

2) Vom Schorf aus dem Darm einer Typhusleiche wird einem Kaninchen

in die linke Cornea geimpft. Ausser den nekrotischen Gewebsmassen, die durch
Galle gelblich gefärbt waren, enthielt der Schorf zahlreiche Pilzelemente meist
rund und in lebhafter Bewegung zu Ketten vereinigt, aber auch Stäbchen und
Gallerthaufen mit eingelagerten Mikrokokken in beträchtlicher Menge. Als Folge
der Impfung trat nur eine kleine, kaum merkliche Trübung im nächsten Umkreise der Impfstelle auf, die aber schon nach wenig Tagen schwand. Ein
anderes halberwachsenes graues Kaninchen mit demselben Material geimpft bekam eine heftige und ausgebreitete Keratitis, die erst nach längerer Eiterung
unter Zurücklassung einer nicht unbeträchtlichen Narbe heilte.

3) Zwei Kaninchen wird in die verletzte Cornea je ein Stückchen eines
abgestossenen Zellgewebspfropfes von einem Leichenfurunkel gebracht. Derselbe enthielt ausser den abgestorbenen Gewebsmassen, die meist von Eiter umgeben und durchsetzt waren, eine immerhin mässige Menge von Körnchen und
selbständig beweglichen, meist runden Mikrokokken. Bei dem einen Kaninchen
zeigte sich durchaus keine Reaktion, bei dem andern trat eine heftige Entzündung und Eiterung auf, die zur Panophthalmitis führte und mit der Atrophie
des ausgelaufenen Bulbus endete.

4) Bei einem Falle von Phthise war eine phlegmonöse Entzündung im Gesicht aufgetreten; von dem dünnen, gelblichen Produkt desselben, das ausser Eiterzellen zahlreiche, meist kugelförmige Mikrokokken in Bewegung zeigte, wurde in
die Hornhaut eines Kaninchens geimpft, während einem andern Kaninchen davon in die Nackenmuskulatur gebracht wurde. Beim ersten entwickelten sich
schon nach 2 Tagen deutliche sternförmige Erhabenheiten an der Impfstelle,
in deren Umgebung die Hornhaut bis zu ihrem Rande getrübt erschien, daneben
heftige, eitrige Conjunctivitis. Am 6. Tage, wo die Sterne anfingen weniger
deutlich zu werden, wurde eine kleine Lamelle mit dem Rasirmesser abgetragen
und es zeigte sich, dass dieselbe meist aus kleinsten Mikrokokken, die in Haufen
und etwas bräunlich gefärbt, in die Hornhautsubstanz eingesprengt waren, bestanden. Im Umkreise der Sterne beträchtliche Eiterinfiltration. Nach und
nach wurden die Pilzsterne durch die demarkirende Eiterung abgestossen, es
blieben zuletzt zwei Geschwürchen zurück, die jedoch rasch heilten, so dass vom
10. Tage der Operation nur mehr kleine, trübe, durch Narben bedingte Flecken in
der Hornhaut vorhanden waren. Bei dem andern Kaninchen entwickelte sich eine
heftige Eiterung, die sehr lange währte und erst ganz allmählig unter Zurücklassung
eines ziemlich grossen, käsigen Heerdes an der Impfstelle heilte.

5) Von dem Inhalt einer Lungencaverne, die aus bröckligen Resten des
Lungengewebes, Kernen, Körnchen, elastischen Fasern, Körnchenzellen und lebhaft
sich bewegenden runden, weniger länglichen Pilzen, sowie aus Zooglöahaufen bestand, wurde einem Kaninchen in die Cornea, einem andern in die Trachea gebracht.

Im ersteren Falle entwickelte sich schon nach 2 Tagen ein ziemlich ausgebreiteter, mit zahlreichen, zackigen Ausläufern versehener Stern an der Impfstelle, im Umkreise davon Trübung in der Hornhaut, der Stern hatte volle
Aehnlichkeit mit den bisher beschriebenen, in denen man constant und fast
ausschliesslich die Pilzanhäufungen fand. Die Grösse des Sternes sowie die Trübung der Cornea nahm bis zum 5. Tage zu, von da ab schien er zu verschwinden. Das Thier wurde getödtet. Bei der Sektion fand man die Organe normal.
Mikroskopische Durchschnitte durch die Hornhaut lehrten, dass der Stern in der-

selben nur aus eingedrungenen Pilzmassen bestand; in der Umgebung war mässige Eiterkörpercheninvasion. (Fig. 6 a und b.)

Das andere Kaninchen wurde am fünften Tage getödtet, und hatte bis dahin immer mehr sich steigernde Zeichen erschwerter Athmung, deren Frequenz auch zugenommen hatte. Bei der Section war ein von der Hautwunde bis auf die Trachea sich fortsetzender, käsiger, eingedickter Heerd zu constatiren, die Schleimhaut der Trachea von der Schnittwunde nach abwärts sowie die der Bronchien zeigte lebhafte Injection und Schwellung und stellenweise Belag mit graulichen, schmierigen, hie und da zähen, fadenziehenden Massen. Sie bestanden meist aus Eiter und Schleim, feinen Körnchen von Fett und Eiweiss, weniger aus Mikrokokken; von der eingebrachten Masse traf man fast nichts, dagegen waren lobuläre Heerde meist dunkel geröthet, luftleer, vorhanden, die eine catarrhalische Pneumonie manifestirten und in denen hie und da Theile der ein-

Fig. 6.

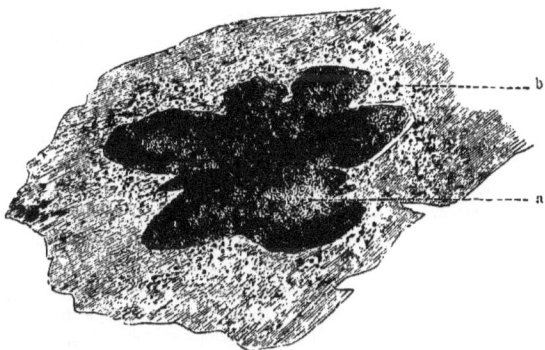

Cornea nach Impfung mit Caverneninhalt (S. Vers. B. 5) Hartnack, System IV. Ocular III.
a Pilzhaufen zwischen den Lücken und Lamellen, diese auseinanderdrängend.
b Geringe Eiterzelleninfiltration in der Umgebung.

gebrachten Massen noch zu finden waren. Auffallende Veränderungen in anderen Organen waren nicht gegeben.

6) Von der Schorfmembran aus dem Rachen eines an Scharlach verstorbenen Kindes werden dreien Kaninchen Theile eingeimpft, dem einen in die Cornea, dem andern in den Rachen, dem dritten in die Muskulatur. Das Impfmaterial bestand mikroskopisch aus den brandig abgestorbenen Gewebsresten der Tonsille, die an einzelnen Stellen ein Gerüst von Fasern darstellten, Fett- und Eiweissmoleküle, auch feinkörniges Pigment, Kerne und Zellen enthielten; ausserdem waren viele Mikrokokken, einzeln und in Haufen vorhanden. Das in die Cornea geimpfte Thier bekam eine heftige Conjunctivitis und an der Impfstelle Sterne, die den aus Pilz bestehenden, bei frühern Versuchen beschriebenen völlig glichen. Von ihrer Pilznatur überzeugte man sich durch die mikroskopische Untersuchung einer mit dem Rasirmesser abgetragenen

Lamelle; die Eiterung in der Umgebung dieser Sterne eliminirte dieselben allmählig und nach 22 Tagen war eine Heilung des Substanzverlustes mit Hinterlassung einer trüben, narbigen Stelle erfolgt. Das in den Rachen geimpfte Thier bekam ein wenig tiefgreifendes, in kurzer Zeit sich reinigendes und durch Narbenbildung verheilendes Geschwür. — Das in die Nackenmuskulatur geimpfte Thier ging, nachdem die Wunde äusserlich missfärbig, in ziemlicher Ausbreitung geschwürig und tiefgreifend war, zu Grunde. Man fand in und um die Wunde Jaucheinfiltration mit zahllosen stäbchenförmigen und rundlichen Mikrokokken in der Exsudatflüssigkeit. Dieselben Gebilde traf man auch im Blut und fast allen Geweben. Namentlich waren einzelne Gefässe der Nieren prall damit gefüllt, ohne dass eine Reaktion in der Umgebung nachweisbar gewesen wäre. An andern Stellen zeigten sich kleine Blutextravasate, die Harnkanälchen waren meist erweitert und mit trüben, vergrösserten Epithelien erfüllt. Die Milz war gross, weich, fast zerfliessend. Die dunkle Pulpa enthielt sehr reichlich Mikrokokken in Bewegung. Die Lungenpleuren boten an einzelnen Stellen kleine Ecchymosen.

7) Einem grauen Kaninchen wird von einem pyämischen Jaucheabscess der Lunge (enthaltend zerfallene Gewebsmassen, Eiter und Mikrokokken in reichlicher Menge) in die Cornea des rechten und linken Auges geimpft. Nach zwei Tagen schon sah man rechts an der Impfstelle einen etwas erhabenen, strahligen Stern, umgeben von einer mehr minder diffusen, gegen den Skleralrand hin sich verlierenden Trübung, links war nur eine kleine, weisse Erhabenheit wahrzunehmen. Am 5. Tage war die Erhabenheit rechts verschwunden, an ihrer Stelle ein ziemlich tiefer, kraterförmiger Substanzverlust, von dem Eiter abgesondert wurde. Dieser Substanzverlust wurde nun allmählig unter Narbenbildung ausgefüllt, zuletzt blieb an dieser Stelle nur ein trüber Fleck zurück, während die übrige Hornhauttrübung zurückging. Nach Aufhellung der Cornea sah man, dass sich in der vorderen Augenkammer Eiter angesammelt hatte (Hypopium), der, wenn auch sehr langsam, schliesslich doch resorbirt wurde. Am linken Auge entwickelte sich die weissliche Stelle nur sehr allmählig zu einem strahligen Körper, der dann lange bestand, schliesslich verschwand, während nur mehr ein trüber Fleck zurückblieb. Die Umgebung dieser Erhabenheit war fast nie getrübt.

8) Von dem Schorf einer sog. Endometritis diphtheritica, der zahllose Mikrokokken in lebhafter Bewegung, meist rundliche Formen, neben Zerfallsprodukten des Gewebes und Eiter enthielt, wurde einem Kaninchen in die Hornhaut geimpft. Es folgte bald sehr starke Injektion, Schwellung und Eiterung der Conjunctiva, in der Cornea traten 2 weisse, strahlige Flecken auf. Am 4. Tage war der Process sehr vorgeschritten, die strahligen Flecken waren vereinigt, grösser geworden, die Cornea vorgebaucht, weich, in der vorderen Augenkammer Eiter. Von den Flecken abgetragene Partieen zeigten wenig Eiter, dagegen reichlich Mikrokokken in Bewegung und ruhende Zooglöahaufen. Am 7. Tage ist der Process am ganzen Auge ausgedehnter geworden, die Cornea ist perforirt. Iris, Linse und Glaskörper am innern Augenwinkel prolabirt und eingeklemmt. Von da an gelangte nach vollständiger Atrophia bulbi und langdauernder Eiterung der Process zur Heilung.

9) Einem gelben Kaninchen wird in die Cornea des rechten Auges Eiter

aus den Lymphgefässen des Uterus bei sog. Endometritis diphtheritica geimpft; der Eiter enthielt ausser den normalen und fettig degenerirten Eiterzellen Eiweissmoleküle und rundliche, bewegliche Mikrokokken in mässiger Menge. Am nächsten Tage erscheinen 2 weisse Punkte an der Cornea mit kleinen strahligen Zacken, von denen der eine die nächstgelegenen Partieen der Cornea rauchig getrübt erscheinen liess. Am 3. Tage war die Cornea starkbauchig vorgewölbt, weich graulich, die umgebenden Theile stark injicirt. Noch am selben Tage perforirte die Cornea, Iris, Linse und Glaskörper prolabirten. Von da begann eine reichliche Eiterabsonderung, die lange fortdauerte, bis endlich nach 6 Wochen Heilung eintrat, wobei jedoch der Bulbus phthisisch war. Im Eiter waren meist nur wenige Mikrokokken.

10) Nachdem die Cornea von Verf. 9 durchbrochen war, wurde ein Theil derselben excidirt und damit in die Cornea des rechten Auges eines andern Kaninchens geimpft. Es entwickelte sich eine punktförmige, kaum merkliche Trübung, die nach 4 Tagen jedoch völlig ausgeglichen war.

In dieselbe Cornea wurde nach einigen Tagen von derjenigen Masse gebracht, die, wie früher erwähnt, in einem von Dr. Schech beobachteten Falle während Monate hindurch sich immer wieder auf den Tonsillen bildete und fast nur aus Mikrokokken, meist in Haufen, und Epithelien bestand. Es folgte keine Reaktion. Als aber später mit demselben Material eine Impfung vorgenommen wurde, entwickelte sich ein deutlicher Pilzstern, in dessen Umgebung die Cornea lange durchsichtig war. Endlich aber wurde die weisse Pilzmasse unter ganz geringer Eiterabsonderung eliminirt, der Substanzverlust allmählig ausgeglichen, so dass schliesslich nur eine leichte Trübung zurückblieb.

11) In das linke Auge des vorigen Thieres wurde brandige Gehirnmasse geimpft, die aus zerfallenen Blut- und Eiterkörpern, Trümmern von Nervenfasern, freien Fett- und Eiweissmolekülen, Nervenmark und Mikrokokken in grosser Zahl und lebhafter Bewegung bestanden. Es entwickelte sich rasch eine Panophthalmitis, die nach langwieriger Eiterung endlich mit Atrophie des Bulbus endete. In dem secernirten Eiter fanden sich meist nur wenige Mikrokokken.

12) Von der Cornea des letzterwähnten Auges wird nach der Perforation ein Stückchen ausgeschnitten und damit in das rechte Auge eines grauen Kaninchens geimpft. An der Impfstelle entstand eine kleine Trübung, die bis zum 7. Tage einen hübschen Stern mit 6 deutlichen Zacken darstellte. Eine abgetragene Lamelle lehrte, unter dem Mikroskop, dass der Stern fast nur aus Mikrokokken bestand. Allmählig verschwand dieser Stern unter geringer Sekretion von den Rändern desselben her, bis schliesslich nur mehr eine kleine, trübe Stelle in der Hornhaut zurückblieb.

13) Einem Kaninchen wird in die Cornea des rechten Auges von einem pyämischen Keil in der Lunge, der Gewebsreste und Mikrokokken enthielt, geimpft. Es bildete sich ein stark über die Oberfläche hervorragender, weisslicher Stern aus, in dessen Umgebung die Hornhaut bedeutend diffus getrübt war. Der Stern verschwand später allmählig, ein zuletzt an der Stelle übrig bleibender grauer Fleck hellte sich schliesslich so auf, dass von ihm später nichts mehr sichtbar war. In späterer Zeit wurde demselben Thier in die Cornea des linken Auges eine Impfung gemacht mit einem Stückchen Niere von einem Typhusfalle aus der 4. Woche. In derselben, die in hohem Grade paren-

chymatös geschwellt und degenerirt war, fanden sich Pilzhaufen meist in kleinsten Gefässen, entweder ohne reaktive Erscheinung, häufiger jedoch umgeben von Blutungen oder Eiterungen. Schon am nächsten Tage perforirte die ganz erweichte, sehr beträchtlich angeschwollene und verdickte, fast schmierige Cornea, worauf der Augeninhalt austrat. Das Gewebe der Cornea in Alkohol erhärtet und auf frischen Schnitten untersucht, hatte seine eigenthümliche Structur verloren und war bis zur Unkenntlichkeit in ein unregelmässiges feinst fasriges Netzwerk mit grossen Lücken, die zum Theil von kleinsten Mikrokokken erfüllt waren, umgewandelt, daneben bestand eitrige Infiltration. An Stelle des zu Grunde gegangenen Epithels fand sich Eiter mit mehr minder Faserstofffasern untermischt. Am 3. Tage war das Thier todt; Mikrokokken fanden sich im Blut und in fast sämmtlichen Geweben, Milz etwas vergrössert, ebenso die lymphoiden Drüsen im Darme. Kleine Blutungen in den parenchymatös afficirten Nieren, ebenso auf der Oberfläche der Pleuren.

14) Bei einem Falle von Typhus war in der 5. Woche Erysipel des Gesichts aufgetreten. Impfung mit Flüssigkeit aus dieser Stelle, die bewegliche Mikrokokken in Menge enthielt, in das linke Auge eines Kaninchens. Es bildeten sich darauf 2 weissliche, sternförmige Erhabenheiten, deren Umgebung stark getrübt war. Bald confluiren diese Flecken, und werden durch demarkirende Eiterung allmählig vom Rande her eliminirt. Von der stark geröthelen Conjunctiva, die viel Eiter absonderte, sieht man nun allmählig Gefässstränge gegen die Impfstelle ziehen und schliesslich, als nach 20 Tagen die Eiterung aufhörte, und der Substanzverlust durch eine grauliche Narbe ausgefüllt war, war ein Gefässbüschel vom Skleralrande gegen die Narbe zu spitz verlaufend vorhanden.

15) Mit einem Stückchen fettig degenerirter Niere, die von einem an Scharlach verstorbenen Kinde stammte, wurde in die linke Cornea eines Kaninchens geimpft. Es folgte darauf bedeutende Conjunctivitis und an der Impfstelle eine kleine, weissliche Stelle, die kleine Strahlen aussandte und in deren Umgebung die Cornea milchig getrübt war. Nach und nach wurde diese Stelle durch Eiterung ausgestossen und es blieb zuletzt nur ein trüber Fleck zurück, in den von dem Skleralrande her Gefässe sich einsenkten. Denselben Erfolg hatten 2 Impfungen mit Eiter aus reinen Abscessen, in denen in der Regel keine Pilze nachzuweisen waren; mehre andere Impfungen mit solchem Eiter blieben erfolglos.

Ebenso trat in einem Falle von Corneaimpfung mit Leptothrixmasse aus dem Munde eines gesunden Mannes ein Pilzstern auf, der nur langsam eliminirt wurde, während in mehren Impfungen mit gleichem Material kein Resultat erzielt wurde.

16) Ein grosses Kaninchen wurde in die Cornea des rechten Auges mit Material geimpft, das von dem Auge eines an der oben geschilderten, epidemischen, bösartigen Conjunctivitis stammte. Es fanden sich in der Membran Faserstoff und Eiter, keine Pilze. Doch traten solche neben heftiger Conjunctivitis in der sich bildenden, weissen, prominirenden Sternform der Cornea an der Impfstelle auf. Die mikroskopische Untersuchung einer von der Hornhaut abgetragenen Lamelle lehrte, dass die bräunlichen Massen innerhalb der Lücken und Fasern des Hornhautgewebes, die dadurch weit ausgedehnt waren, in Haufen beisammenliegende Mikrokokken darstellten. Die betr. Stelle wurde nach und nach durch mässige Eiterung ausgestossen und an seiner Stelle fand sich schliesslich ein matter Hornhautfleck.

Impfung mit Material von einem andern mit derselben Conjunctivalerkrankung behafteten Individuum hatte ein tief greifendes, kraterförmiges Geschwür neben ausgebreiteter Conjunctivitis zur Folge. Das Geschwür heilte nur sehr allmählig unter Zurücklassung einer ausgebreiteten Narbe.

17) Einem grösseren braunen Kaninchen wurde in die geöffnete Luftröhre von dem Häutchen geimpft, das auf der Oberfläche eines faulen Muskelinfuses sich gebildet hatte und aus Körnchen aller Art, namentlich aber aus zahlreichen sich bewegenden runden und länglichen Mikrokokken und Zooglöahaufen bestand. Das Thier ging unter heftigen Athembeschwerden nach ca. 40 Stunden zu Grunde. Die Haut und Muskulatur in der Nähe der äusseren Halswunde waren theils eitrig infiltrirt, theils missfarbig von aufgelöstem und verändertem Blutfarbstoff. An der Trachealwunde und von da nach abwärts fast bis zur Bifurcation fand sich auf der beträchtlich geschwellten, injicirten und stellenweise mit Ecchymosen besetzten Schleimhaut ein grauer, ziemlich weicher Belag, der sich übrigens leicht von dem unterliegenden Gewebe abheben liess. Die mikroskopische Untersuchung dieses Belags wies Schleim- und Eiterkörperchen nach, amorphe Massen, Körnchen, ziemlich viele Mikrokokken, auch vereinzelne Zooglöahaufen; nur selten zusammenhängende Fäden geronnenen Eiweisses. Das Epithel war zum Theil mit in dem Belag vorhanden, seine Zellen schleimig oder fettig degenerirt, hie und da vacuolenhaltig, selten mit Ausläufern oder 1. 2 und mehr Eiterkörperchen im Protoplasma. Starke Bronchitis mit eitrig-schleimigem Sekret und wenigen Pilzen. Sehr wenig Pilze in den Lungen, Blut, Nieren, Herz etc.

18) Einem grossen Kaninchen wurden an 2 Stellen der eröffneten Trachea kleine Stückchen faulenden Muskelfleisches eingenäht, an einer dieser Stellen die Schleimhaut mechanisch zuvor lädirt. Nach 36 Stunden ist das Thier todt. Die äussere Wunde und die Halsmuskeln in der Nähe derselben missfärbig, enthalten dünnes Sekret mit viel Mikrokokken. Die Trachealschleimhaut enthält in weitem Umkreise blutig gefärbte, ziemlich weiche, dünne Fetzen, nicht zusammenhängend, aus Schleim, Eiter, molekulären Massen, vielen freibeweglichen und ruhenden Pilzen, letztere selten in Haufen, ebenso degenerirtem Epithel bestehend; die Schleimhaut ist geschwellt, injicirt, da wo die Muskelstückchen auflagen, wie Zunder zerreisslich, eiterinfiltrirt; in den Lungen lobulär pneumonische Heerde, in denen Theile der Muskelstückchen und Pilze nachgewiesen werden.

19) Einem Kaninchen wurden einige Tropfen Ammoniak in die geöffnete Trachea gebracht, dann faules Muskelfleisch und von der pilzhaltigen Membran von einem Muskelinfus eingenäht. Nach 3 Tagen ist das Thier todt. Hautwunde verklebt, kleine Blutungen hie und da in den Muskeln. Die Schleimhaut der Trachea ist von der Schnittwunde nach abwärts von einem grossen, 0,1 mm. dicken Häutchen besetzt, das aus Faserstoff und Eiter besteht und unter der das Epithel verändert ist. Die Schleimhaut unter dem Epithel mässig injicirt. Ueber dem eingebundenen Muskelstück blutig gefärbter schleimig-eitriger Belag mit vielen Mikrokokken. In den Lungen dunkle, luftleere, lobulär pneumonische Stellen, Eiter und Pilze enthaltend. Ecchymosen in Pleura und Pericard; in fast allen Organen Mikrokokken, namentlich deutlich in den Nieren, wo sie gehäuft in kleinen Venen liegen.

Tabellarische Uebersicht der angestellten Ver-
A. Impfung mit

	Impfmaterial.	Ort der Applikation.	Lokale Reaktion.	Haut und ihre Drüsen	Circulationsorgane.
1	Epithel, Zooglöa, aus dem Rachen vom Lebenden.	auf Trachea intacteSchleimhaut	schleimig eitriger Urlng, wenig Mikrokokken, geringes Eiterinfiltrat in die Schleimhaut	Abscess zwischen Haut und Trachea	
2	Vom Zäpfchen eines diphtheriekranken Mädchen, bestehend aus dickbalkigem Netzo ohne Mikrokokken.	auf intacte Trachealschleimhaut	mässige eitrig-schleimige Secretion		
3	Dasselbe Material.	auf erodirte Trachealschleimhaut	Eiterabsonderung, dickerer Eiterbelag an der erodirten Stelle, Schwellung der Schleimhaut		
4	Pflasterepithel, Blut, Eiter, zahlreich Zooglöa, bewegliche Mikrokokken aus Rachen eines an Diphtherie verstorbenen Kindes.	auf Trachealschleimhaut geimpft	blutig-fetzige, schmierige Massen, aus Eiter, Schleim, Epithelien, Mikrokokken in Bewegung u. Haufen, Schleimhaut injicirt und ecchymosirt		
5	Dasselbe Material bei 2 andern Kaninchen.	auf d. Trachealschleimhaut geimpft	Eiter, Schleim, krümmlige Massen zwischen ihnen, Mikrokokken in allen Formen beweglich	Auss.Haut u. Muskelwunde missfarbig und mit kleinen Blutungen	Ecchymosen im Herzbeutel
6	Epithelien, Zooglöa, dickes Balkennetz aus Rachen vom lebenden Diphtheriekranken, wenige beweglicheMikrokokken	in Rachen geimpft	kirschkerngrosses Geschwür mit speckigem Grunde, wenig Mikrokokken, war nach 7 Tagen in Heilung begriffen		
7	Dasselbe Material a) 2mal vom Todten b) 1mal vom Lebenden ⎫ starben. c) 1mal vom Todten, ohne Erfolg.	Rachen geimpft	3mal bei den tödlich endenden grünlich-schmierige Masse, Eiter, Mikrokokken beweglich und in Haufen.		
8	Epithelien, Zooglöa aus Rachen vom lebenden Diphtheriekranken.	Cornea	2 vielzackige Pilzsterne, keine Eiterung in Umgebung.		
9	Epithelien, Zooglöa, Balkennetz, bewegliche Mikrokokken ⎫ aus Rachen vom Todten.	Cornea	Pilzstern, demarkirendes Eiterinfiltrat in Cornea, bewegliche Mikrokokken, Zooglöa.		
	Dasselbe Material vom Lebenden.	Cornea	Dasselbe Resultat		
10	a) Epithelien, Zooglöa, wenige bewegliche Mikrokokken ⎫ aus Rachen an Diphtherie Verstorbenen.	Cornea	Starke lokale Eiterung und Geschwürsbildung, endliche Heilung		
	b) Dasselbe Material.	Cornea	Eiterung ohne Zooglöa, wenig bewegliche Mikrokokken		
11	a) Faserstoffeiter - Membran, nirgends Pilze ⎫ aus Trachea eines an Diphtherie Verstorbenen.	r. Cornea	mässige Eiterung		
	b) Epitbel, Zooglöa, Balken bewegliche Mikrokokken ⎫ Pharynx vom Todten.	l. Cornea	Pilzsterne, mässige Eiterung, womit geimpft wieder Pilzstern und Eiterung ohne Allgemeinreaktion auftrat		
12	Gangränöse Diphtherie, Zerfallsproducte, Mikrokokken beweglich und in Haufen	Pharynx vom Todten.	Verquellung und Eiterinfiltrat, Auftreibung der Cornea, in den Lücken Pilze		
13	Blut mikrokokkenhaltig von an Diphtherie verstorbenen Kindern a) b).	a) Cornea b) Cornea	resultatlos Eiterung		
14	Epithel, dickes Balkennetz, Zooglöa und bewegliche Mikrokokken von einem an Diphtherie verstorbenen Kinde.	Muskel	missfarbig, Blutung, Eiterinfiltrat, Pilzwucherung		

B. Impfung mit

1	Darmschorf (durch Drastica erzeugt?), Kugeln und Stäbchen in Bewegung, wenig Zooglöa, Zerfallsprodukte von der Leiche.	Cornea	Starke Eiter- und Geschwürsbildung, Pilzinvasion	Blutungen im Herzbeutel	
2	Typhusschorf, Stäbchen, Zooglöa, Zerfallsmassen.	a) Cornea b) Cornea	a) geringe, bald verschwindendo Trübung b) bedeutende Keratitis mit Geschwürsbildung		

suche mit Angabe der wichtigsten Resultate.
Diphtheriematerial.

Blut, Lymphe, Lymphgefässe, dazugehörige Drüsen.	Respirationsorgane.	Darmcanal und Peritoneum.	Speicheldrüsen und Leber.	Harnorgane.	Allgemeine Reaction.	Bemerkungen.
	Fremdkörperpneumonie.				starb am 4. Tage	
	eine kleine, etwas dunklere luftärmere Partbie im r. Unterl. rückwärts.				war gesund, getödtet am 3. Tage	
					getödtet am 4. Tage	
					starb nach 30 Stund.	
	lobuläre Pneumonie, Ecchymosen i. Pleuren			Parenchymatöse Nephritis mit capillären Blutungen	starben beide	Mikrokokken in geringer Anzabl in fast allen Organen.
					getödtet nach 7 Tagen	
a) Milz gross, b) dunkel c) Mikrokokken in Blut und allen Organen	c) Lobularpneumonie, Blutungen in Lunge, Pleuraecchymosen				a) b) starben	Versuche ohne Schleimbautverletzung blieben erfolglos.
					ohne Allgemeinerscheinungen getödtet	Organe normal.
Mikrokokken in Milz, Blut, Nieren Dass. Resultat					starb am 7. Tage id.	
					a) blieb gesund	
					b) getödtet	
					getödtet nach 5 Tagen	Impfungen mit Material von genuinem Croup blieben erfolglos.
Milzvergrössert, Pilze auch in Blut, Leber, Nieren	Ecchymosen in Pleura			Parenchymatöse Nephritis, theilw. kleine Blutungen.	starb nach 24 Stund.	Impfung mit Cornea dies. Kaninch. kleines Geschwür und Eiterbildung, Impfung mit Blut u. Niere beidemal Panophthalmitis.
					wurden gesund	
Milz gross mit Pilzen, diese auch in Blut, Lymphdrüsen, Nieren	Ecchymosen in Pleuren			Blutung und Pilze in Nieren, Desquamativ-Nephritis	starb	Impfung mit dem Muskel dieses Kaninchens in d. Schenkel eines andern hatte denselben Erfolg.

anderm Material.

Blut, Lymphe, Lymphgefässe, dazugehörige Drüsen.	Respirationsorgane.	Darmcanal und Peritoneum.	Speicheldrüsen und Leber.	Harnorgane.	Allgemeine Reaction.	Bemerkungen.
bewegl. Pilze in Blut, in vergrösserter Milz u. in Nieren.	Blutung in Pleuren				starb	
					wurden gesund	

v. Buhl, Mittheilungen.

11

	Impfmaterial.	Ort der Applikation.	Lokale Reaktion	Haut und ihre Drüsen.	Circulations- organe.
3	Zellgewebspfropf von Leichenfurunkel eines Lebenden, in den abgestorbenen Gewebsmassen bewegliche Mikrokokken.	a) Cornea b) Cornea	reaktionslos Panophthalmitis		
4	Phlegmonöse Entzündung im Gesichte eines gestorbenen Phthisikers, Eiter und bewegliche Pilze enthaltend.	a) Cornea b) Nacken- muskel	a) Pilzsterne, Eiterung, Ge- schwür b) Eiter- und Geschwürsbil- dung, Zurückbleiben eines Käseheerdes		
5	Lungencaverneninhalt, Gewebsreste, leb- hafte Pilzbewegung, Zooglöa vom Todten.	a) Cornea b) Trachea	a) Pilzsterne, Eiterung, Käse- heerd zwischen Haut und Trachea b) Injektion, Eiterung, schmierige Masse aus Ei- weiss, Eiter, Schleim, Pilze		
6	Scharlachschorf aus dem Rachen, Faser- gerüst, zerfallenes Gewebe, Pilze vom Todten.	a) Cornea b) Rachen c) Musculatur	a) Pilzstern, Geschwür, Eite- rung, Heilung b) nicht tiefes, sich bald reinigendes Geschwür c) Jaucheinfiltrat, Pilze		
7	Pyämischer Jaucheabsoess (Lunge); zer- fallene Gewebsmassen, Eiter, Pilze vom Todten.	Cornea	Pilzsterne, Geschwüre, Eiterung, Hypopium, Heilung		
8	Schorf von Endometritis diphtheritic. Zerfallsprodukte, bewegliche Mikro- kokken, vom Todten.	Cornea	Pilzsterne, Panophthalmitis, die zur Atrophia bulbi führte		
9	Lymphgefässeiter aus Uterus bei Endom. dipht., Eiter, bewegliche Mikrokokken vom Todten.	Cornea	Pilzsterne, Eiterung, Panoph- thalmitis, Phthisis bulbi		
10	Cornea vom vorigen Falle, Pilze, Eiter, Gewebstheile enthaltend; später von der Mundmykose Dr. Schechs in dieselbe	Cornea Cornea	resultatlos Pilzstern, nur geringe Eiterung		
11	Brandige Gehirnmasse (Zerfallsreste), lebhaft sich bewegende Mikrokokken, vom Todten.	Cornea	Panophthalmitis, im Eiter nur wenig Mikrokokken		
12	Stück der durchbrochenen Cornea vom vorigen Fall (Pilze, Eiter)	Cornea	Pilzsterne, geringe Eiterung, Heilung		
13	Pyämischer Lungenkeil (zerfallene Ge- websreste); Mikrokokken vom Todten.	Cornea	Pilzsterne, demarkirende, mässige Eiterung, geringer Substanzverlust		
	Demselben später Typhusniere mit Pilzen in den kleinsten Gefässen, vom Todten.	Cornea	schmierige, sehr dicke Cornea in eigenthümliches, weit- maschiges Netz umgewandelt, theils Eiterinfiltrat, theils in den Lücken des Netzes Pilze		
14	Gesichtserysipel bei Typhus 5 W., Mikro- kokken, Eiter, vom Todten.	Cornea	2 Pilzsterne, bedeutende Eite- rung, Geschwürsbildung, Heilung		
15	Fettig degenerirte Niere eines am Schar- lach verstorbenen Kindes.	Cornea	Pilzstern, Eiterung, Geschwür, Heilung		
16	a) Epidemische Conjunctivitis, Eiter, Faserstoff ohne Pilze, vom Lebenden. b) id.	a) Cornea b) Cornea	a) Pilzinvasion, geringe Eiterung, Substanzverlust, Heilung b) kraterförmiges Geschwür ohne Pilze, Heilung		
17	Oben am faulen Muskelinfuse auf- sitzendes Häutchen aus bewegenden und ruhenden Mikrokokken, letztere meist in Haufen bestehend.	Trachea	Schwellung, Injektion, Ecchy- mosirung der Schleimhaut, Massen aus Schleim, Eiter, Körnchen, Pilzen auf ihr	eitrig infil- trirte Haut und Mus- keln, nahe der Ope- rations- wunde, missfarbig	
18	Faules Muskelfleisch, Mikrokokken, Zerfallsmassen.	Trachea	blutig gefärbte dünne Fetzen aus Schleim, Eiter, molekuläre Massen, Mikrokokken, Schleim- haut eiterinfiltrirt	Halsmus- keln und Wunde missfarbig mit Mikro- kokken	
19	Ammoniak und faules Muskelfleisch und Membran, die auf dem Infus sich ge- bildet hat; pilzhaltig.	Trachea	10pfennigstückgrosse schmie- riger Eiter-Membran, wo der Muskel lag, schleimig-eitrige Absonderung mit Mikrokokken	käsiger Heerd in äusserer Wunde, Blutungen i. Muskeln	Ecchy- mosen im Pericard.

Blut, Lymphe, Lymphgefässe, dazugehörige Drüsen.	Respirations-organe, Fremdkörper-pneumonie.	Darmkanal und Peritoneum.	Speicheldrüsen und Leber.	Harnorgane.	Allgemeine Reaktion.	Bemerkungen.
					wurden gesund	
					wurden gesund	
	b) lobuläre Fremdkörper-pneumonie				wurde getödtet	
c) Pilze in Blut und allen Geweben, Milz gross	c) Blutungen in Pleuren			c) Parenchyma-töse Nephritis m. viel Pilzen		
					gesund	
					wurde gesund	
					wurde gesund	
					wurde gesund	
Milz vergrössert Mikrokokken in Blut und fast allen Geweben, Vergrösserung der lymphoiden Darmdrüsen	geringe Blutungen auf den Pleuren				zuletzt ging am 3. Tage zu Grunde.	
						Leptothrix geimpft erzeugte ebenfalls 1mal Pilzsterne, öfter ebenso wie m. reinem Eiter, wo nur 2mal Sterne auftraten, kein Erfolg.
	Bronchitis				Tod nach 40 Stunden	
	lobuläre Pneumonie m. Pilzen				Tod nach 36 Stunden	
Pilze fast in allen Organen, wiewohl wenig, Milz nicht vergrössert	pneumonische Lobularheerde mit Pilzen, Ecchymosen in Pleura.			viele Mikrokokken in den Nieren	Tod nach 3 Tagen	

Ueberblickt man nun die Resultate der im Vorstehenden angeführten und in der tabellarischen Zusammenstellung kurz übersichtlich dargestellten Versuche, so muss man vor Allem constatiren, dass die mit dem verschiedensten Material angestellten Experimente in der Regel nur dann von einem pathologischen Process gefolgt waren, wenn eine direkte Verletzung des Gewebes durch Impfung etc. vor der Einbringung oder Auflagerung der Masse gesetzt war. Nur in den Fällen, wo auf die mehr minder intacte Schleimhaut der Luftröhre nach Tracheotomie die Substanzen gebracht wurden, entwickelten sich sowohl hier als in den Bronchien und Lungen pathologische Veränderungen selbst ohne Verletzung der Schleimhaut. Diese Veränderungen bestanden in der Absonderung eines oft blutig gefärbten schleimig-eitrigen Secretes, in Injection und Schwellung, hie und da sogar in Ecchymosirung der Schleimhaut. In den Lungen kam es in einzelnen Fällen zu lobulären Entzündungsformen, wie sie der catarrhalischen und Fremdkörperpneumonie eigen sind. Die Heerde waren bald mehr rothbraun, bald mehr blass, immer luftleer, und mikroskopisch fand man in ihnen neben Eiter manchmal Reste der in die Trachea eingebrachten Membranen, Epithel, verfilztes Fasernetz, Haufen von Mikrokokken. Letztere waren aber weder in der Trachea noch in Bronchien und Lungen in grösserer Anzahl vorhanden.

Wo indess bei dem Experimente, sei es durch Impfung, sei es durch Abschaben des Epithellagers, Substanzverluste gesetzt waren, da kam es häufig zu einer lokal schon viel tiefer greifenden Affektion und manchmal auch zu einer Allgemeininfektion. Die Lokalaffektion in der Trachea sowohl wie in dem Rachen bestand dann in einer mehr minder grossen Geschwürsbildung an der insultirten Stelle. Ecchymosirung, Eiterinfiltration im Gewebe und nicht selten Pilzinvasion in dasselbe. Für die Allgemeininfektion mit meist septischem Charakter sprach die Vergrösserung der Milz, das Auffinden von Mikrokokken sowohl in der Nähe der Impfstelle als im Blut, Milz, Nieren etc., die parenchymatöse Entartung in letzteren. Weder in der Trachea noch im Pharynx konnten aber jene sowohl bei Croup als bei Diphtherie beschriebenen makroskopischen und mikroskopischen Veränderungen nachgewiesen werden, wie sie bei diesen Krankheitsformen ziemlich constant mit und neben einander vorkommen und wohl meist einen grossen Theil der ergriffenen Schleimhautoberfläche betreffen. Wenigstens war der Prozess, wenn er,

wie in einzelnen Fällen der Geschwürsbildung durch acute Gewebsnekrose, Pilzwucherung etc., theilweise den im Pharynx bei Diphtherie beobachteten Veränderungen glich, nie auf eine grössere
Strecke ausgedehnt, und wie in der Mehrzahl der Diphtheriefälle
auf die Luftwege fortgeschritten. Für jedes Impfmaterial ist dann
ferner gezeigt worden, ähnlich wie in den Versuchen von Nassiloff, Eberth, Stromeyer, Lebert, Dolschenkow, Frisch,
Orth etc., dass die etwa darin enthaltenen Pilze durch die Impfung
übertragen werden können und sich, was namentlich in der Cornea
besonders deutlich hervortritt, in die Gewebslücken und Saftkanäl-
chen eindrängen und dort fortwuchern. Wenn auch Verschiedenheiten
der durch diese Pilzinvasion hervorgerufenen Processe, namentlich
in Bezug auf die Intensität im Allgemeinen zu constatiren waren,
in der Art, dass die von gangränösen Stellen und Leichen gewonnenen Materialien in der Regel rascher, eingreifender und oft
auch secundär mit einer Allgemeinbetheiligung des Körpers wirkten,
so trat doch das Eine deutlich hervor, dass unter Umständen die
verschiedensten Massen die gleiche Wirkung erzeugen konnten,
ebenso wie die gleichen Substanzen in Art und Intensität verschiedene Processe hervorriefen.

So wurde in Versuch A 8 von einem Diphtheriekranken während des Lebens aus dem Rachen die aus Epithel, Mikrokokkenhaufen etc. bestehende Membran in die Cornea eines Kaninchens
geimpft, worauf in derselben 2 Pilzsterne ohne weitere Reaction
(Eiterung oder dergl.) auftraten. Solche Pilzinvasionen verschwinden
denn hie und da auch wieder spurlos und ohne oft nur eine bedeutendere Trübung oder dergl. zurückzulassen. In den meisten
Fällen von Impfung in die Cornea war die Pilzwucherung allerdings
von einer mehr minder beträchtlichen Eiterung begleitet und führte
nach und nach zu Gewebsnekrose, Geschwürsbildung u. dergl.
(S. A 9, 11b, B 1, 4, 5a, 6a, 7, 8, 9, 10, 11, 12, 13, 14, 15, 16a). Ihr
folgte dann entweder Heilung durch Narbenbildung in der
Cornea, seltener schon Panophthalmitis, am seltensten durch eine
Allgemeininfektion der Tod. In Bezug auf diese Resultate war,
wie es scheint, weniger der Process, von dem das Material genommen wurde, massgebend, als der Grad der Zersetzung oder
die Menge schädlicher Stoffe, die in demselben enthalten waren.

Dass die Pilze in den meisten Fällen, in denen man sie im
Material zuvor nachweisen konnte, und dann in dem geimpften

Theile wiederfand, dorthin durch Impfung übertragen wurden, liegt zwar nach Allem am nächsten. Doch kann man ihnen nicht immer die lokale und allgemeine Wirkung zuschreiben. Denn einmal sind sie oft ohne eine solche Wirkung geblieben und dann liegen auch Versuche vor, in denen ohne Invasion der im Impfmaterial vorhandenen Pilze dieselben Processe auftraten, und andererseits, wiewohl seltner, zeigten sich Eiterung und Geschwürsbildung, ohne dass im Impfmaterial Pilze, wenigstens in grösserer Menge nachgewiesen waren.

Wenn nun also auch im Allgemeinen festgestellt wurde, dass die bei der Diphtherie vorgefundenen Mikrokokken durch Impfung übertragbar sind, und an dem geimpften Thiere Lokalprocesse und von da ausgehend unter Umständen Allgemeinerscheinungen nach sich ziehen, so ist doch andererseits auch gezeigt worden, dass diese Uebertragbarkeit diesen Organismen nicht allein eigen ist. Denn wir konnten ebenso die der Form nach gleichen Organismen, wie sie sich im Dysenterie-Typhusschorf, im Leichenfurunkel, bei Phlegmone, Scharlach, in Lungencavernen, pyämischen Herden, Endometritis diphtheritica, Lymphgefässeiter, Thyphusniere etc. fanden, auf die Kaninchencornea, Schleimhaut oder Muskeln übertragen. Aber auch die Folgen dieser Uebertragung waren bei der Diphtherie nicht etwa eigenartige, sondern unter Umständen ganz die gleichen wie bei den übrigen Impfungen. Und selbst Impfungen mit Blut an Diphtherie Verstorbener oder mit Substanzen, die von den verschieden geimpften Thieren gewonnen waren, hatten, gleichviel ob sie vom lebenden oder todten Thiere genommen waren, oft denselben Erfolg. Niemals aber konnte man in dem Impferfolg eine wirkliche Diphtherie erblicken, denn niemals haben wir den gesammten Complex von klinischen und anatomischen Erscheinungen, wie sie für die Diphtherie nothwendig wären, auftreten sehen. Keine der Impfungen und selbst die in den Rachen angestellten haben uns nur annähernd die bei der Diphtherie im Rachen, Kehlkopf und Trachea zu Tage tretenden Affectionen nachgewiesen. Ebensowenig als man den durch Impfung mit dem Scharlachmaterial oder der Typhusniere hervorgerufenen Process einen Scharlach, beziehungsweise Typhus nennen darf, ebenso wenig scheint durch die Impfung mit dem Diphtheriematerial eine wirkliche Diphtherie erzeugt worden zu sein. Und selbst wenn es gelungen wäre, wie Oertel, Trendelenburg etc. durch Uebertragung von Diphtheriematerial in die

Trachea eine Faserstoffeitermembran zu erzielen, so hätten wir diese doch wohl nicht anders deuten dürfen, als die durch Ammoniak, Sublimat etc. gesetzten Exsudate. Unsere durch Impfungen an Thieren gewonnenen Resultate stimmen auch mit den Ergebnissen der Selbstimpfung, welche Trousseau und Peter an sich selbst mit Diphtheriematerial machten, insoferne überein, als auch sie von der Uebertragung auf die Haut und Schleimhaut keine Diphtherie entstehen sahen. Wenn damit auch die Contagiosität der Diphtherie durchaus nicht geläugnet werden kann, so ist doch klar, dass die Stütze, die diese Lehre durch die Impfresultate erhalten soll, sehr gering wird. Immerhin wäre es ja denkbar, dass eine Uebertragung stattfinden könnte, deren Bedingungen wir jedoch nicht kennen. Freilich frägt es sich nach den obigen Versuchen jetzt auch noch, ob bei den in der Literatur als zweifellos angeführten Fällen von Diphtherieübertragung, die jedoch gewiss immer nur der seltenste Modus der Infektion ist, wirklich diese Krankheit erzeugt worden ist. Denn es wäre doch auch denkbar, dass zur Zeit einer Diphtherieepidemie die Infektion auf andere Weise bereits erfolgt wäre, die nur durch zufällige Ereignisse eine Contagiosität vortäuschten. Andererseits könnten aber die Uebertragungen wie auch bei unseren Versuchen manchmal lokale Pilzwucherung, Eiterung, Geschwürsbildung, weiter dann Infiltration der Gewebe und Allgemeininfektion mit nachfolgendem Tode bedingt haben, es könnten pyämische und septische Processe von der Infektionsstelle aus aufgetreten sein, wie diese ja bekanntlich auch gar nicht selten der wirklichen Diphtherie folgen. Solche Uebertragungen sind es vielleicht auch, welche bei Wunden und Geschwüren von Personen, die nicht an Diphtherie leiden, Veranlassung zu dem der akuten Verschorfung im Rachen ähnlichen Aussehen geben, d. h. das sog. Diphtheritischwerden derselben bedingen. Die Entstehung einer Nekrose, eines Geschwürs oder einer Eiterung, ja selbst einer von da ausgehenden septischen oder pyämischen Allgemeininfektion kann aber doch nicht als ein charakteristisches Kriterium für die Diphtherie gelten; denn die Diphtherie ist, wie wir erwähnt haben, berechtigt, als eine spezifische Erkrankung zu gelten, die immer wieder als dieselbe erscheint, und also immer durch die gleiche Ursache erzeugt sein muss. Wenn von der Diphtherie aus eine Septicämie oder Pyämie sich entwickelt, so ist das auch schon wieder ein Sekundärprocess, der mit der ursprünglichen Erkrankung als solcher nichts zu thun hat. Die Wirkung des von der Diphtherie stammenden Materials ist aber keine spezifische, da es nicht die Eigenschaft hat, immer denselben Process hervorzubringen, geschweige denn immer den diphtherischen mit folgenden Lähmungen etc. Dagegen ist das Diphtheriematerial im Allgemeinen allerdings infektionsfähig, aber diese allgemeine Eigenschaft theilt es auch mit vielem anderen Material, wie wir gesehen haben, und ist durchaus keine spezifische. Der Grad der Infektionsfähigkeit ist dabei verschieden und hängt von verschiedenen, uns theilweise noch unbekannten Momenten ab. Es verhält sich hier ähnlich wie mit dem von verschiedenen Conjunctivitisformen gelieferten Sekret. Auch diess ist immer infektionsfähig durch Uebertragung, aber durchaus nicht spezifisch, da auch hier die erzeugte Conjunctivitisform nicht der zu entsprechen braucht, von der das Material stammte.

Die von verschiedenen pathologischen Processen gewonnenen Produkte können also nach unseren Versuchen auf Schleimhäute geimpft, mannigfaltige Processe zur Folge haben. Daraus aber, dass verschiedene Produkte die gleichen Processe und oft wieder die gleichen Produkte verschiedene Processe hervorrufen, erhellt schon, dass weder das übertragene Material noch die dadurch erzeugte Störung etwas Spezifisches an sich haben, so dass durchaus nichts dafür spricht, dass in dem Impfmaterial die Ursache von der Krankheit liegt, von der es gewonnen wurde. Was speziell die Rolle der Pilze betrifft, die sie hiebei spielen, so wird diese immer fraglicher. Ihre Anwesenheit ist zwar in den weitaus meisten Impfmaterialien nachgewiesen worden, und es steht ferner fest, dass sie überall, wo etwa eine Schorfbildung, sei es als selbstständige Erkrankung, sei es als Begleiterscheinung irgend einer Krankheit, auftritt, mehr minder zahlreich vorhanden sind. Allein die Uebertragung hat gelehrt, dass sie zwar in sehr vielen Fällen an der Impfstelle sich wieder finden, aber oft, selbst bei der Diphtherie ohne Eiter- oder Geschwürsbildung, gewissermassen ganz unschädlich existiren. Und andererseits sind Versuche mitgetheilt, wo Geschwürs- und Eiterbildungen zu Stande kamen, ohne dass die im Impfmaterial vorhanden gewesenen an der Impfstelle eingetreten und weiter gewuchert wären, ja ohne dass selbst im Impfmaterial Mikrokokken wenigstens in erheblicher Zahl sich vorgefunden hätten. Daraus kann weder für die Art noch für die Intensität der durch die Uebertragung hervorgerufenen Processe die Pilzwucherung in

Anschlag gebracht werden, vielmehr die Quantität und Qualität der darin enthaltenen Stoffe, wobei die individuellen Verhältnisse des Versuchsthieres, sowie eine Reihe anderer äusserer Momente noch immer eine wesentliche Bedeutung haben können.

Weder die morphologische Beschaffenheit der Pilze und ihr sonstiges Verhalten, noch die Resultate der Impfung zwingen demnach für die Diphtherie, sie als die Ursache gelten zu lassen. Denn diess führte nach den obigen Versuchen und Beobachtungen zu dem falschen, ja bedenklichen Schlusse, dass auch andere Krankheiten durch dieselbe Ursache hervorgerufen würden. Eine solche Deutung und Beurtheilung der Funde hat auch bereits die Ansicht hervortreten lassen, dass alle Gewebsinfiltrationen mit mykotischen Massen diphtherisch seien, und von da war der Schritt nicht mehr weit, um die Grenze zwischen Diphtherie, perniciösen Wundkrankheiten, Pyämie und Puerperalfieber völlig zu beseitigen, wie diess Martin, Hüter, Eberth u. A. gethan haben. Keine der geschilderten und bis jetzt beobachteten Thatsachen aber berechtigt zu dem Aufgeben des Spezifitätsbegriffes der Diphtherie und damit etwa zur Confundirung allberechtigter, selbstständiger Krankheitstypen. Eine solche Verschmelzung und Vermischung erscheint zur Zeit wenigstens höchst bedenklich.

Nach meinen Untersuchungen scheint die Ursache der Diphtherie auch jetzt noch unbekannt und kann ich daher die Annahme, dass die bei der Diphtherie gefundenen Mikrokokken die Ursache dieser Krankheit darstellen, keineswegs für bewiesen erachten. Ich stütze diese Anschauung durch folgende Thatsachen:

1) Die Mikrokokken liegen bei der Diphtherie in den weitaus meisten Fällen nur im Epithelstratum des Rachens und werden selbst bei sehr vielen Leichen nirgends anders gefunden.

2) Nur bei älteren Leichen, oder wenn ein rascher Zerfall und Fäulniss der abgestossenen Gewebsparthien auftritt, finden sie sich auch in diesen und können von da aus Hand in Hand mit der meist gleichzeitig auftretenden septischen oder pyämischen Infektion in den nächstgelegenen Gefässen und Lymphdrüsen, sowie im übrigen Körper, namentlich in den Nieren, getroffen werden. Diese Erkrankung ist aber nur eine mögliche Folgeerscheinung der Diphtherie und hat mit ihr als solcher nichts zu thun.

3) Die aus dem Rachen oder Trachea auf andere Thiere übertragenen oder geimpften Massen erzeugen nie den gesammten Com-

plex von Erscheinungen, wie sie der Diphtherie eigen sind, speziell niemals die anatomischen Veränderungen in Rachen und Luftwegen, die bei ihr primär und regelmässig beobachtet werden.

4) Die bei Diphtherie gefundenen Mikrokokken unterscheiden sich weder morphologisch, noch chemisch von den normal im Rachen getroffenen, ebenso wenig von den in Verschorfungen oder bei der Fäulniss vorhandenen Gebilden.

5) Impfversuche mit den letzteren liefern dieselben, aber ebenfalls nicht spezifischen Processe, wie die mit Diphtheriematerial angestellten.

6) Dieselben Resultate, welche durch Impfungen mit Pilzmaterial erzeugt werden, können unter Umständen auch bei Anwendung von möglichst pilzfreiem Material erzielt werden.

V.

Bakterien und Tuberkulose.

Von

Prof. Dr. von **Buhl**.

M. Wolff hat es unternommen (Virchow's Archiv Bd. 67, p. 234), die entzündlichen Veränderungen innerer Organe nach experimentell bei Thieren erzeugten subcutanen käsigen Heerden mit Rücksicht auf die Tuberkulosefrage zu untersuchen. Man muss demselben Dank wissen, da Ruge und Friedländer gegenüber den positiven Angaben so vieler Forscher den kühnen Ausspruch wagten, dass man nicht im Stande sei, auf künstlichem Wege Tuberkel zu erzeugen.

Es ergab sich in der That, dass man mit käsiger Masse am leichtesten Tuberkel hervorbringen könne.

Wolff macht dann aufmerksam, dass Sanderson, Fox, Cohnheim und Fränkel auf alles Mögliche käsige Masse und Tuberkulose folgen sahen und zieht er daraus den Schluss, dass desshalb von einem spezifischen Virus keine Rede sein könne. Dieser Schluss ist aber nicht ganz richtig, denn eigentlich wäre nur zu folgern, dass die käsige Masse das spezifische Virus aus sich selbst entwickeln und enthalten müsse, mag sie entstanden sein auf welche Weise immer.

Er berührt nun auch die Ansicht von Klebs, welcher aus dem Grunde, weil nicht jede käsige Masse Tuberkulose hervorbringe, an ein Pilzcontagium glaubt.

Diess veranlasst ihn, subcutane Injektionen mit bakterienhaltiger Flüssigkeit vorzunehmen, die an Exaktheit nichts zu wünschen übrig

lassen. Er unternahm diese Experimente um so mehr, als man auch
mir die Sünde in die Schuhe schob, als hätte ich die Bakterien zum
spezifischen Virus, zur Materia peccans der tuberkulösen Infektion
proklamirt. Niemals und nirgends habe ich das gethan; das beruht
auf einem Missverständnisse, welches ich von mir abzuwälzen gezwungen bin. Es ist also nicht nothwendig, von einer derartigen
Concession, die ich Waldenburg gemacht hätte, zu sprechen; man
kann dieselbe weder annehmen, noch zurückweisen, denn sie existirt
nicht. Meine Ansicht geht vielmehr dahin, dass die Bakterien,
welche schon v. Recklinghausen in der käsigen Masse nachgewiesen hat, von Einfluss auf die in den abgestorbenen
käsigen Massen vorgehenden Zersetzungsprocesse sein
müssten, so dass, wenn durch die Anwesenheit käsiger Massen
im Körper Tuberkel hervorgerufen würden, man nicht umhin könnte,
die Mithilfe der Bakterien zur Erzeugung des Infektions-
stoffes in Anspruch zu nehmen. Das heisst doch nicht, dass die
Bakterien selbst das Spezifische seien, sondern es heisst vielmehr,
das Spezifische liege in der käsigen Masse.

Sind aber bei der Bildung des specifischen Virus Bakterien mit
im Spiele und ist der Infektionsstoff, wie Waldenburg annimmt,
als etwas „Corpuskuläres" zu betrachten und wird er in dieser Form
in die Blut- und Lymphgefässe aufgenommen, so kann man auch
nicht abweisen, dass Bakterienkeime unter dem Aufgenommenen
sein könnten, wenn man sie auch mit dem Mikroskope nicht sollte
demonstriren können.

Ich denke mir die Betheiligung der Bakterien bei der Infektion
selbst somit nicht als absolute Nothwendigkeit, sondern aus logischen
theoretischen Gründen und nur für den Fall, als man den Stoff als
etwas „Körperliches" auffassen will. Ich gewinne alsdann an den
Bakterien ein lebendiges Agens, das an Ort und Stelle, ähnlich wie
das Insekt den Blüthenstaub, das spezifische Virus zu übertragen
im Stande ist. Ich habe vielleicht — und das gebe ich gerne zu —
diese Idee etwas zu plastisch dargestellt.

Zu meiner Infektionstheorie bedarf ich der Bakterien gar nicht,
sondern nur der käsigen, ja nicht einmal stets dieser grobanatomischen
Masse, da möglicher Weise auch andere degenerative Processe die
fragliche Substanz hervorbringen können, und kann ich mir den die
Tuberkelbildung anregenden Stoff sehr wohl in Lösung, als körperchenfreie Flüssigkeit vorstellen und selbst für den Fall, als man ihn als etwas

Corpuskuläres auffasst, bedarf ich noch nicht der mikroskopisch nachweisbaren Bakterien; denn wenn man zugibt, dass von einem Infektionsstoffe nur ein Minimum, ein Atom nöthig ist, um die spezifische Wirkung hervorzubringen, so wird man keine so grosse Menge käsiger Masse verlangen dürfen, dass die Bakterien in ihr durch Mikroskop und chemische Reagentien offenkundig dargelegt werden können.

Wenn also Wolff durch seine Experimente beweist, dass subcutan injicirte bakterienhaltige Flüssigkeit käsige Entzündung und darnach Tuberkelbildung oder chronische Entzündungen innerer Organe hervorzubringen im Stande sei, so hat er vorerst die Ursachen, welche käsige Produkte erzeugen, durch eine neue bereichert, im Uebrigen aber bringt er nur eine Bestätigung meiner Ansicht. Wenn er in den frischen Tuberkeln keine Bakterien gefunden hat, so widerspricht diess meinen Anschauungen ebenfalls nicht. Auch ich habe in frischen Tuberkeln keine Bakterien gesehen und ist es auch nicht nöthig, dass in dem Atom von Infektionsstoff für ein Tuberkulum, selbst wenn jener durch bakterienhaltige Flüssigkeit erzeugt ist, sich Bakterien vorfinden müssten.

Was endlich die Riesenzellen anlangt, so habe ich allerdings ein Paar Male (nach optischen und chemischen Eigenschaften) unzweifelhaft Mikrokokken in ihnen wahrgenommen und wäre ich wohl berechtigt, ihr Eindringen, wenn auch nur in einem einzigen Molekül, und ihre nachträgliche Vermehrung zu behaupten. Diese Riesenzellen gehörten aber nicht frischen, sondern älteren Tuberkeln an. Trifft man in frischen Tuberkeln Riesenzellen, was bekanntlich nicht immer der Fall ist, und in diesen wie gesagt keine Bakterien, so liegt darin kein Widerspruch gegen meine Infektionstheorie. Dass mit dem Aelterwerden der Tuberkel sich die etwa aufgenommenen Bakterien vermehren und sogar in seltenen Fällen mikroskopisch erkennen lassen, dürfte nicht nur begreiflich sein, sondern als Beweismittel dienen, dass sie nicht völlig auszuschliessen sind. „Ein constanter oder besonders häufiger Zusammenhang zwischen Miliartuberkulose und Bakterien existirt also nicht", diesen Satz Wolff's kann ich somit wohl unterschreiben. Und wenn er sagt, er sei durch seine Experimente der Klebs'schen Anschauung von einem Pilzcontagium ferner, der Spezifitätstheorie aber näher gerückt, so bin ich für diese Schlussfolgerung sehr dankbar, denn ich habe der Bakterien wegen meinen früheren Standpunkt aufzugeben bis jetzt noch nicht nöthig gehabt.

VI.

Croupöse und käsige Pneumonie.

Von

Prof. Dr. von **Buhl.**

1.

Entsteht aus croupöser Pneumonie käsige Pneumonie oder Lungencirrhose?

Diese Frage habe ich in meinen Briefen über Lungenentzündung etc. mit einem entschiedenen „Nein" beantwortet und nicht versäumt, die nöthigen Beweismittel beizubringen. Die letzteren wurden wenig beachtet und so habe ich mit meinen Schlüssen kein Glück gehabt, sondern allenthalben ein Zetergeschrei der Entrüstung hervorgerufen. Ich könnte wohl meiner Gewohnheit nach ruhig abwarten, bis die Zeit nach sorgfältiger Prüfung am Krankenbette und an der Leiche darüber belehrt haben würde, dass meine Gegner nur einer unmotivirten althergebrachten Annahme huldigen. Gegenüber von Einzelbefunden, welche behufs Opposition gegen meine Sätze veröffentlicht wurden, ist es schwierig, Erfolgreiches zu erwidern, und denke ich, dass Jeder, welcher sich mit den aufgeworfenen Fragen längere Zeit beschäftigt, nach und nach selbst die Lücken, die er zu Anfang in Folge nur weniger Beobachtungen gelassen hat, auffinden und ausfüllen wird.

Allein wegen einiger wenig schmeichelhafter Angriffe, die nicht der Sache, sondern meiner Person das Messer an den Hals setzen, will ich versuchen die objektiven, d. h. anatomisch-histologischen — nicht theoretischen — Gründe zu erörtern, welche meiner Meinung scheinbar entgegenstehen könnten.

Ich möchte meine Auseinandersetzungen mit dem ganz richtigen Ausspruche Jürgensen's (v. Ziemssen's Handb. V.) einleiten, dass

man aus den Erfahrungen am Krankenbette nicht entnehmen könne, ob ein croupöses Exsudat als solches verkäst oder indurirt.

Wenn also ein Kliniker geglaubt hat, alle Erscheinungen der
croupösen Pneumonie wahrgenommen zu haben, und hinterher sich
Phthise entwickeln sieht, so ist es nicht gerechtfertigt, wenn er
geradezu behauptet, das Croupexsudat sei verkäst und dadurch die
Phthise zu Stande gekommen. Es ist wirklich einzig die Sache der
pathologischen Anatomie, zu ermitteln, ob diess geschieht oder nicht;
und wenn es geschieht, die Bedingungen anzugeben, unter welchen
es geschieht, und im anderen Falle warum nicht.

Kein Kliniker hat auch ferner bisher bewiesen, dass ein akuter
Anfall von Desquamativ-Pneumonie anders verlaufe, als eine crou-
pöse Pneumonie. Dagegen habe ich die Erfahrung gemacht, dass
die akute lobäre Desquamativ-Pneumonie ebenso typisch und in allen
Symptomen gleich wie die croupöse verläuft. Man nimmt am
Krankenbette das gleiche heftige Fieber, selbst mit initialem Schüttel-
froste, das typhusähnliche Ergriffensein des Nervensystems, die gleiche
Dyspnöe bis zur Cyanose, dieselben Erscheinungen der Perkussion
und Auskultation und deren charakteristische Merkmale nur in Einer
Lunge oder nur in Einem Lappen, den blutigen Auswurf wahr und
am siebenten Tage erscheint ein gleicher Fieberabfall etc. Stirbt
der Kranke in der zweiten oder dritten Woche nach dem Beginne,
also in einer Zeit, wo auch an croupöser Pneumonie Erkrankte sterben, so kann man an der Leiche erkennen, dass keine Spur des
Croup vorhanden war, sondern einzig nur das, was der akuten Entwicklung der Desquamativ-Pneumonie zugehört. Diese Fälle sind
wohl äusserst selten, aber überzeugend. Wem kein grösseres Material zu Gebote steht, wird sie vielleicht nie zu sehen bekommen;
soll aber desswegen die Wissenschaft auf Entscheidung warten, bis
jedem Arzte das Geschick einen bezüglichen Fall in die Hände
spielt? Unter den Klinikern habe ich bis jetzt immer nur Oppolzer auf meiner Seite gehabt, gewiss ein Name, der für eine
Erfahrung bürgt, wie sie wenig Andre aufzuweisen haben. Jürgensen
dagegen, der neueste Schriftsteller über croupöse Pneumonie, der
vorerst (l. c. p. 43. 44 u. 136) zugesteht, dass er aus eigener Anschauung kein Urtheil über die anatomisch-histologischen Verhältnisse weder der croupösen, noch viel weniger der Desquamativ-
Pneumonie besitze, spricht sich energisch gegen meine Annahme aus.

Ich kann also mit ihm gerade über den Theil der Erfahrungen, der zu einer Entscheidung nothwendig ist, nämlich über die anatomisch-histologischen Vorgänge, nicht discutiren; er aber verlangt, dass ich als „Nichtarzt" über den anderen Theil, nämlich über die Erfahrungen am Krankenbette, woselbst man mit ihm verkehren könnte, schweige, obwohl er anerkennt, dass hier die Sache nicht aufgeklärt werden könnte! Und woher weiss er denn, dass ich keine Erfahrungen am Krankenbette habe? Ich muss ihm mit Widerstreben erwidern, dass ich als früherer Assistent auf der internen Abtheilung des Münchner Krankenhauses, ferner in meinen 24 Jahre lang abgehaltenen Kursen über physikalische Diagnostik auf derselben Abtheilung, sowie in einer nicht unbedeutenden Consiliarpraxis hinreichend klinische Erfahrung im Bereiche der Pneumonieen gesammelt habe und seit 30 Jahren als pathologischer Anatom auch sattsam Gelegenheit hatte, nicht nur überhaupt die verschiedenen Formen von Pneumonie an der Leiche zu studiren, sondern auch meine Beobachtungen am Krankenbette zu controliren. Ich glaube daher mindestens ebensoviel Recht zu besitzen, als Jürgensen, in der vorstehenden Frage mitzusprechen. Meine Briefe über Lungenentzündung etc. sind nicht eine epikritische momentane Eingebung über einzelne wenige Untersuchungen, sondern der kurzgefasste Gesammtausdruck von vielen hunderten; sie enthalten nicht grundlose oder jugendliche Behauptungen, sondern an reichem Materiale erworbene und nach vielen Jahren wohlerwogene Schlüsse. Zweifel hegen gegen den Ausspruch eines Andern und dieselben motiviren, war noch stets für die Sache förderlich gewesen; es ist aber himmelweit verschieden von der verletzenden Art, welche Jürgensen als Versuch beliebt, meine Angaben zu vernichten.

Wenn es nun nicht blos Kliniker, sondern auch pathologische Anatomen und Histologen gibt, welche nicht mit mir übereinstimmen, so sind die letzteren vorzugsweise dadurch irregeleitet worden, dass sie, insoferne sie nicht bloss Anderen nachgesprochen, sondern sich die Sache durch eigne Untersuchungen angelegen sein liessen, in entschieden phthisischen Lungen Alveolen mit Faserstoff und lymphoiden Zellen ausgefüllt fanden, oder dass ihnen andere Momente aufstiessen, welche ihnen die Ueberzeugung der Verwandtschaft und des möglichen Ueberganges des Croup in Phthise beibrachte. Das thatsächliche Zusammentreffen solcher Verhältnisse ist indess noch kein Beweis und so ist es der eigentliche Zweck dieser Zeilen, die

verschiedenen Umstände des Zusammentreffens und die damit unter-
laufenden Täuschungen in der Schlussfolgerung zu erörtern.

1. Es ist Thatsache, dass Phthisiker von croupöser
Pneumonie befallen werden können.

Nicht jede bei einem notorisch phthisischen Individuum vorkommende akute Lungenentzündung, sei es, dass jenes chronische
Leiden schon während des Lebens oder erst nach dem Tode erkannt
worden ist, gehört zu der Gruppe der entzündlichen Phthise, sondern sie kann die reinste Form einer croupösen Pneumonie darstellen.

Die Phthisiker sind der letzteren ebenso ausgesetzt, wie jeder
andere Mensch und sterben nicht so selten anstatt an der Intensität
oder Extensität der phthisischen Vorgänge, vielmehr an croupöser
Pneumonie.

Untersucht man dann die Lungen an der Leiche, so sind es
die von phthisischen Processen frei gelassenen Lungenlappen, also
ganz besonders die Unterlappen oder die zwischen den cirrhotischen
oder käsigen Parthien intakt gebliebenen Läppchen, auch der Oberlappen, welche croupös erkranken.

Dem Kliniker werden namentlich die Affektionen der Oberlappen
diagnostische Schwierigkeiten bereiten, während die Affektion eines
Unterlappens eher an eine croupöse Pneumonie denken lässt. Bei
der Sektion wird man ohne viel Mühe den Croup von akuter entzündlicher Phthise (akuter lobärer Desquamativ-Pneumonie, denn nur
diese kann in Frage kommen) unterscheiden und beide untereinander
nicht verwechseln. Meistens zeigt der Croup anatomisch die bekannten Charaktere; manchmal aber ist er weniger gut ausgeprägt
und man muss an das Mikroskop appelliren. Bei Croup sind dann
die Alveolen mit dem Thrombus aus Faserstoff und Eiterkörpern
erfüllt, bei Desquamativ-Pneumonie mit proliferirten und degenerirten
Epithelien; bei Croup ist das interstitielle Gewebe völlig intakt, nur
serös gequollen, bei Desquamativ-Pneumonie erkennt man ein Infiltrat von kleinen Rundzellen längs der im interstitiellen Gewebe
verlaufenden Arterienreiser und interalveolär. Ich bemerke dabei
noch, dass der Croup seltener über das Stadium der rothen oder
der beginnenden grauen Hepatisation hinausgeht; die Kranken sterben wegen der geringen Resistenz, die sie in Folge ihres früheren
Leidens entgegenzusetzen haben, in der Regel frühzeitig daran.
Sterben sie jedoch später, z. B. erst am Schlusse der dritten Woche
seit Beginn der Entzündung, so wird man die Charaktere der ver-

zögerten Lösung wahrnehmen, die für den Ungeübteren schon einige Schwierigkeiten bereiten. Doch ist das normale Ansehen oder die Anhäufung von Fettkörnchen im interstitiellen Gewebe anstatt des kleinzelligen Infiltrates massgebend.

Ich wüsste nun nicht, wie man an solchen Fällen zeigen könnte, dass der Croup in Verkäsung oder Cirrhose übergehe und wäre es offenbar — ich wiederhole es — als vorgefasste Meinung zu bezeichnen, wenn man behaupten wollte, dass der Croup als der jüngere Vorgang das Vorstadium entzündlicher Phthise sei, weil beide neben einander erscheinen. Allerdings würde ein Crouppfropf in Alveolen, deren Wand durch interalveoläre Hyperplasie verändert ist und nekrosirt, nicht minder als das Conglomerat abgeschuppter Epithelien verkäsen können. Diess wäre vom theoretischen Standpunkte aus anzunehmen. Allein wie ich schon früher bemerkt, so kömmt croupöse Pneumonie thatsächlich nur in relativ gesundem Alveolenparenchym vor, so dass beide Processe, Croup und verkäsende Pneumonie, sich eigentlich schon von allem Anfang an ausschliessen.

2. Ein zweiter Grund gegen meine Anschauung liegt darin, dass man bei histologischer Untersuchung von eminent phthisischen Lungen — und nicht nur von cirrhotischen, etwa stellenweis käsigen oder ulcerösen Lungen, sondern auch von akuter genuiner Desquamativ-Pneumonie, sowie von akuter Miliartuberkulose an der Grenze einzelne Alveolen mit einer Masse erfüllt findet, welche bald wie reiner Faserstoff, bald wie Croupexsudat aussehen. Die Merkmale für croupöse Pneumonie bei Besichtigung mit blossem Auge fehlen jedoch.

In den eigentlichen Herden der genannten phthisischen Veränderungen liegen nämlich und zwar in allen Alveolenhöhlen, soweit sie durch die interstitielle Hyperplasie nicht obliterirt sind, nichts als desquamirte Epithelien; Fibringerinnsel, Eiterkörper sind nicht zu entdecken, und ist es auch als Ausnahme zu betrachten, wenn man in den Grenzbezirken einzelne Alveolen mit anderem Inhalte antrifft.

Dazu kömmt noch, dass man in den Wänden und Interstitien solcher Alveolen sehr gerne nur Aufquellung, dagegen das erwähnte kleinzellige Infiltrat nur in unbedeutender Weise oder gar nicht wahrnimmt.

Wenn nun aber die pathologisch-anatomischen Merkmale der lobären, diffusen, croupösen Pneumonie fehlen und wenn man nur mikroskopisch und nur in einzelnen Alveolen eine croupähnliche Masse findet, so wäre schon damit gesagt, dass man einen groben Fehler begehen würde, wenn man noch von croupöser Pneumonie sprechen wollte.

Doch untersuchen wir näher, wie sich die Masse verhält. Sie ist sehr verschieden.

a. Nimmt man im Weingeist gehärtete phthisische Lungen vor, so ist vor Allem zu sagen, dass man häufigst eine zusammenhängende krümliche oder feinfaserige nicht geschichtete, körperchenfreie Masse in den Alveolen antrifft, welche aus nichts anderem, als aus geronnenem Eiweiss besteht, welches durch die Wirkung des Alkohol gefällt wurde. Ich denke, dass kein nur einigermassen geübter Untersucher auf den Gedanken kommen dürfte, er habe hier ein Croupexsudat vor sich.

In gleicher Form können, wie bei catarrhalischer Pneumonie, einzelne Alveoli mit S c h l e i m und S c h l e i m k ö r p e r c h e n erfüllt sein, ein Umstand, welcher durch die massgebenden Reagentien ohne Schwierigkeit klar gelegt und von Croup unterschieden werden kann. Es gehört übrigens zu den seltneren Befunden, derartige Schleimmassen zu entdecken.

Dagegen ist bekannt, dass hie und da B l u t e r g ü s s e in die Alveolen stattfinden. Man wird die dichtgedrängten Blutscheiben erkennen. Solche Blutungen haben für sich allein keinen besonderen Werth. Sie bedeuten weder etwas für Croup, noch für Phthise, am allerwenigsten lassen sie sich für die Zusammengehörigkeit beider Processe verwerthen.

b. Von vornherein ist schon anzunehmen, dass die Lungenalveolen mit ihrer Epithelauskleidung sich gegen das Blut in den dicht anliegenden Gefässen nicht anders verhalten werden, als andere mit Epithel überdeckte Oberflächen. Geht die schützende Zellendecke verloren, so quillt B l u t p l a s m a über die Oberfläche hervor.

Bei Desquamativ-Pneumonie ist der Epithelverlust ein charakteristisches Merkmal und so kann es nicht auffallen, wenn da und dort Blutplasma in die Alveolen ausschwitzt. Allein diess ist demungeachtet selten, weil man es nicht mit einfacher Abstossung der normalen Epitheldecke zu thun hat, sondern mit einer üppigen Proliferation der Zellen, deren ältere durch die jüngeren nachfolgenden abgestossen werden, so dass eine Entblössung von Epithel nicht eigentlich zu Stande kömmt. Man findet die Exsudation desshalb

auch besonders an den Grenzen der interstitiellen und epithelialen
Hyperplasie.

Diese Faserstoffexsudation in einzelnen Alveoli ist sodann wieder nicht das, was man croupöse Pneumonie heisst, sondern es ist
der Ausdruck des collateralen Vorganges neben der Arteriolen-
und Capillarumschnürung mit kleinen Rund- und Spindelzellen.
Vergleicht man die Gerinnsel, in welchen in der Regel keine oder
nur einzelne lymphoide Körperchen eingebettet sind, mit wirklichen
Crouppfröpfen, in denen lymphoide Zellen an Zellen aneinander-
gedrängt und durch Fibrinfäden aneinandergekettet sind, so wird
man keinen Zweifel hegen, dass man etwas ganz Anderes vor sich
habe.

Der Faserstoff geht durch Resorption sicher wieder verloren;
von einem Uebergang dieses Infiltrates und dieser damit gefüllten Alveolen in käsige Degeneration oder cirrhotische Verdichtung kann nur der Schreibtisch sprechen. Man könnte wohl den
genannten Grenzbezirk als einen Theil der Desquamativ-Pneumonie
ansehen; ihn aber als croupöse Pneumonie auffassen, hiesse das Objekt vollständig verkennen.

c. Es gibt indess auch Faserstoff mit lymphoiden Zellen
in einzelnen Alveolen, welcher nicht als die collaterale Wirkung
interstitieller Hyperplasie, sondern als der direkte Begleiter der
Vorgänge im interstitiellen Gewebe betrachtet werden kann.
Diese Vorgänge sind nämlich vollkommen adäquat den Bildungen,
wie sie bei Pleuritis, Pericarditis etc. mit serösfaserstoffigem Exsudate statthaben, wo man bekanntlich zunächst der Serosa und aus
ihr heraus ein wucherndes, gefässhaltiges Bindegewebe (Granulationsgewebe) und über diesem erst den eigentlichen Faserstoff wahrnimmt.
Allein wie hier späterhin Resorption des Faserstoffes stattfindet und
nur das Granulations- oder Adhäsionsbindegewebe erübrigt, so auch
in den Lungen. So ist auch dieser Fall nicht geeignet, eine Verwandtschaft der phthisischen Vorgänge mit croupöser Pneumonie zu
dokumentiren.

d. Es gibt noch eine andere seltene Entstehung und Entwicklung der „Faserstoffmassen" in den Alveolen. Sie gehen nämlich,
wie man sich an frischen Präparaten überzeugt, hie und da aus
der Confluenz des Protoplasmas der die Innenfläche der
Alveolen auskleidenden Epithelien hervor. Die letzteren quellen
gallertig auf, wobei sie entweder in gegenseitigem Contakte bleiben

und eine dicke gallertige Schichte au der Alveoleninnenwand darstellen, oder wegen ungleichmässiger Vergrösserung sich theilweise
oder ganz von einander isoliren, dann aber ein Volum erreichen,
durch welches sie unter Aueinanderdrängung namentlich aber bei
nachträglicher Confluenz ihres Protoplasma's die ganze Lichtung des
Alveolus erfüllen. Härtet man derartige Lungenstücke in absolutem
Alkohol und versucht man au dünnen Schnitten eine Carmin- oder
Anilinimbibition, so wird man zunächst durch die Wirkung des
Alkohols au den meisten der die Alveolen ausfüllenden Massen eine
zackige Retraktion wahrnehmen, die Masse liegt lose darin, aber
ohne dass man die Gerinnungsstruktur des Faserstoffes und ohne
dass man die Doppelkerne darin verborgener Lymphkörper (Eiterzellen) entdecken könnte, dagegen kann man sich die grösseren
Kerne der Epithelien und die Contouren der voluminöseren Zellen
noch hie und da verdeutlichen. Die besprochene Entwicklung inter-
alveolärer Masse an günstigen Objekten zu studiren, gelingt selten
und so ist es möglich, dass sie so manchen Untersuchern entgangen ist.

Der Vorgang an den Epithelien ist der Begleiter der kleinzelligen Wucherung im interstitiellen Gewebe und sind wieder im
frischen Zustande die Epithelveränderungen zu einem Theile
Ursache des anatomisch sichtbaren sogenannten „Laënnec'schen gall-
artigen Infiltrates".

Schweigt der akute Process, so können die Gallertpfröpfe ver-
trocknen und zu hyalinen faserstoffähnlichen Massen verwandelt
werden, oder sie werden resorbirt und es erfolgt erst nachträglich
eine üppige Regeneration und Desquamation der Epithelien.

Aus Allem geht hervor, dass auch dieser seltne Fall von faser-
stoffähnlicher Ausfüllung der Alveolen nicht schliessen lässt, dass der
phthisische Process aus Croup hervorgegangen sei — beide Vorgänge
haben untereinander keine Aehnlichkeit.

e. Endlich habe ich noch eines besonderen Ereignisses an der
Innenwand der Alveoli Erwähnung zu thun, das sich besonders bei
akuter Miliartuberkulose und akuter Desquamativ-Pneumonie kundgibt. Man findet nämlich die Innenfläche mit einer zwei- bis
vierfach geschiehteten, gallertig glänzenden Substanz
membranartig ausgekleidet, welche in einer Dicke von 0,01
bis 0,03 Mm. in das Lumen des Alveolus hereinragt. Die Masse ist
entweder adhärent, oder theilweise oder rings abgelöst, und wenn

abgelöst, dann zusammengefaltet und den Raum klumpig ausfüllend.
Ist die Masse noch adhärent oder nur theilweise abgelöst, so findet
man meist Epithelzellen von ihr umschlossen. Die Epithelzellen
sind von gewöhnlicher Beschaffenheit oder aufgequollen, fettig degenerirt. Durch den genannten Befund, dass die Masse an der
Alveolarwand wie ein Saum ursprünglich adhärent ist und zu innerst
Epithelien liegen, ist schon eine Differenz mit Croupexsudat gegeben
und ist man nicht berechtigt, sie aufs Geradewohl für Faserstoff
zu erklären. Auch fehlt ja jede Spur von lymphoiden Zellen. Der
Wandsaum könnte eher mit der sub d bezeichneten Verschmelzung
von Epithelien identificirt werden, allein dann wäre die Schichtung
schwer erklärbar und müsste man Kerne in ihr erkennen. Nimmt
man aber an, dass die unterste Schichte des bronchialen Epithels
sich als eine strukturlose Membran in die Alveolenhöhle fortsetzt,
eine Ansicht, welche neuestens auch Socoloff (Virch. Arch. Bd. 68.
p. 611) nur in etwas modificirter Weise ausführt, so wäre der geschichtete Wandsaum für eine durch beträchtliche Aufquellung entstandene Verdickung dieser Membran anzusprechen. Keinesfalls
dürfte diese faserstoffähnliche Masse für einen Beweis verwendet
werden, dass Croup und Desquamativ-Pneumonie zusammengehörige
Processe seien, also auch aus ersterem käsige Pneumonie sich entwickeln könne.

    3. Nicht ausser Acht zu lassen ist, dass die croupöse Pneumonie
eine verzögerte Lösung eingehen kann, welche Verzögerung den
Verdacht auf eine phthisische Entzündung rechtfertigen könnte, insbesondere wenn der Croup in einem Oberlappen der Lungen stattgefunden hat.

    Ich habe in meiner Arbeit über Lungenentzündung dieser ver-
zögerten Lösung Erwähnung gethan und muss wiederholen, dass
die Lösung noch nach drei Wochen erfolgen und dann entweder
Genesung oder Tod eintreten kann. Im letzteren Falle sieht man
weder von Verkäsung noch von cirrhotischer Induration etwas und
bei histologischer Untersuchung nichts von interstitieller Zellenwucherung, und in den Alveolen keine Crouppfröpfe mehr, oder nur
hie und da solche; was man sieht, ist eine Anhäufung von Fettkörnchen im Interalveolargewebe, Fettdegeneration noch vorhandener
Eiterkörper, abgestossener Epithelien und zum Theil Regeneration
der letzteren.

    Solche Fälle bringen nicht minder die Ueberzeugung der durchgreifenden Verschiedenheit des Croup von phthisischen Entzündungen bei.

4. Interessant sind die freilich etwas seltenen Fälle von übermässigen Produkten der Regeneration nach croupöser Pneumonie, indem sowohl am Krankenbette als am Sektions- und Mikroskoptische der Verdacht auf einen der Pneumonie nachfolgenden phthisischen Process erweckt werden könnte.

Man findet hier den Croup, der etwa erst nach drei Wochen des Verlaufes oder noch später zur anatomisch-histologischen Untersuchung kömmt, völlig gelöst, d. h. in den Alveolen kaum mehr einen Rest des früheren Exsudates, sondern deren Raum ausgestopft anstatt mit dem Croupthrombus mit jüngsten, jüngeren und älteren Epithelformen, deren Zellen bald nur einen, bald mehrere Kerne enthalten, deren Protoplasma in den älteren Formen der Fettdegeneration unterliegt. Was ist näher, als an Desquamativ-Pneumonie zu denken? Allein das interstitielle Gewebe ist frei von Zellenwucherung, gerade von jenem Momente, welches die phthisischen Processe in so prägnanter Weise charakterisirt. Das Lungenparenchym entbehrt daher auch der Starrheit, Dichtigkeit und Derbheit, wie sie bei Desquamativ-Pneumonie beobachtet wird, und von käsigen Stellen ist keine Spur zu sehen. Ich habe diese Fälle bisher nur bei gleichzeitiger Pleuritis mit Compression der Lunge, also namentlich im Unterlappen beobachtet, und scheint es, dass die Compression Schuld der Anhäufung der neugebildeten Epithelzellen und Hinderniss ihrer Resorption und Wegschaffung ist.

Aus Allem ergibt sich, dass auch hier ein Uebergang aus der croupösen Pneumonie in Verkäsung oder cirrhotische Induration nicht zu entdecken ist.

Andere Momente, als die eben aufgeführten, welche die Meinung jenes Ueberganges erwecken könnten, habe ich bis jetzt nicht ermittelt.

Wenn nun Jürgensen sagt, dass „Jeder, der über eine grössere Erfahrung gebietet, weiss, dass eine als croupöse Pneumonie erscheinende Krankheit als Vorläufer der käsigen Form der Phthise oder der Lungenschrumpfung erscheinen könne“, so verwechselt er natürlich „Wissen“ und seinen „Glauben“. Denn entweder war es wirklich croupöse Pneumonie in phthisischer Lunge, wobei der Croup seinen Ablauf in Genesung durchmachte, die schon vorher vorhandene Phthise aber einfach zurückblieb, oder es war ein akuter Anfall von Desquamativ-Pneumonie, der nur am Krankenbette eine croupöse Pneumonie

vortäuschte, oder es war eine croupöse Pneumonie mit verzögerter
Lösung oder mit übermässiger Regeneration, welch letztere Fälle
nach dem Tode für Anfänge der Phthise angesehen wurden.

Jürgensen „vermag aber auch von meinem Standpunkte aus
nicht einzusehen, warum ich die Möglichkeit der Umwandlung von
Croup in käsige oder indurirende Pneumonie leugne, namentlich desswegen, weil ich zugebe, dass die eitrige Infiltration einen Uebergang
zu den interstitiellen Entzündungsformen bilde“.

Diess ist desswegen kein brauchbares Beweismittel, weil das
eitrige Infiltrat, wie es im weiteren Verlaufe der croupösen Pneumonie nachfolgen kann, sich in allen Stücken ganz anders verhält,
als die Processe, welche zu Phthise führen, mit Ausnahme des Umstandes, dass sich interstitiell ein mikroskopisch nachzuweisendes
eitriges Infiltrat findet. Denn das besagte Infiltrat ist lobär, und
nur mikroskopisch zu ermitteln, während bei phthisischen Processen
ein schon mit unbewaffnetem Auge sichtbares Eiterinfiltrat und nur
lobulär auf der Grundlage von purulenter Peribronchitis vorkömmt;
das lobäre eitrige Infiltrat, dem eine mehr oder weniger beträchtliche Wassermenge beigegeben ist, führt möglicher Weise zu Erweichung und Abscessbildung mit gesunder Umgebung, niemals aber
zu Verkäsung und Cirrhose; dagegen gehen die lobulären Herde
der Peribronchitis purulenta häufigst der trocknen Nekrose und Verkäsung entgegen, da die Wasserresorption bei allen phthisischen
Processen ein wesentliches Moment darstellt. Bei letzteren und bei
allen übrigen, namentlich den diffusen phthisischen Lobärprocessen,
ist das Wesentliche überhaupt nicht Eiterinfiltrat, sondern interstitielle Hyperplasie und aus dieser resultirt entweder Verkäsung
oder Induration oder beides.

Mir scheint, dass Jürgensen auf diese Verschiedenheiten wenig
geachtet hat.

Jürgensen meint endlich, durch mich sei es „keineswegs als
unmöglich erwiesen, dass in unmittelbarer Folge der croupösen
Pneumonie eine desquamative sich anschliessen könne und den ihr
eigenthümlichen Verlauf mit Schrumpfung, Cavernenbildung etc. zu
nehmen vermag“, und besonders hält er es für denkbar, „dass die
Störung der Ernährung, wie sie die croupöse Pneumonie herbeiführt,
in einem vorher zu tiefergreifenden Veränderungen disponirten Organe diese wachzurufen im Stande ist“.

Schliessen diese Sätze, gegen welche ich mich nicht wehre,

schon die Nothwendigkeit in sich ein, dass die croupöse Pneumonie zu einem phthisischen Processe verwandelt werde? Keineswegs; viel unverfänglicher und naturgetreuer ist die Antwort, dass die croupöse Pneumonie wie gewöhnlich endigt, und dass auf sie ein neuer, ein gemäss der Disposition völlig anders gearteter, vielleicht auch vor der croupösen Pneumonie schon angebahnter Process folgt.

Die croupöse Pneumonie ist so durchgreifend von Desquamativ-Pneumonie und den Folgen derselben, der käsigen Pneumonie und der Cirrhose, sowie von allen übrigen zu Phthise führenden Vorgängen, besonders der Peribronchitis purulenta, verschieden, dass ich meinen Ausspruch in vollem Umfange aufrecht erhalten muss. —

2.

Als ich vorliegende Zeilen schon abgeschlossen hatte, kamen mir die „Beiträge zur Histologie der käsigen Pneumonie" von Dr. Levy (Archiv f. Heilkunde 1877. 2) zu Gesicht, welche dadurch ein grösseres Gewicht haben, als sie eben aus pathologisch-anatomischen Studien hervorgegangen sind. Obwohl man in Obigem schon Mehreres finden dürfte, was die Auseinandersetzungen Levy's zweifelhaft macht, so glaube ich doch etwas näher auf letztere eingehen zu sollen.

Er beschreibt „Fälle, die sich wohl makroskopisch genau wie meine genuine Desquamativ-Pneumonie ausnahmen, mikroskopisch aber als croupöse Pneumonie charakterisirten," und kömmt er dadurch zu dem Schlusse, „dass es meine genuine Desquamativ-Pneumonie gar nicht gebe, sondern an ihre Stelle mit Recht (?) die croupöse Pneumonie zu setzen wäre. Es sei desshalb (?) auch im höchsten Grade unwahrscheinlich, dass die käsigen Infiltrationen der Lunge eine eigenthümliche, von vornherein besonders geartete und von den übrigen pneumonischen Formen zu trennende Lungenentzündung zu Grunde liege; vielmehr sei anzunehmen, dass eine jede pneumonische Infiltration, sei sie croupös, catarrhalisch oder interstitieller Natur, unter gewissen Umständen den Ausgang in käsige Degeneration nehmen könne. Nur sei in Bezug auf die croupöse Pneumonie hinzuzufügen, dass es weit seltener ihre akute lobäre Form sei, welche zu diesem Ausgange hinneige, als ihre chronische lobuläre Form, deren Sekret in der Regel eingedickt und in eine käsige Masse verwandelt zu werden scheint". Gegen diese Sätze habe ich Mehreres zu wiederholen:

Es gibt entzündliche Infiltrationen der Lunge, deren Natur ohne Zuhilfenahme des Mikroskopes selbst für ein geübtes Auge nicht sofort deutlich ist. Es kann eine Infiltration der Desquamativ-Pneumonie ähnlich sehen, das Mikroskop aber erkennt den Croup; oder eine Infiltration lässt sich kaum von Croup unterscheiden und die mikroskopische Untersuchung erweist sie als Desquamativ-Pneumonie. Wenn nun Levy Fälle beobachtete, welche ihm bei der Sektion den Anschein von Desquamativ-Pneumonie gaben, sich aber mikroskopisch als Croup entpuppten, so waren sie eben keine Desquamativ-Pneumonie und für seine Schlussfolgerungen nicht brauchbar.

Da er aber in anderen Fällen von Croup verkäste Lungenläppchen aufgefunden haben will, so lässt sich nur denken, dass sich der Croup neben seinen lobulären Herden, die wahrscheinlich durch Peribronchitis purulenta oder nodosa erzeugt waren, entwickelt hatte. Levy's Beweis, dass die Verkäsung aus Croup hervorgegangen sei, ist nun kein anderer, als das Nebeneinandervorkommen, und diess ist eben kein Beweis. Levy geht aber weiter; er behauptet, dass jede pneumonische Infiltration unter gewissen Umständen den Ausgang in käsige Degeneration nehmen könne. Welche „Umstände" diesen Ausgang veranlassen, sagt er nicht, sie scheinen ihm gleichgiltig, mir sind sie das Wichtigste. Mir bleibt daraufhin unverständlich, warum Levy nicht auf den Gedanken gekommen ist, überhaupt nur eine einzige Form von Pneumonie, nämlich eine croupöse, zu behaupten, welche unter Umständen Alles, also auch käsig und indurirt werden kann, sondern warum er mehrere Formen unterscheidet, warum er zugibt, dass die akute lobäre croupöse Pneumonie selten zu Nekrose führe, warum er dagegen die in Verkäsung endende Pneumonie als chronische lobuläre Form abtrennt, die im Gegensatze zur lobären Form ihren Sitz fast immer im Oberlappen habe und deren käsige Degeneration fast immer in der Spitze beginne. Sind das nicht Merkmale, welche eine durchgreifende Verschiedenheit der croupösen von der käsigen Pneumonie vermuthen lassen? Mir scheint auch, dass Levy noch niemals wirklichen lobulären Croup der Lungen gesehen hat, sonst hätte er auch die Unterscheidungsmerkmale von den verkäsenden

Lobularpneumonien herausgefunden; denn diese sind eben kein Croup, sondern stammen von Peribronchitis nodosa und besonders purulenta, welche auf das Lungenparenchym vorgeschritten ist. Endlich scheint mir auch, dass er die interstitiellen und besonders die an den feineren Arterien und Capillaren stattfindenden Vorgänge unmöglich gewürdigt haben könne, sonst würde er die käsige Masse nicht bloss ein eingedicktes Secret nennen und wären ihm die „gewissen Umstände", unter welchen die Verkäsung eintritt, sofort klar geworden; auch hätte er kennen gelernt, wie es sich mit den Alveolarepithelien verhält, die er unbegreiflicher Weise gar nicht erwähnt. Ich kann mich damit befriedigen, dass durch Levy's Arbeit meine Angaben nicht erschüttert worden sind.

3.

Meine Sätze sind jedoch nicht immer nur Angriffen ausgesetzt gewesen und bin ich neuerdings in der Lage, auch eine für mich erfreuliche Arbeit berühren zu können, nämlich die Experimentaluntersuchungen Friedländer's über chronische Pneumonie und Lungenschwindsucht (Virch. Arch. 68. Bd.), dessen Objektivität sich gleich Eingangs darin bekundet, dass er es als den grössten Fehler bezeichnen würde, wenn man versuchte, die für eine bestimmte Art der Pneumonie des Kaninchens gefundenen Thatsachen ohne weitere Kritik auf die Lungenentzündung des Menschen im Allgemeinen zu übertragen.

Mit diesem Ausspruche meint er vorzugsweise, „dass es ein nicht uninteressantes Ergebniss seiner Versuche sei, dass beim Kaninchen diejenige Form der Pneumonie, die als kleinzellige Anschoppung (Croup) der Alveolen auftritt, direkt zur Verkäsung führt, während es ihm doch eine gesicherte Thatsache ist, dass es beim Menschen die Desquamativ-Pneumonie ist, die in käsige übergeht, dass man diesen Uebergang fast direkt beobachten kann und dass die Betheiligung der interstitiellen Züge regulär zu constatiren und endlich dass die Anfüllung der Alveolen mit lymphoiden Zellen nie zu bemerken sei". Auf welcher Täuschung mag es nun beruhen, dass Levy immer die Alveolen mit Croupexsudat vollgestopft sah?

Friedländer kann mir jedoch nach obiger Zustimmung darin

nicht beitreten, dass die Verkäsung nur aus Desquamativ-Pneumonie
entsteht. Er wird mir erlauben, mich zu vertheidigen. Wenn ich
nämlich p. 75 meiner Briefe sage: weder aus catarrhalischer, noch
croupöser Pneumonie entwickelt sich käsige Pneumonie, sondern
diese entwickelt sich einzig und allein aus nekrosirender Desquamativ-
Pneumonie, so ist hier vorerst die lobäre, diffuse Form der käsigen
Pneumonie gemeint, denn von einer lobulären ist erst später die
Sprache. Dass ich aber käsige Lobularpneumonien statuire, die
aus Peribronchitis hervorgegangen sind, das kann man einige Blätter
weiter (p. 84—95) nachlesen.

Friedländer gebraucht den Ausdruck „Croup" nicht; so aber
bleibt es unentschieden, wenn er von kleinzelliger Hepatisation
spricht, wohin die lymphoiden Zellen infiltrirt sind, intra- oder interalveolär. Ist letzteres der Fall, so hat man eben keinen Croup vor
sich, sondern Peribronchitis purulenta, bei welcher, wie bei der
interstitiellen Hyperplasie der Desquamativ-Pneumonie, in den Alveolen
eine Desquamation der Epithelien statthat. Besteht also hier schon
eine Analogie mit der Desquamativ-Pneumonie, so sind die, nicht
aus Eiterinfiltrat hervorgegangenen lobulären verkäsenden Herde der
Peribronchitis nodosa völlig äquivalent der Desquamativ-Pneumonie,
und zwar in dem Ausgange auch in Cirrhose. Die Herde der puru-
lenten Peribronchitis bilden durch das Eiterinfiltrat eine ganz eigne
Erkrankung, die aber am wenigsten mit Croup identificirt werden
dürfte.

Friedländer sagt weiters, dass bei den lobulären käsigen
Pneumonien die Entscheidung desswegen schwierig sei, weil desquamative und kleinzellige Hepatisation meist zusammen angetroffen
werden.

Diess ist in der That so; nicht nur sind die Alveolen so lange,
bis die interalveoläre Infiltration und Schwellung nicht zum Verschluss derselben geführt hat, wie ich bereits erwähnt, mit des-
quamirten Epithelien gefüllt, sondern man kann lobuläre käsige
Herde aus Peribronchitis purulenta beobachten, deren Zwischen-
parthien an frischer, rother, genuiner Desquamativ-Pneumonie erkrankt sind.

Friedländer meint desshalb, weil die Entscheidung schwer
sei, so könne für die lobuläre käsige Pneumonie nicht bewiesen
werden, dass sie lediglich aus Desquamativ-Pneumonie hervorgehe.
Wie ich darüber denke, ist in Obigem enthalten und füge ich nur

hinzu, dass aus den Objekten noch viel weniger gefolgert werden könne, dass sie aus catarrhalischer oder croupöser Pneumonie hervorgehe. Friedländer betont wie ich, „dass es die Verminderung der Blutzufuhr sei, welche mit grosser Sicherheit als begünstigendes Moment der Verkäsung angesehen und auch regelmässig anzutreffen sei, dass die Bronchien, Arterien, Venen und Lymphgefässe schliesslich in breite Züge neugebildeten Bindegewebes eingebettet würden, und dass zum Zustandekommen der Verkäsung eine allmälige Entziehung des Wassers gehöre! Wo also das Exsudat gehörig Wasser besitzt, da bleibt die Verkäsung aus — und diess ist gerade beim Croup der Fall.

Friedländer meint freilich, dass das Croupexsudat in den Alveolen auf die Capillaren in deren Wand der Art drücken könne, dass die Verflüssigung manchmal nicht eintrete, sondern das Gegentheil, die Verkäsung folge. Dieser Fall ist wohl durch Compression von der Alveolarhöhle aus gar nicht zu erwarten, dagegen in der Zellenanhäufung um die Capillaren interalveolar, wie bei Peribronchitis, die Regel.

4.

Die Nekrose und Verkäsung des Lungengewebes betrifft entweder einen ganzen Lappen oder nur einen Theil desselben, oder sie ist nur auf Läppchen beschränkt. Die Blutzufuhr ist dann durch celluläre Capillar- und Arterienumschnürung absolut null, soweit die Nekrose und Verkäsung des Lungengewebes reicht.

Es kann aber auch der Fall sein, dass die Alveolarwand trotz der interstitiellen Hyperplasie nicht verkäst, sondern nur verdichtet, cirrhotisch geworden ist, und nur der Alveoleninhalt (das proliferirte und abgeschuppte Epithel) allein verkäst. Ja es kann sogar die interstielle Hyperplasie erst an den feineren Bronchien, nicht schon interalveolär beginnen und dennoch verkäst der Alveoleninhalt.

Die Frage ist nun, was ist hier die Ursache? Die Antwort lautet: die Verkäsung hängt stets von der Unfähigkeit des Lungengewebes ab, ausser dem Wasser auch den festen Alveoleninhalt aufzusaugen. Es setzt also die Verkäsung des Alveoleninhaltes eine Erkrankung zunächst der Lymphgefässe der Alveolenwand oder doch der Bronchiolen voraus, und diese sehen wir in der interstitiellen Hyperplasie.

Betrachten wir das Lungengewebe nach dieser Richtung etwas näher.

Die Resorption intraalveolärer Massen, d. h. die Möglichkeit ihrer Aufnahme in die L y m p h g e f ä s s e ist für gesunde Lungen leichter zu zeigen, als für andere Organe, mindestens ebenso leicht wie für seröse Häute. E. F. S c h u l z e beschreibt die Lymphgefässe der Alveolarwand, S i k o r s k y gelang es, den offenen Anfang der membranlosen Lymphgefässe in der Alveolenwand darzuthun. Ich machte in meinen Briefen aufmerksam auf das Entstehen eines interalveolären Emphysems bei sehr trockenen Lungen durch Eintritt von Inspirationsluft in die Lymphgefässe und kann man ein solches auch künstlich bei asphyktischen Neugebornen durch zu heftiges Einblasen in die Trachea behufs der Einleitung der Respiration oder an ihrer Leiche erzeugen. Bei allen Staubinhalationskrankheiten kann man den direkten Eintritt der Staubtheilchen in die Lymphgefässe nicht nur vermuthen, sondern auch experimentell nachweisen. v. Ins (Arch. f. exper. Path., Bd. V, p. 169) glaubt zwar, dass der in die Alveolen gelangte Staub zunächst eine Reizung und den Austritt weisser Blutkörper aus den Gefässen veranlasse, dass dann diese Körper den Staub in sich aufnehmen und in das Lungengewebe tragen. Für diesen Fall ist also angenommen, dass die ausgetretenen, mit Staub geschwängerten weissen Blutkörper in die Lymphgefässe einwandern und das Lungengewebe bis in die Bronchialdrüsen durchziehen.

Dass aber diese lange Procedur nicht nöthig ist, dass in die Alveolen aspirirte Staubtheilchen nicht erst auf den Austritt weisser Blutkörper zu warten brauchen, sondern dass sie ebenso gut oder noch leichter als die grösseren, damit geschwängerten weissen Körper direkt in die Lymphbahnen der Lunge eindringen, ist durch Versuche, welche ich mit Dr. S c h w e n i n g e r anstellte, schlagend bewiesen. Eine blaue wässerige Flüssigkeit, in die Bronchien einer menschlichen Leiche injicirt, drang mit Leichtigkeit durch zahlreiche Poren in das Alveolargewebe ein und fand darin punktförmige oder lineare Aufnahme. Die punktförmige geschah in den Maschenräumen des Capillarnetzes, die lineare dagegen pericapillär. Es gibt zugleich keinen besseren Beweis dafür, dass das Gefässnetz noch von einer strukturlos erscheinenden Membran begleitet und wenigstens streckweise von ihr überzogen sein müsse, als die genannte pericapilläre Injektion. Noch deutlicher wirkte eine in die Trachea eines lebenden

Hundes eingespritzte mit feinstem Zinnoberpulver innig gemengte Flüssigkeit. Nach drei Athemzügen wurde der Hund mittelst Umschnürung der Trachea getödtet. Das Parenchym der Lungen ist voll Zinnober, kein Körnchen frei in den Alveolarräumen, sondern alle sind sie mitten in den Gewebsspalten, resp. Lymphgefässen fixirt.

So eben lese ich im Centralblatte No. 24, 1877, dass N o t h n a g e l bei Untersuchungen die Thatsache ermittelte, dass bei Aspiration von Blut in den Bronchialbaum gesunder Kaninchen rothe Blutkörper mit überraschender Geschwindigkeit in das interstitielle Lungengewebe übertreten. Nach zwei bis fünf Minuten kann die Lunge das Bild einer interstitiellen Hämorrhagie darbieten. Ich habe bei Berstung eines Aortenaneurysmas in den rechten Bronchialast dasselbe beobachtet und in der gleichen Weise aufgefasst.

Was hindert nun, den Lymphgefässen eine offene Communikation mit den Lungenbläschen zuzuschreiben und eine inspiratorische Erweiterung der ersteren mit den letzteren zu behaupten, oder die Alveolen als luftgefüllte Lymphräume anzusehen, wie ich es in meinen Briefen p. 5 that? Diese Anschauung war es auch, die mich veranlasste, dem Alveolarepithel die B e d e u t u n g e i n e s E n d o t h e l s beizumessen — ich sage „die Bedeutung", denn ich bin nie darüber hinausgegangen und in den angeführten Briefen gebrauche ich trotzdem immer die Bezeichnung „Epithel", niemals die des „Endothels", damit es nicht den Anschein gewänne, als hielte ich die Sache für ausgemacht.

Was hindert ferner anzunehmen, dass die Pfröpfe aus lymphoiden Zellen, welche bei croupöser Pneumonie die Alveolen ausfüllen, nur soweit verflüssigt werden müssten, dass die lymphoiden Körperchen derselben von ihrem zwischenliegenden Fibrinkitt befreit und nach Beendigung der Exsudation einzeln direkt in die Lymphbahnen der Lunge zurückkehren? Zu diesem Zwecke müssen diese Bahnen intakt sein und ist diess bei catarrhalischer und croupöser Pneumonie, bei welcher man nur von interstitiellem Oedem sprechen kann, in der That der Fall. In kurzer Zeit schwindet das Oedem und sodann der abnorme Inhalt der Alveolen und kann man die Resorptionsstrassen durch in dieselben eingesaugte Fettmoleküle und degenerirte Zellen verfolgen. Die Inspiration und die mit ihr nachdringende Luft ist ein mechanisches Mittel der Resorption.

Bei allen interstitiellen Processen aber, bei lobärer Desquamativ-

Pneumonie und bei den lobulären Pneumonien der Peribronchitis, kommt wohl Wasser zur Resorption, allein der körperliche Inhalt der Alveolen verbleibt und verkäst, weil die Lymphbahnen durch festere celluläre Umschnürung oder Verstopfung unwegsam geworden sind.

Und alle diese fundamentalen Differenzen zwischen croupöser und desquamativer Pneumonie will man nicht anerkennen?

Ich habe übrigens schon in meinen Briefen auseinandergesetzt, dass die interstitielle Hyperplasie nicht stets Verschorfung und Verkäsung im Gefolge hat, sondern dass in einer und derselben Lunge neben einander sich Verkäsung und Cirrhose als nur quantitativ verschiedene Processe ganz gewöhnlich entwickeln, ja dass neben diesen auch Verfettung und sogar Rückgang zum normalen Gewebe unter Resorption der abgeschuppten Epithelien vorkömmt. Ferner habe ich auch diejenigen Ausgänge von genuiner Desquamativ-Pneumonie als „reine" abgeschieden, bei welchen die Verkäsung gar nicht eintritt. Dieses Verhältniss mag zu einem Theile in der Disposition des Kranken begründet sein. Die grösseren und kleineren cirrhotischen Knoten gehören besonders hieher, und die verästelte fibröse, sowie die nodose Peribronchitis schliessen sich ihr an. Es scheint dieses verschiedene Verhalten ebenfalls mit der Art der Betheiligung der Lymphgefässe zusammen- und von der verschiedenen Raschheit und Dichtigkeit der cellulären Gefässumwucherung abzuhängen.

5.

Ich will diese Zeilen nicht abschliessen, ohne noch der Frage über die Herkunft der lymphoiden Zellen bei croupöser Pneumonie Erwähnung zu thun.

Vor Jahren schon veröffentlichte ich die Beobachtung, dass bei der genannten Krankheit sich Zellen finden, deren Protoplasma mit Eiterkörpern (resp. lymphoiden Körpern) erfüllt waren. Je nach der Zahl (1—5—20) der enthaltenen Körperchen waren die Zellen verschieden gross. Der Kern der Zelle liess sich häufig noch deutlich nachweisen. Ich betrachtete die Zellen als Alveolarepithelien und nahm die Möglichkeit an, dass sich die Eiterkörper aus dem Protoplasma durch eine Art Furchungsprocess gebildet haben dürften. Die Beobachtung wurde bald auch von Anderen bestätigt und eine ähnliche Auffassung angenommen. Später wurde Beobachtung und

Deutung angezweifelt und namentlich schien der Umstand, dass man die Fähigkeit des Protoplasmas kennen lernte, andere Körper in sich aufzunehmen, die Angelegenheit für die meisten Forscher in befriedigender Weise gelöst zu haben; die lymphkörperhaltigen Zellen waren durch Intussusception entstanden.

Die Entdeckung der Wanderfähigkeit lymphoider Körper durch v. Recklinghausen und die Erfahrung, dass weisse Blutkörper durch die Gefässwände in das umgebende Gewebe durchtreten können (Cohnheim), sind alsdann von so bedeutendem Einflusse auf die Pathologie, namentlich auf die Entzündungslehre gewesen, dass, man kann beinahe sagen, alles Denken in ihnen aufging und noch aufgeht. Für die croupöse Pneumonie nahm man folgerichtig an, dass die weissen Blutkörper direkt aus den Alveolarcapillaren auswanderten und bei dieser Gelegenheit zu einem Theile in den Epithelleib aufgenommen würden.

Wenn ich mich nun auch als einen Anhänger der Emigrationstheorie bekenne, so scheint mir doch die Sache nicht so einfach zu liegen, dass jede andere Möglichkeit des Auftretens lymphoider Körper damit ausgeschlossen wäre.

Cohnheim selbst hat für chronische Eiterungen auch Neubildung der Körperchen zugestanden und neuestens hat Socoloff (l. c.) die bestimmte Ansicht ausgesprochen, dass die bei Entzündung der Luftwege erscheinenden Eiterzellen keine ausgewanderten weissen Blutkörper seien, sondern dass sie in loco in der epithelialen Schichte entwickelt würden und zwar durch Wucherung der Membrana propria und der subepithelialen Zellen, welche nur eine veränderte Membrana propria seien.

So lange man eben nicht im Reinen ist über die Bildungsstätte der lymphoiden Körper überhaupt, lässt sich darüber kein Abschluss erwarten. Der von mir ausgesprochene Satz, dass auf krankhafte Reize hin jede epi- und endotheliale Zelle im Stande sei, lymphoide Körper zu erzeugen, ist bis heute noch nicht widerlegt und so ist die Entstehung der Eiterkörper an Ort und Stelle denkbar und ist ihr neben der Emigration aus den Blutgefässen ein Platz gesichert.

Es gibt aber noch eine dritte Quelle des Eiters, welche ganz vergessen scheint.

Als die Wiener pathologisch-anatomische Schule im Aufblühen war, sprach man statt von eiterig-faserstoffigen Exsudaten von ausgetretener geronnener Lymphe.

Heutzutage sollte man ebenfalls nicht von entzündlichen Exsudaten, sondern nur von Extravasaten sprechen, da es sich um Austritt weisser Körper und Blutplasma, z. Th. auch rother Körper und Serum handelt.

Dass aber in den Gewebsspalten, welche unter einander und schliesslich mit Lymphgefässen communiciren, sich eine Flüssigkeit befindet, die nicht bloss mit den Gewebszellen eine end- und exosmotische Bewegung in sich birgt, sondern die auch strömt und deren Strömung theils vom Blut-, theils vom Gewebdrucke abhängt, eine Flüssigkeit, in welcher lymphoide Körper enthalten sind, die sich je nach der Stromgeschwindigkeit nur einzeln vorfinden, oder anhäufen können, auf diese Verhältnisse erinnert man sich nicht mehr.

Es ist nun Thatsache, dass nirgends so rasch Eiter zu Tage gefördert wird, als auf serösen Häuten und im Lungenparenchym, also gerade an denjenigen Geweben, bei welchen die Lymphgefässe mit offenen Mündungen an die Oberfläche stossen. Bei sehr rascher Produktion von Eiter und Faserstoff liegt es daher mindestens ebenso nahe, an die Lymphe und deren Körperchen zu denken, als an die Blutgefässe und wäre, wenn sich die Hypothese bestätigen sollte, nur die Frage, auf welche Weise die Ansammlung der Lymphe und damit wegen Ueberfülle ein Rückstrom und Austritt aus den offenen Mündungen zu Stande kömmt.

Es scheint mir nöthig, darüber direkte und experimentelle Beobachtungen zu ersinnen; vorläufig möchte ich aber die Herkunft der Eiterkörper — nicht bloss etwa für die Pneumonie, sondern überhaupt — auf die drei Möglichkeiten ausdehnen:

1) auf das Blut; die Eiterkörper sind emigrirte weisse Körper, der Faserstoff ist Blutplasma;

2) auf die Lymphe; die Eiterkörper sind aufgestaute Lymphkörper, das eiterig faserstoffige Exsudat auf den Oberflächen ist rückläufig ausgepresste Lymphe;

3) auf die Gewebzellen; die Eiterkörper sind in loco neugebildet, der Faserstoff fehlt.

VII.

Experimentelle Beiträge zur Lehre von der Tuberkulose und Scrofulose.

Von

Prof. Dr. Bollinger.

1.

Ist die Impftuberkulose eine „Illusion"?

(Hiezu eine Tafel.)

In der Thatsache, dass die Tuberkulose auf Thiere übertragbar ist und erfolgreich geimpft werden kann, sah Buhl*) den schlagendsten Beweis für die Richtigkeit seiner bereits vor mehr als 20 Jahren vertretenen Anschauung, dass die Tuberkulose eine Resorptions- und Infectionskrankheit sei. Dieser in früheren Jahren von Wenigen anerkannte Satz wurde mit der Entdeckung der Impfbarkeit der Tuberkulose durch Villemin fast mathematisch bewiesen und so schien für die Pathogenese der Tuberkulose eine neue und fruchtbare Basis gewonnen zu sein.

Vor einigen Jahren hat nun Friedländer**) in einer viel-

---

*) Lungenentzündung, Tuberkulose und Schwindsucht. Zwölf Briefe an einen Freund. II. Aufl. 1873. S. 125.

**) Ueber locale Tuberculose. Sammlung klinischer Vorträge von Volkmann. Nr. 64. 1873. S. 19.

fach citirten Abhandlung mit dürren Worten es als eine Illusion
bezeichnet, dass wir im Stande seien, experimentell durch Impfung
eine mit der menschlichen Tuberkulose identische Erkrankung her-
beizuführen und darauf gestützt der wenig tröstlichen Meinung Ausdruck gegeben, dass wir von der Aetiologie der Tuberkulose ebensowenig wissen wie von der des Krebses. Wenn diese von Manchen
adoptirten und vielfach citirten Sätze richtig wären, dann stünde
die Lehre von der Pathogenese der Tuberkulose genau auf dem vor
14 Jahren von Virchow constatirten Standpunkte, wornach Nie-
mand bis dahin experimentell Tuberkel habe erzeugen können und
der grösste Theil der experimentellen Arbeit eines Jahrzehnts, die
sich mit der Erforschung der Tuberkelgenese beschäftigte, wäre umsonst gewesen.

Bei der unbestreitbaren Wichtigkeit der Frage ist es daher
wohl am Platze, die negirende Behauptung Friedländer's einer
näheren Prüfung zu unterwerfen. Wenn Fr. der Meinung Ausdruck
gibt, dass die durch Impfung bei den Thieren erzeugten Knötchen
nicht den typischen Bau der Tuberkel haben und der Riesenzellen
ganz entbehren, so kann man ihm nur beistimmen, insoferne er dabei Kaninchen und Meerschweinchen im Auge hat. Wie ich bereits an einem anderen Orte *) auseinandersetzte, sind nach meinen
und Anderer Erfahrungen Kaninchen und Meerschweinchen keine
geeigneten Versuchsthiere, da sie durch alle möglichen Ursachen
tuberkelähnliche Krankheiten acquiriren, das heisst Processe, die
man recht wohl mit der menschlichen Tuberkulose oder Phthise in
Analogie bringen kann, die aber durchaus nicht identisch mit derselben sind. Wenn man durch Einbringen von Kautschukstückchen
oder ähnlichen indifferenten Dingen in den Peritonealsack der genannten Thiere eine tuberkelähnliche Eruption zu erzeugen im Stande
ist, so ist damit nicht widerlegt, dass die Tuberkulose des Menschen
und verschiedener anderer Säugethiere durch ein specifisches Agens
entstehen kann. Nach dem Gesagten erscheint es leicht verständ-
lich, dass die Pathogenese der menschlichen Tuberkulose wie die
Frage von der Impftuberkulose überhaupt sich durch Versuche an
Thierarten, die sich nicht dazu eignen, ebensowenig aufgeklärt
werden kann, als auf Grund derartiger Versuche die Construction
allgemeiner Sätze über Tuberkulose am Platze ist.

---

*) Archiv f. experim. Pathol. Bd. I. S. 371.

Ich schreite nun zur gedrängten Darstellung meiner experimentellen Erfahrungen über diesen Punkt, die ich theilweise schon früher publicirte, ohne dass jedoch eine erläuternde Abbildung der gewonnenen Versuchsresultate stattfand.

Wenn man einer Ziege käsige Massen (ca. 20 Gramm) mit Wasser verdünnt aus einer tuberkulösen Rindslunge in die Bauchhöhle injicirt, so beobachtete ich in einem Falle, dass das Impfthier nach ca. sechs Wochen starb und bei der Section eine klassische Miliartuberkulose des ganzen Bauchfells zeigte, die sich namentlich am grossen Netze (Taf. I) in ausgezeichneter Weise präsentirt. Diese miliaren und submiliaren Impftuberkel, im frischen Zustande diaphan und in keiner Weise von Miliartuberkeln des Menschen sich unterscheidend, bedecken, wie die Abbildung (Taf. I) deutlich zeigt, das grosse Netz in grosser Zahl. Mikroskopisch bestehen diese Impftuberkel aus Anhäufungen kleiner Rundzellen (cytoide Körper) ohne nachweisbares Reticulum und ohne Riesenzellen. In jedem Knötchen erscheint das Centrum mehr oder weniger im Zustande der Verfettung und Verkäsung. Als bemerkenswerther und auf der Abbildung, die getreu nach einer Originalphotographie angefertigt ist, leicht zu controlirender Umstand ist hervorzuheben, dass die örtliche Entwickelung der Miliartuberkel unabhängig ist vom Verlauf der Blut- und grösseren Lymphgefässe. Ferner ist zu constatiren, dass jede Spur einer Entzündung fehlt mit Ausnahme jener Stelle des Peritoneums, wo die Flankenwunde behufs Injection der Impfmasse in den Peritonealsack gemacht wurde — es fand sich daselbst eine partielle Adhäsiv-Peritonitis. Bei der Impftuberkulose kann demnach der Miliartuberkel einmal im gesunden Gewebe auftreten, während er sich ein anderes Mal im entzündlich gewucherten und neugebildeten Bindegewebe etablirt (vergl. den folgenden Aufsatz und dazu Taf. II. Fig. 1). Somit entsteht der Impftuberkel weder ausschliesslich primär im gesunden Gewebe noch ausschliesslich secundär im entzündeten und neugebildeten Gewebe.

Auf alle Fälle ergibt sich aus dem Mitgetheilten, dass sich künstlich auf einer serösen Haut solche miliare Eruptionen erzeugen lassen, wie sie von Virchow als typische Form des Tuberkels beschrieben wurden: Knötchen in miliarer und submiliarer Form, aus dicht stehenden kleinen Rundzellen zusammengesetzt, mit central beginnender Trübung, bedingt durch fettig-körnige oder käsige Entartung. Wenn auch Riesenzellen fehlen und ein Reticulum nur angedeutet ist, so sind wir dennoch berechtigt, diese Gebilde als Miliartuberkol kat' exochen anzusprechen. — Dabei will ich nicht unterlassen zu bemerken, dass bei jeder Thiergattung die Histogenese und der feinere Bau des Tuberkels eine andere ist; den deutlichsten Beweis haben wir in den tuberkulosen Formen des Menschen und des Rindes, die trotz aller Analogien histologisch mannigfache Abweichungen zeigen.

Auf Grund der mitgetheilten Resultate dürfen wir die Frage nach der Natur der Impftuberkulose insofern für gelöst halten, als dieselbe als ein der menschlichen Tuberkulose durchaus homologer Process zu betrachten ist, aus dessen Entwickelungsgeschichte Rückschlüsse auf die Entstehung der menschlichen Tuberkulose wohl gezogen werden können. Wir werden desshalb auch ferner die Impfbarkeit der Tuberkulose als eine unangreifbare Stütze der Buhl-schen Theorie über das Wesen der Tuberkulose betrachten dürfen, einer Theorie, die auf Grund der neuesten Experimente*) im Münchener pathologischen Institute geradezu zum Lehrsatz geworden ist und von der wir einen hervorragenden Kliniker einmal mit Recht sagen hörten, „dass sie wie eine Lawine in die Medicin herein-gekommen sei".

2.

Ueber das Verhältniss der Scrofulose zur Tuberkulose und über die Experimentaldiagnose der Tuberkulose.

(Hiezu eine Tafel.)

Im Verlaufe einer grösseren Versuchsreihe, die ich vor einigen Jahren über die Impfbarkeit der Tuberkulose anstellte, legte ich mir die Frage vor: „Ob und inwiefern auf experimentellem Wege das Verhältniss der Scrofulose zur Tuberkulose eruirt werden könne?" Bei der Vielgestaltigkeit der menschlichen Scrofulose und ihren unleugbaren, sowohl klinisch wie in neuerer Zeit auch histologisch festgestellten Beziehungen zur Tuberkulose durfte man wohl Resul-

---

*) Dieselben wurden von Dr. Lippl und Dr. Tappeiner sen. in der Section für pathol. Anatomie auf der diesjährigen Naturforscher-Versammlung in München des Näheren mitgetheilt.

tate erwarten, welche über diese wichtige Frage Aufschluss geben konnten. Ich erinnere in dieser Richtung einerseits an die bekannten leichten und absolut heilbaren Formen der Scrofulose, anderseits an die schwereren Formen, die häufig zum Ausgangspunkt einer lethalen Tuberkulose werden. Ich erinnere ferner an den bekannten Causalnexus zwischen beiden Processen, indem die Nachkommen tuberkulöser Eltern mit exquisiter Scrofulose behaftet sind oder umgekehrt, indem eine acquirirte Scrofulose gleichsam das Initial- und Prodromalstadium einer Tuberkulose darstellt.

Mein ursprünglicher Plan, die Versuche in der angedeuteten Richtung weiter zu führen, wurde durch verschiedene Umstände verhindert, so dass ich einstweilen mein unvollständiges Material veröffentliche in der Hoffnung, dasselbe später vervollständigen zu können oder wenigstens zu weiteren Versuchen anzuregen.

Meine nächste Absicht, mit zweifellos scrofulösem Impfmaterial vom Menschen auf Thiere, die erfahrungsgemäss für Impftuberkulose empfänglicher sind, zu impfen, wurde durch die Freundlichkeit des Hrn. Prof. Rose, Vorstand der chirurgischen Universitätsklinik zu Zürich, den ich um entsprechendes Impfmaterial ersucht hatte, in ihrer Ausführung ermöglicht.

Das Thatsächliche meiner Erfahrungen ist Folgendes:

Krankengeschichte.

Aufnahme: 15. I. 1874. M. J.*), Student, 24 Jahre alt, aus K. im Kaukasus, früher ganz gesund, bemerkte vor 6 Jahren zuerst eine leichte schmerzhafte Schwellung der Cervicaldrüsen rechterseits. Allmählige Zunahme an Grösse und Zahl; die einzelnen Knoten etwa nussgross. 1873 Cur im Soolbad Münster a./Stein. Schwund der Cervicaldrüsen, dagegen Wachsthum der rechten Axillardrüsen, die vorher als kleine Knötchen fühlbar waren. Seither langsame Zunahme derselben, Schmerz und Belästigung gering. Während dieser Zeit nie besondere Zeichen von Katarrhen der Respirationsorgane, keine Drüse vereitert. — Patient ist blass, gut genährt, kräftig. Thorax gut gebaut; rechts eine Anzahl erbsen- bis kirschengrosser Cervicaldrüsen; unter der rechten Achsel mehr an der Thoraxwand als in der Achselhöhle selbst ein über wallnussgrosser Knoten, knollig, mässig hart, dessen Basis sich unter der Musculus pectoralis major hinzieht. —

---

*) Die Krankengeschichte folgt hier im Auszuge und wurde mir von Herrn Prof. Rose gütigst zur Verfügung gestellt.

Kein Husten mit Ausnahme des Morgens, wobei einzelne, schleimig-eiterige Sputa entleert werden, kein Fieber; Schlaf und Appetit gut. Die Untersuchung des Thorax ergibt rechts in der Supraclaviculargrube eine leichte Dämpfung; keine deutlich abnormen Auscultationsphänomene. —

Operation am 17. I. 1874. Bei der Exstirpation zeigt sich, dass die Drüsen der Achselhöhle sich unter dem Pectoralis major bis fast zur Clavicula hinziehen. Es wird ein 12 Cm. langer, 5 Cm. breiter Drüsenklumpen nebst einigen kleinen Drüsen ausgeschält, die Wunde tamponirt, später offen behandelt. Fieber hat Patient in geringem Grade, nie über 39° die ersten 4 Tage, später ganz fieberfrei. Wundheilung sehr rasch und schön bis zuletzt. Die letzten Wochen tritt wegen ungünstiger localer Verhältnisse Wulstung des einen Wundrandes mit theilweiser beginnender Einstülpung ein und damit Stillstand der Heilung (circa 25. II. 1874). Bei Verlangsamung der Heilung ohne irgend eine Complication als eine superficielle Verbrennung neben der Wunde vermittelst eines zu heissen Kataplasma tritt Verschluss der Wunde ein und wird Patient am 28. III. 1874 entlassen. —

Die mir von Prof. Rose übermittelten Drüsen zeigten alle Charaktere der scrofulösen Entzündung mit Ausgang in trockene Verkäsung: auf der Schnittfläche erscheinen die Drüsen glanzlos, kartoffelartig, die einzelnen Drüsen durch derbes Bindegewebe zu einem Pakete vereinigt. Die mikroskopische Untersuchung ergab eine zellige Hyperplasie mit theilweiser fettig körniger und käsiger Entartung, jedoch keine Miliartuberkel. Einige kleinere excidirte Stückchen der Drüsen wurden zerquetscht, mit ½ % Kochsalzlösung verrieben und wurden dann circa 60 Gramm der so erhaltenen etwas trüben Flüssigkeit einem jungen gesunden Ziegenbock in den Peritonealsack injicirt. Nach mehreren Wochen ging das Thier zu Grunde. Es fand sich bei der Section eine exquisite Miliartuberkulose des Peritoneums, besonders charakteristisch ausgebildet am grossen Netze (Taf. II. Fig. 1). Die nähere Untersuchung ergibt eine mit disseminirten entzündlichen Bindegewebswucherungen combinirte Miliartuberkulose in der unzweifelhaftesten Form, daneben eine Schwellung und käsige Entartung der Gekrösdrüsen. Die so erzielten Impftuberkel unterscheiden sich von den auf Taf. I abgebildeten ganz auffällig dadurch, dass die Tuberkel meist in einem bindegewebigen Netzwerk, häufig auch gestielt ganz nach Art der Perlknoten bei der Rindstuberkulose befestigt wird, so dass man hier mit Recht von einer tuberkulösen Entzündung sprechen kann. Die

mikroskopische Untersuchung dieser Impftuberkel ergab in der Hauptsache eine Zusammensetzung aus cytoiden Körperchen, während
Riesenzellen nicht nachzuweisen waren.

Nachdem ich über das erwähnte Impfresultat an Prof. Rose
Mittheilung gemacht und die Meinung ausgesprochen hatte, dass es
sich wahrscheinlich um eine tuberkulöse Scrofulose handle, ergab
eine nunmehr vorgenommene Untersuchung des betreffenden Patienten
(28./IV. 1874), der bald darauf entlassen wurde, — eine ausgesprochene Dämpfung der rechten Lungenspitze; ferner war unterhalb der Clavicula und hinten eine deutliche Dämpfung zu constatiren.
Bei der Auscultation hörte man zeitweises feines Rasseln an einzelnen
Stellen der rechten Lungenspitze. Sonst nichts Abnormes. Der
stets spärliche, nur Morgens entleerte Auswurf wurde nicht näher
untersucht.

Das Resultat dieser Impfung scheint mir zu beweisen, dass
gewisse klinisch als Scrofulose in die Erscheinung
tretende Krankheitsprocesse nichts anderes darstellen,
als beginnende Tuberkulose, ferner dass gewisse unter
dem Bilde der Scrofulose auftretende Initialformen der
Tuberkulose einer Differentialdiagnose auf experimentellem Wege zugänglich sind. — Mag man vom rein anatomischen Standpunkte die Veränderung der Achseldrüsen als tuberkulöse
auffassen, so war klinisch der Process doch nur als Scrofulose zu
betrachten und aus diesem Process gelang die Erzeugung einer
zweifellosen Tuberkulose bei der geimpften Ziege.

In Bezug auf das vielfach discutirte Causalitätsverhältniss zwischen
Tuberkulose und Entzündung bestätigt der angeführte Versuch, dass
dasselbe Agens, welches an die käsige Masse gebunden ist, gleichzeitig den Tuberkel, nie den Entzündungsprocess zu verursachen im
Stande ist.

Das oben urgirte Verhältniss gewisser Formen der Scrofulose
zur Tuberkulose lässt sich noch von einer andern Seite her be-
leuchten. In einem Vortrage*), den ich vor 4 Jahren zu Winter-
thur in der Frühlingssitzung der ärztlichen Gesellschaft des Cantons
Zürich hielt, theilte ich einige einschlägige Versuche mit und sprach
folgende Sätze aus: „Gewisse Formen der Fütterungstuberkulose

---

*) Archiv f. experiment. Pathologie. Bd. I. S. 364. 370. u.

zeigen pathologisch-anatomisch eine grosse Uebereinstimmung mit
der menschlichen Scrofulose namentlich was die Hyperplasie und
käsige Entartung der Gekrös- und Halslymphdrüsen betrifft."
Ferner: „In manchen Fällen von Fütterungstuberkulose bildet die
Affection der Lymphdrüsen die am meisten in die Augen fallende
Veränderung und wenn sich dazu noch eine analoge Veränderung
der Halslymphdrüsen hinzugesellt, so haben wir ein Bild, welches
seine grosse Aehnlichkeit mit gewissen Formen der menschlichen Scrofulose und der Tabes meseraica nicht verleugnen
kann." Diese Anschauungen gründeten sich zum grossen Theile
auf eigene Versuche, die ich in Kürze als zur Sache gehörig
recapitulire:

1) Eine Ziege*), die mit eiterig-schleimigem Bronchialinhalte
aus einer tuberkulösen Rindslunge gefüttert wurde, zeigte nach
18 Tagen bei der Section eine katarrhalische Schwellung der
Intestinalschleimhaut und Vergrösserung der mesenterialen und
portalen Lymphdrüsen. — 2) In einem weiteren Falle (No. 10)
fanden sich bei einer mit käsigen Massen aus einer tuberkulösen
Rindslunge gefütterten Ziege käsige Folliculargeschwüre des Lab-
magens**). — 3) Als Theilerfolg einer Fütterung mit tuberkulöser
Rindslunge fand sich bei einer Ziege (No. 16) Hyperplasie und
Verkäsung der oberen Halslymphdrüsen; bei anderweitigen Versuchen
(z. B. bei den an der Dresdener Thierarzneischule angestellten)
wurde nach Fütterung tuberkulöser Massen bei Schweinen Schwellung und Verkäsung der Halslymphdrüsen neben Tuberkulose anderer
Organe producirt. — 4) Eine mit tuberkulöser Rindslunge (circa
25 grmm.) gefütterte Ziege litt alsbald an Diarrhöen und starb
65 Tage nach der Fütterung. Die Section ergab unregelmässig
ausgebreitete Geschwüre im Dick- und Dünndarm (Taf. II. Fig. 2)
mit zerfressenem Grunde, in deren Umgebung kleine solitäre Folliculargeschwüre, die insgesammt von dem lymphoiden Drüsenapparate
der Darmschleimhaut ihren Ausgang nahmen. Die Gekrösdrüsen
zu umfangreichen Paketen vergrössert, die meisten bis wallnuss-
gross; auf der Schnittfläche hie und da miliare Tuberkel und theilweise Verkäsung.

---

*) Nr. 9 der am cit. Orte aufgeführten Versuche.
**) Der Labmagen der Wiederkäuer besitzt Solitärfollikel wie der ganze
übrige Darm.

Diese Versuche bestätigen die oben ausgesprochene Behauptung, wornach man zwei Formen der Scrofulose zu unterscheiden hat, eine einfache gutartige, die ohne ein constitutionelles Moment hauptsächlich im Gefolge von Schleimhautentzündungen auftritt — analog der sogenannten gutartigen Drüse junger Pferde, und zweitens eine specifisch tuberkulöse Form der Scrofulose, die man auch als initiale Tuberkulose auffassen kann.

VIII.

Der Typhus in München während der Jahre 1864 bis 1876, nach den Aufzeichnungen im pathologischen Institut.

Von

Dr. E. Hermann und Dr. E. Schweninger.

Die im Vorliegenden publizirte Reihe von Typhus-Todesfällen aus dem hiesigen Krankenhause (München l. d. I.) schliesst sich an die von L. v. Buhl[*]) gegebene Bearbeitung der im genannten Spitale vorgekommenen Typhustodesfälle vom 1. Januar 1855 bis Ende Juli 1866 unmittelbar an.

Herr Prof. v. Buhl hatte damals die Uebersicht in der Art zusammengestellt, dass er zunächst an den jährlichen Summen der secirten Typhen das Steigen und Fallen der Typhusmortalität, sowie den Wechsel der Extensität zeigte, sodann das Steigen und Fallen nach Monaten innerhalb des Rahmens der einzelnen Jahrgänge darthat.

Durch einen Vergleich der hieraus sich ergebenden Curven mit denen, welche aus den Beobachtungen des Grundwasserstandes resultirten, fand v. Buhl, wie „ein thatsächlicher Zusammenhang zwischen den Oscillationen des Grundwassers und der In- und Extensität des Typhus unverkennbar sei", und zwar in der Weise, dass dem Fallen des Grundwassers eine Zu-

---

*) Prof. Dr. L. Buhl, ein Beitrag zur Aetiologie des Typhus. (Zeitschr. f. Biologie, I. p. 1—25.)

nahme der Typhusfälle, dem Steigen aber eine Abnahme der letzteren zeitlich entspreche.

Auf der Basis der eben erwähnten Bahn brechenden Abhandlung v. Buhl's, deren Thatsachen unantastbar feststehen, war es ein Leichtes, weiter fortzubauen, wie es von anderer Seite auch mehrfach geschehen ist, ohne dass jedoch hiedurch der v. Buhl'schen Lehre wesentlich Neues hinzugefügt worden wäre.

Nur Seidel*) hat in einer höchst verdienstvollen Arbeit auch einen Zusammenhang zwischen Typhusmorbilität und Regenmengen nachgewiesen und weiter dargethan, dass die Einflüsse eines Zusammentreffens vermehrter Niederschläge mit steigendem Grundwasser auf die Typhusmorbilität sehr bedeutend sind und dafür, dass der Erfolg der Vermuthung entspreche, weit mehr Wahrscheinlichkeit bieten, als eins der beiden Indicien für sich allein betrachtet.

Durch v. Pettenkofer's spätere Mittheilungen, sowie de durch Currer veranschaulichte Statistik von Wagus, die sich auf die Typhusmortalität der ganzen Stadt München und einen Zeitraum von 12 Jahren bezog, wurden v. Buhl's Sätze nicht nur für die ganze Stadt geltend bestätigt, sondern auch der Beweis geliefert, dass die im allgemeinen Krankenhaus beobachteten Typhusfälle, sowie die dort zu constatirende Typhusmortalität ein genaues Bild von der Intensität des Typhus in der ganzen Stadt gebe. Um so werthvoller scheint daher auch für die Folge die Benützung der aus dem im Krankenhause beobachteten Typhustodesfälle, da durch eine genaue Sektion alle Fehlerquellen der Diagnose, die in den einzelnen Todeslisten der Stadt doch zweifellos unterlaufen müssen, beseitigt werden.

v. Buhl war es nicht entgangen, dass nicht die Mortalität sondern nur die Zeit der Erkrankung mit dem Grundwasserstand in Beziehung gebracht werden könne, und dieses führte ihn zur Aufstellung einer neuen Tabelle, welche mit der Grundwassereurve die der Typhusmortalität zeigt, überdiess aber noch die Morbilität dadurch veranschaulicht, dass die Monatswerthe der Mortalitätscurve je um einen Monat weiter in der Zeit zurückverlegt wurden.

---

*) Seidel, Vergleichung der Schwankungen der Regenmengen mit den Schwankungen in der Häufigkeit des Typhus in München, Zeitschr. f. Biol. II. S. 145 u. ff.

Hiebei war eine durchschnittliche Krankheitsdauer von 4 Wochen angenommen.

Es leuchtet ein, dass diess mit zum Theil erheblichen Fehlerquellen verbunden ist, und wir haben desswegen bei Anfertigung der gleichen Curven jeden einzelnen Todesfall vom Oktober 1865 bis Oktober 1876 auf die ihm zukommende wahrscheinliche Infektionszeit zurückgeführt. Es war diess um so leichter möglich, als der Sektionsbefund so ziemlich zweifellos über die Dauer der Krankheit, in Wochen ausgedrückt, Aufschluss gibt, und es aus eingehenden Untersuchungen ziemlich sicher erhellt, dass die Incubation zwischen 8 und 20 Tagen schwankt.

Wir haben daher zunächst eine Tabelle angelegt, welche die einzelnen Typhustodesfälle, in die betreffende Jahreswoche eingetragen, enthält.

Sodann wurde aus dieser Tabelle eine zweite angefertigt, welche wir „Infektionstabelle" nennen, und welche dieselben Typhusfälle enthält, jedoch jeden einzelnen Fall eingetragen in der ihm zukommenden Infektions-Woche, — bei Zugrundelegung einer durchschnittlichen Incubation von 14 Tagen.

Zu diesem Zwecke wurde jedes einzelne Jahr in 52 Wochen eingetheilt und diese kalendarisch auf die einzelnen Monate vertheilt, wobei der Einfachheit halber für die letzte Woche eines Monates so entschieden wurde, dass wenn sie wenigstens 4 Tage zählte, die in den folgenden Monat fallenden ersten Tage noch in jenen Monat gerechnet wurden.

War also zum Beispiel ein Typhustodesfall in der 42. Woche, welche die 2. Woche des Mai ist, vorgekommen, und zwar in der 5. Woche seiner Krankheit, so wurde er um 7 Wochen, das heisst in die 36. (oder 5. Woche des März) zurückverlegt und eingetragen.

So entstand neben der Mortalitäts-Tabelle (Absterbereihe) noch eine zweite, „die Infektionsreihe", die jedoch (wegen der bekanntlich sehr verschiedenen Absterbeordnung) keineswegs parallel zur ersteren laufen kann, wie diess etwa bei oberflächlicher Betrachtung scheinen möchte.

Es besteht daher zwischen beiden Reihen nur numerisch eine Wechselbeziehung, und nur insoferne, als allerdings alle Fälle der Infektionsreihe in der Absterbereihe sich vorfinden, allein in einer ganz anderen Ordnung. So zum Beispiel finden sich in der

23. Woche des Jahres 1866 in der Infektionsreihe 13 Fälle, welche in der Mortalitätstabelle auf eine unbestimmbar weite Strecke vertheilt, in verschiedene Wochen eingezeichnet sich finden, da der eine Typhus-Kranke in der ersten, ein anderer in der fünften, ein dritter in der achten Woche u. s. f. je nach seiner Infektion gestorben sein kann.

Ausser diesen beiden grossen, von Woche zu Woche fortschreitenden Reihen, haben wir noch vier andere ausgearbeitet, wovon zwei wieder eine Absterbe- und Infektionsordnung aller Typhusfälle, jedoch eingetragen nach Monaten, darstellen, während von den beiden anderen die eine zeigt, wieviel Typhusfälle in jedem Monate innerhalb der ersten drei Wochen der Erkrankung, die andere, wieviel nach diesen gestorben sind (Intensitätstabellen). Endlich ist in einer 7. Tabelle die Infektionscurve mit der Grundwassercurve nach den Aufzeichnungen des Herrn v. Pettenkofer, der uns dieselben gütigst zur Verfügung stellte, in Vergleich gebracht.

Alle diese Reihen wollen wir der Uebersicht halber noch einmal hier nennen:

1) Infektionsreihe }
2) Mortalitätsreihe } nach Wochen.

3) Infektionsreihe }
4) Mortalitätsreihe } nach Monaten.

5) Wieviel Fälle starben innerhalb der
   ersten 3 Wochen
6) Wieviel Fälle starben nach den   } Intensitätsreihen.
   ersten drei Wochen der Erkrankung

7) Tabelle zum Vergleich zwischen Typhusinfektionsreihe und Grundwasserbewegungen.

Nach dieser Einleitung gehen wir an die kurze Vorlegung des gesammten Materials.

Die Gesammtzahl aller Typhustodesfälle im Krankenhaus l. d. I., welche zur Sektion kamen, betrug 791, welche sich auf die einzelnen Jahre so vertheilen:

$$
\begin{array}{rr}
\text{Im Jahre } 18^{64}/_{65} & 129 \\
{}^{65}/_{66} & 107 \\
{}^{66}/_{67} & 28 \\
{}^{67}/_{68} & 43 \\
{}^{68}/_{69} & 41 \\
\end{array}
$$

Im Jahre $18^{69}/_{70}$ 27

$^{70}/_{71}$ 48

$^{71}/_{72}$ 83

$^{72}/_{73}$ 70

$^{73}/_{74}$ 40

$^{74}/_{75}$ 66

$^{75}/_{76}$ 49

791

Aus dieser kurzen Zahlenreihe ergibt sich kaum mehr, als dass der Typhus in den einzelnen Jahren numerisch beträchtliche Schwankungen zeigt; werthvoller wird erst die Betrachtung der Gesammtmasse der Typhustodesfälle an einem möglichst ausgedehnten und detaillirten Bilde, wie sie unsere ersten beiden Reihen darbieten.

Ein allgemeiner Ueberblick der Infektionsreihe zeigt, dass sich die Typhus-Erkrankungen in 9 grössern Massen gruppiren, von denen jede im Sommer eines Jahres beginnt, und im Frühjahr des folgenden Jahres endet. Die zehnte Gruppe von Fällen bleibt in der Anzahl hinter den übrigen zurück; sie gehört der Zeit Mai 1866 bis Mai 1867 an.

Damit soll keineswegs jeder Gruppe die gleiche zeitliche Begrenzung zugewiesen sein, da es aus der Tabelle erhellt, dass die einzelnen Gruppen den Ausdruck mehr weniger intensiver Epidemien, kürzeren oder längeren Zeiträumen angehören, wie folgende Betrachtung ergibt.

Im Jahre $18^{64}/_{65}$ begann im Oktober 1864 eine Epidemie, die mit kleinen Unterbrechungen bis Anfangs Mai 1865 dauerte. In der ersten Woche des November weist sie eine plötzliche Steigung auf, von der sie sich, nach einem unmittelbar darauffolgenden Abfall, abermals erhebt, um im Januar 1865 ihren Höhepunkt zu erreichen; von diesem fällt sie zwar wieder ab, hält sich aber mit wechselnden Schwankungen bis in die erste Woche des Mai 1865.

Ende Mai 1865 beginnt eine Sommerepidemie, die mit August scheinbar endet, sich aber unmittelbar in eine Winterepidemie fortsetzt; als solche erreicht sie ihren Höhepunkt im Januar, fällt dann rasch ab, weist noch im Februar und März einzelne Steigungen auf und erlischt dann ebenfalls wie die erste Epidemie Anfangs Mai. Sie ist, wie ein Blick auf die Tabelle zeigt, die stärkste unter allen Epidemien.

Nach dieser verheerenden Epidemie ist in dem langen Zeitraum von Mitte Mai 1866 bis Ende April 1868 der Typhus in kaum nennenswerther Intensität aufgetreten.

In der zweiten Woche des Juli, in der ersten des Oktober und in der dritten des Februar treten grössere Gruppen von Erkrankungen auf, die übrigen sind von geringer Bedeutung.

Erst in der vorletzten Woche des April tritt rasch eine Häufung von Erkrankungen ein, mit der eine neue Epidemie beginnt, welche ihren Höhepunkt in der dritten Woche des Mai aufweist, was von da an verschiedenen Schwankungen unterworfen bis Mitte Januar andauert.

Eine kleine Epidemie beginnt weiter Ende April 1869 mit dem Höhepunkt in der dritten Woche des Mai. Sie fällt von da allmählieh ab, mit einer zweiten Steigung im August, nud endet in der zweiten Woche des November 1869.

Von da an bis Mitte Februar sind wenige Typhusfälle zu verzeichnen. Erst im Juni, August, November 1870 und Januar 1871 finden sich kleinere Gruppen von Erkrankungen.

Erst im September 1871 beginnt eine neue Epidemie, der gleich darauf eine zweite folgte; die erste dauerte bis anfangs Juni 1872, mit ihren Höhepunkten im Dezember und anfangs April; die zweite beginnt Mitte September 1872 und steigt mit geringen Schwankungen bis Mitte März (3. W.) an; von hier an fällt sie ab bis Mitte April 1873.

Das nun folgende Auftreten des Typhus ist gegenüber den bisher genannten Epidemieen weniger bedeutend, wiewohl einzelne Höhepunkte in der 2. Woche des Januar 74, in der 4. Woche des März, dann in der 1. und 3. Woche des November, in der 1. und 3. des Januar 1875, dann Februar und März 1875, endlieh Ende Dezember 1875 zu bemerken sind.

Im Allgemeinen könnten die dieser Zeit angehörigen Fälle in drei kleinere Epidemieen getheilt werden, von denen die erste von der 2. Woche November 1873 bis in die erste Woche des April 1874, die zweite von Mitte November 1874 bis Ende Mai 1875, die dritte von der 1. Woche des September bis zu Ende Dezember 1875 währte.

Zur weiteren Uebersicht des eben Vorgetragenen soll folgende kleine Tabelle dienen:

Erkrankungs- gruppe.	Anfang.	Höhepunkt.	Ende.
1. Epidemie	October 1864.	Januar 1865.	Mai 1865.
2. »	Ende Mai 1865.	Januar 1866.	Mai 1866.
3. kleinere Epid.	Ende April 1868.	Ende Mai 1868.	Mitte Januar 1869. (Sommerepidemie.)
4. » »	Ende April 1869.	Ende Mai 1869.	Mitte Nov. 1869.
	(1870 von Juni bis Ende Februar 1871 sehr wenig Typhen.)		
5. » »	September 1871.	Dezember 1871.	Mitte Juni 1872.
6. Epidemie	September 1872.	Mitte März 1873.	Mitte April 1873.
7. kleinere Epid.	November 1873.	Januar 1874.	April 1874.
8. » »	November 1874	bis	Mai 1875.
9. » »	September 1875.	Dezember 1875.	März 1876.

Es gestaltet sich so nun die Darlegung der Typhusfälle, aufgeführt nach ihrer Erkrankungszeit, wesentlich anders, als diess geschehen wäre, wenn wir die übliche Verzeichnung der Fälle nach Todeszeit beibehalten hätten, wie diess deutlich aus einem Vergleich der beiden ersten Reihen unter einander erhellt.

Die Mortalitätsreihe lässt natürlich ebenfalls gewisse Gruppen erkennen, welche im Allgemeinen mit denen der ersten Reihe eine gewisse Aehnlichkeit darbieten; allein die Zeitstrecke, der jede angehörte, sowie der detaillirtere Aufbau der einzelnen Gruppen ist bei genauerer Betrachtung von denen der ersteren erheblich verschieden, da es ja doch einen wesentlichen Unterschied giebt, ob man die Zeit der Infektion oder die Zeit des Todes notirt.

Beide Aufzeichnungen haben ihren besonderen Werth. Die letztere, die Verzeichnung der Todeszeit, zeigt, in einer Curve dargestellt, nichts anderes, als wieviel Typhusleichen in einer Woche secirt wurden; die erstere dagegen lehrt, wieviel T y p h u s e r k r a n k u n g e n in jeder Woche vorgekommen sind. Diese kann hier füglich ganz ausser Acht gelassen werden, und sie ist hier nur der Vollständigkeit wegen dargestellt, um ihre bedeutende Verschiedenheit von der Infektionsreihe zu zeigen. Dagegen ist es die andere Curve — „Infektionskurve“ — welche zunächst näher betrachtet werden muss bei einem Vergleich mit einer die etwaige Ursache darstellenden Curve.

Als solche Ursache wird hier im Anschluss an die v. Buhl'schen Untersuchungen der Stand des Grundwasserspiegels angenommen; und der jeweilige monatliche Durchschnitt aus den täglichen Grundwasserständen dem Typhusstand des gleichen Monats gegenübergesetzt.

Vorerst sei noch auf Folgendes hingewiesen. Wenn man die Pettenkofer'schen tabellarischen Aufzeichnungen von Grundwasserstand und Typhusmortalität der ganzen Stadt studirt, so zeigt sich, dass die beiden Curven im Allgemeinen unverkennbare Beziehungen zu einander darbieten.

Ziemlich deutlich ist diess für die Zeiten der höchsten Typhusepidemieen im Jahre 18⁶⁵/₆₆, wo mit dem September 1865 ein rasches Ansteigen des Typhus bis zum Januar und von da ein fast ebenso rascher Abfall bis April bemerkbar ist. Dieser Epidemie entspricht ein rascher Abfall des Grundwasserstandes, der im August beginnt, im Dezember am tiefsten ist, und von da an wieder ansteigt.

Auch andere Stellen zeigen deutliche Coincidenzen. So ist in der Zeit von April bis Juni 1867 die Typhusmortalität überhaupt am niedrigsten während der ganzen Zeit; dem entspricht ein sehr hoher Grundwasserstand in derselben Zeit. Andere derartige Verhältnisse lassen sich bei eingehenderem Studium noch leicht finden.

Ebenso aber fällt dabei auf, dass auf mehrere Zeitstrecken hin ein solcher, umgekehrt correspondirender Verlauf der beiden Curven nicht stattfindet.

Während z. B. schon im Februar 1865 Typhus und Grundwasser ziemlich gleich hoch stehen und von da ab bis zur erwähnten grösseren Epidemie Grundwasser und Typhus gleich mässig fallen und steigen, zeigen sich ähnliche Verhältnisse auch im Juni 1868, Juni und Juli 1869, dann ebenso wieder im Februar und März 1875, wo fast gleichzeitig die Spitzen der Grundwasserstand-Curve und die der Typhusmortalität sich treffen.

Diess deutet darauf hin, dass die beiden Curven doch nicht in direkter Beziehung zu einander stehen möchten. Der Fehler liegt darin, dass die Reihe Todesfälle in Vergleich gezogen ist. Er wird beseitigt, wenn wir letztere auf ihre Infektionszeit zurückdatiren.

Eine bessere Coincidenz zeigt sich nun bei einem Vergleich der Grundwassercurven und der Infektionscurven (Nr. 3). Es entsprechen (Nr. 7) die Spitzen der höchsten Stände: September 1864, März und Juni 1867, Februar und Juni 1868, Mai 1871, Juli 1872, Juli 1873, Juni 1874, Mai 1875, und Juli 1876 den niedersten Punkten der Infektionsreihe; ferner die Spitzen der Infektionsreihe: Januar 1866, Mai 1868, August 1868, November 1868, Juni 1869,

Oktober 1870, Dezember 1871, Mai 1872, Januar 1873 u. s. f. den tiefsten Grundwasserständen.

Auch in der zwischen diesen Daten liegenden Zeitstrecken stattfindenden Bewegung der beiden Curven zeigen sich deutliche Beziehungen zwischen Grundwasserstand und Typhus-Infektionen. Es erscheint überflüssig, unter Hinweis auf Tabelle 7 noch des Näheren diese Verhältnisse auszuführen, nachdem aus Tabelle 3 und 4 hervorgeht, welche Differenzen die Infektionsreihe und die der Todesfälle unter sich zeigen.

Nicht die Mortalitätscurve, welche nichts, als das Zu- und Abnehmen der Anzahl von Typhus-Sterbefällen darstellt, sondern die Reihe der stetig mehr minder reichlich erfolgenden Infektionen ist es, deren Beziehungen zu der Curve der Grundwasserstände mit unabweisbarer Klarheit aus dem Vergleich zu Tage treten.

Ein Vergleich unserer Infektionstabelle und der darauf eingezeichneten Grundwassercurve (Nr. 7) mit den Tabellen, die Seidel zur Berechnung der Wahrscheinlichkeit des Einflusses von vermehrten Regenmengen, steigendem Grundwasser und beider miteinander auf die Typhusmorbilität zu Gebote gestanden sind, ergibt sofort, dass diese Wahrscheinlichkeit durch die Zurückführung der einzelnen Typhusfälle auf ihre wahrscheinliche Incubationszeit ungleich grösser wird.

So ist aus diesen Untersuchungen der von Buhl, Pettenkofer und Seidel gewonnenen Anschauungen eine neue Bestätigung gegeben, deren Werth gerade wegen der zweifellos allein richtigen Vergleichung der Infektionszeit mit den Grundwasserbewegungen gewiss nicht zu verkennen ist.

Die Intensität des Typhus haben wir in den Tabellen 5 und 6 dargestellt. Die erstere zeigt, wie viele Fälle in jedem Monate in den ersten drei Wochen der Erkrankung mit Tod endeten, die zweite die Anzahl der nach der 3. Woche Gestorbenen. Die Tabellen *) lehren, dass die grössere Anzahl der Kranken nach der 3. Woche gestorben sind; und zwar treffen von den 791 Typhustodesfällen 329 auf die Zeit innerhalb der ersten drei Wochen (41,5 %), und 462 auf die Zeit nach der 3. Woche (oder 58,5 %). Es lässt sich hieraus entnehmen, dass der Typhus bei weitem

---

*) Hiebei soll der Klarheit wegen noch betont werden, dass diese Gruppen keineswegs mit den im Vorhergehenden betrachteten Epidemieen identisch sind, da wir hier ja nur die Todeszeit eingetragen haben.

nicht mehr mit der verheerenden Wirkung aufgetreten ist, wie diess in der früheren Zeit, selbst noch bis zum Jahre 1865 (v. Buhl) constatirt wurde. Die grössere Sorge für die Verbesserung der Gesundheitsverhältnisse der Stadt dürfte wohl zum Theil die Ursache davon sein. Indess nicht nur die Intensität der Typhusepidemieen, auch das verminderte Vorkommen der Typhusfälle möchte vielleicht auf dieselbe Ursache zurückzuführen sein.

Für die Abhängigkeit des Typhus von dem Grundwasser nimmt bekanntlich v. Buhl an, dass die Ursache des Typhus sich im Boden befinde. Beim Sinken des Grundwassers würden die feuchten, mit organischen Resten durchtränkten Bodenschichten der Luft zugänglich, es erfolgten ausgedehnte Zersetzungen, während beim Steigen des Grundwassers diese Bodenschichten unter Wasser kommen, die Zersetzungen aufhören und durch Wasser abgeschlossen werden. Das Typhusgift soll nur aus dem Boden in die Luft und dann durch die Respiration in den menschlichen Körper eingeführt werden. Gegen eine solche Vorstellung nun sträubt sich Liebermeister*), der die Lehre von dem Nichtvorkommen der Infektion durch das Trinkwasser für ein erst noch zu überwindendes Dogma hält, und erklärt das von Buhl gefundene Resultat so, dass, wenn der Wasserstand in den Brunnen steigt, die Frequenz des Typhus abnimmt, und wenn der Wasserstand in den Brunnen fällt, dann der Typhus zunimmt. Er nimmt dabei an, gleich Buchanan**), der zu ähnlichen Resultaten, wie Liebermeister kommt, dass sich die Abhängigkeit der Typhusfrequenz von den Schwankungen des Grundwassers eben daraus erkläre, dass ein grosser Theil der Bevölkerung sein Trinkwasser aus dem Pumpbrunnen (Grundwasser) beziehe. Diess fand er auch noch in Orten bestätigt, wo wie in Basel viele Menschen trotz der Wasserleitungen viel Wasser aus den Pumpbrunnen tranken.

Dem gegenüber ist hervorzuheben, dass in München selbst bis zum heutigen Tage der Weg dieser Erklärung nicht verschlossen blieb, wie Liebermeister meint.

Aber gerade die genauesten darüber angestellten Untersuchungen haben immer wieder die Unabhängigkeit des Typhus vom Trinkwasser dargethan. Von Pettenkofer ist es allgemein bekannt, mit

---

*) Liebermeister, Deutsche Klinik 1868 Nr. 70.
**) Buchanan, Deutsche Vierteljahrsschrift für öffentliche Gesundheitspflege 1870.

welchem Fleisse und welcher Sorgfalt derselbe letzteres nachgewiesen hat. Aus den neuesten Untersuchungen Ports geht hervor, dass in den Kasernen mit dem schlechtesten Trinkwasser unter Umständen die wenigsten Typhusfälle, mit dem besten die meisten beobachtet werden. In der Lehelkaserne in München z. B., die notorisch das gleiche Wasser wie die Leibregimentskaserne bezieht, werden Typhus (und wurde Cholera) nie beobachtet, während sie in letzterer in ergiebiger Anzahl aufzutreten pflegen.

Liebermeister hält das Gift bei Typhus für ein Contagium vivum, das, wie er glaubt, nicht durch den vom Boden aufsteigenden Luftstrom fortgeführt und so wie allenfalls ein Gas zur Einathmung gebracht werden könne. Dagegen sei nur erwähnt, dass Nägeli, einer der gewichtigsten Forscher auf dem Gebiete der Pilzlehre und ihrer Bedeutung für den Menschen, auch für die Erzeugung des Typhus die Schizomyceten verantwortlich macht, ihren Eintritt aus der Tiefe der Bodenschicht in die Luft recht wohl zugibt, ja geradezu die Aufnahme des Typhusgiftes durch das Trinkwasser läugnet und diese, wie für fast alle Infektionskrankheiten, nur in staubförmigem Zustande und durch die Lungen allein für möglich hält.

IX.

Die Schwankungen des Fettgehaltes des Gehirnes im Typhus abdominalis.

Von

Prof. Dr. v. Buhl.

Nachdem ich in früheren Jahren die Schwankungen des Wassergehaltes im Gehirne bei Typhus untersucht hatte, drängte mich das interessante Resultat dazu, auch über den Fettgehalt etwas informirt zu werden.

Die direkte Bestimmung desselben ist, wie man weiss, eine zeitraubende und umständliche Procedur, ja es gibt kaum eine zuverlässige Methode. Nichts desto weniger habe ich sie versucht, jedoch wegen der schwierigen Ausführbarkeit wieder aufgegeben.

So dachte ich auf anderem Wege, nämlich durch Bestimmung des specifischen Gewichtes des Gehirnes, mein Ziel zu erreichen.

Denn es ist klar, dass vorzugsweise zwei Momente das specifische Gewicht des Gehirnes leichter und schwerer zu machen im Stande seien: der Gehalt an Wasser und an Fett. Je grösser die Menge des einen oder anderen, um so geringer musste das specifische Gewicht ausfallen und umgekehrt.

Freilich eine Ziffer des wirklichen Fettgehaltes konnte auf diesem Wege nicht erwartet werden, sondern nur ob Schwankungen nach mehr oder weniger stattfinden; aber gerade darauf kömmt es ja bei der mir vorgelegten Frage an.

Das specifische Gewicht von Organen zu bestimmen, fehlte es nicht minder an einer brauchbaren Methode. Ich hoffte es daher durch Rechnung zu gewinnen, wenn ich absolutes Gewicht und Volum kenne.

Um aber das Volum der Organe mit Leichtigkeit zu erhalten, habe ich mich viele Jahre abgemüht und mehrfache Versuche, die ich unter Kosten- und Zeitaufwand anstellte, sind gescheitert. Da theilte mir eines Tages v. Pettenkofer die Idee des Direktors der Münchner Realschule Dr. Harter mit, das Volum nicht zu messen, sondern zu wägen und ich fasste diesen Gedanken sogleich auf und construirte mir eine Waage, welche auch von Mechaniker Stollnreuther bestens ausgeführt wurde. v. Bischoff benützte diese meine Waage und Methode ebenfalls zu Bestimmungen des Volums und specifischen Gewichtes des Gehirnes und beschrieb sie in den Sitzungsberichten der k. b. Akademie der Wissenschaften 1864. II. p. 351.

Ich habe nun unter vielen anderen Volumbestimmungen auch eine Reihe von 14 Volumwägungen des Gehirnes bei Typhus unternommen und erhielt durch Berechnung des Resultates mit dem absoluten Gewicht folgende Ziffern für das specifische Gewicht:

2. Woche des Typhus = 1,0648
3.　　　꞊　　꞊　　꞊　 = 1,0344
　　　　　　　　　　　· 1,0259　im Mittel f. d. 2. u. 3. Woche = 1,0473.
　　　　　　　　　　　1,0420
　　　　　　　　　　　1,0690

4.　　꞊　　꞊　　꞊　 = 1,0355
　　　　　　　　　　　1,0542
　　　　　　　　　　　1,0673　im Mittel f. d. 4. Woche = 1,0564.
　　　　　　　　　　　1,0702
　　　　　　　　　　　1,0560

5.　　꞊　　꞊　　꞊　 = 1,0200
　　　　　　　　　　　1,0368
　　　　　　　　　　　　　　im Mittel f. d. 5.—7. Woche = 1,0260.
6.u.7.꞊　　꞊　　꞊　 = 1,0423
　　　　　　　　　　　1,0249

Daraus ergibt sich also eine Zunahme des specifischen Gewichtes in den ersten 4 Wochen, dann aber eine Abnahme.

Da nun der Wassergehalt, wie die direkte Bestimmung desselben ergeben hat, in den ersten 2 Wochen des Typhus zunimmt, dann aber langsam abnimmt, so kann das höhere specifische Gewicht in der 3ten und 4ten Woche nur auf Abnahme des Fettgehaltes bezogen werden.

Da ferner in den späteren Wochen (von der 5ten bis 7ten) das specifische Gewicht wieder sehr gering wird, das Wasser aber nicht mehr abnimmt, so muss diess auf Zunahme des Fettes beruhen.

Die Abnahme des Fettes in der 3.—4. Woche kann als Consumtion, die Zunahme in der 5.—7. Woche als Regeneration der Gehirnsubstanz betrachtet werden.

Die angegebene Ab- und Zunahme des Fettes im Gehirne während des Typhusverlaufes steht also gewissermassen in umgekehrtem Verhältniss zu dem Wassergehalt desselben Organes und da letzterer, wie Popoff und Herzog Karl in Bayern K. H. gefunden haben, Hand in Hand geht mit einer Vermehrung der Lymphkörper oder weissen Blutkörper in den perivasculären und periganglionären Räumen der Gehirnrinde und diese wieder von verlangsamter Blutströmung abhängig ist, so steht die Ab- und Zunahme des Fettgehaltes ebenso in umgekehrtem Verhältniss zur Anhäufung von Lymphkörpern und zur verlangsamten Blutströmung im Typhusgehirne.

Bis jetzt sind meines Wissens die angegebenen Verhältnisse die einzigen, welche zur Erklärung der bei Typhus vorkommenden Gehirnerscheinungen beigezogen werden können.

X

Ueber die Resorption der gallensauren Salze im Dünndarme.

Von

Dr. H. Tappeiner,

Assistenten am pathologischen Institute.

Die Frage nach der Resorption der Gallensäuren im Darme ist noch heute eine offene, trotz der vielen Arbeiten verschiedener Forscher auf diesem Gebiete. Eine erschöpfende Zusammenstellung derselben würde dem Charakter dieser Mittheilung — als einer vorläufigen — widersprechen. Ich begnüge mich mit einer kurzen Bezeichnung der Hauptwege, durch welche die Lösung der Frage erstrebt, und der Erfolge, welche durch sie erzielt worden. Zwei Wege wurden vorzugsweise eingeschlagen. Der erste derselben sucht die Frage durch eine quantitative Vergleichung der von der Leber in den Darm ergossenen und im Kothe wieder auffindbaren Gallensäuren zu beantworten. Die meisten Autoren, welche solche Vergleiche angestellt, fanden die aus dem Kothe gewinnbare Menge von Gallensäuren kleiner als die in derselben Zeit von der Leber gelieferte; sie führten diesen Ausfall auf eine im Darm vor sich gegangene Resorption der Gallensäuren zurück.

Der zweite Weg, von Röhrig eingeschlagen, benützt die bekannte Einwirkung der Gallensäuren auf die Herzaction, um aus dem Eintritt dieser Wirkung nach Injection von Gallensäuren in den Darm auf dort stattgefundene Resorption zu schliessen.

Röhrig fand bekanntlich, dass nach Injection in das Ileum jene Wirkung zu bemerken, nach Injectionen in das Jejunum und

Duodenum dieselbe entweder gar nicht oder nur sehr unsicher zur
Beobachtung käme. Hält man, wie es vielfach geschehen, die
letztere Beobachtung für streng beweisend, so wird man durch dieselbe vor die Alternative gestellt, in den genannten Darmabschnitten
entweder keinerlei Resorption der Gallensäuren überhaupt oder
Resorption von nicht giftigen Zersetzungsproducten derselben anzunehmen. Gibt man aber die Möglichkeit, dass im Darme solche
Zersetzungsproducte auftreten können, zu, so wird sogleich offenbar,
dass die auf dem ersten Wege gewonnenen Schlüsse einer Revision
bedürfen, indem zur Aufrechthaltung derselben nachgewiesen werden
muss, dass das Deficit nicht etwa in Form dieser Zersetzungsproducte im Kothe enthalten und der quantitativen Bestimmung entgangen war. Man änderte desshalb den ersten Weg dahin ab, dass
nicht mehr die Gallensäuren als solche, sondern der Kohlenstoff-
gehalt der Galle und des Kothes zur Vergleichung herangezogen
werden. Da man letzteren immer geringer als ersteren fand, so
folgt daraus, dass Gallensäuren im Darme resorbirt werden, wo und
in welcher Form diess indess geschieht, darüber steht die Entscheidung noch aus. Die im hiesigen Institute von Schülein ausgeführten
Versuche über die Eigenschaften der Gallensäuren als Abführmittel
gestatten eine neue, ohne weitere Annahme allerdings nicht in
allen Beziehungen ausreichende Erklärungsweise der Beobachtungen
Röhrig's. Ihnen zufolge können die negativen Ergebnisse desselben darin begründet sein, dass die injicirten Säuren in Folge der
durch sie erhöhten peristaltischen Bewegung zu rasch aus dem Darm
befördert werden, als dass eine merkliche Menge resorbirt werden
könnte. Eine Resorption derselben muss hingegen beobachtet werden können, wenn die Entleerung der Gallensäuren aus dem Darm
verhindert würde. Es lag daher nahe, die Frage mittels einer
Methode zu bearbeiten, die in dieser Frage noch keine Anwendung
gefunden, ich meine die Injection gemessener Mengen von Lösungen
gallensaurer Salze von bekanntem Gehalte in abgebundene Darmschlingen lebender Thiere und folgender quantitativer Untersuchung
des Inhalts derselben, nachdem dieselben 3—5 Stunden in der Bauchhöhle verweilt hatten.

Die Thiere, welche ich zu solchen Versuchen verwandte, waren
fast ausschliesslich Hunde, die vorher 24 Stunden gefastet hatten. Das
Volum der injicirten Lösung schwankte zwischen 30—40 Cubikctm.,
wenn mit Lösungen von über 0,5 Proc. Gehalt an Gallensäuren

gearbeitet wurde. Bei Anwendung von Lösungen von 0,5 Proc.
blieb die unterbundene Darmschlinge während der ganzen Versuchs-
zeit mittels eines engen Kautschukschlauches mit dem die Gallensäurelösung enthaltenden Gefässe in Verbindung. Durch eine einfache Druckvorrichtung konnten successive gemessene Mengen aus
demselben in die Schlinge eingeführt werden, bis deren Summe zu
einer Grösse (200—300 Cubiketm.) anwuchs, die selbst für noch
geringere als halbproeentige Lösungen eine genügende Genauigkeit
der quantitativen Bestimmung gestattete, wenn auch die geringen
im Darme des hungernden Thieres befindlichen Gallenmengen dadurch ausgeschlossen wurden, dass an Thieren mit permanenten
Gallenfisteln operirt wurde. Die Präparate, welche ich anwandte,
waren entweder Lösungen von reinem glykocholsaurem Natron oder
von Hundegalle, aus der Blase oder aus Fisteln gewonnen. Sie
kam entweder unmittelbar oder nach vorherigem Eindampfen und
Wiederauflösen mit Wasser bis zur gewünschten Concentration zur
Verwendung. Zur quantitativen Bestimmung benützte ich, wenn
glykocholsaures Natron zur Verwendung kam, die bekannte circum-
polarisirende Eigenschaft dieses Salzes, bei den Versuchen mit Hundegalle gab der Schwefelgehalt derselben ein willkommenes Maass.
In beiden Fällen wurde der Inhalt der Schlingen sorgfältig in ge-
räumige Bechergläser gespült, mit starkem Alcohol versetzt einen
Tag lang stehen gelassen, filtrirt und das Filtrat zur Trockne ver-
dampft. Der Rückstand wurde, wenn Galle zum Versuche gedient
hatte, nach bekannten Methoden mit Kalihydrat und Salpeter ge-
schmolzen und die Schwefelsäure als schwefelsaurer Baryt gewichts-
analytisch bestimmt. War Glykocholsäure verwendet worden, so
wurde er in 96proc. Alcohol aufgenommen und das mit Thierkohle
entfärbte alcoholische Extract so weit wieder eingeengt, dass eine
genaue Ablesung im Polarisationsapparat von Soleil-Ventzke
möglich war.

Mehrfache nach diesen Methoden ausgeführte Analysen gallensaurer Lösungen, welche vorher in Darmschlingen eben getödteter
Hunde injicirt worden waren, überzeugten mich von der vollkom-
menen Zuverlässigkeit derselben, namentlich sind die Analysen der
Hundegalle einer grossen Genauigkeit fähig, ihre Fehlergrössen sind
1—2 Zehntelprocent.

Die Versuche erstreckten sich über den ganzen Dünndarm, sie
zeigten, dass aus Schlingen, welche dem Duodenum und Jejunum

angehörten, der gesammte Schwefel der angewandten Galle wiedergewonnen wurde, es mochten Lösungen irgend welcher Concentration,
selbst 0,1 proc. angewandt werden, dass hingegen aus Schlingen des
Ileum, auch des obersten Theiles desselben nic mehr als ein Drittel
der geforderten Schwefelmenge wiedergewonnen werden konnte.

Im Verhalten der Glykocholsäure hinwieder war, wenigstens bei
Lösungen, deren Procentgehalt zwischen 1 und 4 schwankte, zwischen
Ileum und Jejunum kein Unterschied zu bemerken, in beiden Fällen
wurde nie mehr als die Hälfte der angewandten Säure wiedergefunden.
Im Duodenum hingegen konnte keine Resorption beobachtet werden.

Sind nun die soeben mitgetheilten Resultate der unmittelbare
Ausdruck für stattgehabte Aufsaugung resp. Nichtaufsaugung, oder
können nicht während der Versuchsdauer die gallensauren Salze
derart chemisch verändert worden sein, dass sie zum Theil der quantitativen Bestimmung mittels der beschriebenen Methoden entschlüpf-
ten? Ich glaube letztere Frage mit Nein beantworten zu können.
Soweit unsere Kenntnisse über die gepaarten Gallensäuren reichen,
ist das erste Resultat jedes hier in Frage kommenden chemischen
Eingriffes auf dieselben die Spaltung in Taurin beziehungsweise
Glykochol und Cholsäure, es wäre daher zu erwarten, dass auch im
Darme jede Zersetzung der Gallensäuren diese erste Phase durch-
liefe. Nun wissen wir aber, dass Taurin im Darme des Hundes
resorbirt wird, und ich habe mich durch Versuche an unterbundenen
Darmschlingen noch speciell überzeugt, dass diess sehr leicht geschieht. Da nun im Jejunum die gefundene Schwefelmenge mit der
geforderten sich genau decken, so ist klar, dass keine, auch nicht
die geringste derartige Zersetzung der Taurocholsäure stattgefunden
haben kann und was für diese gilt, das gilt für die viel schwerer
spaltbare Glykocholsäure in noch höherem Maasse. Es ist also
vollkommen zulässig, die gefundenen Thatsachen dahin auszusprechen,
dass im ganzen Duodenum und Jejunum des Hundes Taurocholsäure
und im Duodenum Glykocholsäure nicht resorbirt werden.

Dieses an sich schon bemerkenswerthe Verhalten der Gallensäuren, insbesondere der Taurocholsäure, gewinnt noch an Bedeutung,
wenn man es in Verbindung mit den Thatsachen bringt, welche
über die Resorption der Fette im Darme bekannt sind. Sind nämlich in der That die gallensauren Salze die *wesentlichen Träger
der Fähigkeit der Galle, die Resorption der Fette zu vermitteln, so
ermöglicht es die Bildung bestimmterer Vorstellungen über die Art

dieser Wirkung, als es bisher möglich war, vorausgesetzt dass
dieses Verhalten sich nicht ändert, wenn neben der Galle auch Fette
in den Schlingen suspendirt und resorbirt werden. Dieses scheint
der Fall zu sein. Einmal enthält die Galle sehr häufig nicht uner-
hebliche Mengen von Fetten, und ich habe dem entsprechend auch
häufig eine schöne milchige Injection der Chylusgefässe der abge-
bundenen Darmschlingen beobachtet, und ferner haben mich Resorp-
tionsversuche an Darmschlingen, welche gleichzeitig mit Galle und
Milch gefüllt wurden, überzeugt, dass wohl die Fette aber nicht die
Taurocholsäure resorbirt worden waren.

Man kann noch einen Schritt weitergehen. Ich habe in allen
Resorptionsversuchen das Volum des Schlingeninhaltes zu Ende des
Versuches gemessen und dasselbe sehr klein, meist wenige Cubik-
Centimeter, gefunden.

Zu Ende des Versuches bildete somit eine sehr concentrirte
Gallensäurelösung den Inhalt der Schlinge. Läge nun der Ort des
Widerstandes für die Aufsaugung der Gallensäuren tiefer im Gewebe
der Schleimhaut, z. B. in der Nähe der Blut- oder der Anfänge
der Lymphgefässe und nicht wie es von vorneherein am wahrschein-
lichsten ist, in den Epithelien der Schleimhaut, so müsste auch das
ganze Gewebe bis zu diesen Orten hin mit dieser concentrirten
Lösung durchtränkt sein. Da ferner die mikroskopische Untersuchung
ergeben hat, dass durch die Operationen des Ausspülens und Aus-
waschens vom Gewebe der Schleimhaut niemals mehr als die Epithelien und auch von diesen meist nur ihre obere Hälfte zerstört
werden, so liesse sich nicht erwarten, dass durch dieselben die Gallensäuren in jener Vollständigkeit wiedergewonnen werden könnten,
wenn nicht schon die Epithelien ihnen den Durchtritt verwehrten;
woraus dann folgt, dass die Thätigkeit der Galle bei der Fettresorp-
tion sich auf die Oberfläche der Schleimhaut beschränkt und ferner,
dass die physiologischen und wohl auch die anatomischen Eigenschaften der Epithelien des Duodenum von jenen der übrigen Ab-
schnitte des Dünndarms verschieden sein müssen. Ob dieses nicht
auch zwischen Jejunum und Ileum der Fall ist, bleibt so lange zweifelhaft, als nicht entschieden ist, dass das verschiedene Verhalten derselben zur Taurocholsäure nicht in einer Spaltung dieser Säure in
Taurin oder Cholsäure, welche nicht im Jejunum, wohl aber im
Ileum stattfindet, seinen Grund haben könne. Versuche hierüber
beabsichtige ich auszuführen.

XI.

II. Jahresbericht 1875—1876

von

Dr. med. Ernst Hermann und Dr. Ernst Schweninger,

Assistenten am k. path. Institute in München.

Herzmuskel-Erkrankung.

a) Beim männlichen Geschlechte.

No. c.	No. des Manuals	Alter	Angabe der Erkrankung	Nerven-system	Respirations-Organ	Leber	Harnorgane	Sonstige Befunde.
1	6	41	Chron. Myopathie. Concentr. Hypertr. beider Ventr.	Apoplexie im linken Seh- und Streifen-hügel			Granul. Nieren	
2	9	41	Chron. Myopathie. Excentr. Hypertr. und Dilatat. beider Ventr.		Hydrothorax		Narben-Nieren	Ascites
3	24	48	Chron. Myopathie. Hypertr. beider Ventr.				Leichte Schrumpf-Nieren	Milzkapsel verdickt, grosse Milz geborst.
4	27	60	Chron. Myopathie. Erweiterung beider Ventr. — Muskel verdickt ; an der Spitze des linken ein bohnengrosser Thrombus			Muskat-leber	Hochgradige Stauungs-Nieren	Hydrops univers. Erosionsgeschwüre im Magen
5	80	39	Chron. Myopathie. Herzhypertr. und Dilatat.		braune Lungen-induration		Narben-Nieren	Hydrops univers.
6	91	81	Chron. Myopathie. Herzhypertr. und Dilatat. Endarteriitie chronic.		Lungen-Infarkt		Narben- und Stauungs-Nieren	Narben und Kalle in der Milz
7	105	38	Hypertr. und Dilatat. des Herzens		Lungen-Emphysem			

No. d.	No des Manuals	Alter	Angabe der Erkrankung	Nerven-system	Respirations-Organ	Leber	Harnorgane	Sonstige Befunde.
8	120	36	Chron. Myopathie. Hypertr. und Dilatat. beider Ventr. Atherom. der Aort. und Coronar-Art.		Lungen-Infarkt		Stauungs-Nieren	Skolio-Kyphose
9	121	59	Chron. Myopathie. Exc. Hypertr. und Dilatat. beider Ventr. Pericarditis		Pleuritis sinistra	Atroph. Muskatnussleber		Hydrops univers.
10	122	58	Chron. Myopathie. Exc. Hypertr. des r. Ventr.		Hämorrh. Inf. in den stark pigment. Lung.			
11	156	32	Chron. Myopathie. Starke Dilatat. beider Ventr.					
12	164	19	Chron. Myopathie. Dilatat. und Verdickung beider Ventr. Herzbeutel-Verwachsung		braune Induration der Lung. Ecchym. der Pleura			Ascites
13	165	54	Chron. Myopathie. Exc. Hypertr. u. Dilatat. beider Ventr. Verdickung der Aortenklappen	Rothe Erweichung i. linken Seh- und Streifenh. Atherom. d. Nachbargefässe			Atroph. Nieren	Ecchymosen in der Haut
14	166	39	Chron. Myopathie. Hypertr. u. Dilat. beider Ventr. Excrescenzen a. d. Aortenklapp.		braune Lungen-Induration	Muskatnussleber	Stauungs-Nieren	
15	178	82	Chron. Myopathie. Exc. Hypertr. und Dilatat. beider Ventr.				Narben-Nieren	Magengeschwüre
16	187	45	Chron. Myopathie. Hypertr. u. Dilatal. beid. Ventr.					Hydrops univers
17	225	54	Fettdegener. des linken Ventr. Hypertr. des rechten. — Muskul. Insuff. d. Bicuspidalis. Erweit. des rechten Vorhofs				Granul. Nieren	
18	211	44	Chron. Myopathie. Exc. Hypertr. und Dilatat. beider Ventr.				Schrumpf-Nieren	Hydrops univers.
19	247	65	Chron. Myopathie. Exc. Hypertr. und Dilatat. beider Ventr.		Lungen-Infarkt Hämorrh. Emphysem	Muskatnussleber	Stauungs- und Narben-Nieren	
20	274	26	Chron. Myopathie. Exc. Hypertr. und Dilatat. beider Ventr. Aortenklappen-Aneurysma				Fett-Nieren	Hydrops univers.
21	286	62	Chron. Myopathie. Exc. Hypertr. und Dilatat. beider Ventr., namentlich des rechten				Stauungs- und Narben-Nieren	Hydrops univers.
22	290	64	Chron. Myopathie. Semilunarklapp. d. Pulmonalis knorpelhart. Pericarditis			Muskatnussleber	Granularschwund der Nieren	
23	292	39	Chron. Myopathie. Erweiterung beider Ventr. — Hypertrophie des linken. — Endocard im r. Ventr. ecchymosirt, im linken getrübt			Muskatnussleber	Beginnende Granulirung der Nieren	
24	337	47	Chron. Myopathie. Hochgrad. Vergröss. beider Ventrikel, rechter dilatirt		Lungen-Infarkt Seröser Erguss in beide Pleurahöhlen		Granulirte Nieren	
25	350	58	Chron. Myopathie. Hypertr. und Dilatat. beider Ventr. Pericarditis			Leber-cirrhose	Granulirte Nieren	Ascite

No. c	No. des Manuals	Alter	Angabe der Erkrankung	Nervensystem	Respiration	Speichel-Drüsen und Leber	Harnorgane	Sonstige Befunde.
26	354	28	Chron. Myopathie. Dilatation beider Ventr., der linke verdünnt, der rechte mässig hypertr.			Muskat-nusoleber	Cyanotische Nieren	Ascites
27	367	42	Chron. Myopathie. Vergrösserung des Herzens. Erweiterung d. Höhlen. Linker Ventr.hypertr., recht.verdünnt				Fett-Nieren	
28	368	50	Chron. Myopathie. Hypertr. des linken Ventr. Vergrösser. des Herzens				Granularatrophie der Nieren	Hydrops univers.
29	374	60	Chron. Myopathie. Hypertr. und Dilatat. heider Ventr. Wandung brüchig				Nieren fett; leicht granulirt	
30	384	60	Chron. Myopathie. Hypertr. beider Ventr. Atheromatose	Thromb. der l. Art. foss. Sylv. Erweich. des Seh- u. Streifenhügels			Häm. Infarkt in den Nieren	Hämorrh. Infarkt in der Milz
31	385	54	Chron. Myopathie. Exc. Hypertr. und Dilatat. beider Ventr. Acut. Herzaneuryema			Leber-cirrhose	Keile in den Nieren, Narben- u. Granular-atrophie	Hydrops univers.
32	389	34	Chron. Myopathie. Exc. Hypertr. und Dilatat. heider Ventr. Fettdegeneration			Leber-cirrhoee	Cyanotische Nieren	Hochgradige Fett-sucht
33	395	60	Chron. Myopathie. Exc. Hypertr. und Dilatat. heider Ventr.	Apopl. cerebri	Thrombose der Arter. pulm.	Stauungs-leber	Stauungs-Nieren	
34	57	60	Chron. Myopathie. Hypertr. und Dilatat. besondere des rechten Ventrikels	Pachy-mening. häm. int.			Narben-Nieren	Hämorrhagien im Magen.

b) Beim weiblichen Geschlechte.

No. c	No. des Manuals	Alter	Angabe der Erkrankung	Nervensystem	Respiration	Speichel-Drüsen und Leber	Harnorgane	Sonstige Befunde.
1	2	75	Chron. Myopathie Herzvergrösserung, Erweiter. der Höhlen. Verdickung des Muskels		Serös-faserstoff. Pleurit. rechts, Infarkt i. M. u. U – L. Thromb. d. r. L. Art.	Muskat-nusoleber		Ascites, Oedem sämmtlicher Extremitäten
2	19	71	Hypertr. des l. linken Ventr. Verdickung der Aortaklappen	Aeltere Apoplexie im linken Seh- und Streifenhügel	Brandiger Herd in recht. Lunge	Abnorme Leber-lappung	Fettig degener. Nieren	
3	70	70	Chron. Myopathie Hypertr. und Dilatat. beider Ventr. Atheromatose		Hämorrh. Lungen-Infarkt		Narben-Nieren	Hydrops univers.
4	112	67	Myopathie Acut. Herz-Aneuryema an der Spitze des linken Ventr. Recht. Herz: excentr. hypertr.	Thromb.d. Carot. int. u. Gehirn-Erweich.	Thrombose der Pulmon. Art.	Muskat-nusoleber	Narben-Nieren und Granulirung derselb.	
5	158	53	Chron. Myopathie Brüch. Herzmuskel			Fettleber	Nieren fettig degen., narbig	Erysipel am linken Unterschenkel, Eiterung in der Inguinalgegend
6	159	72	Chron. Myopathie Fettherz		Bronchitis catarrh.		Nieren fett	Abscess im rechten muscul. iliac
7	236	55	Chron. Myopathie Hypertr. des linken Ventr. und Dilatat.				Schrumpf-Nieren	Uterusfibroide.

v. Buhl, Mittheilungen.

Erkrankung des Pericardium.
a) Beim männlichen Geschlechte.

No. c.	No. des Manuals	Alter	Angabe der Erkrankung	Haut und Drüsen	Nerven-system	Respirat.-Organe	Drüsen des Dauungs-kanals	Harn-Organe	Sonstige Befunde.
1	52	38	Pericarditis fibrin. Dilatat. beider Ventr. ohne Verdickung						
2	56	38	Pericarditis hämorrh.					Cyanotische Nieren	Hydrops univers.
3	121	59	Pericarditis Chron. Myocard. (S. unt. dies.) Exc. Hypertr. und Dilatat. beider Ventr.			Pleuritis	Atroph. Muskat-nusseloher	Granulirte Nieren	Hydrops univers.
4	198	53	Pericarditis hämorrh.	Oedem der d. untern Extrem.		Lungen-cirrhose		Leichte Narhen-Nieren	
5	223	46	Pericarditis fibrin.		Seröse Cyste auf dem Seh-hügel und im Unter-horn				
6	232	69	Pericarditis hämorrh.			Hydro-thorax	Telean-giektasien ind. Leber	Hydronephrose Hypertrophie der Blase, Steine	
7	290	64	Pericarditis (Myopathie. S. unter dieser)				Muskat-nussicher	Granularschwund der Nieren	Ascites.
8	350	58	Pericarditis (Myopathie. S. unter dieser)				Leber-cirrhose	Granulirte Nieren	

Erkrankung des Endocardium (Klappenfehler).
a) Beim männlichen Geschlechte.

No. c.	No. des Manuals	Alter	Angabe der Erkrankung	Haut und ihre Drüsen	Nerven-system	Blut, Lymphe u. Drüsen dazu	Respirat.-Organe	Dauungs-kanal und Periton.	Leber	Harn-Organe	Sonstige Befunde
1	40	47	Insuffic. der Aorta-klappen Myocardit.				braune Lungen-indurat.			Schrumpf-Nieren	Hydrops univers.
2	54	25	Insuff. u. Stenose der Aortaklappen Erweiter. der Val-salvischen Taschen							Stark hyperäm. Nieren	
3	65	23	Endocarditis Frisch., durchwühlt. Thromb. a.d. hintern Aortaklappe								Hydrops univers.
4	99	49	Insuff. und Sten. d. Bicuspidalis Hypertr.des r.Ventr.				Retract. beider Lungen			Stauungs- und Narbennieren. Leichts Granul.	
5	100	67	Insuff. und Sten. d. Dicuspidalis		Gangrän am linken Fuss					Narben-Nieren	
6	176	37	Insuff. u. Sten. d. Bicusp. u. Aortakl.			Stauungs-Milz		Frische Peritonit.	Leber-cirrhose	Stauungs-Nieren	
7	235	37	Insuff.d. Bicuspid. u. Aortakl. A. d. link. Aortaklappe grosse Vegetation; die heid. andern knöchern		Pachy-mening. häm. int.	Keile in der Milz				Keile in den Nieren	
8	252	22	Stenose der Bicus-pidalis							Leichte Narben Nieren	
9	355	36	Endocarditis Aortaklappen hart, m.raub.Vegetationen versehen. Herzbeutel-verwachs. Hypertr. des linken Ventr.								

b) Beim weiblichen Geschlechte.

No. c.	No. des Manuals	Alter	Angabe der Erkrankung	Skelet	Haut und ihre Drüsen	Nerven-system	Blut, Lymphe u. Drüsen dazu	Respirat.-Organe	Speichel-drüsen, Leber und Pankr.	Harn-Organe	Sonstige Befunde.
1	109	53	Insuff und Stenose der Dicuspidalis					Capill.-Bronchit.		Leichte Granul. der Nieren	
2	233	76	Insuff. d. Bicuspidal. Erweiterung beider Ventrikel. Leichte Hypertrophie			Varicöse Fuss-geschwüre					
3	280	18	Stenose der Aorta. Hochgradige Erweiterung beid. Ventrikel — For. ov. offen. — Pericarditis							Fett-Nieren	
4	328	16	Stenose d. Conus art. Fötale Endocarditis.								Situs mutatus
5	359	75	Insuff. u. Stenose d. Aortaklappe (durch Verknöcherung). Atheromatose								Hydrops univers.
6	380	59	Insuff. d. Bicuspidal.					Hämorrh. Infarkt in der recht. Lunge			
7	412	47	Knöcherne Stenose d. link. Ost. venos.			Erweich. im recht. Streifen-hügel	Keile in der Milz	Lungen-Infarkte	Muskat-nussleber	Keile in den Nieren	

Erkrankung der Gefässe.

a) Beim männlichen Geschlechte.

No.	No. c.	Alter	Angabe der Erkrankung	Nerven-system	Blut, Lymphe u. Drüsen dazu	Respirat.-Organe	Speichel-drüsen und Leber	Harn-Organe	Geschl.-Organe	Sonstige Befunde.
1	62	80	Atheromatose der Arterien Herz etwas vergrössert			Emphyse-mat. Pig-ment-lungen. Bronchit.		Narbennieren		
2	222	71	Atheromatose (allg.). Partielle Herzbeutelverwachsung. Herz-muskel brüchig					Leichte Grann-lirung d. Nieren		
3	237	49	Aneurysma Aortae u. Atheroma-tose. Linker Ventrikel stark hypertrophisch u. dilatirt			Aneurys-madurch-bruch in d. Trachea. — Häm. Infarkte i. d. Lunge Emphys.				
4	331	58	Atheromatose (hochgradig). Rechter Ventrikel erweitert. Semil.-Klappen d. Aorta starr, stenosirt				Fettleber	Narbennieren		

b) Beim weiblichen Geschlechte.

| 1 | 259 | 82 | Atheromatose, insbes. d. Aorta Linker Ventrikel wenig dilatirt und verdickt | Aneu-rysma der Art. carot. int. Druck des Aneur. aufd. Nerv. oculomot. | | | Muskat-nussleber | Narben-Nieren | | |
| 2 | 224 | 70 | Hochgradige Atheromatose | Apoplexie im linken Streifen- und Seh-hügel. Pachy-mening. häm. int. | | | | | | |

No. c.	Alter	Angabe der Erkrankung	Nervon system	Blut, Lympho u. Drüsen dazu	Respirat.-Organe	Leber	Harn-Organe	Geschl. Organe	Fonstige Befunde.
3	276	69	Atheromatose. Kleines Herz	Apoplexie im linken Streifen-hügel. Atherom. d. basilar. Gefässe					
4	309	70	Atheromatose. Beide Ventrikel des Herzens vergrössert und erweitert	Hirnschwund			Granular-atrophie der Nieren		
5	335	39	Fettdegeneration der grossen arteriellen Gefässe. Hypertrophie des linken Ventrikels Erweiterung des rechten	Apoplex. cerebri			Granulirte Nieren		

Nierenkrankheiten beim männlichen Geschlechte.

No. c.	Alter	Angabe der Erkrankung	Nervon system	Blut, Lympho u. Drüsen dazu	Respirat.-Organe	Leber	Harn-Organe	Geschl. Organe	Fonstige Befunde.
1	115	48		Linke Neben-niere theilweise verkäst			Nephritis inter-stit. Linke Niere ad minim. verkleinert, rechte grösser. Beide Ober-flächen höckrig		
2	327	25	Beide Ventrikel erweitert, der rechte dünn, der linke dick	Speckmilz	Eiterinfil-trat und Bronchi-ectasien d. Lungen		Granularatro-phie der Nieren (Speckniere)		
3	347	30	Linker Ventrikel hypertroph., rechter erweitert, geringe Herz-beutelverwachsung			Fettleber	Schrumpf-Nieren		
4	50	55	Beide Ventrikel erweitert und hypertrophisch				Cystitis, Nephrit. purul. Hydronephrose, höckerige und narbige Ober-fläche	Prostata-hypertr.	

Die vorstehenden Tabellen enthalten der Reihe nach
1) die Erkrankungen des Herzmuskels . . 34 m. 7 w.
2) „　　　　　„　　　　　„ Perikards . . 8 „ 0 „
3) „　　　　　„　　　　　„ Endokards . 9 „ 7 „
4) „　　　　　„　　　　　der Gefässe . . . . 5 „ 5 „
5) als Anhang die Erkrankungen der Nieren 4 „ 0 „
dabei ist es ja begreiflich, dass die Trennung theilweise eine will-
kürliche sein musste, da, wie aus näherer Betrachtung sofort hervorgeht, in vielen Fällen von Herzerkrankungen gleichzeitig Perikard
und Myokard, oder Myokard und Endokard, oder endlich alle drei
zusammen erkrankt waren. In diesen Fällen geschah dann die Ein-
reihung so, dass die jeweilig am meisten betheiligte Schichte des
Herzens den Ausschlag gab. Bei der eingehenden Darstellung, die
in diesen Blättern den Erkrankungen des Myo- und Perikardiums
und ihren Beziehungen zu gewissen Nierenaffektionen (Brigth'sche
Nieren) von Prof. v. Buhl geworden, wollen wir hier nur noch
besonders erwähnenswerthe Fälle herausgreifen und kurz gesondert
schildern.

1) Zunächst ein Fall von excentrischer Hypertrophie beider Ventrikel.

Bei dem 81 Jahre alten Manne fanden sich beide Herzhöhlen beträchtlich erweitert und ihre Wände erheblich verdickt. Die mikroskopische Untersuchung der Muskelbündel ergab eine Hypertrophie ohne Degeneration. Dabei bestand in verschiedenen Organen eine Reihe von Erscheinungen, die der Stauung vom rechten Herzen aus zuzuschreiben waren. Die Lungen waren braun indurirt, derb, fleischig und in ihren Capillaren zeigten sich ausgedehnte Ektasien. Ebenso war die Wandung von Magen und Darm verdickt, die Schleimhaut durch stärkere Injection geröthet und in vermehrter Secretion, die Drüsenepithelien degenerirt. Die Leber zeigte exquisite Muskatnussfarbe und durch die Stauung bedingte Atrophie. Die Milzkapsel war verdickt, das Parenchym strotzend mit Blut gefüllt und verdichtet, ebenso wie in den Nieren, die während des Lebens albuminhaltigen Harn secernirten.

Ausserdem bestand Hypertrophie in allen Arterien und atheromatöse Entartung (Endarteritis chronica); ferner im Gehirn Capillarapoplexie und Erweichung, diese namentlich im linken Seh- und Streifenhügel.

In Milz und Nieren fand sich ausserdem noch ausgedehnte Stauung mit diffuser Verdichtung und Bindegewebshypertrophie längs der Venen.

Da nun beide Ventrikel nicht nur hypertrophisch, sondern auch sehr weit waren, so muss auch das Quantum Blut auf beiden Seiten gleich gross und in vermehrter Menge vorhanden gewesen sein, so dass eine allgemeine Plethora wohl als die Hauptsache, eine etwaige Muskelerkrankung nur mehr nebensächlich für diesen Fall gilt.

2) Aus den aufgezeichneten Klappenfehlern erwähnen wir zunächst zwei Fälle, wobei jedesmal Eine der Aortenklappen durch einen grossen Wulst, der zerrissen und durchlöchert war, sich entartet zeigte, und so dem Blutstrome ermöglichte, während der Diastole zu regurgitiren. Es wurde dadurch nicht bloss eine Insufficienz, sondern auch eine Stenose der Aortaklappen geschaffen, indem der Wulst soweit ins Ostium arteriosum hineinragte, dass er dasselbe verengerte. In dem einen dieser Fälle war der Process nun nicht auf die Klappe beschränkt geblieben, sondern er griff tief in die Musculatur, buchtete diese gerade unterhalb der Klappe aus und

erreichte selbst das Perikard. Ausser der Endomyocarditis wurde
in diesem Falle eine sehr grosse, blasse, in hohem Grade fettig
degenerirte Niere gefunden (Nephritis albuminosa). In beiden Fällen
war es weder zu Embolien noch zu Narben in den Nieren gekommen.

Für beide Fälle ist hervorzuheben, dass sie als primäre Endo-
carditiden anzusehen waren, da weder Gelenkrheumatismus oder
puerperale Processe, Septichämie u. dergl. gleichzeitig mit bestanden
hatten.

Bei dieser frischen Endocarditis sind zwei Dinge betheiligt, nämlich die entzündliche Veränderung und die Bakterien. Durch die
erstere, die ähnlich wie bei Pleuritis und Pericarditis sich als zotten-
und papillenähnliche Wucherungen des Endokards darstellt, wird
das ganze Klappengewebe brüchiger, das Epithel gelockert, die
Klappenfläche rauh. Es lagert sich Faserstoff auf und so kommt
es zu einem fest adhärenten, geschichteten, weissen Thrombus,
ähnlich wie in einer Vene. Wo aber immer, sei es in Venen, im
Herzen etc., ein Thrombus entsteht, ist er als todtes, nekrosirendes
Blut anzusehen und damit sind auch Bakterien vorhanden. Da man
nun in der That, wie in allen diesen Thromben, so auch bei der
in Rede stehenden Endocarditis Bakterien und zwar meist in grosser
Anzahl findet, so hat man ihr auch den Namen Endocarditis bacte-
ritica (auch diphtheritica oder parasitica) gegeben. Wo diese Bakterien vorhanden sind und sich vermehren können, helfen sie sicher
zur Zerstörung, so dass sie auch in dem vorliegenden Falle das
Geschwür zu erzeugen beigetragen haben dürften.

3) Stenose und Insufficienz der Aortaklappen. Es
handelt sich hier im Gegensatz zu den vorerwähnten um einen
chronischen Fall. Ein Entzündungsprocess am Endokard, wobei
dasselbe jedoch nicht zerstört wurde, ging voraus. Damit leitete
sich aber zugleich eine Wucherung ein, die zu Verdichtung und
fibröser Umwandlung der Aortaklappen führte. Diese endete schliesslich in Verknöcherung der Klappen, die ganz unter einander verschmolzen waren. Durch diesen Process kam es zu einer hochgradigen excentrischen Hypertrophie des linken Ventrikels, während
der rechte Ventrikel klein blieb. Der linke Ventrikel war weit und
hypertrophisch, während das Aortensystem, ebenso wie der rechte
Ventrikel eng blieb. Es ist diess für die Stenose von diagnostischer
Bedeutung.

4) Stenose und Insufficienz der Bicuspidalis. Bei einer Stenose der Aortaklappen bildet deren starre Verschmelzung meist die stenosirte Stelle. Die Bicuspidalklappe dagegen kann in zweierlei Weise stenosirt sein. Einmal kann es der Ring sein, dann das Klappensegel selbst, dessen krankhafte Veränderung die Verengerung des Ostiums zur Folge hat.

Der entzündliche Process führt entweder durch Bindegewebswucherung zur Verdickung und schliesslicher Verknöcherung der Klappen, oder es können beide Klappensegel verschmelzen, wie im obenbezeichneten Falle, wo das Ostium am Klappenrand ungemein eng geworden ist.

In beiden letzterwähnten Fällen war der rechte Ventrikel excentrisch hypertrophisch und fettig degenerirt.

Erwähnenswerth für den letzten Fall ist noch, dass hier Brigthscher Granularschwund der Nieren, trotzdem aber keine Erweiterung des linken Ventrikels vorhanden war.

5) Ein Fall von partiellem chronischem Herzaneurysma, zu dem wie gewöhnlich eine chronische Myocarditis den Anlass gab. Der linke Ventrikel war auch, wie in allen ähnlichen Fällen, beträchtlich hypertrophisch und erstreckte sich auf die oberen zwei Drittheile des Ventrikels. Die Spitze dagegen war dünn, ausgebuchtet und mit Coagulum erfüllt. In diesem Coagulum fanden sich, wie bei Thromben, sehr häufig zahlreiche Bakterien. Da die Sektion schon sechs Stunden nach dem Tode gemacht wurde, so liegt die Annahme nahe, dass die Pilze schon intra vitam aufgetreten sind.

Während der linke Ventrikel nur an der aneurysmatisch erweiterten Stelle fibroide Umwandlung erlitten hat, war der ganze rechte Ventrikel, der überdiess noch erweitert und verlängert war, in seiner ganzen Wandung in fibröser Umwandlung, aber dünn.

Vom rechten Ventrikel ausgehend hatte sich durch die Stauung des Blutes im Lungenkreislauf ein hämorrhagischer Infarkt ausgebildet. Ausserdem waren durch dieselbe Ursache hämorrhagische Erosionen im Magen entstanden. Diese gaben weiter Veranlassung zur Geschwürsbildung, deren sich auch mehrere, meist frische in der Schleimhaut des Magens fanden. Eines derselben war bereits mit strahliger Narbe geheilt. Endlich waren bei diesem Falle auch granulirte Nieren vorhanden.

6) Acutes Herzaneurysma. Dabei fand sich Blut und Faserstoff im Herzbeutel. Das Herz war vergrössert, mit einer dünnen

Faserstoffschichte überzogen und zeigte überdiess Sehnenflecken, die zum Theil von einer früheren, zum Theil von einer frischen Perikarditis herrührten. An einer Stelle an der Herzspitze war ausserdem Blutung im Perikard zu bemerken. Beide Ventrikel hypertrophisch. Besondere Aufmerksamkeit erregte die Herzspitze, welche sich geschwulstartig vorwölbt. Bei Durchschneidung der Geschwulst zeigte sich in dem unteren Theile der Ventrikelhöhle ein Thrombus, der bis ins Perikardium vorgedrungen war, wo letzteres an einer etwa stecknadelkopfgrossen Stelle durchbrochen war. Der Muskel war zerstört durch totale Fettdegeneration, zum Theil war er hyalin degenerirt. Die Ausdehnung des Thrombus umfasste das untere Dritttheil der Herzhöhle. Vom Thrombus waren Partikelchen losgerissen und davon eines in die Arteria pro fossa Sylvii sinistra gelangt, die dadurch embolisch verstopft wurde. Hiedurch wurde ein grösserer Theil der linken Grosshirnhälfte von der Blutzufuhr abgeschnitten und insbesondere war es die Reil'sche Insel, welche durch anämische Nekrose der Zerstörung anheimfiel.

Die embolisch verstopfte Stelle wurde zum Theil wieder wegsam und gab Anlass zur Thrombose, es entstand ein canalisirter Thrombus. Elf Monate vor dem Tode hatte in diesem Falle der Process mit Myocarditis begonnen.

7) Atherom und Aneurysma der Aorta ascendens, das sich bei einem 36jährigen Manne fand. Das Herz, auf dessen rechtem Ventrikel ein grosser, breiter Sehnenfleck sass, war beiderseits erweitert und in seiner Wandung verdickt. Zwischen den Trabekeln fanden sich in beiden Kammern globulöse Thromben. Die Coronargefässe waren verengt und atheromatös. Die Aortaklappen sind zusammengezogen; die Aorta sehr beträchtlich atheromatös und erweitert; an ihrer Innenfläche kleine Ablagerungen von thrombotischen Gerinnseln. Die Nieren, im Zustande hochgradiger Stauung, zeigten in ihrer Rinde auf der Schnittfläche einige noch ganz frische Keile, die durch die embolische Verstopfung von Thrombusstückchen aus der Aortenintima veranlasst waren. In den Unterlappen beider Lungen waren hämorrhagische Infarkte von ziemlicher Ausdehnung zu Stande gekommen.

Aus den Nierenerkrankungen erwähnen wir nur, dass in dem einen Falle von interstitieller Nephritis die linke ad minimum verkleinert war und ihre Dicke kaum 1 Ctm. betrug. Dabei war sie stark in Fett eingehüllt, Nierenbecken und Nierenkelche erweitert, ihre Oberfläche höckerig und mit Cysten versehen. Auch in der rechten Niere fand sich die Rindensubstanz verringert, die Oberfläche granulirt und narbig, Nierenbecken und Kelche erweitert; die rechte Niere war aber etwa 3 ½ mal grösser als die linke. Dabei war der linke Herzventrikel hypertrophisch, die Herzkammern beide erweitert, die Klappen verdickt, am Perikard Sehnenflecke.

In einem andern Falle fand sich bei einem 55jährigen Manne die Harnblase beträchtlich erweitert, ihre Wand verdickt, so dass die Muskeln als wulstige Stränge in die Schleimhaut hineinragten. Als Ursache dieser Blasenhypertrophie zeigte sich, dass der mittlere Lappen der Prostata zapfenförmig in die Harnröhrenmündung hineinragte und so den Weg zum Abflusse des Harns versperrte. Die stärkere Anstrengung, welche der Blase nun zu ihrer Entleerung nöthig war, hatte ihre Hypertrophie zur Folge. Aber auch dadurch geschah die Entleerung nur theilweise, so dass noch eine beträchtliche Stauung des Harns statthatte. Die Harnleiter waren ebenso wie das Nierenbecken und die Nierenkelche beträchtlich erweitert und mit trübem Urin gefüllt (Hydronephrose). Durch den Druck kam es auch zu einem ziemlich ausgedehnten Schwund der Nierensubstanz von den Nierenwärzchen gegen die Peripherie zu. Die übrige Nierensubstanz war derb, gelb, eitrig, in radiärer Weise infiltrirt (Pyelonephritis purulenta); die Nierenoberfläche war narbig. In der linken Niere traf man ausserdem eine halbkugelförmige, etwa kirschengrosse Geschwulst, deren Inhalt aus fettig degenerirten Epithelien bestand. Ausserdem waren bei diesem Fall beide Ventrikelwände des Herzens hypertrophisch, und namentlich der rechte Ventrikel erweitert.

Wie schon im Berichte für das Jahr 1874 und 1875 betont werden konnte, finden sich bei uns ausnehmend viele Fälle von Herzmuskelerkrankung und zwar in besonderer Anzahl die excentrische Hypertrophie und Dilatation beider Ventrikel. In überwiegender Anzahl fand sie sich bei Männern, nämlich 34 mal, während sie nur 7 mal bei Weibern getroffen wurde. Was das Alter anlangt, so fanden sich

bei Weibern	2	im Alter von	50—60	Jahren	(53 u. 55 J.)
	2	„ „ „	60—70	„	(67 u. 70 J.)
	3	„ „ „	70—80	„	(71, 72, 75 J.)
bei Männern	3	„ „ „	15—30	„	(19, 26, 28 J.)
	7	„ „ „	30—40	„	(39, 38, 36, 32, 39, 39, 34 J.)

bei Männern 8 im Alter von 40—50 Jahren (41, 41, 48, 45, 44,
47, 42, 50 J.)

11 „ „ „ 50—60 „ (60, 59, 58, 54, 58,
60, 60, 54, 54,
60, 60 J.)

3 „ „ „ 60—70 „ (62, 64, 65 J.)

2 „ „ „ 70 und darüber (81 u. 82 J.).

Daraus geht hervor, dass im Gegensatz zu den Phthisikern
weitaus die meisten Fälle von Herzmuskelerkrankungen nach dem
40. Jahre fallen. Sonstige Veränderungen, welche hiebei am Herzen
und den davon abgehenden Gefässen beobachtet wurden, sind Pericarditis, Atheromatose, Aortenklappenaneurysma, acutes und chroni-
sches Herzaneurysma. In Bezug auf andere Organe waren hiebei
zunächst im Gehirn beobachtet:

	bei Männern	Frauen
Frische Apoplexie . . .	1	—
Aeltere „	—	1
Rothe Erweichung im linken Seh- und Streifenhügel	1	—
Thrombose der Art. pro fossa Sylvii s., Erweichung		
des linken Seh- und Streifenhügels	1	—
Thrombose der Art. carot. int. dex., Erweichung in		
der Umgebung	—	1
Pachymeningitis hämorrhagie. int.	1	—

In den Lungen wurden braune Induration (3), hämorrhagische
Infarkte (7), Thrombose der Art. pulmonalis (3), Pleuritis (2) und
Brandherd (1) beobachtet.

In Bezug auf die Nieren fanden sich

Granularatrophie derselben . . 15 mal,

Narben in denselben . . . . . . 9 mal,

Hochgradige Stauungen in denselben 9 mal,
darunter oft 2 oder alle 3 dieser Zustände neben einander.

In 6 Fällen war eine stärkere Veränderung im Nierenparenchym
nicht vorhanden.

Pericarditis ist nur bei Männern und zwar 7 mal, darunter 3
mit hämorrhagischem Exsudate, beobachtet worden.

Unter den 16 Klappenfehlern treffen

10 chronische auf die Bicuspidalis,

4 „ „ „ Aortaklappen,

1 acute Endocarditis auf die Aortaklappen [1]),
1 Stenose des Conus arteriosus dexter
bei einem Falle von Situs mutatus.

[1]) Ein anderer fast ganz gleicher wurde eingeschickt.

Traumen.
a) Mit Betheiligung des Skeletes.

		Ort der Verletzung	Haut	Gehirn	Circulations-Organe	Respirat.-Organe	Darm	Harn-Organe	Bemerkungen
1	353 36	Knochenzertrümmerung. an beiden Unterschenk. u. Fusswurzelknochen				Fettembolie in Lungencapillaren, Lungenödem			Verblutung
2	388 30	Fract. der 2. u. 3. Rippe, Fissur der recht. Orbita.		Commotio cerebri					Sturz
3	20 17	Bruch des Hinterhauptbeins an der Basis. Rechts: Fissur bis zum Felsenbein	Hautabschilferung an Kopf, Rumpf und Extremitäten	Quetschung beider Stirnlappen und Blutung in denselben		Fettembolie i. d. Lungencapillaren, Oedem der Lungen			Sturz
4	61 34	Zertrümmerung und nachherige Amputation beider Unterschenkel			Herzbeutelverwachsung	Fettembolie in Lungencapillaren. Lungen-Oedem	Rechtsseitige Scrotalhernie		Eisenbahn-Verletzung Anämie Sturz vom ersten Stockwerk
5	127 33	Zertrümmerung und nachherige Amputation beider Oberschenkel				Fettembolie in Lungen, Oedem derselben			Anämie Eisenbahn-Verletzung
6	177 18	Fraktur des Schädeldaches; Fissur d. Basis		Quetschung des rechten Stirn- und Schläfenlappens. Blutung i. d. Pia mater		Fettembolie in Lungen, Oedem			Sturz
7	238 25	Complicirte Fraktur der linken Tibia und Fibula				Fettembolie in Lungen, Oedem		Malpighische Körper zahlreich mit Fett erfüllt	Eisenbahn-Verletzung
8	257 77	Zertrümmerung des Schädeldaches		Quetschung des linken Mittellappens des Grosshirns					Sturz

		Ort der Verletzung	Haut	Gehirn	Circulations-Organe	Respirat.-Organe	Leber	Nieren	Bemerkungen
9	267	26	Schusswunde in die Stirne		Schusskanal median durch den 3. Ventrikel bis ins Kleinhirn		Geringe Fettembolie in den Lungen			
10	278	15	Zertrümmerung des rechten Oberschenkels. Amputation des linken. Fusses			Einzelne Capillaren der Herzmuskulatur fett erfüllt		Fettembolie	Fett in malpighisch. Körp. d. Nieren	Anämie (Eisenbahn-Verletzung)
11	297	27	Complicirte Fraktur	Oedem der unteren Extremitäten				Fettembolie		
12	298	27	Fraktur des Hinterhauptbeins, (links ueb. der Med(anlinie,) und beider Unterschenkel	Bluterguss unter der Kopfschwart	Capillaren des Gehirns und der Pia mater theilweise mit Fett gefüllt	Mässige Fettembolie im Herzmuskel	Fettembolie in den Lungen		Viele malpighische Körper fett erfüllt	Sturz
13	299	44	Fraktur des linken Oberarms, links 6. bis 10. Rippe 4. Brust-; 2.–5. Lendenwirbels, recht. Darm- und Sehambeins				Fettembolie in den Lungen			
14	306	42	Fraktur von Ulna, Radius und Femur beiderseits, der 2.–4. Rippe (links); des Nasenbeins, Schläfen- und Stirnbeins links	Hautrisse im Gesicht						
15	315	32	Fraktur des 7. und 8. Brustwirbels und der sich ausetzenden Rippen beiderseits; ferner des Brustbeins		Quetschung des Rückenmarks		Fettembolie in den Lungen			

b) Ohne wesentliche Betheiligung des Skeletes.

		Ort der Verletzung	Haut	Gehirn	Circulations-Organe	Respirat.-Organe	Leber	Nieren	Bemerkungen
30	38		Strangulationsrinne unter den horizont. Unterkieferästen. —Stiche in d. Brust				Hyperämie in beiden Lungen		Nierenstauung	Strangulat.
63	44		Hochgrad. Verbrennung 2. und 3. Grades an Rumpf und Extrem.		Hirnödem			Käs. Knoten in der Leber	Käsig. Knoten in der Milz
68	25				Revolverschuss in den rechten Unterlapp. u. Oberlapp. und durch Zwerchfell	Streifschuss am Herzen		Schusskanal durch den Magen	Schusskanal durch d. Niere	
108	36		Hochgrad. Verbrennung i. Gesicht, Rumpf und Extremitäten					Abgeschnürt. Magen	Schnürbrustleber	

134 47	Verbrennung im Gesicht und den oberen Extrem.	Hirnödem		Hyper-trophie d.recht. Ventr.	Lungen em-physem		Stauungs-Nieren
220 18			Streif-schuss der Milz		Streif-schuss der Pleura (links)	Schuss ins Periton. Blutung in die Bauch-höhle	

Die vorstehende Tabelle trägt die allgemeine Ueberschrift Traumen, die wieder in solche getheilt sind, welche

a) mit wesentlicher Betheiligung des Skeletes 15 m.

b) ohne Betheiligung des Skeletes . . . 6 m.

einhergingen.

Unter den sub a) verzeichneten finden sich 4 Fälle, welche durch Eisenbahnunglück beträchtliche Zertrümmerung der unteren Extremitäten erlitten hatten und nach starkem Blutverluste in der Regel rasch gestorben waren. In drei von diesen waren noch zuvor Amputationen vorgenommen worden.

Aus den übrigen Knochenbeschädigungen ist zu entnehmen, dass davon 65 Fälle durch Sturz von einer bestimmten Höhe herab veranlasst waren; in 4 derselben war meist eine mehr minder hoch-gradige Zertrümmerung der Schädelknochen mit Erschütterung, Quetschung und Blutung im Gehirn zu Stande gekommen. Aus den übrigen Knochenverletzungen ist nur noch ein Fall mit Fractur des 7. und 8. Brustwirbels und der beiderseits sich ansetzenden Rippen, sowie des Brustbeines vielleicht hervorzuheben, bei dem in der Höhe der gebrochenen Wirbel eine starke Quetschung des Rückenmarkes sich fand.

Als zufälliger pathologischer Befund unter all' diesen Fällen ist nur zu erwähnen, dass bei einem Eisenbahnverletzten, dem beide Unterschenkel zertrümmert und amputirt waren, eine vollständige Verwachsung des Herzbeutels, sowie eine rechtseitige Scrotalhernie mit weiter Bruchpforte sich fand.

In 11 Fällen wurde eine mehr minder ausgebreitete Fettembolie in den Capillaren der Lungen, aber auch, wiewohl seltener, des Herzens, des Gehirns und besonders der Nieren nachgewiesen. In den Lungen musste diese Fettembolie als die Ursache des Oedems angesehen werden, das in manchen Fällen so hochgradig war, dass beinahe eine völlige Maceration des Gewebes bestand.

In Bezug auf die Zeit, innerhalb welcher nach der Knochenverletzung die Fettembolie, welche zweifellos durch Resorption des Fettes im zertrümmerten Knochenmarke von Seite der klaffenden Venen bedingt wurde, auftrat, ist zu constatiren, dass sie unmittelbar nach der Verletzung schon da war. Ueber die Art und Weise des Zerfalls oder der Ausscheidung des die Embolie bedingenden Fettes war eine ganz bestimmte Aufklärung nicht zu erhalten. Möglich, dass das in den Capillaren liegende Fett sehr fein zertheilt und dadurch zur Resorption fähig gemacht wird, worauf manche Befunde hinweisen, möglich aber auch, dass dasselbe durch die Nieren ausgeschieden wird, was der Befund von feinerem und gröberem Fett in den Nierencapillaren und besonders in den Malpighi'schen Körpern und Harnkanälchen wahrscheinlich macht*).

Dass eine hochgradige Fettembolie, namentlich der Lungen, durch bedeutende Störungen in Kreislauf, Respiration (Lungen-Odem) und Centralnervensystem den Tod bedingen kann, lässt sich aus Befunden erschliessen, bei welchen selbst nach unbedeutenderen Knochenverletzungen eine andere Ursache für den Tod durchaus nicht ausfindig gemacht werden konnte. Allerdings combiniren sich bei schwereren Verletzungen, namentlich durch starke Gewalten erzeugt, die Verhältnisse so, dass es oft schwer wird, die Bedeutung jedes einzelnen Momentes klar festzustellen. Denn abgesehen von der Erschütterung, die oft das gesammte Nervensystem betrifft und von schweren Erscheinungen begleitet sein kann, und abgesehen von der unangenehmen Wirkung, die oft ein stärkerer, plötzlicher Blutverlust, sei es durch das Trauma selbst oder durch die nothwendig gewordene Operation (Amputation, Resection etc.) veranlasst wird, ist es namentlich die ungleiche Blutvertheilung, die oft von bedenklichen Folgen begleitet sein kann. Man findet dann, selbst wenn weder das Trauma noch eine nachfolgende Operation einen grossen Blutverlust nach sich gezogen haben, die Leichen auffallend blass und blutarm, sowohl äusserlich als auch in der Brusthöhle. Dagegen hat sich alles Blut mehr minder in die Bauchhöhle zusammengedrängt, indem wohl durch Reflexlähmung, wie etwa beim Goltz'schen Klopfversuch, eine Füllung der Unterleibsgefässe erzielt wurde.

Wir geben zu dem Vorstehenden einzelne speciellere Daten.

---

*) S. Halm, Beiträge zur Lehre von der Fettembolie, München 1876 bei Rieger. (Gustav Himmer.)

1) Ein 17 Jahre alter Maurerlehrling war vom Gerüste ge-
fallen und musste bewusstlos vom Platze getragen werden. 14 Stunden darauf trat der Tod ein unter den Erscheinungen der heftigsten
Athemnoth, starker Cyanose, die auch durch eine ergiebige Venä-
section nicht gehoben wurde, und ausgebreitetem Trachealrasseln
(Lungenödem). Bei der Sektion fanden sich zahlreiche Hautauf-
schürfungen und Sugillationen an Kopf, Rumpf und Extremitäten.
Am Hinterhaupte unter der Galea aponeurotica ein handteller-
grosser Bluterguss. In der rechten Hinterhauptsgrube zwischen
dura mater und pia eine grosse Menge dunkeln, mehr flüssigen
Blutes, wodurch das Kleinhirn abgeplattet war. Quer durch das
Hinterhauptsbein geht rechterseits eine Fissur, welche sich nach
vorne bis zur Mitte der Felsenbeinpyramide erstreckt. Wohl durch
Contrecoup war eine Quetschung mit Blutung an den Spitzen beider
Stirnlappen, namentlich des rechten, erzeugt; die Lungen in hohem
Grade ödematös. Die mikroskopische Untersuchung der letzteren
ergab eine ausgebreitete Fettembolie in den Capillaren. Die
gequetschten Hirntheile liessen molekuläre Trübung, Zerstörung der
Nervenfasern und des Nervenmarkes, Vermehrung der weissen Blutkörper sowohl frei im Felde als auch in vielen, namentlich venösen
und capillaren Gefässen erkennen.

2) Ein 34 Jahre alter Stationsdiener erlitt durch Ueber-
fahren auf der Bahn eine starke Zermalmung beider Ober- und
Unterschenkel, deren Amputation nothwendig wurde. Nach derselben war volles Bewusstsein, aber blasse Haut, Kühle der Extremitäten, Pulslosigkeit vorhanden. Der Tod trat 3 Stunden später ein.
Bei der Section fand sich äusserlich auffallende Blutarmuth, ebenso
im Gehirn und in den Organen der Brusthöhle; Lungen stark
ödematös, Herzbeutelverwachsung; nur im Unterleibe waren die
Organe strotzend mit Blut gefüllt, namentlich deren Venen. Mikroskopisch stark ausgebreitete Fettembolie in den Lungencapillaren.

3) Einem 33 Jahre alten Taglöhner wurden von einem Zuge
die Oberschenkel zermalmt, was deren Amputation nothwendig
machte. Der Tod trat nach 2½ Stunden unter den Erscheinungen
heftigster Athemnoth auf. Die Sektion ergab hochgradige Blutarmuth
in allen Organen, auch in den Lungen, die stark ödematös und
mit zahlreichen Fettembolien durchsetzt waren.

4) Ein 25 Jahre alter Schlosser (Fall 7) erlitt durch Fall von
einer Leiter eine complicirte Fractur der linken Tibia und Fibula und

starb 10 Tage darauf. Bei der Sektion und mikroskpischen Untersuchung fand sich sehr bedeutende Fettembolie in den Lungencapillaren; auch Herz und Leber zeigten in einzelnen Capillaren Fettansammlung, wiewohl spärlich; dagegen waren zahlreiche Malpighi'sche Körper in den Nieren meist vollständig mit Fett erfüllt.

5) Ein 26 Jahre alter Maler hat sich in selbstmörderischer Absicht in die Stirne geschossen und starb nach 3 Stunden. Die Sektion zeigte in der glabella eine 7 mm. im Durchmesser betragende runde Knochenwunde, Bluterguss auf der Gehirnoberfläche, namentlich über dem Scheitel. Das Projectil hatte den Sinus longitudinalis geöffnet, und beide Hemisphären des Grosshirns gestreift. Dann ging es durch den Balken in den dritten Ventrikel, Aquaeductus Sylvii, zerstörte den Boden des vierten Ventrikels und blieb im kleinen Gehirn, dessen Substanz stark zertrümmert war, stecken. Selbst die kleine Knochenverletzung war Veranlassung zu einer, wenn auch geringen Fettembolie in den Lungen.

6) Ein 27 Jahre alter Metzger erlitt durch Sturz von einem Gerüste eine complicirte Fractur beider Unterschenkel und des Schädels. Drei Tage nach der Verletzung trat der Tod ein. Die Sektion ergab ausser der complicirten Fractur beider Unterschenkel starken Bluterguss unter der Kopfschwarte links von der Stirne bis zur Halswirbelsäule. Dem entsprechend Fissur des Schädeldaches links von der Pfeilnaht bis zum grossen Hinterhauptsloch. Die mikroskopische Untersuchung lehrte ausgedehnte Fettembolie in beiden Lungen, weniger im Herzen. Die Malpighi'schen Körper der Nieren erscheinen theilweise strotzend mit Blut gefüllt, ebenso viele Gefässe des Gehirns und der pia mater.

Die Traumen ohne wesentliche Betheiligung des Skeletes enthalten zunächst ausgedehnte Verbrennungen von Rumpf und Extremitäten verzeichnet, ohne interessanteren Nebenbefund, in dem einen dieser war Lungenemphysem und consekutive Hypertrophie des rechten Ventrikels vorhanden, in dem andern fanden sich zufällig käsige Knoten in Leber und Milz.

Die anderen 3 betrafen Selbstmörder, von denen 2 durch Erschiessen, 1 durch Erhängen, letzterer in geisteskrankem Zustande, sich das Leben nahmen. Von den Erschossenen hatte der eine 2 Kugeln aus einem Revolver gegen sich abgeschossen. Die eine Kugel war 2 cm. nach innen und unten von der linken Brustwarze durch den Thorax gedrungen, hatte den Unterlappen der linken Lunge am Rande, sowie das Zwerchfell und die linke Niere durchbohrt und fand sich in der Muskulatur neben der Wirbelsäule in der Höhe der linken Niere. Die andere drang durch den zungenförmigen Fortsatz des Oberlappens der linken Lunge, streifte das Herz und ging von da durch das Zwerchfell, die vordere Wand des Magens und das Netz. Das Projectil wurde zwar nicht gefunden, blieb aber vermuthlich in der Gegend der rechten hintern Thoraxwand.

Endlich hatte noch der Fall vom Erhängungstode insoferne Interesse, als er zu mehreren Versuchen an Leichen und Thieren Veranlassung gab. Der Fall betraf einen 30jährigen, sonst kräftigen Mann, der sich in einem Anfalle von Geistesstörung im Spitale erhängt hatte. Bei der Sektion fand man äusserlich eine Strangrinne am vorderen Theile des Halses über dem Pomum Adami· etwa horizontal verlaufen und sich gegen die Kieferwinkel zu allmählig verlieren. Besonders deutlich war eine blaurothe Färbung in der Schleimhaut da, wo der Strang über die Giessbeckenknorpel verlief. Die Carotidenintima war beiderseits, wiewohl atheromatös, doch vollständig intact. Die Lungen waren hyperämisch; viel dunkler Cruor fand sich in den Herzhöhlen. Durch die Sektion war demnach zunächst wieder constatirt, dass die Ruptur der Carotidenintima nicht, wie man wenigstens lange annahm, einen constanten und wesentlichen, sondern mehr zufälligen Befund von mehr problematischem Werth habe.

Bekanntlich sind die Meinungen darüber, wie der Tod durch Erhängen eigentlich zu Stande komme, bis in die neueste Zeit sehr auseinandergegangen. Man hat lange die Störungen der Circulation, namentlich in Gehirn und Lungen wie sie durch den Druck auf die grossen Halsgefässe und den damit gehinderten Abfluss des Blutes vom Herzen und ins Herz bedingt werden, zur Erklärung des Todes in Anspruch genommen. Auch die Insultation der nervi vagi, selbst Verletzungen der Wirbelsäule (Abtrennung des Zahnfortsatzes, Zerreissung und Dehnung der Bänder) und des Rückenmarkes, die man in einzelnen Fällen antraf, sollten bald alleinige, bald sehr wesentliche Ursache des Todes sein. In seinen Mittheilungen des Vereins der Aerzte in Niederösterreich 1876 hat Hofmann nicht nur die Störungen in der Circulation, den Druck auf die wichtigsten Nerven und die mögliche Zerrung des Halsrückenmarkes betont, sondern namentlich die augenblickliche Verschliessung der Respirationswege durch Anpressung des Zungengrundes gegen die hintere Rachenwand, wenn das Strangwerkzeug über den Kehlkopf gelagert ist. Andererseits legte er nach seinen Versuchen auf die Stagnation des Blutes im Gehirn, wie sie durch die Compression der Halsgefässe entstehe und auf den Stillstand des Herzens durch Druck auf den Vagus ein beson- deres Gewicht, und erklärte damit den bei Strangulation schneller eintretenden bewusstlosen Zustand und raschen Tod. Zu gleicher Zeit wurden im hiesigen pathologischen Institut (Schweninger E.) Experimente zur Aufhellung dieser Frage angestellt.

Zunächst wurden an Leichen der Kehlkopf und Trachea in situ mit eigens bereiteter Wachsmasse ausgefüllt und die Leichen dann mittelst eines um den Hals gelegten Stranges aufgehängt. Immer zeigte sich nach der Abnahme der Leiche die Masse gerade am Kehl- kopfeingange in der Höhe der Giessbeckenknorpel vollständig abge- schnürt, bald quer, bald mehr schief. Es war jedesmal nicht nur eine Anpressung des Zungengrundes an die Wirbelsäule, sondern eine com- plete Umschnürung des Kehlkopfes von allen Seiten zu Stande gekommen.

Weitere Experimente an Thieren sollten den Einfluss der Um- schnürung der am Halse verlaufenden wichtigen Gefässe und Nerven, jedes einzelnen für sich betrachtet, darthun. Zu diesem Zwecke wur- den bei Katzen, Kaninchen und Hunden bald die arteriellen, bald die venösen Gefässe, bald wieder die Nerven, namentlich der Vagus am Halse unterbunden, die Tracheotomie gemacht und dann die Thiere so aufgehängt, dass der Strang über der Trachealwunde zu liegen kam.

In all' diesen Versuchen wurde das Aufhängen relativ gut er- tragen, die Thiere leben dabei und verhalten sich, wenigstens nach Unterbindung der Gefässe, meist bald wieder verhältnissmässig ruhig weiter. Jedenfalls tritt sowohl die Bewusstlosigkeit als der Tod selbst bei Unterbindung beider Vagi erst nach viel längerer Zeit als beim gewöhnlichen Erhängen (oft nach 1 Stunde und später) ein, was zu der Annahme berechtigt, dass der Einfluss, der von Seite der comprimirten Gefässe und Nerven beim Erhängen sich geltend macht, für den raschen Tod nicht hoch anzuschlagen ist. Derselbe wird vielmehr einzig durch die volle Umschnürung der Kehle be- dingt, wobei der Kehldeckel auf den Kehlkopfeingang gedrückt, die Zunge mit ihrem Grunde an die Wirbelsäule gepresst, und die Giessbeckenknorpel von den Seiten her gegen das Kehlkopflumen gedrängt werden, so dass ein mehr minder vollkommener Abschluss von der eindringenden Luft erzielt wird.

Wurde die Trachea von den Gefässen etc. isolirt und dann

für sich unterbunden, so trat der Tod meist sehr rasch auf. Dabei zeigte sich in einzelnen Fällen, dass Trachea und Bronchien unterhalb der Unterbindungsstelle erweitert, die Lungen emphysematös und nicht, wie man beim Erstickungstod gewöhnlich annimmt oder erwartet, blutreich, sondern beinahe völlig blutleer waren. Es musste also das Herz, selbst nach aufgehobener Respiration, sich noch contrahirt und so Zeit gefunden haben, das Blut durch die Lungen zu treiben und im übrigen Körper zu vertheilen.

Phthise.

Der häufigste Befund unter den Sektionen vom 1. Nov. 1875 bis 1. Nov. 1876 war Phthise; und zwar in 120 Fällen unter 425 (28,47 % oder $^2/_7$ aller Sektionen).

Diese 120 Fälle vertheilen sich folgendermassen auf die einzelnen Formen der Phthise, wie sie nach Herrn Prof. v. Buhl angenommen werden*):

	Männer.	Weiber.	Summe.
I. Entzündliche Phthise:			
a) acutere Fälle	6	3	9
α. lobäre Fälle: reine Desquamativ-Pneumonie und necrosirende Pneumonie, acute Lungencavernen.			
β. lobuläre: Purulente Peribronchitis.			
b) chronische Fälle	13	6	19
α. lobäre: lobäre Verkäsungen; Verfettung und Cirrhose; Bronchialcavernen etc.			
β. lobuläre: lobuläre Verkäsungen und Cirrhose.			
II. Phthisis combinata . . .	50	22	72
III. Infectiöse Phthise	16	4	20
Summa der Fälle	85	35	120

Demnach ist die Form der Phthisis comb. am stärksten vertreten, am schwächsten die acutere der entzündlichen Phthise.

*) L. v. Buhl, Lungenentzündung, Tuberculose und Schwindsucht. München, Oldenburg. 2. Aufl. 1873.

Das männliche Geschlecht ist bei allen drei Hauptformen mit mehr Fällen betheiligt, als das weibliche, im Ganzen erreicht bei diesem die Anzahl aller Fälle nicht die Hülfte der beim männlichen Geschlechte. Was das Alter betrifft, so sind es die Jahrgänge vom 21. bis 40. Jahre, denen die meisten Fälle zugehören. (Diess zeigt sich auch ebenso an der Zusammenstellung der chronischen und combinirten Phthisen aus einem früheren Zeitraume. S. S. 6—11. Ein Vergleich derselben mit der dort gegebenen, dem gleichen Zeitraume entnommenen Reihe der Herzmuskelerkrankungen [s. S. 16 und 17] zeigt, in welcher Weise die beiden Krankheitsformen in den Altersklassen vertreten sind: vom 21.—40. Jahre hauptsächlich Phthise, über dem 40. Jahre die Erkrankungen des Herzmuskels.)

Tabelle 1.

I. Eutzündliche Phthise.

1. Acutere Fälle:

l o b ä r e : reine Desquamativ- und necrosirende Pneumonie;
und l o b u l ä r e : Peribronchitis purulenta.

M ä n n e r.

No. des Manuals	Alter	Skelet	Haut und ihre Drüsen	Blut, Lymphe, Lymphgefässe u. dazu gehörige Drüsen	Respirations- Organe	Darmkanal und Peritonäum	Speicheldrüsen und Leber	Harn- Organe	Geschl.- Organe	Bemer- kungen.
173	27				Acute Desquamativ- Pneumonie	Circumscripte Peritonit. durch Verwachsung Einklemmung				
239	31				Acute Desquamativ- Pneumonie, Hydrothorax			Stauungs- Nieren		Allgem. Hydrops
281	26			Käsige Retroperi-toneal-lymphdrüsen	Acut necrosirende Pneumonie					
303	30				Acut necrosirende Pneumonie					
90	37				Peribronchit. purul. Pneumothorax durch Perforation	Darmgeschwüre				Proc. vermif. 10 Ct. lang
111	28				Peribronchit. purul. Rechts Pleuritis, Acute Desquamativ- Pneumonie	Darmgeschwüre				

W e i b e r.

No. des Manuals	Alter	Skelet	Haut und ihre Drüsen	Blut, Lymphe, Lymphgefässe u. dazu gehörige Drüsen	Respirations- Organe	Darmkanal und Peritonäum	Speicheldrüsen und Leber	Harn- Organe	Geschl.- Organe	Bemer- kungen.
96	20	Rückgrats verkrümmung, Ankylose des r.Oberschenkels	Oedem der unteren Extremit.		Acute Desquamativ- Pneumonie					
280	41				Peribronchit. purul. (Desquam.Pneumon.)	Darmgeschwüre	Lebercyste			
294	50				Peribronchit. purul. Links: Pyopneumothorax	Darmgeschwüre	Secundär. Leberkrebs	Hydronephrose	Uteruskrebs	

Entzündliche Phthise.

1. Acutere Fälle.

a) Reine Desquamativ- und nercosirende Pneumonie.

Sektionsbefunde von reiner genuiner Desquamativ-Pneumonie, in denen der entzündliche Prozess so rasch lobär vorgeschritten ist, dass es in den oberen Parthieen der Lunge nicht schon zu grösseren Zerstörungen gekommen ist, sind sehr selten. Unter den 120 Sektionen sind nur drei Fälle hiehergehörig. Der eine davon soll als Beispiel kurz skizzirt werden:

No. 96. (w. 20 J. a.) Linke Lunge: Oberl.: in der Spitze ein alter käsiger Herd. Nach abwärts frische Desquamativ-Pneumonie. Auch im Unterlappen kleine Parthieen frischer Desquamativ-Pneumonie.

Rechte Lunge. Zum Theil ältere käsige Herde. Frische lobuläre und lobäre Herde von Desquamativ-Pneumonie. Spitzenverwachsung und Bronchitis beiderseits.

Zwei andere Fälle, die die Tabelle aufführt, sind ebenfalls acutere, wobei aber schon das Bild der necrosirenden Desquamativ-Pneumonie zu Tage tritt. So in No. 303. (m. 30. J. a.) Linke Lunge verwachsen. Oberl.: In der Mitte Peribronchitis nodosa. Unterl.: Oedem. Rechte Lunge: Spitze verwachsen; grosse buchtige Caverne. Von da an abwärts auch im Mittel- und Unterlappen grössere und kleinere Cavernen mit mortificirendem Gewebe umgeben. Ausserdem dazwischen fleischrothe Parthieen. (Frische Desquamativ-Pneumonie.)

b) Purulente Peribronchitis.

Diese zweite acute Form der entzündlichen Phthise ist 4 Mal ziemlich rein zur Erscheinung gekommen. Zweimal darunter war der Ausgang Durchbruch in die Pleurahöhle. Von den beiden andern Fällen ist einer mit frischer Desquamativ-Pneumonie combinirt. Es soll von den ersten beiden Fällen der eine kurz erwähnt werden.

Nr. 90. (m. 37 J. a.) Im rechten Thoraxraum Luft; Lunge hier beinahe vollständig comprimirt. Mittelfell und Herz bedeutend nach links gedrängt. Pleura trocken pergamentartig. Oberl. an der Spitze verwachsen. Hier eine wallnussgrosse Caverne; eine zweite weiter abwärts nach aussen perforirt. Das Gewebe eitrig infiltrirt, am stärksten die Bronchialwandungen. Unterl.: sehr blutreich. Die Bronchien enthalten eitriges Sekret. Linke Lunge: Ebenfalls nur an der Spitze verwachsen, hier und weiter nach abwärts bis wallnussgrosse Cavernen. Lobulär-eitrige Infiltrate. Zwischengewebe verdichtet, dunkelroth. — Im unteren Dünndarm (5 Cent. ob. d. Klappe) tiefgreifende Geschwüre.

Von den Begleiterscheinungen hiebei, die mit dem phthisischen Vorgang in der Lunge in Zusammenhang zu bringen sind, sind es zunächst die Geschwüre im unteren Ileum (zum Theil auch im Colon), welche zu erwähnen sind. Sie fanden sich bei drei Fällen von Peribronchitis. Bei den Fällen der reineren Desquamativ-Pneumonie und necrosirenden Pneumonie waren keine Geschwüre vorhanden.

Diess deutet darauf hin, dass diese Fälle theils in zu rascher Zeit abgelaufen waren, theils zu wenig Tendenz zur Chronicität und zur Verkäsung hatten, so dass die allgemeinere Erkrankung des Lymphsystems nicht zu necrosirenden Prozessen an anderen Stellen führte.

Ausgesprochene Verkäsung der Retroperitonealdrüsen fand sich einmal vor.

Weiterhin sind als begleitende Krankheiten zu erwähnen: Peritonitis (No. 173); Rückgratsverkrümmung (No. 96); Lebercyste (No. 280); Krebs (No. 294). Letztere 3 Fälle gehören dem weiblichen Geschlechte an.

Tabelle 2.

2. Chronische Fälle:

lobäre Verkäsungen, Verfettung und Cirrhose und Lobularverkäsung und Peribronchitis nodosa.

I. Männer.

No. des Manuals	Alter	Skelet	Haut und ihre Drüsen	Nerven-system	Circulations-Organe	Blut, Lymphe, Lymphgefässe, dazugehörige Drüsen	Respirations-Organe	Darmcanal und Peritonäum	Speicheldrüsen und Leber	Harn-Organe	Geschlechts-Organe	Bemerkungen.
115	48					Linke Neben-Nieren z. Th. verkäst	Peribronchitis nod. et fibrosa			Nephritis interstitialis. Oberfläche höckrig Hydronephrose		
106	28	Caries des Kreuzbeins	Bronzefarbe der Haut			Neben-Nieren verkäst	Peribronchitis fibrosa					Morb. Addison
184	35						Peribronchitis nod. et fibrosa. Hämorrh. Pleuritis	Tuberkul. Darmgeschwüre				

No. des Manuals	Alter	Skelet	Haut und ihre Drüsen	Nerven-system	Circulations-Organe	Blut, Lymphe, Lymphgefässe u. dazugehörige Drüsen	Respirations-Organe	Dauungskanal und Peritonäum	Speicheldrüsen und Leber	Harn-Organe	Geschlechts-Organe	Bemerkungen
245	52			Atrophie des linken Ventrikels Exc.Hyper-trophie d. rechten			Peribronchitis nodosa			Granular-atrophie d. Nieren		
144	23	Caries der 12. Rippe	Kalter Abscess auf dem Muscul. quadrat. lumb.				Peribronchitis nod. et fibrosa					
174	25	Caries der Hals-wirbel				Verkäsung und Ver-jauchung der Hals-lymph-drüsen	Käsige Pneu-monie. Doppelt-seitige purul. Pleuritis					
316	18						Peribronchitis nodosa. Spitzen-Cirr-hose. Cavernen. Lobul. käsige Herde. Unterl.: Desquam. Pneu-monie	Darmge-schwüre				
342	52						Links: Cirrhose. Käsige Pneu-monie. Rechts: Cavernen. Käsige Herde. Cirrhose. Nach abwärts frische desquam. Pneu-monie	Im untern Dünn-darm Ge-schwüre				
7	40						Cirrhose	Tuberkul. Darmge-schwüre				
411	54						Cirrhose	Magen-krebs. Cöcalge-schwüre	Sekund. Leber- und Pankreas-krebs			
346	42	Decubitus	Rücken-marks-Erweichg.				Cirrhose			Schorf-geschwüre i. d. Blase		
349	40						Cirrhose. Sehr dicke Pleura-schwarte					
352	56				Tonsillar-Geschwür		Cirrhose	Tuberkul. Darmge-schwüre				

II. Weiber.

No. des Manuals	Alter	Skelet	Haut und ihre Drüsen	Nerven-system	Circulations-Organe	Blut, Lymphe, Lymphgefässe u. dazugehörige Drüsen	Respirations-Organe	Dauungskanal und Peritonäum	Speicheldrüsen und Leber	Harn-Organe	Geschlechts-Organe	Bemerkungen
3	57	Krebs der Mamma					Peribronchitis nod. et caseosa (s. croup. Pneu-monie)	Tuberkul. Darmge-schwüre				Uterus-fibroide
16	54		Oedem der unt. Extrem.				Peribronchitis nod. et caseosa	Käsige Solitär-drüsen				
87	43						Peribronchitis nod. et caseosa	Tuberkul. Darmge-schwüre				
241	37						Peribronchitis nod. und käsige Pneumonie					
253	49			Cyste im rechten Streifen-hügel			Käsige Pneu-monie	Tuberkul. Darmge-schwüre				
10	39						Cirrhose	Tuberkul. Darmge-schwüre				

2. Chronische Fälle.

Auch dieser Gruppe liegt die Eintheilung in lobäre und lobuläre Formen zu Grunde.

Jene begreifen die käsige Pneumonie in sich; diese werden von der Peribronchitis, einerseits als nodosa und caseosa — Lobular-verkäsungen —, andererseits als Peribronchitis fibrosa — Lungen-cirrhose — gebildet.

Bei dem in den meisten Fällen von Phthise meist vorhandenen Ineinandergreifen der peribronchitischen Prozesse und der lobär vor-schreitenden Vorgänge, wobei jene meist die Oberhand gewinnen, erhellt es, dass bezüglich der Verkäsungen die meisten Fälle lobuläre sein werden.

Lobäre Fälle von reiner käsiger Pneumonie sind demnach nur zwei aufzuführen (No. 174 m. und No. 253 w.). Bei den übrigen Fällen von käsiger Pneumonie, die die Tabelle enthält, sind die lobulären Verkäsungen vorwiegend.

Diese bilden als Peribronchitis nodosa et caseosa ein für sich ziemlich scharf ausgeprägtes Bild (in 5 Fällen [245, 316, 3,16, 87]), welches in anderen Fällen durch mehr minder dazwischen tretende Cirrhose zu einer ebenfalls für sich ziemlich charakteristischen Com-bination umgebildet wird.

Von den 2 Fällen von käsiger Pneumonie sei der eine im Kurzen skizzirt:

No. 253. (w. 49 J. a.) Linke Lunge: starke Verwachsungen. Oberl.: fast vollständig luftleer; Schnittfläche grau. Infiltration. In den Bronchien Eiter.

Rechte Lunge: Ebenfalls compakt, luftleer, zum Theil rothe, zum Theil gelbe Färbung auf der Schnittfläche. Geschwüre an der Cöcalklappe.

Peribronchitis nodosa et caseosa:

Linke Lunge: mit der Thoraxwand fest verwachsen; Oberfläche höckerig, weich. Oberlappen im oberen Drittheil luftleer; die Schnitt-fläche zeigt gregale Miliartuberculose. Ebenso, nur in geringerem Grade im Unterlappen.

Rechte Lunge: verwachsen. Zahlreiche käsige Herde (Peri-bronchitis). Theilweise cirrhotische Umgebung.

Peribronchitis nodosa und Cirrhose:

No. 342. (m. 52 J. a.) Beide Lungen fest verwachsen. Linke Lunge: Oberl. auf der Schnittfläche granitähnliche Farbensprenkelung; durchweg mit käsigen Herden durchsetzt; dazwischen Cirrhose. Diess besonders an der Spitze. Unterl. sehr blutreich. Rechte Lunge: Oberl. kleinere Bronchiektasieen und bronchiektatische Cavernen. Zahlreiche käsige Herde mit cirrhotischer Umgebung. Mittel- und Unterlappen ebenfalls käsige Herde und Cirrhose. Nach abwärts: Unterlappen einzelne fleischrothe Parthieen. — Geschwüre 4 Cent. oberhalb der Cöcalklappe.

Am besten für sich begrenzt ist die Gruppe der Cirrhose, welche zwar ebenfalls seltener (8 Fälle), hier aber ziemlich rein gefunden wurde. Von diesen 8 Fällen gehört nur einer dem weiblichen Geschlechte an (No. 10).

Als Beispiel sei kurz erwähnt:

No. 7. (m. 40 J. a.) Beide Lungen durchsetzt mit zahlreichen schwarzen cirrhotischen Knoten von Wallnussgrösse, besonders im rechten Oberlappen. Zwischendurch käsige Herde. Starke Verwachsung der rechten Lunge. — Ileumgeschwüre.

No. 349. (m. 40 J. a.) Beide Lungen mit der Thoraxwand verwachsen, besonders die linke durch eine 3 Mm. dicke Schwarte. Linke Lunge: Gewebe in beiden Lappen stark pigmentirt, mit käsigen Herden durchsetzt, ausserdem, besonders in der Spitze, hart, cirrhotisch, nach abwärts zäh. In der rechten Lunge tritt der cirrhotische Prozess etwas zurück. Im Allgemeinen mehr käsige Herde, zwischendurch Cirrhose. Oberl. eine haselnussgrosse Caverne. Unterl. enthält noch gesunde Parthieen.

Von den Begleiterscheinungen, welche aus der Tabelle zu ersehen sind, sei hier nur auf die Caries hingewiesen, welche in 3 Fällen zur Beobachtung kam. Einer von diesen wies noch Verkäsung der Halslymphdrüsen, ein anderer Verkäsung der Nebennieren auf.

Dieser, ein Fall von Morbus Addisonii, sei hier weiter aufgeführt:

Ein 28 Jahre alter Mann, der angeblich früher zweimal an Wechselfieberanfällen gelitten hatte, trat zu wiederholten Malen in das Spital ein und klagte über Behinderung in der Stuhlentleerung, sowie über Kreuzschmerzen, die gegen den Nervus ischiadicus ausstrahlten. Dabei war nie heftiges Fieber, meist nur geringe Tem-

peraturerhöhung zu constatiren und die objective Untersuchung ergab
erst bei der letzten, 3 Woehen vor dem Eintritt des Todes stattgehabten Aufnahme in's Spital eine palpable Erklärung für die Kreuzschmerzen. Die Digitaluntersuchung per anum, die früher ohne Resultat geblieben war, ergab nämlich diessmal eine fluetuirende Stelle
in der Kreuzbeinaushöhlung, die man auf einen Absoess beziehen
musste; dabei war der Sitz des Leidens am Kreuzbein etwas ab-
sonderlich. Noch war aufgefallen, dass der allmählich schwächer
werdende und verfallende Kranke am Leben eine besondere bräunliche, broncoartige Hautfarbe hatte, die aber in der Leiehe weniger
deutlich war.

Bei der Section fanden sich nun zunächst in den beiden leicht
verwachsenen Lungen derbe, grauopake Miliartuberkel, die von
schwarzem (Pigment-) Gewebe umgeben waren. Nirgends traf man
auf Cavernen oder käsige Herde; auch die Bronchialdrüsen waren
dunkelpigmentirt, die Milz stark vergrössert (16 $\times$ 9), weich, mit
deutlich gewucherten, Malpighischen Körpern durchsetzt. Auffallend
weich, hyperämisch, an manehen Stellen fast hämorrhagisch waren
die Nieren, die linke noch dazu um ein Drittel grösser als die reehte.
Bei der mikroskopischen Untersuchung ergab sich eine ungewöhnlich hochgradige Fettdegeneration. Die Nebennieren waren stark
vergrössert und hatten auf dem Durchsehnitte das Anschen von
groben, broekigen, käsigen Massen. Bei der mikroskopischen Untersuchung fand man käsige Miliartuberkel und fettig degenerirte
Ganglienzellen in die dem grössten Theile nach käsigen Zerfalls-
massen eingelagert. Im Herzen traf man lockeres Faserstoffgerinnsel;
der rechte Ventrikel zeigte sich etwas erweitert, so dass, obwohl
keine direkte Ursaehe dafür, etwa wie Emphysem oder dergleichen
naehgewiesen werden konnte, doch eine Behinderung im Lungenkreislauf angenommen werden musste. Die Darmschleimhaut war,
namentlich im Ileum und hier wieder besonders die P e y e r'schen
Plaques intensiv pigmentirt; der Mastdarm durch derbes, fibröses
Gewebe am Promontorium fixirt; ziemlich weit unten fand sieh in
der Wandung desselben ein sehräg naeh aussen gegen das Kreuzbein verlaufender Fistelgang und in dessen Umkreise narbiges, con-
stringirendes fibröses Gewebe, das wohl auch den während des
Lebens geklagten, harten Stuhl bedingte. Bei Verfolgung des Fistel-
gangs stiess man in der Kreuzbeinaushöhlung auf angesammelten,
ziemlich rahmigen Eiter, der allem Anscheine naeh von dem eariösen

Kreuzbein geliefert würde. Es zeigte sich ferner, dass die Eiterung sich auch in den Wirbelkanal erstreckt hat, wo man das Rückenmark mit seinen Häuten von dem Eiter umspült und gedrückt fand. Dieser Fund erklärte denn auch die heftigen Schmerzen, die während des Lebens im Verlaufe des Nervus ischiadicus geklagt wurden. Die bräunlich-gelbe Färbung in der Haut nun, sowie die Verkäsung und Tuberkelbildung in den Nebennieren stellten in Zusammenhang mit den Erscheinungen am Leben (Fieber von geringer Bedeutung, mehre Jahre sich hinziehende Abmagerung und Abschwächung) schon die Diagnose auf Morbus Addisonii sicher. Von weiterem Belang erscheint ferner noch die auffallend starke Pigmentirung im Darme, namentlich an den Drüsen des Ileums. Es waren aber noch andere, wohl sehr zu beachtende Befunde gegeben, nämlich die obsoleten, von pigmentirtem, derbem Gewebe umgebenen Miliartuberkel in den Lungen und vor Allem die Caries der Wirbelsäule. Schon längst ist bekannt, dass unter den Fällen Addison'scher Krankheit mindestens 12% mit Caries der Wirbelsäule betroffen werden. Und Greenhow hat unter den von ihm zusammengestellten 128 Fällen von Morbus Addisonii 59 gefunden, die mit Wirbelkrankheiten und Tuberkulose verbunden waren. Darnach scheint die Caries und speziell die der Wirbel ein sehr wichtiges Glied in der Reihe der Erscheinungen bei der Addison'schen Krankheit darzustellen. Vielleicht ist eine Reihe der functionellen Störungen im Nervensystem, die von Rossbach so wichtig gehalten werden, dass er die Addisson'sche Krankheit als eine Neurose analog der Hysterie auffasst, auf diese Wirbelkrankheiten und ihre Folgen zurückzuführen. Nach ihm wären bei Addison'scher Erkrankung die entarteten Nebennieren sowie die Hautbronzirung wohl sehr häufige, doch durchaus keine nothwendigen Erscheinungen.

In einem anderen Fall der in der Tabelle verzeichneten Phthisenformen (No. 115) waren ebenfalls die Nebennieren verkäst. Beide Fälle No. 115 und No. 116 sind Formen von Peribronchitis fibrosa.

Tabelle 3.

II. Phthisis combinata.
a) Beim männlichen Geschlechte.

No. c	No. der Manuale	Alter	Skelet	Haut und ihre Drüsen	Nerven-system	Circulations-Organe	Blut, Lymphe, Lymphgefässe und dazu gehörigeDrüsen	Respirations-Organe	Dauungs-kanal und Periton.	Leber	Harn-Organs	Bemer-kungen.
1	29	36						Phthisis, Cavernen, käs. Herde, Cirrhose	Ascites. Tuberkul. Darm-geschwüre			
2	31	30		Abscess am Halse				Phthisis, Cavernen, lobulär käsige Herde	Ascites			
3	47	36						Phthisis comb. Cavernen, Cirrhose, fibröse Knötchen				
4	53	27						Phthisis comb. Cavernen, lobulär käsige Herde	Darm-catarrh			
5	64	31						Phthisis comb. Cavernen, Cirrhose	Tuberkul. Darm-geschwüre			
6	66	27						Phthisis comb. Faserstoffige Pleurit.				
7	79	37						Phthisis comb. Cavernen, Cirrhose				
8	85	23						Phthisis comb. Cavernen, Cirrhose, Gregale Tuberkulose	Tuberkul. Darm-geschwüre			
9	86	27						Phthisis comb. Cavernen, Gregale Tuberkulose	Tuberkul. Darm-geschwüre Durchbruch eines Geschwürs im proc. verm. Peritonit.			
10	95	33						Phthisis comb. Pyopneumothorax				
11	97	27						Phthisis comb. Cavernen, Lobulär-käsige, frische, braun-rothe Herde	Tuberkul. Darm-geschwüre			
12	102	26						Phthisis comb.	Duodenal- und Darm-geschwüre Perforat. Peritonit.			
13	107	53			Hypertrophie d. linken Ventrikels			Phthisis comb. Cavernen, Käsige Herde			Fett-Nieren	Potator.
14	138	26						Phthisis comb. Abgesacktes Eiterexsudat u. Compression d. l. L.	Tuberkul. Darm-geschwüre			
15	139	49						Phthisis comb. Cavernen, Cirrhose, Lobul. käsige Herde	Eitrige Peritonit. ohne Geschwüre			
16	146	36	Caries des Kniegelenks		Pachymeningit. hämorrh. int.	Peri- und Endocarditis acut.	Neben-Nieren im Mark verkäst	Phthisis comb. Des. linke, Heiders. sehr dicke Pleuraschwarte	Tuberkul. Darm-geschwüre			
17	147	16						Phthisis comb. Cavernen, Peribronch. fibrosa	Tuberkul. Darm-geschwüre Perit. pur.			

No. c.	No. des Manuals	Alter	Skelet	Haut und ihre Drüsen	Nerven-system	Circulations-Organe	Blut, Lymphe, Lymphgefässe und dazu gehörige Drüsen	Respirations-Organe	Dauungskanal und Periton.	Leber	Harn-Organe	Bemer-kungen.
18	153	51				Herzbeutelverwachsung		Phthisis comb. Cavernen, Graue und frischer otbelnflitral.				
19	155	24						Phthisis comb. Cavernen, Cirrhose, Peribronchitis nod.				
20	161	28						Phthisis comb. Bronchiektal. Cavernen	Tuberkul. Darm-geschwüre			
21	163	24						Phthisis comb. Buchtige Cavernen				
22	175	29						Phthisis comb. Käsige Pneumonie, Grosse Cavernen	Tuberknl. Darm-geschwüre	Speck-Leber	Speck-Nieren	
23	180	58						Phthisis comb. Cavernen, Cirrhose, Käsige lobul. Herds	Tuberkul. Darm-geschwüre			
24	191	54						Phthisis comb. Cirrhose, Cavernen, Croupöse Pneumonie (s. diose)	Schnür-magen	Schnür-Leber		
25	193	48				Herzbeutelverwachsung		Phthisis comb. Frische Tuberkel auf beiden Pleuren				
26	200	49				Myocarditis		Phthisis comb. Cirrhose, Lobulär käsigeHerde, Pleurit. sero-fibrin.				
27	201	23						Phthisis comb. Cavernen, Cirrhose, Gregale Tuberkulose	Tuberkul. Darm-geschwüre			
28	202	?						Phthisis comb. Cavernen	Tuberkul. Darm-geschwüre			
29	203	36						Phthisis comb. Lobulär käsige Pneumonie				
30	207	36	Caries des recht. Knie gelenks					Phthisis comb. Cavernen, Cirrhose, Gregale Tuberkulose	Tuberkul Darm-geschwüre			
31	213	24				Pericarditis		Phthisis comb.			Nephritis parench.	Typhus 4. W. (s.d.)
32	215	30	Caries des rechten Unterschonkels u. linken Oberkiefl.				Rechte Neben-Niere käs.	Phthisis comb. Cavernen, Cirrhose, Lobulär käsige Herde				Morb. Addison.
33	246	59			Fettdegenerat. d. linken Herzens			Phthisis comb. Frische Desquamat. Pneumonie,Cavernen		Atroph. Muskat-nuss-Leber	Speck-Nieren	
34	264	52			Hydrocephalus ex vacuo	Atheromatose		Phthisis comb. Cirrhose, Lobul. käs. Herds, Hämorrh. Infarct beiderseits		Leber-Cirrhose		
35	720	26					Grosse Milz	Phthisis comb. Cavernen, Cirrhose, Peribronchit caseos. Abgesacktes Eiterexsudat links	Tuberkul. Darm-geschwüre			
36	285	25						Phthisis comb. Lungencirrhose, Bronchiectasien	Tuberkul. Darm-geschwüre	Fett-Leber		Hydrops univers.

No. c.	No. des Manuals	Alter	Skelet	Haut und ihre Drüsen	Nerven system	Circulations-Organe	Blut, Lymphe, Lymphgefässe und dazu gehörige Drüsen	Respirations-Organe	Dauungs-kanal und Periton.	Leber	Harn-Organe	Bemerkungen.
37	295	40				Aortenklappen kalkig, starr		Phthisis comb.	Magenschleimht. occhymos.			
38	323	26						Phthisis comb. Peribronchit, purul. Acute Miliartuberkulose	Tuberkul. Darmgeschwüre			
39	336	35						Phthisis comb. Kohlenlunge	Tuberkul. Darmgeschwüre			
40	339	52						Phthisis comb. Cavernen, Cirrhose	Tuberkul. Darmgeschwüre			
41	342	21						Phthisis comb. Lobulär käsige Herde Cavernen, Cirrhose	Tuberkul. Darmgeschwüre			
42	353	36				Pericarditis		Phthisis comb. Cavernen, Lobulär käsige Herde	Tuberkul. Darmgeschwüre			
43	366	53		Gangrän des linken Unterschenkels und Vorfusses				Phthisis comb. Grosse Cavernen	Tuberkul. Darmgeschwüre			Schrumpf-Nieren
44	377	59						Phthisis comb. Lobulär käsige Herde Bronchiektasien, Peribronchitis nod.				
45	383	39		Oedem der untern Extremitäten				Phthisis comb. Ausgebreitete Cavernen				
46	393	51						Phthisis comb. Lobulär käsige Herde Cavernen, Cirrhose	Tuberkul. Darmgeschwüre			
47	398	25						Phthisis, Cirrhose, Käsige Lobularpneumonie, Beiderseits abgesacktes Pleuraexsudat	Tuberkul. Darmgeschwüre			
48	403	33						Phthisis comb. Lobulär käsige Pneumonie, Pleurit. dupl.				
49	406	19						Phthisis comb. Cavernenausgedehnt				
50	416	42						Phthisis comb.	Tuberkul. Darmgeschwüre			

Tabelle 3.

b) Phthisis combinata beim weiblichen Geschlechte.

No. c.	No. des Manuals	Alter	Skelet	Haut und ihre Drüsen	Nerven system	Circulations-Organe	Blut, Lymphe, Lymphgefässe und dazu gehörige Drüsen	Respirations-Organe	Dauungs-kanal und Periton.	Leber	Harn-Organe	Bemerkungen.
1	1	24					Milz- und Mesenter-Drüsen vergrös.	Phthis. comb. Cavernen, käsige Peribronchitis	Tuberkul. Oöcalgeschwüre Ascites			
2	17	34						Phthis.comb. lobulär käs. Herde, Cavernen				
3	33	69						Phthis.comb. lobulär käsige und fettig degenerirte Stellen, Cavernen, Cirrhose	Tuberkul. Darmgeschwüre,			

No. c.	K. des Mantels	Alter	Skelet	Haut und Drüsen hiezu	Circulations-Organe	Blut, Lymphe u. Drüsen dazu	Respirations-Organe	Dauungskanal und Periton	Leber	Harn-Organe	Geschl.-Organe	Bemerkungen.
4	30	35					Phthis. comb. Cavernen, Cirrhose, lobul. käsige Herde	Tuberkul. Darmgeschwüre Ascites				
5	38	33				Käsige Mesenter.-Drüsen	Phthis. comb. Cirrhose, Cavernen	Peritonit				
6	59	27					Phthis. comb. Cavernen, Cirrhose, käsige Herde					
7	228	47				Abscesse in der Milz	Phthis. comb. Lobul. Eiterherde		Käs. Herde und tiefe Narben in der Leber	Grosse Speck-Nieren	Dermoldcysten, Salpingit.	Syphilis
8	92	34	Caries im rechten Knie	Decubitus			Phthis. comb.					
9	133	23					Phthis. comb. Pyopneumothorax	Ascites				
10	157	57					Phthis. comb. Cirrbose, Cavernen					
11	169	49			Excentr. Hypertrophie u. Dilstat. beider Ventrikel		Phthis. comb. Cirrhose, Cavernen, käs. Einlagerungen			Narben-Nieren		
12	171	23	Caries der Brust und Halswirbel				Phthis. comb.					
13	188	16				Käsige Mesenter.-Drüsen	Phthis. comb. Pyopneumothorax					
14	190	22					Phthis. comb. Cirrhose, Cavernen, lobul. käsige Herde, Pleuritis sero-fibrinosa					
15	192	56		Erysipelas faciei			Phthis. comb. Cavernen, käsige Herde (s. croup. Pneum.)					
16	250	22					Phthis. comb. Cavernen, käsigePeribronchitis	Tuberkul. Darmgeschwüre				Puerpera
17	287	50					Phthis. comb. Cavernen, käsige Herde, Peribronchit. nodosa	Tuberkul. Darmgeschwüre		Schorf-geschwüre in Blase	Käsige Salpingit.	
18	336	62					Phthis. comb. Cavernen, Cirrhose	Pyloruskrebs. Sehr weit. Magen	Eitrige Parotitis			
19	345	61					Phthis. comb Cavernen, lobulär käsige Herde	Tuberkul. Darmgeschwüre				
20	362	27					Phthis. comb. Cavernen, käsige Lobularpneumonie	Tuberkul. Darmgeschwüre				
21	382	52					Phthis. comb. Cavernen, Cirrhose, käsige Pneumonie			Hydronephrose	Carcinoma uteri	
22	405	32				Speckmilz	Phthis. comb. frische Pleuritis		Speck-leber	Speck-Nieren		

II. Phthisis combinata.

(Tabelle 3 a und b.)

Hieher gehört die weitaus überwiegende Mehrzahl aller Phthisen, deren wechselnde Bilder sich nicht nur aus allen vorigen Formen der Phthise zusammensetzen, sondern die auch noch durch das Hinzutreten der infektiösen Phthise complizirt werden.

Herr Prof. v. Buhl unterscheidet folgende Hauptgruppen der Phthisis combinata:

1)   I. Acut entzündliche mit acut infektiöser Phthise.
      II. Chronische Phthise mit acutem Nachschub und zwar:
           A. Chron. lobär entzündliche Fälle (Verkäsungen oder Cirrhosen)
2)   α. mit acuter Miliartuberkulose.
3)   β. „ acuter lobärer Desquamativ-Pneumonie.
4)   · · γ. „ purulenter Peribronchitis.
           B. Chron. lobulär entzündliche Fälle (Verkäsungen oder Peribronchitis nodosa)
5)   ·   · α. mit acuter Miliartuberkulose.
6)   · ·   β. „ acuter lobärer Desquamativ-Pneumonie.
7)   · · · · · γ. „ purulenter Peribronchitis.
     III. Chronische Phthise mit chronisch entzündlichen Prozessen:
8)   · · A. Lobäre Verkäsungen mit lobulären Prozessen.
9)   · · · · · B. „ Cirrhosen   „   „   „
10)   IV. Aussergewöhnliche Combinationen.

Als Beispiele sollen aus den hieher gehörigen Fällen einige. skizzirt werden:

Für die zweite Form der Combination (Chron. lobär entzündliche Fälle mit acuter Miliartuberkulose):

No. 29. (m. 36). Beide Lungen fest verwachsen. L. L.: hühnereigrosse Caverne an der Spitze des Oberlappens, gefüllt mit blutig-eitrigem Inhalt. Eine zweite taubeneigrosse communicirt mit der ersten. Schnittfläche marmorirtes Ansehen, weisse, käsige Stellen mit schwarzem, cirrhotischem Zwischengewebe. Spitze des Unterlappens: erbsengrosse Caverne.

R. L. Oberl.: mehrere mit einander zusammenhängende Cavernen. Nach abwärts einzelne kleinere zerstreut. Unterl.: Schnittfläche wie links, zum Theil schwarz und weiss gesprenkelt, zum Theil kleine hirsekorngrosse Knötchen enthaltend. Bronchialdrüsen grauschwärzlich. Bronchien enthalten eitriges Exsudat. — Tuberkulose im unteren Ileum.

Für 5: Chronisch entzündliche Form mit akuter Miliartuberkulose:

No. 102. (M. 26 J. a.) Verwachsung beider Lungen. Oberl.: Caverne den ganzen Oberlappen einnehmend, mit bräunlicher Jauche gefüllt. Unterl.: mit käsigen Herden durchsät. R. L. Oberl.: Bronchialcavernen, Bronchialectasien. Gewebe verdichtet, blutarm, schwarz, durchsetzt mit käsigen Herden und frischen miliaren Tuberkeln. Abwärts Gewebe lufthaltiger. Bronchialdrüsen käsig. Mesenterialdrüsen käsig. Die Serosa des Darmkanals zeigt stellenweise kleine miliare Körnchen. Dessgleichen miliare Tuberkel längs der Lymphgefässstränge. Zahlreiche Geschwüre im Dünndarm.

No. 193. (M. 48 J. a.) Linke Lunge durch einige Bindegewebs-Spangen verwachsen. Seröses Transsudat (trüb) in der Pleurahöhle. Die Pleura im ganzen Umfang mit Miliartuberkeln übersät. Oberl.: grösstentheils schwarz-pigmentirtes Narbengewebe mit lobulären käsigen Herden. Unterl.: comprimirt. Rechts ebenfalls Spitzenverwachsung. Käsige Herde. Cirrhose. Bronchialdrüsen stark pigmentirt, zum Theil käsig.

Für die 6. Gruppe: Chronisch lobulär entzündliche Phthise mit akuter lobärer Desquamativ-Pneumonie:

No. 1. (W. 24 J. a.) Linke Lunge rückwärts verwachsen. Oberl.: ziemlich bedeutende Bronchialectasien. Zahlreiche lobuläre käsige Herde. Unterl.: blutreicher, ödematös; durchsät mit Knötchen und lobulären, käsigen Herden. Rechte Lunge allseitig verwachsen. Oberl.: stellt eine grosse buchtige Caverne mit dickem, grünlichem, übelriechendem Inhalt dar; im Mittel- und Unterlappen ebenfalls kleine Cavernen; dazwischen frisch desquamativ infiltrirtes Gewebe. Viel Eiter in den Bronchien. Ganz geringer Luft- und Blutgehalt. Im Cöcum zahlreiche Geschwüre mit zerrissenen Rändern.

Für die 7. Gruppe: Chronisch lobulär entzündliche Fälle mit purulenter Peribronchitis:

No. 323. (M. 26 J. a.) (Phthisis comb. Miliartuberculose; Pleuritis links; Pyopneumothorax rechts.) Linke Brusthöhle: Serös-eitriges Exsudat in grosser Menge. Lunge comprimirt. Spitze verwachsen. Pleura an der Spitze 1 Ctm. dick.

v. Buhl, Mittheilungen.

17

In der Spitze eine buchtige Bronchialcaverne. Nach abwärts Bronchien mit käsigem Inhalt; dazwischen theilweise lufthaltiges Gewebe. Pleura dick mit Faserstoff belegt. Rechts: Viel Luft und ebenfalls getrübte, eitrig flockige Flüssigkeit in der Brusthöhle. Lunge überzogen mit Faserstoff. In der Nähe der Spitze nach rückwärts ein geöffneter Bronchus; die Spitze besteht aus cirrhotischem, mit Miliartuberkeln durchsetztem Gewebe. Nach abwärts Peribronchitis purulenta, an einigen Stellen eitriges Infiltrat, an anderen Cavernen mit käsigem Inhalt. — Im Cöcum Geschwüre. Verkäsende Follicularentzündung. Retroperitoneale Lymphdrüsen zum Theil käsig.

No. 155. (M. 24 J. a.) Linke Lunge nicht verwachsen, mit Faserstoff belegt. Oberl.: zahlreiche cirrhotische pigmentirte Stellen. Zum Theil eitrige, zum Theil käsige Peribronchitis. Einzelne Cavernen. Bronchien viel Eiter enthaltend. Rechte Lunge fest verwachsen; dicke Pleuraschwarte; mehrere Cavernen im Ober- und Mittellappen.

Für 8: Lobäre Verkäsungen mit lobulären Prozessen:

No. 95. (M. 35 J. a.) Der rechte Thoraxraum enthält viel missfärbige Flüssigkeit und Luft. Die Lunge nach rückwärts gedrängt und comprimirt. Spitze angewachsen. Rückwärts an der Spitze eine dicke Pleuraschwarte. An der vorderen wie hinteren Fläche des Oberlappens eine kleine Rissöffnung, die in eine hühnereigrosse glattwandige Caverne führt. Das Gewebe (wie auch im Mittel- und Unterlappen) sonst durchsetzt von lobulären, käsigen Herden. Linke Lunge lufthaltig, sehr blutreich; starke Bronchitis. Im Gewebe nur stellenweise Cirrhose und lobulär käsige Herde.

No. 133. (W. 23 J. a.) Linker Thoraxraum enthält neben reichlichem eitrigem Exsudat sehr viel Luft. Dadurch die Lunge nach rückwärts gepresst, mit Faserstoff überzogen; allseitig frei. Der Belag auf der Pleura stellenweise frisch blutig. Im Ober- und Unterlappen je eine Rissöffnung; die im letzteren führt in eine wallnussgrosse, glattwandige Caverne mit bröckligem Inhalte. Gewebe des Unterlappens comprimirt; luftleer, blutarm; an einzelnen Stellen lobulär käsige Herde. Der Oberlappen in zwei grosse über einander liegende Cavernen mit krümligem Inhalte verwandelt.

Rechte Lunge: allseitig frei; wenig Exsudat im Thoraxraum; frischer Faserstoffbelag auf dem Unterlappen. Gewebe ödematös; einzelne lobulär käsige Herde in allen Lappen.

No. 157. (W. 57 J. a.) Linke Lunge leicht angewachsen; an

der Spitze fester. Hier eine dicke Pleuraschwarte über verdichtetem Lungengewebe. Dieses von Narbensträngen durchzogen. Glattwandige Cavernen, in deren Umgebung stark pigmentirtes cirrhotisches Gewebe. Bronchialdrüsen sehr pigmentreich. Weiter nach vorne zu infiltrirte, zum Theil luftleer, weiss, zum Theil etwas lufthaltige, blassroth und feinbestäubt erscheinende Stellen. In der Spitze einige kreidige Einlagerungen. Rechte Lunge: An der Spitze und am Zwerchfell verwachsen. Spitze: narbiges, cirrhotisches Gewebe, Bronchialectasien. Rückwärts kleinere käsige und kreidige Herde. Ebensolche im Mittel- und Unterlappen. Bronchien mit eitrigem Schleim gefüllt.

Für die 9. Gruppe: Lobäre Cirrhosen mit lobulären Prozessen: No. 79. (M. 37 J. a.) Beide Lungen durch straffes Gewebe allseitig verwachsen. Die linke Lunge fühlt sich hart und derb an. Oberl.: Schnittfläche schwarz pigmentirt. Durchweg käsige Herde. Hypertrophische Bronchialectasien. In der Spitze eine haselnussgrosse Caverne. Unterl.: im oberen Theil ein hühnereigrosser, verästelter, fibröser Knoten. Sonst Oedem und Blutgehalt mässig. Abwärts noch einige kleinere fibröse Knoten. Rechte Lunge: Oberl.: ebenso wie links hart und cirrhotisch, verkleinert. Zahlreiche ulceröse Bronchiectasien. Unterl.: weniger consistent als der Oberlappen. Schnittfläche weiss gesprenkelt. Bronchialdrüsen dunkelschwarz.

Aus der ersten und letzten Gruppe ist in diesem Jahre kein Fall zur Beobachtung gekommen. Die meisten Fälle gehören der 5.—6. Gruppe, und der 8. und 9. Gruppe an.

Ohne begleitende Erkrankungen anderer Organe ist nur eine kleinere Anzahl von Fällen (14) aufzuweisen. Ebenso gross ungefähr ist auch die Zahl der Fälle, wobei die Complikation selbstständiger aufzufassen oder nicht unmittelbar mit dem phthisischen Prozesse in Zusammenhang zu bringen ist.

Erkrankung des Herzens und Circulationsapparates im Allgemeinen war bei 6 Fällen zu constatiren (Alter: über 40 Jahre).

Von diesen verdient ein Fall von Hypertrophie und Dilatation beider Ventrikel mit Fettnieren und sehr bedeutendem Fettreichthum aller Organe Erwähnung wegen der nicht häufigen Combination von hochgradiger Phthise (ausgebreitete Cavernenbildung in den Oberlappen, Cirrhose, zahlreiche käsige Herde) und chronischer Myocarditis mit Fettbestand des Körpers.

Bei den übrigen Fällen (5) ähnlicher Combination überwog der phthisische Prozess.

Weiter wurde die Phthisis in Complikation gefunden mit folgenden Erkrankungen:

In einem Falle (No. 405) mit Speckleber und Speckniere, in einem anderen noch überdiess mit Speckmilz; in einem weiteren Fall mit Typhus (4. W.) und Nephritis parenchym. (No. 213). Dreimal mit Krebs: (No. 411: Leber-, Magen- und Pankreaskrebs; No. 336: Pyloruskrebs; No. 82: Uteruskrebs); in zwei Fällen mit Syphilis: (No. 346: Rückenmarkserweichung und No. 228). In je einem Fall mit croupöser Pneumonie und Darmkatarrh.

3) Als in Zusammenhang mit dem phthisischen Prozess sind die der höheren Intensität der Allgemeinerkrankung des Lymphsystems zukommenden Erscheinungen zu erwähnen. Geschwüre der Lymphfollikel des Darms meist im unteren Ileum an der Klappe sitzend, waren bei 33 Fällen (26 m. 7 w.) unter 72 vorhanden. Hiebei war bei fünf Fällen abgesacktes pleuritisches Exsudat. Perforation mit nachfolgender Peritonitis war in zwei Fällen eingetreten, Peritonitis ohne Perforation einmal; Peritonitis ohne Darmgeschwüre kam in zwei Fällen zur Beobachtung. Ferner zeigten sich die Mesenterialdrüsen in zwei Fällen (weibl.) verkäst. Der eine davon war mit Peritonitis komplizirt.

Caries war fünfmal constatirt worden. Zweimal mit Darmgeschwüren. In zwei Fällen waren die Nebennieren verkäst.

Herzbeutelverwachsung war bei zwei Fällen vorhanden.

Verwachsung der Pleurablätter war in allen Fällen an den Lungenspitzen — in den meisten Fällen erstreckte sie sich über den grösseren Theil der Lungenoberfläche — beobachtet worden.

Tabelle 4.

III. Infectiöse Phthise.
a) Beim männlichen Geschlechte.

No. c. Index Manuals	Alter	Norven- system	Circulations- Apparat	Blut, Lymphe und Drüsen hiezu	Respirations-Apparat	Dauungs- kanal	Leber	Nieren	Bemer- kungen.
1	49 57				Phthisis comb. Acute Miliar- tuberkulose, Pneumonomycos. sarcinica, Kehlkopfgeschwüre	Tuberkul. geschwüre			
2	55 51			Acute Miliar- tuberkul. in Milz	Acute Miliartuberkulose	Tuberkul. Darm- geschwüre	Miliar- tuberkel in Leber	Miliar- tuberkel in Nieren	

No. c.	No. des Manuals	Alter	Nerven-system	Circulations-Apparat	Blut, Lymphe und Drüsen bietu	Respirations-Apparat	Dauungs-kanal	Leber	Nieren	Bemerkungen
3	83	22			Käsige Mesenter.-Drüsen	Frische Miliareruption, Peri-bronchitis caseosa	Tuberkul. Darm-geschwüre			
4	194	64		Hypertrophie und Dilat. beider Ventrikel		Cirrhose, Doppelseitige Pleuritis. Acute Miliartuberkulose			Schrumpf-nieren	
5	150	33				Peribronchitis nodos. u. caseos.	Hämorrh. tuberkul. Peritonit.	Leber-cirrhose		
6	168	64				Miliare Knötchen in Lungen und Pleura. Pleuritis serös-faserstoffig rechts				
7	268	27				Peribronchitis fibros. et nodos. Cavernen, Miliartuberkel, Pleuritis				
8	271	39	Tuberkul. Basilarmeningit.		Tuberkel in Milz	Acute Miliartuberkulose, Abgesacktes Pleuraexsudat rechts			Tuberkel in Nieren	
9	291	47	Tuberkul. Basilarmeningit.		Tuberkel in Milz, Verkäste Neben-Nieren	Acute Miliartuberkulose doppelseitig			Tuberkel in Nieren	
10	329	50				Acute Miliartuberkulose, Phthisis comb. Catarrh, Pneumonie				
11	348	59			Tuberkel im Mesenterium	Acute Miliartuberkulose			Hufeisen-niere	
12	364	28		Rechter Ventrikel aneurysm. erweitert		Phthisis comb. Miliartuberkel in den Unterlappen, Pleuritis links	Tuberkul. Darm-geschwüre			
13	395	30			Tuberkel in Milz	Acute Miliartuberkulose, Links Pneumothorax, Phthisis comb.		Tuberkel in Leber	Tuberkel in Nieren	
14	400	56				Phthisis comb. Links Pleuritis, Miliare Knötchen auf d. linken Pleura	Tuberkul. Darm-geschwüre			
15	11	60				Miliartuberkel, Cirrhose, Käsige Herde	Tuber-kulöse Ge-schwüre im Ileum			
16	260	32			Pericarditis hämorrh.	Acute Miliartuberkulose, Empyem.				

b) Beim weiblichen Geschlechte.

No. c.	No. des Manuals	Alter	Skelet	Nerven-system	Lymph-drüsen	Respirations-Apparat	Dauungs-kanal	Leber	Nieren	Bemer-kungen
1	130	26			Käsige epi-gastrische Drüsen	Acute Miliartuberkulose	Tuberkul. Peritonit.		Tuberkel in Nieren	
2	172	60	Ab-gesackter Becken-Abacess			Phthisis, in Unterlapp. miliare Knötchen	Tuber-kulose des Periton.	Fettleber hochgrad.		Morb. Addis.
3	254	28	Caries der Fuss-wurzel			Phthisis comb. Infect. Phthisis	Miliar-tuberkul. d. Periton.			Puerpera
4	301	20	Caries der Lenden-wirbel	Tuberkul. Basilar-meningit.		Infect. Phthisis, Cirrhose, Käsige Pneumonie				

Die Infectiöse Phthise

kam in 20 Fällen, 16 mal beim männlichen und 4 mal beim weiblichen Geschlechte zur Beobachtung. (S. vorige Tabelle.)

Vollkommen reine Fälle sind hierunter allerdings nicht; meist ist eine Complikation mit lobären oder lobulären Prozessen vorhanden, allerdings so, dass dieselbe gegen die miliare Eruption zurücktritt.

So ist z. B. in folgendem Falle Complikation mit Peribronchitis purul. und zum Theil lobären Prozessen vorhanden:

No. 83. (M. 22 J. a.) Linke Lunge an der Spitze verwachsen. Im linken Oberlappen einige Cavernen (von je etwa 1 Ctm. Durchmesser). Die Wände der feineren Bronchien zeigen Eiterinfiltration. Diese lässt sich bis in die Pleura verfolgen. Das Zwischengewebe compakt, blassroth. Unterl.: blutreich, in seiner ganzen Ausdehnung dicht durchsetzt mit miliaren Knötchen.

Rechte Lunge: in der Spitze eine hühnereigrosse buchtige Caverne. Eiterinfiltration wie links. Unterlappen ebenfalls mit Miliartuberkeln durchsetzt.

Die Serosa des unteren Ileums zeigt sich mit miliaren Knötchen besät. Schleimhaut: tuberkulöse Geschwüre von der Cöcalklappe an weit in das Ileum hinaufreichend. — Mesenterial-Drüsen käsig.

Ziemlich rein ist folgender Fall, in dem ältere Cirrhose dem Prozess vorherging:

No. 348. (M. 59 J. a.) Linke Lunge nicht verwachsen, compakt, schwer. Oberlappen zeigt an der äusseren Oberfläche eine (4 Mm.) strahlige Narbe. Schnittfläche des Oberlappens mit kleinen miliaren Knötchen durchsetzt, ebenso der Unterlappen. Rechte Lunge: fest mit der Pleura verwachsen; schwer löslich. Feste Verwachsungen mit Herzbeutel und Zwerchfell. Schnittfläche des Oberlappens wie links, ausserdem kleine pigmentirte Stellen enthaltend. Unterl.: ebenfalls mit kleinen miliaren Knötchen durchsetzt. — Miliartuberkulose des Mesenteriums.

In nur 4 Fällen ist die Tuberkeleruption auf die Lunge allein beschränkt geblieben. In den meisten demnach traf dieselbe auch andere Organe; und zwar unter den 20 Fällen: die Leber 2 mal, die Pia mater 3 mal, die Milz 4 mal, die Nieren 5 mal, das Peritoneum 5 mal, den Darmkanal 6 mal.

Die weiteren Complikationen sind der Tabelle zu entnehmen.

Die übrigen gewöhnlichen

Entzündungen der Respirationsorgane

waren:

1) 17 Fälle (9 m., 8 w.) von croupöser Pneumonie.

Unter den 9 Fällen bei Männern sind 4 mit rechtsseitiger, 3 mit linksseitiger, 2 mit beiderseitiger Erkrankung; von den 8 Fällen bei Weibern sind 5 linksseitig, 1 ist rechtsseitig, 2 waren beiderseitig.

Bezüglich der wichtigeren Complikationen ist zu bemerken: Von diesen 17 Fällen waren zwei Typhen, einer der 4., einer der 2. Woche.

Drei dieser Fälle wiesen ausserdem Phthisis combinata auf; ein vierter Miliartuberkulose und Pneumonomycosis sarcinica (Nr. 49). Derselbe ist auch unter Miliartuberkulose angegeben.

Vier Fälle waren mit Krebs complicirt. Einer mit Sarcom der dura mater.

2) Catarrhalische und Fremdkörper-Pneumonie war 14mal zur Erscheinung gekommen (8 m., 6 w.). Von diesen waren 7 Fälle (4 m., 3 w.) Typhusfälle.

Ein Fall war durch Atheromatose und einen älteren apoplectischen Herd links (seitlich vom Seh- und Streifenhügel) ausgezeichnet. Bei einem anderen fanden sich Stellen mit weisser Erweichung an der linken Hemisphäre.

3) Hypostatische Pneumonie wurde dreimal constatirt.

Die sämmtlichen hiehergehörigen Fälle sind in folgenden Tabellen zusammengestellt.

Croupöse Pneumonie.

a) Beim männlichen Geschlechte.

	Skelet	Haut	Nerven-system	Circulations-Apparat	Blut, Lymphe und Drüsen	Respirations-Apparat	Dauungs-kanal	Leber	Harn- und Geschl.-Organe	Bemer-kungen.
1 81 50						Croup. Pneum. Rechte Ober- u. Unterlappen				
2 191 54						Croup. Pneum. Phthisis comb. Cavernen, Cirr- hose (S. unten Phthisis)				
3 255 42						Croup. Pneum. (L. Lunge roth, r. grau hepatis.)				
4 320 43						Croup. Pneum. (Rechte Lunge) Serös.faserstoff. Pleuritis				
5 49 57						Croup. Pneum. Phthisis comb. Cavernen, Acute Miliar- tuberkulose, Pneumonomyc. sarcinica	Tuberkul. Darm- geschwüre			

		Skelet	Haut	Nerven-system	Circulations-Apparat	Blut, Lymphe und Drüsen	Respirations-Apparat	Dauungs-kanal	Leber	Harn- und Geschl.-Organe	Bemer-kungen.
6	196 43					Grosse Milz mit Krebs-knoten	Croup. Pneum. Rechte Lunge (Ober- u. Unter-lappen)		Icterus, Narbige Leber mit Krebs-knoten.		
7	244 57					Krebs der Retroperi-toneal-drüsen	Croup. Pneum. Rechter Unterl.		Carcinom. pylori.		
8	386 21	Fractur des Ober-schenkels, Oberarms u. Olecran.					Croup. Pneum. (Beide Lungen)				
9	197 54						Croup. Pneum. Linker Unterl.	Magen-krebs auf d. Pylorus über-greifend, geschwür.			

b) Catarrhalische und Fremdkörper-Pneumonie.

		Skelet	Haut	Nerven-system	Circulations-Apparat	Blut, Lymphe und Drüsen	Respirations-Apparat	Dauungs-kanal	Leber	Harn- und Geschl.-Organe	Bemer-kungen.
1	25 30						Fremdkörper-Pneumonie (Rechte Lunge) Capill. Droneh. Laryngostenos. durch Hyper-trophie der Thyreoidea				
2	128 22						Catarrh. Pneu-monie				Typhus 2 Woche
3	40 19						Catarrh. Pneu-monie Rechtsseitige Pleuritis				Typhus 2. Woche
4	151 18						Fremdkörper-Pneumonie Lungen-gangrän, Abge-sacktes eitriges jauch. Pleura-exsudat (rechts)				
5	261 39						Catarrh. Pneu-monie In gering. Grade croup. Pneum.				Typhus 6. Woche
6	329 50			Gehirn-ödem			Catarrh. Pneu-monie Phthisis comb. Miliar-Tuberkel				
7	410 23						Catarrh. Pneu-monie (doppelseitig)				Typhus 4. Woche
8	26 48	Mark-schwamm im linken Unterkief. (resecirt)					Catarrh. Pneu-monie, Anämie				Anämie

c) Hypostatische Pneumonie.

		Skelet	Haut	Nerven-system	Circulations-Apparat	Blut, Lymphe und Drüsen	Respirations-Apparat	Dauungs-kanal	Leber	Harn- und Geschl.-Organe	Bemer-kungen.
1	272 21						Hypostat. Pneumonie				Trismus u. Tetan. (S. Krank-heiten des Gehirns u. Rücken-marks)

Croupöse Pneumonie.

b) Beim weiblichen Geschlechte.

	Skelet	Haut	Nerven-system	Circulations-Apparat	Blut, Lymphe und Drüsen	Respirations-Apparat	Dauungs-kanal	Leber	Harn- und Geschl.-Organe	Bemer-kungen
3 57		Mamma-krebs				Croup. Pneum. (links), käsige Pneum. beiders.	Tuberkul. Darm-gesohwüre		Subperitoneale Uterus-fibroide	
4 55	Osteophyt an der Schädel-innen-fläche	Decubitus	Gehirn-schwund Hydro-cephal.int.			Croup. Pneum. (Linker Oberl.)		Chron. Magen-catarrh		
15 28						Croup. Pneum. heiderseits		Icterus. Fettleber		Typhus 4. Woche
22 61						Croup. Pneum. (Linker Oberl.)				
						Croup. Pneum. (Recht. Unterl.)				Typhus 2. Woche
114 42						Croup. Pneum. (Link. Unterl.) Gelber Thrombus im rechten Unterl. Linker Unterl. embol. Keil			Stauungs-Icterus. Grösserer Stein im Duct.cyst.	
212 19						Croup. Pneum. L.beideLappen, R. nur Unterl. Pleur. Exsudat. heiderseits				
302 76			Sarcom. durae matris. Pachy-meningit. häm. int.			Croup. Pneum. (Link. Unterl.) LeichteLungen-cirrhose			Prolaps. uter. mit Fibroid u. Ovarial-cystoid.	

b) Catarrhalische und Fremdkörper-Pneumonie.

	Skelet	Haut	Nerven-system	Circulations-Apparat	Blut, Lymphe und Drüsen	Respirations-Apparat	Dauungs-kanal	Leber	Harn- und Geschl.-Organe	Bemer-kungen
19 71			Aelterer apoplekt. Herd aciti. vom link. Seh- und Streifen-hügel	Atheroma-tose		Brand. Jauche-herd i.d.rechten Lunge		Auffallend starke Leber-lappung durch Narben		
43 13						Fremdkörper-Lobul.-Pneum. beiderseits				Typhus 5. Woche
74 26						Catarrhalische Pneumonie				Typhus 1. Woche
242 64				Weisse Erweichg. i. d. link. Hemisph.	Atheroma-tose	Eitrige Retroperi-toneal-lymphdr	Catarrhalische Pneumonie			
203 61						Catarrhalische Pneumonie				Typhus 3. Woche
269 72						Catarrhalische Pneumonie. Emphysem und Bronchiektas.				

c) Hypostatische Pneumonie.

	Skelet	Haut	Nerven-system	Circulations-Apparat	Blut, Lymphe und Drüsen	Respirations-Apparat	Dauungs-kanal	Leber	Harn- und Geschl.-Organe	Bemer-kungen
37 26						Hypostatische Pneumonie (Link. Unterl.)				Typhus 3. Woche
308 47					Exstirpat. strumae	Hypostatische Pneumonie (Recht. Unterl.) Oedem d. recht. ary-epiglott. Falte				

Pleuritis ist 13mal beobachtet worden (s. d. Tabelle); [hiebei sind die im Zusammenhange mit Phthise und Pneumonie vorgekommenen Fälle nicht inbegriffen].

Pleuritis.
a) Beim männlichen Geschlechte.

Nr. d. Man.	Alter		Circulat.-Organe	Dauungs-Kanal	Leber	Harn-Organe	Bemer-kungen.
1	18	Abgesackt. eitrig.jauch. Pleuraexsudat, Fremd-körper-Pneumonie, Lungengangrän					
2	182	72	Hämorrh. faserstoffige Pleuritis	Hypertroph. (beid.Ventr.)			Schrumpf-nieren
3	185	25	Doppelseit. serös-faser-stoffige Pleuritis	Myopathie	Darm-diphtherie		Fettnieren
4	266	62	Pleuritis hämorrhag.				
5	117	44	Pleur. dupl. Cavern. Cirrhose	Pericarditis			
6	341	19	Eitrige Pleuritis		Typhus 5. Woche Perfor. Peritonitis		
7	361	31	Rechtsseitige Pleuritis		Carcinoma oesophagi		
8	121	59	Links Pleuritis	Myopathie Peri-carditis		Atroph. Muskat-nussleber	Granulirte Nieren	Hydrops universal.

b) Beim weiblichen Geschlechte.

Nr. d. Man.	Alter		Circulat.-Organe	Dauungs-Kanal	Leber	Harn-Organe	Bemer-kungen.
1		65	Hämorrhag. Pleuritis, Lobuläres Lungen-emphysem	Herzhyper-trophie			
2	125	72	Pleuritis purul. Catarrh. Bronchitis				
3	221	21	Links abgesackt. eitrig. Pleuraexsudat		Typhus 4. Woche		
4	284	16	Pleuritis purul.		Peritonitis purul. nach Menstruat.		

Sonstige Lungenkrankheiten.

Weitere Fälle von Erkrankungen des Respirationsorganes sind:
1) Lungen-Oedem bei Emphysem (und Maramus) wurde zweimal beobachtet;
2) Emphysem (hochgradig) in zwei Fällen; von denen der

eine Nephritis interst. aufwies. Der andere war mit Hypertrophie des rechten Ventrikels (und Stauungs-Nieren) verbunden;

3) Lungenbrand mit hochgradiger Cavernenbildung rechts kam einmal vor.

a) Beim männlichen Geschlechte.

No. c.	No. d. Man.	Alter	Circulations-Organe	Respirations-Organe	Harn-Organe	Bemerkungen.
1	273	38	Vergrösserung des rechten Ventrikels	Lungenödem und Emphysem		Marasmus
2	204	76	Dünnwandiger recht. Ventrikel	Lungenödem und leichtes Emphysem		Marasm. senilis
3	318	21		Lungenbrand i. recht. Unterl., colossale Caverne bildend		
4	325	56		Lungenemphysem hochgradig (vesicul.)	Nephritis pur. (interst.)	

b) Beim weiblichen Geschlechte.

No. c.	No. d. Man.	Alter	Circulations-Organe	Respirations-Organe	Harn-Organe	Bemerkungen.
1	77	65	Rechter Ventrikel hypertrophirt	Lobuläres Lungenemphysem, Hämorrhag. Pleuritis rechts und Infarkt in der rechten Lunge		Cyanotische Nieren

Erkrankungen der Leber.

Diese sind (im Ganzen 7 Fälle, 3 m., 4 w.):

3 Fälle von acuter gelber Atrophie (1 m., 2 w.);

3 „ „ Cirrhose (2 m., 1 w.);

1 Fall von hochgradiger Fettdegeneration (w.).

Von den acuten gelben Atrophieen ist eine auf Phosphor-Vergiftung zurückzuführen:

Nr. 208 (w. 21 J. alt). Kräftig gebauter Körper. Starkes Fettpolster. Die Haut in der Gegend des Sternums krustig, braunroth. Epidermis abgehoben. Gehirn und seine Häute blutreich. Gehirnsubstanz weich, gequollen. Rechte Lunge: leichte cirrhotische Stellen. Sonst Oedem, besonders links im Unterlappen. Herz: leichte Trübung des Pericard. Mässige Fettauflagerung. Dunkles dickflüssiges Blut im rechten, im linken Ventrikel in geringerer Menge. Milz: Länge 16 Ctm., Breite 9 Ctm.

Bei Eröffnung des Dünndarms Phosphorgeruch bemerkbar. Schleimhaut ecchymosirt. Oedem der Darmwandung. Breiiger Darminhalt. Unteres Ileum: Inselförmige Injectionen im Umkreise der etwas vergrösserten Peyer'schen Plaques. — Leber (Länge 21 Ctm., Breite 26 Ctm., Dicke 9 Ctm. [rechter Lappen], Breite

des linken Lappens 11 Ctm.): im ganzen Umfang verringert. Gewebe an der Oberfläche sowie Schnittfläche auffallend gelb gefärbt;
nur einzelne braune streifige Stellen dazwischen. Gegen den
stumpfen Rand wird die auf der Schnittfläche diffuse gelbe Färbung
mehr fleckig. Blut lackfarbig. Galle dunkel. — Die von der Klinik
dem k. pathologischen Institut übergebenen Notizen sind: K. B.
21 Jahre alt, war am 19./IV. mit den Symptomen des katarrhalischen
Ikterus aufgenommen worden. Anamnestisch nichts von Bedeutung.
Seit 20./IV. soporös, nur auf stärkste Reize reagirend. Leber nicht
sehr beträchtlich kleiner geworden; an der Herzspitze lautes systo-
lisches Geräusch. 22./IV. Dämpfung verbreitert. Milz vergrössert.
— Pupillen weit, fast reaktionslos. Tod: den 22./IV.

Erkrankungen der Leber.
a) Beim männlichen Geschlechte.

		Skelet.	Circulations-Organe	Blut, Lymphe und dazugehörige Drüsen	Respirations-Organe	Dauungskanal und Peritoneum	Speicheldrüsen und Leber	Harn-Organe	Geschl.-Organe	Bemerkungen.
41	23				Hämor. Infarkt i. recht. Lunge (Unterl)		Acute gelbe Leber-atrophie			Allgem. Fettdegene-ration und Icterus
333	48	Amputation des rechten Ober-schenkels nach compl. Fraktur (Sturz)	Adipos. cordis.				Leber-cirrhose			
392	20		Herz-beutel-ver-wachsg.	Stau-ungs-milz	Hydro-thorax	Chron. Periton.	Leber-cirrhose	Stau-ungs-Nieren		

b) Beim weiblichen Geschlechte.

		Skelet.	Circulations-Organe	Blut, Lymphe und dazugehörige Drüsen	Respirations-Organe	Dauungskanal und Peritoneum	Speicheldrüsen und Leber	Harn-Organe	Geschl.-Organe	Bemerkungen.
208	21					Ecchy-mosen i. Magen u.Darm-schleim-haut	Acute gelbe Leber-atrophie, Icterus			Fettdegene-ration in allen Organen
234	20		Subperi cardial. Ecchy-mosen				Acute gelbe Leber-atrophie		Im schwang. Uterus ein 5monat-licher Fötus	Allgem. Icterus und Fettdegene-ration
330	50		Herz-atroph.	Grosse Milz			Leber-cirrhose	Nieren atroph.		Allgem. Hydrops
356	29						Hochgrad. Fettdegene-ration der vergröss. Leber			

Erkrankungen des Skelets.

Die Caries, welche die Mehrzahl der Knochenkrankheiten bildet, wurde zum grossen Theil schon unter Phthise, zum Theil unter Pyämie aufgeführt. Selbständiger trat sie in sieben Fällen noch auf. Die beigegebene Tabelle zeigt, welche Theile des Skelets ergriffen waren.

Ausserdem ist noch als Unicum ein Fall von allgemeiner Hyperostose des Schädels und Riesenwachsthum zu erwähnen.

Erkrankungen des Skelets.
a) Beim männlichen Geschlechte.

No. d.	No. des Manuals	Alter	Skelet	Haut und Drüsen	Nerven-system	Circulations-Organe	Blut, Lymphe und dazugehörige Drüsen	Respirations-Organe	Harn-Organe	Bemer-kungen
	248	24	Resekt. d. link. Knie-gelenks weg. Caries desselb., sowie d. link. Oberschenkels			Zerfall. Throm-bus i. d. rechten Vena saph.		Geringe Narben i. d. Lungen-spitzen		
	300	25	Allgem. Hyperostose, insbesond. am Schädel (S. Text)							
	378	40	Caries der 12. rechten Rippe, Eiterung in der Umgebung	Eiterung im Verlaufe der vierten Rippe				Milz-Keile	Käsiger Herd in der Nieren-kapsel	

b) Beim weiblichen Geschlechte.

No. d.	No. des Manuals	Alter	Skelet	Haut und Drüsen	Nerven-system	Circulations-Organe	Blut, Lymphe und dazugehörige Drüsen	Respirations-Organe	Harn-Organe	Bemer-kungen
	249	24	Spondylarthrocac. des 7. und 8. Brustwirbels, Caries der gleichen Rippen					Rechts Pleuritis fibrin.		
	288	50	Caries a. d. link. Syn-chondrosis sacro-iliaca. Otitis ext. und int.		Pachy-mening. hämorr.			Linksseit. Pleuritis sero-fibrin. Hämorrh. Infarkt i. d. Lunge		
	296	38	Caries des link. Mittel-fusses, Ellbogen-gelenkes, Handwurzel u. d. 3. Lendenwirbels.					Hydro-thorax		
	372	57	Caries des 6. u. 7. Brust-wirbels, des Lenden- u. Kreuzbeinwirbels	Decubitus	Eite-rung längs d. Dura mat. med. spin.					
	365	52	Caries d. recht. Scheitel-beins, Enchondrom der Tibia.		Eiterinfil-tration in d. Umgebung der cariös. Stelle, bes. Gesicht und Thorax					

Pyämie und Septichämie.

Die unter dieser Krankheitsform begriffenen Fälle lehnen sich mit einem kleinen Theil an die im Vorigen erwähnte Caries an (1 Fall [365] findet sich auch in beiden Tabellen verzeichnet). Namentlich gilt diess für die beim männlichen Geschlecht vorgekommenen Pyämien und Septichämien, wobei in 6 Fällen unter 9 der Ursprung in Caries zu suchen ist. Die 3 andern sind: Parotitis purulenta, — Meningitis, Erysipel. fac. — Wundpyämie. Beim weiblichen Geschlecht war Pyämie und Septichämie in 17 Fällen vorgekommen; von diesen ist einer (Caries oben schon erwähnt); bei einem zweiten (Nr. 245) ist die Ursache nicht sicher constatirt worden; doch ist es wahrscheinlich, dass Onychia den Ausgangspunkt bildete; bei einem dritten Fall fand sich Phlebitis und Thrombose der rechten Vena cruralis (Nr. 230). — Alle anderen (14 Fälle) sind puerperale Pyämien.

Pyämie und Septichämie.

a) Beim männlichen Geschlechte.

Nr.	No. des Manuals	Alter	Skelet	Haut	Nerven-system	Blut- und Lymphdrüsen	Respirations-Organe	Circulations-Apparat	Dauungs-kanal	Speichel-drüsen und Leber	Harn-Organe
1	391	52		Oedem der unteren Extremität.	Meningit. purul. nach Erysipel. fac.	Milz-keile					Nieren-keile
2	390	19	Otitis int. Caries des Felsenbeins		Meningit. purul. Embol. Hirnabsc. im linken Schläfen-lappen						
3	375	23								Verjauchg. des umliegend. Zellgewebs Parotit. purul.	
4	258	18	Necrose des recht. Obersch.	Eiterinfiltr. a. d. rechten Hüfte u. im Musc. Iliac.			Lungen-keile				
5	18	24	Otitis int.		Meningit. purul.		Keilförm. Janche-und Eiterherde in Lungen				

No. c.	No. des Manuals	Alter	Skelet	Haut	Nervon-system	Circulations-Apparat	Blut- und Lymphdrüsen	Respirations-Organe	Dauungs-kanal	Speicheldrüsen und Leber	Harn-Organe
6	67	23	Necrose des Unterkiefers (Septic.)	Eiterinflltr. in d. Unterkiefer-Gegend						Glottis-Oedem	
7	94	18		Jauchende Wunden am link. Oberschenkel, Muskelabscesse in der Umgebung, Decubitus				Lungenkeile, Eitr. Pleuritis			
8	209	19	Caries des Kniegelenks	Eiterung längs des Oberschenkels, am Vorderarm u. recht. Knie		Thrombos. venae crur.		Doppelseit. eitr.-faserstoffige Pleuritis, Keile in den Lungen			Keile in den Nieren
9	256	23	Resec. 8. Rippe, Fistelgänge in der Umgebung. Wirbelsäule gekrümmt					Abscess Link. Lunge i. d. Milz comprimirt		Abscess in der Leber	Abscess in den Nieren

b) Beim weiblichen Geschlechte.

No.	No. des Manuals	Alter	Skelet	Haut und ihre Drüsen	Blut, Lympha und Drüsen dazu	Circulations-Apparat	Respirations Apparat	Dauungs-kanal	Speicheldrüsen und Leber	Harn-Organe	Geschlechts-Organe
1	365	52	Caries d. recht. Scheit.-beins Enchon. d. Tibia.	Eiterinfl. i. d. Umgebung d. cariös. Stelle		Thrombose der Art. pul. dext.					
2	248	23		Zahlreiche Absc. i. d. Muskeln der obern Extremit. Onychia.			Lungeu-Keile			Nieren-keile	
3	141	30					Rechtss. Pyopneumothorax, Schorf u. Brandkeile i. d. Lungen	Abgesacktes Periton.-Exsudat			Pyämie in puerp.
4	124	22									Septichämie in puerp.

No.	No. des Manuals	Alter	Skelet	Haut und ihre Drüsen	Blut, Lymphe und Drüsen datu	Circulations-Apparat	Respirations Apparat	Dauungs-kanal	Speichel-drüsen und Leber	Harn-Organe	Geschlechts-Organe
5	116	27	Symphysenknorpel zerstört Brand. Massen i. d. Umgebung							Parotit. purul.	Pyäm. in puerp. Endometr. diph.
6	118	27					Pleuritis purul. dupl.	Peritonit.			Pyäm. in puerp Lymphangitis purul. uteri. Endometr. diph.
7	230	60				Phlebit. und Thrombose der rechten Vena crur.	Lungen-Keile			Cystitis	
8	262	28						Peritonit.			Pyäm. in puerp. Lymphangitis uter. Endometr. dipht.
9	206	21					Eitererweichte Keile i. d. recht. Lunge				Pyäm. in puerp. Endometr. diph.
10	305	26						Peritonit. puerp. (Septic.)			Uterus-Innenfl. zerrissen, missfarb., hämorrh. Thromben im rechten Plexus pampiniform.
11	314	41					Pleuritis purul.				Endometr. diph. Phlebitis purul. im Plexus pampiniform.
12	319	26		Abscess i. d. vord. Bauchwd. (subperit.)							Endometr diph.
13	357	24						Abgesackter Eiter i. d. Beckenhöhle. Peritonit.			Linkes Corp. luteum in einen Abscess umgewandelt
14	371	30									Endometr. diph. Lymphangitis uteri
15	387	27			Pyäm. Keile in der Milz					Pyäm. Keile in den Nieren	Endometr. diph.
16	402	29	Cariesi. d. recht. Symphys. sacro-il.		Vergröss. Milz	Thrombose d. recht. Vena saph.					(Septichämie) Endomet. puerp.
17	401	23					Pyäm. Keile i. d. Lungen					Endometr. diph.

Peritonitis.

Ausser den bei anderen Krankheiten mehr in zweiter Linie erwähnten Peritonitiden sind noch 6 zu erwähnen. Ein Fall beim männlichen Geschlecht wurde durch die Perforation eines Kothsteines im Process. vermiformis beobachtet. Vier andere Fälle (alle beim weiblichen Geschlecht) lassen sich auf folgende Ursachen zurückführen.

Zwei Fälle sind besonders hervorzuheben (119 und 284) als Fälle von Peritonitis purul. post menstruationem.

In einem Fall war doppelseitige Salpyngitis die Ursache (Nr. 409). —

In einem Fall war Hysterotomie die Ursache. Endlich ist als letzter Fall zu erwähnen Peritonitis purulenta mit Nephritis purul. und Geschwür im Cöcum.

Peritonitis.
a) Beim weiblichen Geschlechte.

Nr. curr.	No. d. Man.	Alter	Cirenlat.	Blut, Lymphe u. Drüsen dazu	Peritoneum	Harn-organe	Geschlechts-organe	Bemer-kungen
					Peritonitis purul.		Recht. Ovar.: frischer blut-erfüllt. Follikel. Im cerv. ut. blutig. Schleim	post men-struat.
119	20			vergröss. Milz (Septichämie?)	Peritonitis purul.			post men-struat.
409	38				Peritonitis purul.		Doppels. eitrige Salpyngitis	
379	32				Peritonitis purul. chron. mit abgesacktem eitrig. Exsudat. Geschwür im Cöcum.	Nephritis interstitial. purul.		
227	39		Stenose d. Bicusp.		Peritonitis nach Hysterotomie.		Operations-wunde am Uteruskörper vernarbt	

b) Beim männlichen Geschlechte.

186	21				Peritonitis purul. Durchbruch eines Koth-steines im proc. vermiformis			

Erkrankungen des Gehirns und Rückenmarkes.

Es sind 14 Fälle (4 m., 10 w.), in welchen folgende Formen vertreten sind. Chron. Myelitis in zwei Fällen; Sklerose des Rückenmarks einmal; Trismus und Tetanus zweimal. Ein Fall wies Quetschung des Rückenmarks durch Fractur des 8. Brustwirbels auf. Pachymeningitis hämorrh. int. zweimal; Meningitis purul. convex. in zwei Fällen (bei einem war ein Abscess im rechten Schläfenlappen vorhanden). Ferner: Hydrocephal. int. congen. in einem Fall, Hydroceph. int. e. v. in zweien. Endlich ist noch ein Fall zu nennen, bei dem sich eine Cyste im rechten Hinterhorn vorfand.

Erkrankungen des Gehirns und Rückenmarkes.

a) Beim männlichen Geschlechte.

No. c.	No. des Manuals	Alter	Nervensystem	Skelet	Haut und Drüsen dazu	Circulations-Apparat	Blut, Lymphe u. Drüsen dazu	Respirations-Organe	Dauungs-kanal und Periton.	Speichel-Drüsen und Leber	Harn Organe	Bemer-kungen.
274	21	Trism. und Tetanus. Nervendehnung am recht. N. crur. und ischiad.		Wunde an der kleinen Zehe u. Planta pedis.			Hypo-stat. Pneum.				
376	29	Trism. und Tetanus		Viele Narben am Körper von Injection Grössere von Nervendehnungen berührend							Morphio phag.
265	70	Pachymening. häm. int. Im Vierhügel: ein alter apoplekt. Herd						Hernia omental.	Verödeter Echinococcus.		
57	60	Pachymening. häm. int.			Fettherz			Hämorrh. im Magen		Narhen-Nieren	
366	42	Rückenm.-Erweichg. Myelitis chron.		Decubitus						Blasen-Geschwür	
370	28	Quetschung des Rückenmarkes	Fraktur d. 8. Brust-wirbels								
300	60	Hirnödem und Hydroceph. ex vacuo									
404	24	Hydroceph int. congen.	4. und 5. Finger amputirt	Hautwunden v. Nervendehnung herrührend							
103	43	Hirnödem. Cyste i. recht. Hinterhorn		Decubitus an der Hüfte							Potator
360	42	Hirnödem. Hydrocephalus internus. Hirnschwund									

b) Beim weiblichen Geschlechte.

No. c.	No. des Manuals	Alter	Nervensystem	Skelet	Haut und Drüsen dazu	Circulations-Apparat	Blut, Lymphe u. Drüsen dazu	Respirations-Organe	Dauungs-kanal und Periton.	Speichel-Drüsen und Leber	Harn Organe	Bemer-kungen.
170	42	Myelitis chron.		Decubitus hochgr. Oedem d. unt. Extrem. Linke Schläfengegend eingedrückt		Milz gross			Mesara-ischeDrüs. geschwellt Peyersch. Plaques pigment.		
282	24	Meningit. convex.									Sectio cas. post mort.
408	56	Mening. purul. Hirnabscess (im recht. Schläfelappen)									
199	40	Sklerose des Rückenmarks. Fettdegener.					Croup. Pneum. links			Gangrän der Blasen-Schleimhaut	

Die nächste Tabelle enthält einige zum Theil vereinzelt vorgekommene Krankheitsformen. Besonders hervorzuheben von diesen sind: ein Fall von Diphtherie der Trachea bis in die feinsten Bronchien, und ein Fall von Graviditas tubo-interstitialis. Die übrigen Fälle ergeben sich aus der Tabelle.

Sonstige Fälle.

a) Beim männlichen Geschlechte.

No. des Manuals	Alter	Skelet	Haut und Mamma	Nerven-system	Circulations-Organe	Blut, Lymph u. Drüsen dazu	Respirations-Organe	Dauungskanal	Leber und Speicheldrüsen	Harn-Organe	Geschl.-Organe	Bemerkungen
71	40	Rechter Unterschenkel zerquetscht u. ampnt.					Thrombose der recht. Lungenarterien. Fettembolie in Lungencapillar.					Allgem. Fettdegenerat.
189	30				Speckherz	Speckmilz			Speckleber	Speck-Nieren		Syphilis?
217	49						Rechts: Hernia inguin. incarcerata oper. Peritonitis (Darmperforat.)					30 Stund. nach Einklemmung Herniotomie. Tod 48Std. später
58	?						Hernia scrotalis incarcer. dextra. – Perit. purul. (Herniotomie)					
203	40						Hernia scrotalis incarcer. oper.					
313	24				Excentr. Hypertr. des linken Ventr.		Hydrothorax				Entzündg. der Scheidenhaut des Hodens. Einschnitt i. d. Scrot.	
279	65				Atheromatose		Pleuritis hfim. dextr. Lungencirrhose	Herniaincarcer. Peritonitis				
181	27	Caries der Fusswurzelknochen					Diphtheric der Trachea bis in die feinsten Bronchien					

b) Beim weiblichen Geschlechte.

No. des Manuals	Alter	Skelet	Haut und Mamma	Nerven-system	Circulations-Organe	Blut, Lymph u. Drüsen dazu	Respirations-Organe	Dauungskanal	Leber und Speicheldrüsen	Harn-Organe	Geschl.-Organe	Bemerkungen
73	33						Thrombose der rechten Lungenarterie		Gummata in Leber			Syphilis
82	30			Hyperämie der Hirnhäute. Hirnödem		Lackfarbenes Blut	Dronchitis					Lyssa? od. Hysterie? Chloral i Morph.?
101	20		Zahlr. Abcesse in beid. Mamm.							Puerpera		Hochgrad. Anämie
314	37									Graviditas tubo-interstitialis		Tod durch Verblutung

Neubildungen.

a) Beim männlichen Geschlechte.

No. c.	No. des Manuals	Alter	Skelet	Haut und Mamma	Nerven-system	Circulations-Organe	Blut, Lymphe u. Drüsen dazu	Respirations-Organo	Dauungskanal und Peritonäum	Drüsen mit Ausführungs-gang	Bemerkungen.
1	218	65	kleinzellig Sarkom d. rechtL.Orb., durch Ex-enterat. entfernt 8 Tage ante mort.		Ausgebreitete brand. Gehirn-erweichung im rechten Stirn-Mittellappen bis zum Balken				Polypen i. Mag. nahe d. Pylorus u. Duoden. Geschwüre im Magen		
2	136	47			Glio-Sarkom i. Dache des recht. Ventr. (welsch nussgross) nach oben in d Hirn-rinde greifend						Geringer Grad v Narbennieren.
3	167	57			Pigment-Sark. der Chorioid.			Sekund. Sark in Lungen		Sekund. Sarkom in Leber. Icterus	Hydrops Icterus
4	89	49		Sarkom am linken Vorderarm				Sekund. Sark. in Lungen und Pleuren beider-seits			
5	148	38					Sekund Krebs in Pericard	Lympho sarkom d. Retroperi-toneal-Drüsen			
6	195	54						Lympho-sarkom d. Retroperi-toneal-Drüsen. Degenerirt Neben-Nieren		Blutung i.Perit. in Bauchraum (aus einem ge-borst. sekund. Leberknoten)	Sekundär in Leber. Ein Knot. gehorsten. Icterus
7	340	22		Eiteransamm-lung i.d.Lymph-gef. u. Lymph-spalten des Unterhautzell-gewebs an Hals und Brust				faustgross. Lymph-drüsen-pakete am Halse beiderseits				
8	14	56								Carcin. d. Col. ascend.Schleim-baut-Polyp im Magen	Sekund. Krebs-knoten in der Leber
9	48	55								Carc. recti. Peritonit. nach Perforat. des Darms	
10	154	62		Melan Sarkom	Melanot. Sark. im Gehirn und seinen Häuten	Melan Sarkom im Herzen	Melanot-Sarkom	Melanot. Sark. in der Lunge	Melanot. Sark. im Darm	Melanot. Sarkom der Leber	Multipl. i. allen Organen, aufge-zwein, extirp., immer rasch recidivirenden Hämorrhoid-Knoten
11	363	64								Carein. ventri-culi(a d.Cardia) Durchbruch gegen die Milz	

No. d.	No. des Manuals	Alter	Skelet	Haut und Mamma	Nerven-system	Circulations-Organe	Blut, Lymphe u. Drüsen dazu	Respirations-Organe	Dauungskanal und Peritonäum	Drüsen mit Ausführungs-gang	Bemerkungen.
12	411	54					Sekund. Carcin. d. epigastr. Lymph-drüsen		Carcin. ventric. (Kleine Curva-tur),geschwürig Catarrh. Cöcal-Geschwür	Sekund. Krebs-knoten in der Leber	
13	361	31						Rechtsseitige Pleuritis (Siebe Dauungs-kanal)	Carcin.ösophag. Durchbr. in die linke Pleura-höhle		
14	98	41	Sekund. Knoten im Periost d. Rippen				Lympho-sarkom der perit. Lymph-drüsen		Carcin. ventric. (Pylor.) Durch-bruch ins Duoden.	Krebs der Leber. Icterus	Allg. Hydrops
15	131	44							Miliarer Krebs (Sarkom) des Peritoneums	Grosse Knoten in der Leber. Icterus	Allg. Hydrops
16	210	45					Sekund. Krebs der epigastr. Lymph-drüsen		Carcin. ventric. (Pylorus) Sekundär in Peritoneum, Peritonitis		
17	214	42			Cutanes Carcinoma colli			Linksseitiger Hydrothorax Thromb. der link. Art. pulm.			
18	25	30						Schild-drüse ver-grössert (Tum. thy-reoid.coll.)	Laryngostenose durch Vergröss. der Schilddrüse, Capillarbronch, Tracheotomie		

b) Beim weiblichen Geschlechte.

No. e.	No.des Manuals	Alter	Skelet	Haut und Mamma	Nerven system	Blut und Lymph-Drüsen	Circulations-Organe	Respirations-Organe	Dauungs-kanal	Speicheldrüsen und Leber	Harn-Organe	Geschlechts-Organe	Bemer-kungen
1	399	31			Erweichg. des linken Schläfe-lappens. Multiple Sarkome im Gehirn								
2	32	54				Lymph-angitis prolifera (Lymph-gefäss-krebs)		Lymph-gefäss Krebs in d. Lungen	Lymph-gefäss-krebs im Periton. Magen-catarrh, Geschwür, u.Hypertr. d. Muscu-latur am Pylorus				Allgem. Hydrops
3	45	65	Oberkiefer wegen Mark-schwamm resecirt	Operat.- Wunde geheilt.			Thromb. der recht. Crural-Vene	Thromb. d. Lungen-arterien und bier hämorrh. Infarkt					
4	179	61	Enchon-drom an der recht. Darmbein-schaufel				Sekund. Enchondr. i. d. Retro-periton.- Drüsen						

No. c.	No. des Manuals	Alter	Skelet	Haut und Mamma	Nerven-system	Blut und Lymph-Drüsen	Circulations-Organe	Respirations-Organe	Dauungs-kanal	Speicheldrüsen und Leber	Harn-Organe	Geschlechts-Organe	Bemer-kungen.
5	51	73				Sekund. Krebs der Retro-periton.-Drüsen		Sekund. Krebs in der Pleura	Carcin. (Mark-schwamm) d. Magens (hintere Wand ge-schwürig), Periton.	Sekund. Krebs in der Leber			
6	101	54		Balg-Ge-schwulst (hübner-eigrosse) am linken Oberarm					Carc. recti Aus-gedehnte Geschwür-bildung, Per. purul.				
7	162	50							Carcin. d. Magens (a. Pylor.)	Sekund. in der Leber			
8	275	48						Fremd-körper-pneumon. (beiders.) Siehe auch Dauungs-kanal	Carcin. des Oeso-phagus, (derselbe dadurch nahezu stenosirt), durchbr. i. d. Trach.			Ovarial-fibroide u. Uterus-fibroide	
9	326	34							Carc. recti. Sekund. i. Periton. Typhöses Darm-geschwüre				
10	386	62						Kleine Cavernen in der r. Lungen-spitze	Carcin. ventric. (Pylorus)	Parotitis purul.			
11	310	47							Periton. purul.			Fibroma uteri exstirpirt	
12	251	44		Operat. Wunde durch Narbe ge-schlossen					Periton. purul			Hyster-otomie (Uterus-fibroide exstirpirt)	
13	27	39		Desgl.					Periton. purul.			Desgl.	
14	34	50							Periton. purul.			Reebles Ovar. cyst. entart.; exstirpirt	
15	373	20							Periton. purul.			Nach Ex-stirpation eines Ovarial-Cystoids	
16	132	69				Sekundär i. d. Retro-periton.-Drüsen	Atheroma-tose			Krebs der Leber		Cystöse Ovarien	
17	394	75				Gelbe Kelle i. d. Milz			Sekund. Krebs im Periton.	Krebs der Leber	Gelbe Kelle i. d. Nieren		
18	21	70		Varicöse Fuss-geschwüre am recht. Untersch. Oedem der Füsse						Fettleber		Grosses Cystoid im linken Ovar.	

No. c.	No. d. Manuale	Alter	Skelet	Haut und Mamma	Nerven-system	Blut und Lymph-Drüsen	Circulations-Organe	Respirations-Organe	Dauungs-kanal	Speicheldrüsen und Leber	Harn-Organe	Geschl. Organe	Bemer-kungen.
19	44	56				Sekund. Carcinom in Lymph-drüse		Sekund. Krebs in der Lunge		Sekund. Krebs in der Leber		Carcinoma uteri	
20	72	65		Carcinom der linken Mamma				Sekund. Krebs in den Lymph-gefässen der Lunge					
21	78	72		Krebs der rechten Mamma (frisch amputirt)				Sekund. Krebs in d. Lungen	Soor im Oesophag., Hämorrh. im Magen				
22	84	42		Carcinom d. rechten Mamma				Sekund. Krebs in d. Lungen, Hydro-thorax		Sekund. Krebs in Leber			
23	123	45						Grosse Cavernen l. rechten Oberl.				Ovarial-tumor (Cystoid) des linken Ovar.	
24	129	45										Uterus-fibroid (intersti-tiell)	
25	135	40										Uterus-krebs (Krebs-Geschwür a. d. hint. Scheide-wand.)	
26	137	62									Hydro-nephrose	Krebs des Uterus und der Vagina, Hämato-metra	
27	140	44		Doppel-seitiger Mamma-Krebs, Oedem des link. Arms						Sekund. Krebs in der Leber		Sekund. Krebs im rechten Ovar.	
28	142	50										Carcinoma uteri, Sek. in d. umliegen-den Weich-, theilen	
29	152	59							Carcin ventric. (Pylorus)				
30	149	59				Sck. Krebs in fast sämmtl. Lymph-drüsen		Sekund. Krebs in d. Lungen				Carcin. uteri	
31	216	56							Periton. fibrin.			Myo-fibroma uteri, Ovarial-tumor exstirpirt	

No. e.	No. des Mannais	Alter	Skelet	Haut und Narnne	Harn-Organe	Blut und Lymph-Drüsen	Circulations-Organe	Respirations-Organe	Dauungs-kanal	Speicheldrüsen und Leber	Harn-Organe	Geschl.-Organe	Bemer-kungen.
32	226	76		Carcinom d. rechten Nomma			Atheroma-tose				Granular-Nieren		
33	229	53		Oedem der linken unteren Extremit.		Thromb. der linken Vena crural.		Lungen-phthisis			Hydro-nephrose	Uterus- u.Vaginal-krebs	
34	240	51			Ecchymos. in der Pia mater		Herz-wandung. verdünnt					Carcin. uteri. Kleine Eier-stocks-cyste	
35	283	36							Periton. (nach Ovario-tom.)			Rechts: Ovarial-cyste (exstirp.) Links Ovarium in eine eigrosse krebsg.Ge-schwulst umge-wandelt.	
36	304	44				Sekund Krebs in den Becken-lymph-drüsen	Eitriger Thromb. i. d. Vena cava infer.					Krebs des Uterus. Krebs-Durch-bruch in Scheide und Blase	
37	307	56				Sekund. Krebs in den epigastr. Lymph-drüsen			Carcin. ventric. (a. Pylor.) geschwür.				
38	321	62					Pericard. L. Ventr. Aneurys-ma cordis verum chronic. Hypertr. und Dilat. beider Ventrikel				Linke Niere granulirt, Rechts: Pyo-nephrose	Rechts Ovarial-cyste	
39	322	39							Peritonit.			Fibroma uteri, (Subperi-toneal). Mehrere kleinere Knoten	
40	382	25						Spitzen-cirrhose			Hydro-nephrose	Carcin. uteri	
41	8	35	Exstirpat. des recht. Unterkief. wegen Sarkom desselben			Luft-embolie in den Lungen	Luft-embolie in den Coronar-gefässen d. Herzens						Tod durch Luftaspir. i. d. Vena jug. s

Aus der Tabelle, welche die zur Sektion gekommenen Neubildungen aufgezeichnet enthält, ergibt sich, dass dabei nur
18 Männer, dagegen 40 Frauen betheiligt sind.

Was zunächst die Männer betrifft, so wurde 4mal Carcinoma ventriculi beobachtet.

1) Carcinoma cardiae mit geschwürig zerstörtem Grunde, das gegen die Milz, mit der es innig verwachsen war, durchgebrochen ist — bei einem 64 Jahre alten Manne.

2) Carcinoma ventrieuli bei einem 54jährigen Manne. Dasselbe sass an der kleinen Curvatur und an der hintern Wand des Magens, war sehr ausgebreitet, oberflächlich geschwürig geworden und gegen die Leber vorgeschritten, die etwa im Umfange einer Faust krebsig zerstört und wie angenagt gefunden wurde. Sekundäre Krebsknoten in den nächstgelegenen Lymphdrüsen und in der Leber. Daneben waren im Cöcum kleine Schorfgeschwüre und in der Spitze der rechten Lunge ausgebreitete Cirrhose vorhanden.

3) Carcinoma ventrieuli bei einem 41jährigen Manne mit dem Sitze am Pylorus und übergreifend auf das Duodenum; Durchbruch gegen die Leber; sekundäre Knoten in den portalen Lymphdrüsen und im Periost der unteren rechtsseitigen Rippen, allgemeiner Icterus und Hydrops.

4) Carcinoma ventrieuli und zwar ebenfalls am Pylorus bei einem 45jährigen Manne, sekundär im Peritoneum und den epigastrischen Lymphdrüsen; allgemeine Peritonitis mit serös-faserstoffigem Exsudat. Von anderen Neubildungen im Dauungskanal fand sich

5) ein ausgebreiteter Krebs des Oesophagus mit Durchbruch gegen die linke Pleura, die durch eine beträchtliche Schwarte verdickt war, bei einem 31jährigen Manne; daneben bestand frische Pleuritis mit serös-faserstoffigem Exsudat auf der rechten Seite.

6) Ein ausgebreitetes gürtelförmiges Carcinoma recti am oberen Sphincter bei einem 55 Jahre alten Manne, das zum Theil geschwürig zerstört war und nach Perforation der ganzen Darmwandung durch allgemeine Peritonitis den Tod verursachte.

7) Ein gürtelförmiges Carcinoma des Colon ascendens bei einem 56jährigen männlichen Individuum; dasselbe war 9 Cm. von der Cöcalklappe entfernt. Die vordere Bauchwand war oberhalb des Cöcums im Umfange von Handbreite mit der darunter liegenden, über mannsfaustgrossen, knotigen Neubildung verwachsen. Die Krebsgeschwulst hatte auch innige Verwachsungen und Verklebungen mit den umliegenden Darmparthien eingegangen. Die Krebsmasse war gegen das Darmlumen zu zerfallen, jauchig und bildete hier ein

weites, sinuöses Geschwür. Die Darmparthie oberhalb des Krebs-
geschwürs war weiter, ödematös, mit dünnflüssigem Inhalte erfüllt.
Daneben fanden sich in der Leber einzelne Haselnuss- bis welsch-
nussgrosse, sekundär markige Krebsknoten, und im Magen ein ge-
stielter Schleimhautpolyp.

8) Neben einem Magengeschwür fanden sich mehrere P o l y p e n
i m M a g e n u n d D u o d e n u m bei einem 65jährigen Manne,
dem 8 Tage vor seinem Tode die rechte Orbita wegen eines
ausgebreiteten kleinzelligen Sarkoms in derselben exenterirt worden
war. Dasselbe war auch gegen das Gehirn durchgebrochen und
hier fand sich ausgebreitete brandige Erweichung im rechten Stirn-
und Mittellappen bis zum Balken reichend.

9) Ein namentlich auch klinisch interessanter Fall (Nr. 4) von
Sarcoma intermusculare am linken Vorderarm, sekundär in beiden
Lungen und Pleuren, war der folgende. Ein 49 Jahre alter Mann,
von kräftigem Körperbau, hatte am linken Vorderarme eine weiche,
fluctuirende Geschwulst, die ihren grössten Durchmesser in der
Gegend der Handwurzel besass und von da nach aufwärts längs der
Ulnaseite bis gegen den Ellenbogen sich allmählig verlor. Der
Kranke wollte sich diese Geschwulst operiren lassen. Da er aber
schon seit Monaten an Schwerathmigkeit litt, so stand man um so
mehr von einem operativen Eingriffe ab, als die physikalische Untersuchung vorne am Thorax eine beträchtliche Dämpfung nachwies,
so dass man an eine doppelseitige Pleuritis oder an eine Pericarditis
dachte. Aber es war weder rückwärts noch seitlich eine Dämpfung
zu constatiren, und so musste man den Gedanken an eine Pleuritis
fallen lassen. Auch die Vorstellung von einem Pericardialexsudat
hielt wenig Stich, sobald man in Berücksichtigung des weichen
Tumors am linken Vorderarme an eine sekundäre Neubildung in
Lungen und Pleuren dachte. Der Fall kam bald zur Sektion und
da zeigte sich, dass die beiden rückwärts und seitlich verwachsenen
Lungen mit grossen, hirnmarkähnlichen, von Blutextravasaten durchsetzten Knoten gefüllt und überkleidet waren. Diese Knoten, die
eine Grösse von einer Wallnuss bis zu der einer Kinderfaust hatten,
drängten das Mediastinum stark nach links und überdeckten den
Herzbeutel; sie waren so weich und zerfliessend, dass sie nur als
weiche, bröcklige Masse aus den Pleurahöhlen gebracht werden
konnten. Bei der mikroskopischen Untersuchung zeigte sich nun,
dass ein „Sarkom" vorlag und zwar in der Mitte stehend zwischen

kleinzelligen und Spindelzellensarkom; letzteres fand sich mehr in der Lunge, ersteres mehr am Vorderarme ausgeprägt. Die Eigenthümlichkeit der Sarkome, dass je stärker die Wucherung, desto mehr junge Zellformen erzeugt werden, fand sich auch hier. Die Wucherung am Arme war viel üppiger und daher reichlicher mit jungen, runden Zellen versehen. Die jüngsten Formen sind in die Lungen verpflanzt worden und dort zum grössten Theile spindelförmig geworden.

Das Sarkom war überall sehr gefässreich; junge, weite Gefässe, verschieden von den normalen, fanden sich zahlreich in der Lunge sowohl als am Vorderarm und erklärten die vielfach vorhandenen hämorrhagischen Ergüsse. Auch waren in den Lungengefässen Thromben, die nicht aus Faserstoff und weissen Blutzellen, sondern aus Sarkommasse bestanden, so dass nicht etwa bloss die Lymphgefässe, sondern ganz besonders auch die Blutgefässe die Vermittlung des Transportes nach der Lunge übernommen hatten. — Wir fügen hier noch die Beschreibung eines adenoiden Sarkoms an, das von einem Patienten der chirurgischen Klinik stammt, weil es (der Patient lebt noch) die Vermuthung bereits sekundärer Ablagerungen in den Lungen nahe legt. Die umfängliche Neubildung, die vom Knochen, und zwar vom Knochenmarke auszugehen schien, war Veranlassung zu einer Exarticulation des rechten Oberarms. Der Knochen war stark aufgetrieben und seine Rinde durchbrochen. Mikroskopisch fand man zunächst Knochen mit Knochenkörperchen, ferner gefässetragendes Bindegewebe ohne Knochenspangen. In den Maschenräumen, welche die Bindegewebszüge übrig liessen, waren Zellen eingelagert, die die Hauptmasse der Neubildung ausmachten. Die Zellen waren klein, rund, mit deutlichem Kern und Kernkörperchen versehen, und hatten ein hie und da fettig degenerirtes, sonst feinkörniges Protoplasma. Nur selten fanden sich in den Bindegewebszügen Spindelzellen. Auch Riesenzellen, wiewohl in untergeordneter Menge, fanden sich mit faserstoffig glänzendem Protoplasma und mehreren Kernen. Die Anordnung der Zellen war eine sehr prägnante, indem sie zu fettig degenerirten Schläuchen, hie und da selbst zu Papillen aneinander gelagert erschienen; manchmal sah man kreisrunde Stellen, die den Querschnitten von Schläuchen entsprachen. Die Zellen stammten ziemlich unzweifelhaft von den Endothelien der Lymph- und Blutgefässe, sowie aus den Bindegewebskörpern. Sie sind schlauchförmig wegen der mit einander communicirenden Alveolen des Bindegewebes, in denen die Lymphräume liegen. Man durfte die ganze Neubildung aber, obwohl sie durch die Schlauchform adenoiden Character trug, doch nicht als eine „Drüse" auffassen, denn die Abstammung der Zellen liess sie nur unter die adenoiden Sarkome, Schlauchsarkome oder Lymphangiome zählen.

Die ganze Neubildung schien vom Knochenmarke auszugehen; denn dieses war angefüllt mit den Sarkomzellen, die sich an Stelle der Markzellen fanden. Dabei war der Knochen zum Theil aufgelöst, zum Theil neu- und umgebildet in das Sarkom und es fanden sich alsdann nur mehr Reste von Knochen und Knochenkörpern.

10) Ein Fall von Glio-Sarcom, bei einem 47jährigen Manne, welches, etwa welschnussgross im hinteren Theile des Balkens sass, und nach oben und medial in die Rinde übergriff. Die Lungen waren in diesem Falle verwachsen, die Nieren etwas verkleinert, narbig und mit Cysten in der Rinde.

11) Ein Pigmentsarkom der Choroidea mit sekundären Knoten in der Lunge und besonders in diffuser Ausbreitung in der sehr beträchtlich vergrösserten Leber; dabei bestand allgemeiner hochgradiger Icterus und Hydrops.

12) Melanotisches Sarkom in fast allen Organen, so im Gehirn und seinen Häuten, im Herzen, in Haut und Knochen, in den Lymphdrüsen, in Lungen, Leber, Darm. Der Ausgang hiefür war eine 2mal exstirpirte, jedesmal sehr rasch recidivirende, melanotische, sarkomatöse Neubildung am After.

13) Lymphosarkom der Retroperitonealdrüsen, bei einem 54jährigen Manne, sekundär im Pericardium und epigastrischen Lymph-Drüsen.

14) Lymphosarkom der Lymph-Drüsen am Halse bei einem 22jährigen männlichen Individuum.

15) Miliarer Krebs des Peritoneums, grosser Krebsknoten in der Leber, allgemeiner Icterus und Hydrops bei einem 44jährigen Manne.

16) Cutanes Carcinoma colli bei einem 42jährigen Manne, dabei linksseitiger Hydrothorax und Thrombose der linken Arteria pulmonalis.

17) Laryngostenose durch ein normales Thyreoideallläppchen, welches 2 Cm. lang, 1 Cm. breit und 1 Cm. hoch am unteren Rande des Ringknorpels, bedeckt von vollkommener in-

tacter Schleimhaut in die Trachea hineinragte. Der Tod erfolgte nach der vorgenommenen Tracheotomie an Capillarbronchitis und Fremdkörperpneumonie; dabei fand sich noch Eitersenkung und Verjauchung des mediastinalen Bindegewebes.

18) L y m p h o s a r k o m der Retroperitoneallymphdrüsen, sekundär in der Leber, in der ein Knoten geborsten war und Blutung in den freien Bauchraum veranlasst hatte; allgemeiner Icterus.

Unter den Neubildungen, die beim weiblichen Geschlechte beobachtet wurden, sind am meisten die des Geschlechtsapparates vertreten. Dabei sind in die Tabelle auch Fälle aufgenommen, bei denen bereits die Exstirpation der Neubildung z. B. der Brust vorgenommen war, wenn nachher der Tod bald eintrat und die Sektion etwa sekundäre Krebsablagerungen nachwies. Auch Fälle, bei denen kurz vor dem Tod etwa die Entfernung einer Uterus- oder Eierstocksgeschwulst geschah, die aber bald darauf z. B. durch Peritonitis tödtlich endeten, sind hier mitverzeichnet. Die Neubildungen am weiblichen Geschlechtsapparate nun, die der Brüste mit eingerechnet, betrugen 28 und zwar:

Fibroide am Uterus 6 mal, wovon 2 mal nach Exstirpation der Neubildung der Tod durch tödtliche Peritonitis eintrat. 1 mal war Peritonitis der Exstirpation eines Ovarialtumors gefolgt, bei der Sektion fand man noch ein sehr bedeutendes Myofibroma uteri. In einem Falle, bei dem ein hochgradiges Carcinoma oesophagi mit Durchbruch in die Trachea bestanden und dadurch zu einer tödtlichen Fremdkörperpneumonie Veranlassung gegeben hatte, waren noch gelegentlich Uterus- und Ovarialfibroide getroffen. In 3 Fällen von tödtlicher Peritonitis nach Hysterotomie konnte eine Heilung des meist in der Höhe des Cervix amputirten Uterus nicht nachgewiesen werden. Einmal jedoch war die Uterushöhle geschlossen, die Wunde durch Narbe verheilt, die Peritonitis überhaupt nur nach Durchbruch eines in den Bauchdecken gebildeten Abscesses aufgetreten.

Krebs des Uterus kam achtmal zur Sektion, darunter einigemale mit Betheiligung der Vagina, seltener der Blase (Durchbruch in dieselbe). Die nächstgelegenen Weichtheile, welche wie die Ovarien, Tuben etc. durch Verwachsungen oft erhebliche Lagerungsveränderungen erlitten hatten, zeigten meist sekundäre krebsige Infiltrate und Knoten. Sekundärer Krebs war ausserdem einmal in den Lymphdrüsen, Leber und Lungen vorhanden, ein andermal nur in Lungen und Lymphdrüsen, einmal nur in den Lymphdrüsen.

Hydronephrose bestand in 4 Fällen, in einem davon auch noch Haematometra, in den 3 anderen ausgebreitete Lungenphthise, sowie Thrombose der linken Vena cruralis mit consecutivem Oedem, in dem vierten endlich eine geringe Spitzencirrhose.

Am Ovarium wurden in 7 Fällen Neubildungen beobachtet, in der Regel Cysten, seltener Fibroide und Krebs. Dreimal trat der Tod nach Exstirpation der Ovarialcysten durch Peritonitis auf. In einem Falle fand sich neben der Ovarialcyste Krebs der Leber und Retroperitoneallymphdrüsen, sowie ausgedehntere Atheromatose, in einem anderen Phthise mit Cavernen in dem rechten Lungenoberlappen. Einmal war Krebs im Ovarium ebenso wie in der Leber sekundär aufgetreten, der primäre Krebs hatte sich in beiden Brüsten etablirt; ein anderes Mal, wo das rechte Ovarium wegen cystöser Entartung entfernt war und darauffolgende eitrige Peritonitis getödtet hatte, traf man das linke Ovarium in eine eigrosse Krebsgeschwulst umgewandelt. Einmal war die Ovarialcyste von mehr untergeordneter Bedeutung; denn nicht nur fand sich hier Granularatrophie der Niere links, während rechts Pyonephrose bestand, sondern im Herzen hatte sich neben Hypertrophie und Dilatation beider Ventrikel auch ein Aneurysma cordis verum chronicum des linken Ventrikels ausgebildet und war noch eine frische Pericarditis aufgetreten.

Anschliessend an diese Fälle von Ovarialtumoren erwähnen wir noch kurz einen äusserst interessanten Fall von Ovarialtumor, über welchen krankheitsgeschichtliche Mittheilungen und Resultate der Sektion nebst Präparaten vom behandelnden Arzte Dr. Lindemann eingeschickt wurden. Der Fall betraf ein 17jähriges Mädchen, bei dem sich in kurzer Zeit ein rasch wachsender Tumor im Unterleib gebildet hatte, der nach einer eingehenden differentiellen Diagnose nur von den Ovarien ausgehen konnte. Die Operation, vor der noch eine Probepunktion vorgenommen wurde, lehrte, dass beide Ovarien in neugebildete Geschwülste umgewandelt waren. Ihre Oberfläche war glatt, von seröser Membran umkleidet, das Gewebe aber äusserst weich, sulzig aussehend, sehr zerreisslich und von braungelber Farbe. Die nähere Untersuchung der Tumoren lehrte, dass die Tumoren aus Gallertkrebs bestanden. Wenn es auch schon selten ist, dass die Ovarien, welche ja leicht und gerne adenomatös werden, krebsig werden, so ist doch gewiss die Entartung zu Gallertkrebs am allerseltensten, noch dazu in so früher Jugend.

Obwohl nun 20 Tage nach der Operation die Heilung der

durch sie gesetzten Wunde erzielt war, so traten doch bald Erscheinungen von continuirlichem Fieber, Störungen in Sensibilität und Motilität des linken Armes und Beines auf, die eine centrale Ursache, vielleicht sekundäre Geschwulstbildung im Gehirne wahrscheinlich machten. Die Sektion, zu der es am 36. Tage nach der Operation kam, bestätigte auch diese Annahme. Es zeigte sich nämlich, dass ein hühnereigrosser Tumor (Gallertkrebs) sich sekundär von den Ovarien aus in der Gehirnsichel entwickelt hatte. Derselbe ging von dem freien Rande der Sichel der Dura mater über dem Tentorium cerebelli aus und war nach beiden Seiten, nach rechts etwas mehr als nach links gewuchert und comprimirte die Gehirnmasse, aus der er ohne Zerreissung ausgeschält werden konnte. Auch in der Leber und in den Lungen fanden sich mehrere verschieden grosse, gallertige Krebsknoten. Es musste also ein Transport von Krebsmassen von den Ovarien durch die Plexus pampiniformis in die Vena spermatica, cava, Herz, Lungen und von da sekundär in die Dura mater stattgefunden haben; ebenso waren aus der Vena cava vielleicht durch rückläufige Strömung sekundäre Krebsknoten in der Leber entstanden. Am interessantesten erschien jedoch weiters das Auftreten von miliaren, gallertigen Krebsknötchen im ganzen Peritonäum, namentlich längs der früheren Operationswunde. Die Bauchwunde war vollständig vernarbt. An der Stelle, wo die Ovarien abgenommen und der Stiel durch Klammern festgehalten war, fand sich, ungefähr 4 Cm. unter dem Nabel eine eingezogene Vertiefung, und von der Innenfläche der Narbe verliefen hier zwei weisse, rundliche Stränge gegen das kleine Becken, die beiden Stiele der Ovarien, an denen der Uterus wie aufgehängt und ziemlich nahe an die Bauchdecken herangezogen erschien.

Ausser dem oben erwähnten doppelseitigen Mammakrebs wurden noch 4 Fälle von Carcinoma mammae secirt. In dem einen dieser Fälle (22) fanden sich auf der Lungenoberfläche weisse Flecken, sogenannte Wachstropfen (Plaques cirés). Vom Mammakrebs aus war zunächst auf den Lymphbahnen Krebs in den Achsellymphdrüsen entstanden, von da setzte er sich fort längs der Gefässe in deren Lymphscheiden bis ins Mediastinum und in die Lungenwurzel, wo Lymph- und Bronchialdrüsen ebenfalls krebsig waren. Das Krebsinfiltrat war aber noch weiter längs der Bronchien in deren Wandung analog der Peribronchitis fibrosa oder purulenta als „Peribronchitis carcinosa" zu verfolgen bis an die Pleuraoberfläche, wo es sich in die der Fläche nach ausgebreiteten Lymphgefässbahnen fortsetzte und hier die meisten Plaques bildete. Bei der mikroskopischen Untersuchung zeigte sich, dass diese weissen Flecken aus denselben epithelialen Zellen bestanden, wie sie im ursprünglichen Brustkrebs und in den Lymphdrüsen gefunden wurden. In beiden Pleurahöhlen war ausserdem seröser Erguss vorhanden. Auch in der Leber waren mehrere sekundäre Krebsknoten.

Aehnlich wie im vorhergehenden Falle war in No. 20 der Tabelle, ausgehend von einem primären Krebs der linken Mamma in den Lymphgefässen der Lunge sekundär Krebs aufgetreten. Auch im dritten Falle, wo die krebsige rechte Brust kurze Zeit vor dem Tode amputirt war, zeigte sich bei der Sektion sekundär Krebs in der Lunge, aber die Verbreitung war hier im Gegensatz zu den vorigen Fällen nicht durch die Lymphgefässe geschehen. Nebenbei war hier der ganze Oesophagus dicht erfüllt mit Soormassen, während im Magen ziemlich zahlreich Ecchymosen sich fanden. Der vierte Fall endlich, der nirgends Metastasen von Krebs nachweisen liess, war noch dadurch ausgezeichnet, dass sich bei ihm ein sehr bedeutender Granularschwund der Nieren und ebenso Atheromatose fand, dagegen die Veränderungen am Herzen, namentlich auch am linken Ventrikel kaum bemerkenswerth waren. Von übrigen Neubildungen sind noch kurz hervorzuheben:

1) Multiple Sarkome im Gehirn, besonders zahlreich in der linken Grosshirnhemisphäre, wo sie am Schläfenlappen in weitem Umkreise gelbe Erweichung der Gehirnsubstanz verursacht hatten, bei einem 31jährigen weiblichen Individuum.

2) Lymphangitis prolifera*) bei einem 54 Jahre alten Weibe, das an Ascites, sowie Oedem der Ober- und Unterglieder litt, für deren Entstehung man an eine Cirrhose der Leber dachte. Bei der Sektion aber zeigte sich, dass der freie Bauchraum eine molkenähnliche Flüssigkeit enthielt, in der neben vielen Fetttröpfchen zahlreiche in Fettdegeneration begriffene Endothelien enthalten waren. Am Peritoneum, und zwar sowohl am visceralen als parietalen Blatt waren zahlreiche, verästelte, zum Theil varicös erweiterte, weissliche Stränge und Schnürchen, oft zierliche Figuren und Netze bildend. Bei der mikroskopischen Untersuchung zeigte sich, dass es Lymphwege waren, deren Endothelien gewuchert und fettig degenerirt

---

*) Ausführlich beschrieben in dem I. Jahresbericht (für 1874 und 1875) von Dr. E. Schweninger.

waren und so das Lumen erfüllten. An sämmtlichen Organen der Bauchhöhle gewahrte man auch, dass die Umgebung der Lymphgefässe und der in das Lymphsystem einmündenden Saftkanäle nicht unbetheiligt geblieben ist, indem das interstitielle Gewebe all' dieser Organe dicker, derber geworden war, wodurch sie sich eigenthümlich anfühlten. Auch an der Leber und den stark narbigen, krebsig degenerirten traubenförmigen Ovarien ebenso wie in den Nieren und Nebennieren sah man die feinsten Lymphgefässe auf dieselbe Art verändert und in Strängen und Knötchen hervortreten. In gleicher Weise gewahrte man auf dem Pleuraüberzug der Lungen und im Pericard eine Veränderung der Lymphgefässe. Daneben bestand in der Pylorusgegend des Magens ein grosses, tiefgreifendes Geschwür mit wulstigem Rande (ulcus simplex), wobei die Muscularis beträchtliche Verdiekung und Wucherung zeigte.

3) In einem Falle, bei einer 56jährigen Frau, wo der Oberkiefer wegen Markschwamm, ohne ihn jedoch ganz zu entfernen, resecirt worden war, zeigte sich bei der Sektion die Wunde vollkommen geheilt. Im ganzen Körper bestand Blutarmuth, die rechte Lungenarterie war thrombosirt, ebenso die rechte Cruralvene, in der rechten Lunge war ein ausgebreiteter hämorrhagischer Infarkt.

4) Ein 61jähriges Weib litt an einem über kindskopfgrossen Enchondrom der rechten Darmbeinschaufel, das sekundär auf dem Wege der Lymphgefässe in den Retroperitonäallymphdrüsen Enchondrommetastasen verursacht hatte.

5) Im Dauungskanal fand man zweimal Carcinoma recti, zerfallen und geschwürig; in dem einen Falle war der Tod durch allgemeine Peritonitis eingetreten; in dem andern, bei dem sekundäre Krebsknoten im Peritoneum bereits entstanden waren, fanden sich im untern Ileum und am Cöcum deutliche typhöse Geschwüre.

6) Magencarcinome wurden nur 4 bei Weibern secirt; in dem einen Falle, wo Parotitis purulenta und kleine Cavernen in der rechten Lunge nebenher sich fanden, war der Sitz am Pylorus, und hier von der Schleimhaut her der Krebs in ein ringförmiges, wulstiges Geschwür verwandelt, dessen Grund schwarze und gelbe Fetzen enthielt. Die Muskulatur des Pylorus war in toto hypertrophisch. Die Nieren waren in diesem Falle sehr blass und derb, die Kapsel gut abziehbar, die Oberfläche glatt, in der Grösse differirten aber beide Nieren, indem die rechte nur 5 Cm., die linke dagegen 11,5 Cm. lang war. Noch in 2 anderen Fällen sass der

Krebs am Pylorus. Während aber in diesen nur die nächstgelegenen Lymphdrüsen krebsig waren, hatten sich in dem vierten Falle, wo das Carcinom mit geschwürigem Grunde an der hinteren Magenwand sass, sekundäre Krebsknoten in der Leber, Pleura und in den Retroperitonäaldrüsen gebildet.

Endlich waren noch 2 Fälle von primärem Leberkrebs vorgekommen, beide Male sekundär in den Retroperitonäallymphdrüsen.

In dem letzten in der Tabelle verzeichneten Falle (40) war der Tod bei der Operation (Exstirpation der rechten Unterkieferhälfte) wegen Sarkom plötzlich eingetreten durch Aspiration von Luft in die rechte vena jugularis dextra, wodurch Luftembolie in den Coronargefässen des Herzens und den Gefässen beider Lungen entstand.

XII.

Seltene Einzelfälle.

Von

Prof. Dr. von **Buhl**.

A. Zwei Fälle von Krebs.

Im Nachfolgenden erlaube ich mir einen Fall von Krebs des
Darmes und einen anderen des Uterus, welche beide ihrer seltenen
Ausgangspunkte wegen von Interesse sein dürften, den Fachgenossen
mitzutheilen.

1. Ein Mann aus bester Familie, ein angehender Fünfziger, statt-
lichen, kräftigen Körperbaues, blühender Gesichtsfarbe, etwas fett-
leibig, begann, nachdem er stets Grund hatte, auf seine Gesundheit
stolz zu sein, erst in den letzten drei Jahren seines Lebens über
Erscheinungen zu klagen, welche als hämorrhoidal bezeichnet wurden.
Die Annahme erschien um so berechtigter, als derselbe ein guter
Esser war und wenig Bewegung machte.

Dritthalb Jahre vor seinem Tode bemerkte er unter dem Kinne
eine kugelige Geschwulst, welche zur Zeit als sie vom Arzte zum
ersten Male untersucht wurde, kaum walnussgross war und die tast-
bare Beschaffenheit einer Balggeschwulst, etwa einer Ranula gehabt
haben soll.

Sie entging ihm bei ihrem ersten Entstehen wahrscheinlich
desshalb, weil sie durch einen Vollbart gedeckt war.

Anfangs wuchs sie langsam, später rascher und konnte man

alsdann auch an den seitlichen Halsdrüsen, insbesondere der rechten
Seite, eine transitorische Schwellung bemerken.

Endlich, d. h. etwa bis 9 Monate vor dem Tode, erreichte die
Geschwulst die Grösse eines Borstorfer Apfels, die Haut darüber
wurde missfarbig roth, so dass man einen Aufbruch befürchtete.
Dieser Umstand veranlasste ärztliche Berathungen und das ein-
stimmige Resultat derselben war, dass man es mit einem Carcinom
zu thun habe, dessen Exstirpation in kürzester Zeit vorgenommen
werden müsse. Die Operation wurde denn auch ein paar Tage
darnach bei nur mässiger Blutung und insbesondere in Folge des
Umstandes mit Glück ausgeführt, dass sich die Geschwulst fast im
ganzen Umfang ausschälen liess.

Die unmittelbar darauf vorgenommene mikroskopische Untersuchung liess eine adenoide Anordnung des Gewebes erkennen.
In den Maschenräumen eines netzförmigen, sehr gefässreichen, zarten,
bindegewebigen Stroma's lagen zellige Körper, die farblosen Blutkörper um das Doppelte und Dreifache übertreffend, in ihrer Grup-
pirung das Bild von Drüsenendkolben mit Epithelauskleidung gebend;
die Form der Zellen war weniger kantig, als kugelförmig, meist
mit einem grösseren, seltner mit 1—3 und mehr etwas kleineren,
ovalen oder runden Kernen, mit Kernen in Theilung begriffen; ihr
Protoplasma reichlich mit Fettkörnchen versehen, hie und da blut-
körperhaltig; eine Zellmembran nirgends nachweisbar.

Hielt man nach diesem Befunde die Diagnose auf Krebs auch
bestätigt, so gerieth man doch in Verlegenheit, den Ausgangspunkt
zu bezeichnen. Wegen der Anordnung und Form des Stroma's
und der Zellen dachte man zunächst an die geschlossenen Drüsen-
blasen der Thyreoidea und an ein abgeschnürtes Läppchen derselben, obwohl man sich nicht verhehlte, dass die Annahme nach
mehreren Richtungen nicht entsprach und etwas Gezwungenes habe.
Eine genauere Untersuchung wurde für die Zeit verspart, wo eine
gehörige Härtung des Präparates in Alkohol vor sich gegangen
sein würde. Der Kranke übertrug die Operation gut, seine Wunde
schickte sich alsbald, ja auffallend rasch zur Heilung an und gewährte ihm nach geschehenem Verschluss die frohe Voraussicht,
sich auf dem Lande erholen und kräftigen zu können. Eine Recidive trat nicht ein.

Allein nach einem Paar Monaten stellte er sich seinem Arzte
wieder vor, klagte über zeitweise Schwerathmigkeit, welche man als

Nachklang der Operation bei seiner Fettleibigkeit auf Herzschwäche
beziehen zu müssen glaubte, obwohl trotz des negativen Befundes
physikalischer Untersuchung die Befürchtung nicht unterdrückt
werden konnte, es möge sich eine sekundäre Entwicklung von Krebs
in den Lungen oder in den bronchialen oder mediastinalen Lymphdrüsen vorbereiten.

Athemnoth und Herzschwäche nahmen zu, Oedem im Gesichte
und an den Armen erschien und nur der Tod erlöste den Kranken
von seinen Leiden.

Die Sektion klärte den Sachverhalt in eigenthümlicher Weise auf.

Vorerst ist eine bedeutende Fettdegeneration des Herzens, der
Leber, der Nieren, der Körpermuskeln etc., also eine allgemeine
subakute Fettdegeneration hervorzuheben, denn sie enthält die Gründe
der krankhaften Lebenserscheinungen während der letzten 9 Monate
und die Ursachen des Todes.

Was besonders interessirt, ist, dass Krebs sich nirgends in den
Brustorganen, weder in den Lungen, noch in den bronchialen und
mediastinalen Lymphdrüsen nachweisen liess. Dagegen fand sich
eine kindsfaustgrosse Lymphdrüse retroperitonäal an
der Wurzel des Mesenteriums, welche in ihrem äusseren und inneren
Verhalten, in ihrem Volum, ihrer Form, ihrer Struktur genau der
exstirpirten, mittlerweile gehärteten und an tingirten Schnitten stu-
dirten Geschwulst gleichkam. Den wichtigsten Befund bot der
Dünndarm dar. Ueber sechzig in der Schleimhaut aufsitzende,
und zwar fast nirgends den Peyer'schen Drüsen entsprechende, der
grössten Anzahl nach polypös gestielte Geschwülste in Distanzen
von einigen wenigen bis über 30 Cm. von einander ragten in das
Darmlumen herein und erschwerten das Eröffnen desselben. Die
umfänglichsten Geschwülste hatten den Durchmesser einer Walnuss,
die kleinsten, noch mit einem Stiele versehenen, den einer Erbse.
Bei den grösseren war der Stiel bei 2 Cm. lang und bis gegen einen
Gänsefederkiel dick, bei den kleineren war er nur 1—$\frac{1}{4}$ Cm. lang
und hatte er kaum die Dicke eines Bindfadens. Unter immer
Kürzerwerden des Stieles verlor er sich ganz, so dass die kleinsten
Geschwülste sich nur mehr wie gewölbte Schwellungen der Schleimhaut von dem Umfang einer Linse, darüber oder darunter, ausnahmen.

Ueber alle ging die zottentragende Schleimhaut hinweg, sie
erschien nur durch die Spannung mehr oder weniger geglättet.

Gehören multiple Dünndarmpolypen schon zu den grössten Seltenheiten, so gewährte doch die mikroskopische Untersuchung feiner Schnitte wohlgehärteter und mit Carmin imbibirter Präparate noch viel höheres Interesse.

Die grösseren Keulen charakterisirten sich durch gewundene und gestreckte, einfache und sich theilende Drüsenschläuche, welche je nach der sie treffenden Schnittfläche selbst an traubenförmige Drüsen erinnerten. Die Schläuche waren mit polygonalen, manchmal durch ihre Höhe, Stellung und Ordnung an Cylinderzellen erinnernden Epithelzellen gefüllt, an welchen die Membran unverkennbar war und deren fettig degenerirende Protoplasmen mit 1 bis 3 grossen Kernen gefüllt war. Die Zellenschläuche waren getragen und aufgenommen von einem gefässreichen, zarten, bindegewebigen Stroma. Sie standen in der Regel so dicht aneinander, dass das zwischenliegende Stroma kaum als dünne Scheidewand gelten konnte, wozu noch kömmt, dass die Schläuche von sehr ungleichen Durchmessern wurden und manchmal Zellenhaufen bildeten, welche nicht nur für sich schon durch ihren bedeutenden Umfang die wahre Anordnung vergessen machten, sondern auch die Scheidewände zu durchbrechen drohten oder wirklich durchbrochen hatten und somit in einander aufgebrochene Zellenmassen darstellten.

Aufschluss über die erste Entwicklung dieser Polypen gaben unstreitig die kleinsten, ungestielten Schleimhautverdickungen.

Man sah hier die Lieberkühn'schen Drüsen, an der Gränze noch normal, in Folge epithelialer Zellenwucherung sich verlängern und verbreitern, Seitenäste treiben, ganz analog, wie man es von den Adenomen der Talg-, Haar- und Schweissdrüsen der äusseren Haut kennt.

Bei Betrachtung dieser Struktur wird somit klar, dass die Polypen ihre Ursprungsstätte in den Lieberkühn'schen Drüsen haben, dass sie Adenome einer Gruppe solcher Drüsen seien, welche bei der fortwährenden Zunahme im Volum sich von der Muskelschichte der Darmwand abhoben und über das Niveau der Schleimhaut vorragten, wobei das entsprechende submuköse Bindegewebe in Folge der Zerrung und Schwere der Geschwulst sich stielförmig verlängerte.

Der Stiel zeigte auch demzufolge in der Regel ausser Bindegewebe, Blut- und Lymphgefässen keine drüsige Struktur mehr.

Dass er von verdünnter Schleimhaut überzogen war, brauche ich
nicht zu wiederholen.

Nur ein einziger Polyp und zwar der grösste unter allen besass
einen auffallend dicken und dem Gewebe nach wesentlich von den
übrigen unterschiedenen Stiel. Er enthielt nämlich Zellenstränge,
den Lymphbahnen folgend, welche in dem polypösen Kolben wur-
zelten und von da mit ungleichem Kaliber die ganze Länge des
Stiels durchsetzten bis an den Punkt, wo derselbe behufs der Untersuchung abgeschnitten war. Wie weit und in welchen Riehtungen
sich die Zellenstränge in der zugehörigen Darmwand fortsetzten,
kann ich nicht angeben; dass sie sich aber darin fortgesetzt haben
mussten, nur vielleicht mit Unterbrechungen, geht nicht nur daraus
hervor, dass die Darmwand daselbst verdickt und hart war, sondern
auch daraus, dass die bei dem anatomischen Befunde angeführte
retroperitonäale Lymphdrüse genau in der Stromrichtung der von
der besprochenen Darmparthie abgehenden meseraischen Lymphgefässe gelagert war.

Der Polyp selbst bot im Vergleiche mit den anderen eine viel
grössere Weichheit dar und liess auf dem Durchschnitte im frischen
Zustande einen Milchsaft abstreifen aus fettig degenerirten Zellen.
Erhärtet zeigten feine Schnitte den bedeutendsten epithelialen Zellenreichthum, so dass die Drüsenstruktur zu ermitteln und wieder zu
erkennen kaum möglich war; die bindegewebigen Gürtel und Maschen
schienen ganz verloren zu sein. Ganz besonders hervorzuheben ist
der auffallende Grad von fettiger Degeneration der Zellen, welcher
seinen Grund wohl in der Uebermenge der Zellen und der Abnahme
des gefässhaltigen Stroma's haben musste.

Alles zusammengefasst, bestand der Fall in der Entwicklung
zahlreicher polypöser Adenome der Lieberkühn'schen Drüsen
des Dünndarmes, wovon eines einen krebsigen Habitus einging und
die sekundäre Vergrösserung einer Retroperitonäaldrüse veranlasste.

Untersucht man nun die retroperitonäale Lymphdrüse und vergleicht
man den Befund mit der am Halse exstirpirten Geschwulst, so findet
man nicht bloss eine auffallende Aehnlichkeit, sondern dass beide
in ihrer Struktur in nichts verschieden sind. Die erstere enthält
die gleiche krebsige Struktur wie der grosse Darmschleimhautpolyp
ihrer nächsten Nähe und die letztere bestand, wie schon die erste
Untersuchung ergab, aus denselben Bildungen, nur waren die Zellen,
wahrscheinlich der rascheren Entwicklung wegen, weniger polygonal,

sondern mehr kugelförmig. Das Eigenthümliche liegt nur in der vom Darmpolypen aus erfolgten Verschleppung von Krebstheilchen in ein weitabgelegenes Gebiet des Körpers.

Dass die durch Operation entfernte und als Krebs erkannte Geschwulst sich als Kugel ausschälen liess, hätte daran denken lassen sollen, dass sie kein primäres, sondern ein sekundäres Krebsgewebe sein müsse, zumal es aus anatomischen Gründen nicht gelang, sie auf einen präexistenten epithelialen Mutterboden zurückzuführen, ja nicht einmal auf eine Lymphdrüse.

Gewiss ist, dass die erste Entwicklung der polypösen Adenome viele Jahre zurückverlegt werden muss, dass sie anfangs ohne alle Symptome bestanden, bis sie die unbestimmten hämorrhoidalen Erscheinungen erzeugten, und dass erst kurz vor dem Auftreten der Geschwulst am Halse der eine Polyp krebsig geworden sein musste und dann baldigst seine Keime in den Körper aussandte.

Was nun die Schleimhaut in so vielen Punkten und isolirten Gruppen von Lieberkühn'schen Drüsen zur Wucherung veranlasste, ist völlig unbekannt und diess um so mehr, als der Fall gerade in dieser Beziehung als ein Unicum erscheint. Er erinnert an die Myeosis intestinalis, bei welcher ebenfalls in zahlreichen, aber von einander entfernten Stellen der Schleimhaut die Einpflanzung der Bakterien statthatte. Mir kömmt es — man verzeihe mir den Vergleich, da ich natürlich keinen Nachweis dafür geben kann — vor, als wenn eine Kolonie irgend parasitischer Organismen sich hier auf die eine oder andere Weise niedergelassen hätte, auf deren Reiz, ähnlich wie bei der Beschädigung der Blätter eines Strauches oder Baumes durch die Stiche Eier legender Insekten die Blätter mit Zellenwucherung antworten, die Schleimhautdrüsen in Wucherung geriethen.

2. Ein ebenso bemerkenswerther Fall wurde mir durch Herrn Dr. Rosner, Bez.-Arzt in Tegernsee, mitgetheilt.

Er sandte mir Uterus und Lungen von der Leiche einer 28jährigen Frau mit folgender Notiz:

„Die Frau, Mutter zweier Kinder, abortirte im September des Jahres 1871 nach angeblich dreimonatlicher Schwangerschaft. Ihre Verhältnisse zwangen sie schon Tags darauf wieder zur Arbeit aufzustehen. Seit dieser Zeit stellte sich ab und zu eine geringere oder stärkere Metrorrhagie ein, wodurch sie sehr blutarm, schwach und mager wurde und zeitweise an Unterleibskrämpfen litt. Erst in der letzten Woche des Februar 1872, also beiläufig 5 Monate nach dem Eintritte des Abortus wurde der Arzt befragt, welcher eine Vergrösserung des Uterus mit starker Vorwärtsneigung constatirte. Drei Wochen später hustete sie Blut aus, bekam die heftigsten Unterleibsschmerzen, verfiel rasch und starb."

Die Sektion ergab: „Beträchtliche Blutarmuth aller Organe, frisches Blut theils geronnen, theils flüssig mit Serum verdünnt frei in der Bauchhöhle. In beiden Lungen zahlreiche kleine, kaum über erbsengrosse weissröthliche Knoten, aus deren Durchschnittsfläche sich ein rahmiger Saft ausstreifen liess.

Der Uterus weit über Mannesfaust gross, ragte bis über die Schambeinfuge hervor, enthielt aufgeschnitten eine vom Grunde und der Rückwand mit breiter Basis anhaftende und die Uterushöhle entsprechend erweiternde birnförmige, mässig weiche Geschwulst, welche bis in den Uterushals hereinragt. Am Peritonäalüberzuge der Rückwand gewahrte man nahe am Grunde zwei weichere, etwa haselnussgross hervorragende furunkelähnliche Stellen, von welchen die eine aufgebrochen war und die Blutung in die Bauchhöhle veranlasst hatte."

Mikroskopische Schnitte an erhärteten Präparaten machten es von vornherein klar, dass das Gewebe des polypenähnlichen intrauterinen Gewächses im Allgemeinen als ein Fibromyom aufzufassen sei; denn die Grundlage des Ganzen bildeten Muskelzellen, zu dicken Bündeln verschiedener Verlaufsrichtung geordnet, und durch gefässhaltiges Bindegewebe verknüpft.

Ich will auch hier sogleich einschalten, dass die Entwicklung dieses Fibromyoms wahrscheinlich nach der zweiten Niederkunft begonnen haben müsse, dass die Ansatzstelle desselben, gerade zwischen den Mündungen der beiden Eileiter, solange sie noch von geringem Durchmesser war, einer Wiederbefruchtung und Eientwicklung nicht hinderlich sein konnte.

Gab aber die zweite Schwangerschaft den Impuls zur Fibromyomentwicklung, so musste sich in der dritten die Placenta auf der in die Uterushöhle hereinragenden und mit Schleimhaut überzogenen Geschwulst bilden und ist der Abortus um so mehr begreiflich. Auch dürfte es nicht bestritten werden, dass diese letzte Schwangerschaft einen neuen Reiz zum rascheren Wachsthume der Geschwulst mit sich gebracht habe, dass die Blutungen sich nach dem Abortus mehr und mehr verstärkten und mit Uteruscontrakturen verbanden etc.

Bis hieher enthält der Fall nichts Absonderliches. Das Beachtenswerthe aber ist, dass die das Fibromyom umkleidende und regenerativ entwickelte Schleimhaut Veränderungen einging, welche als Seltenheit *) erscheinen.

Beginnt man die Untersuchung der Geschwulst von der inneren Oberfläche aus, so sieht man namentlich an den Uebergangsstellen der Schleimhaut des Uterusgrundes in die des Fibro-Myoms, wie die schlauchförmigen Utriculardrüsen allmälig durch Vermehrung ihrer Epithelzellen an Durchmesser zunehmen und nicht nur der Breite, sondern auch der Länge nach, wie sie neue Seitensprossen ansetzen und wie auf diese Weise das Myomgewebe auseinandergetrieben wird. Gegen die Spitze des polypösen Zapfens zu verliert sich das drüsige Ansehen mehr und mehr, man sieht nur noch keil- oder cylinderförmig eingedrungene Zellenmassen und dazwischen Ausfüllungen mit Gerinseln aus Faserstoff oder wirklichen Blutpfröpfen.

Hier war nämlich geschwürige Zerstörung eingetreten, es sind grössere Gefässe, dem Umfange des Uterus und der Neubildung entsprechend in ziemlicher Menge vorhanden, eröffnet und dadurch die Blutungen während des Lebens hervorgerufen worden. Nimmt man feine Schnitte aus dem Innern, so gewahrt man wohl keine Schläuche mehr, aber cylindrische oder kugelförmige Nester gleichgearteter Zellen, wie sie von den gewucherten Epithelzellen der Utriculardrüsen ausgingen — offenbar durch Blut- oder Lymphgefässe dahintransportirte keimfähige Zellen.

Der adenoide Charakter der von der Schleimhaut entsprungenen Neubildung war damit aufgegeben, man konnte nur mehr von Krebs sprechen, mit welchem das Fibromyom durchsetzt war. Ja diese Durchsetzung erreichte an jeder Seite der Myomwurzel den Peritonäalüberzug und ist es sogar an einer Stelle zum Aufbruche in die Peritonäalhöhle gekommen und war dadurch die Blutung in die letztere und zunächst der Tod veranlasst worden.

Die gewucherten Zellen hatten dabei Eigenschaften erlangt, welche sie leicht von anderen Zellen des Körpers unterscheiden

---

*) Im verflossenen Wintersemester habe ich jedoch zur ausgiebigen Correktur »der Seltenheit« rasch nach einander noch zwei gleichlautende Fälle beobachtet.

liessen. Sie zeigten je nach ihrem Jugend- oder Alterszustande verschiedene Grössen, die kleinsten waren nicht viel grösser als farblose Blutkörper, die grössten erreichten fast den Durchmesser von Mundschleimhautepithelien. Sie zeigten verschiedene Formen, die jüngeren waren mehr kugelförmig oder oval, die älteren den Uebergangsformen zwischen Pflaster- und Cylinderzellen ähnlich. Ihre Membran wurde mit dem Bestehen stärker, ihr Protoplasma glänzender, manchmal reich mit Fettkörnchen durchsät; ihre Kerne, im Allgemeinen gross, zeigten Theilungsvorgänge, waren in der Zahl von 1—3 nachzuweisen.

Dieselbe Beschaffenheit zeigten auch die Zellen in den Knoten der Lunge, welche man in dem von ihrer Schnittfläche abgestreiften Milchsafte gewann. Sie waren somit leicht von dem Epithel der Bronchien und nicht minder der Alveolen zu unterscheiden. Auch ihre Anordnung glich derjenigen der Ursprungsstätte, namentlich waren sie den in den inneren Parthien des Fibromyoms ein-gelagerten Nestern analog gebaute, cylindrische oder kugelförmige Zellenanhäufungen. Ich hatte es also mit einem intrauterinen, polypösen Fibromyome, mit krebsiger Durchsetzung desselben, aus-gehend von einem degenerirenden Adenom seines Schleimhaut-Ueber-zuges, mit blutender Perforation in die Bauchhöhle, geschwürigem Aufbruch der Polypenspitze und secundärer durch Transplantation erzeugter Krebsbildung in den Lungen zu thun.

B. Ein Riese mit Hyperostose der Gesichts- und Schädelknochen.

(Mit 4 lithogr. Tafeln.)

Am 28. Juni 1876 erhielt ich aus Gemund am Tegernsee folgenden vom 27. Juni datirten Brief: „Ich mache zu wissen, dass Thomas Hasler, der grosse Mann, am Freitag den 30. nach München kommen werde. Mit etc.

Th. Hasler."

Am 29. erhielt ich ein Telegramm vom Herrn Bezirks-Arzt Dr. Rosner in Tegernsee:

„Th. Hasler ist gestorben", mit der Anfrage, ob ich in wissenschaftlichem Interesse die Leiche wünschte?

Am 30., also an demselben Tage, an welchem Th. H. sich bei mir vorstellen wollte, kam er wirklich, aber als Leiche in das pathologische Institut.

Ich kannte den Mann schon von früher her, er liess sich vor einigen Jahren hier auf der Anatomie sehen, da er im Gesichte und am Schädel ungewöhnliche Hyperostosen zeigte.

Den vielfachen Bemühungen des Herrn Collegen Rosner, dem ich hiemit meinen Dank ausspreche, ist es leider nicht gelungen, aus seinem früheren Leben Genaueres zu ermitteln. Was er erfahren konnte, beschränkt sich auf die folgenden wenigen Angaben:

Sein Vater ist mit 56 Jahren an Lungenphthise gestorben, seine Mutter lebt. Sein ältester Bruder hat sich im Gefängnisse erhängt. Ausser diesem sind noch 4 Geschwister vorhanden, sämmtlich wohlgebildet. Auch Thomas entwickelte sich bis zu seinem 9. Jahre

völlig normal. Um diese Zeit erlitt er einen Hufschlag an die linke
Wange. Bald darauf fing er an ungeheuerlich zu wachsen. Er ass,
wie in den Zeiten des Wachsthums begreiflich, viel, allein vorzugsweise Butter und anderes Fett, eine Kost, wie sie in unseren Ge-
birgen sehr gewöhnlich ist. Mit 11 Jahren war er so gross, dass
er aus der Schule entlassen werden musste, weil er in den Bänken
nicht mehr Platz fand. Mit 12 Jahren mass er schon 6 Fuss. Mit
14 Jahren fiel er in seiner Stube und brach sich den linken
Schenkelhals und die linke Fibula; beide Brüche heilten rasch.
Von da an kam mit Ausnahme einer ebenfalls in volle Genesung übergehenden Pneumonie kein erhebliches Leiden mehr
vor; nur verdickten sich seine Gesichts- und Schädelknochen bis
zum Monströsen und nicht bloss auf der Seite, wo der Hufschlag
sich ereignete.

Seit er ausgewachsen war, ass er relativ wenig. Seine Hautfarbe wurde fahl.

Er war fleissig und gutmüthig. Jede Bewegung machte ihm
aber Mühe und Beschwerde. Hie und da klagte er über
Kopfweh.

Am Tage vor seinem Tode war er noch wohl und munter.

Am 29. Morgens trat fast plötzlich schweres Athmen ein, der
Nacken streckte sich tetanisch und convulsivische Zuckungen wechselten damit ab. Die gefüllte und ausgedehnte Harnblase wurde
mit dem Catheter entleert. Mittags war er bereits todt. Er wurde
25 Jahre alt.

Die während der Nacht hieher transportirte Leiche kam in weit
vorgeschrittener Fäulniss an, was in Bezug auf die Erhaltung der
inneren Organe sehr zu bedauern war. Nur das im Muskelfleisch
mit Gasblasen durchsetzte Herz habe ich bewahrt.

Vor der Sektion wurden einige Messungen und Wägungen vorgenommen.

Das absolute Körpergewicht betrug 155 K., d. h. die Leiche
wog, wenn ich das Hofmann'sche Mittelgewicht eines Mannes zu
61,35 K. annehme, um 94,65 K. mehr, oder was dasselbe ist, er
wog 2 ½ mal das Normalgewicht.

Nach den im hiesigen Institute vorgenommenen Wägungen berechnete Dr. Hermann für das Alter von 19—29 Jahren ein
mittleres Gewicht von 67,06 K., aber auch hier zeigt Th. Hasler

ein Uebergewicht von 87,4 K., d. h. er wog 2,3 mal das Normalgewicht.

Die Körperlänge wurde zu 2,27 M. gemessen.

Da die Wirbelsäule, wie ich noch angeben werde, nicht unbeträchtlich gekrümmt war, so dürften für die richtige Streckung und Stellung des Truncus noch wenigstens 8 Cm. zugerechnet werden müssen, was eine Gesammthöhe des Körpers von 2,35 ergeben würde, gleichbedeutend mit 8 Fussen früheren bayerischen Duodezimalmaasses.

Hofmann berechnet die mittlere männliche Körperlänge auf 1,678 M.; das gibt für Th. Hasler ein Plus von 0,642 M. Nach der Zusammenstellung des Dr. Hermann ergibt sich für das Alter von 19—29 Jahren eine Länge von 1,654 M. Diese von den angenommenen 2,35 M. abgezogen zeigen ein Mehr von 0,69 M.

Das ist nun ein Riesenwuchs, wie er wohl wenig beobachtet worden sein dürfte.

Es wäre mir auch erwünscht gewesen, das Volum des Körpers bestimmen zu können. Allein das im Institute zu diesem Zwecke aufgestellte Wasserbecken ist nicht für so ganz ungewöhnliche Grössen gebaut und es blieb daher nichts übrig, als das Volum aus dem gewonnenen mittleren Volum für das betreffende Lebensalter (nach Dr. Hermann 69,4) zu Grunde zu legen und auf Th. Hasler zu berechnen. Es beziffert sich dasselbe darnach auf 159,1 Liter, d. i. um 89,7 L. mehr als die mittlere Norm.

Mehr als das Körpergewicht und die Körperlänge zu bestimmen war bei der bedeutenden Fäulniss wohl nicht möglich und musste schleunigst zur Sektion geschritten werden. Die noch rasch genommenen Maasse des oberen Armumfanges (46 Cm.), des oberen Theils des Oberschenkels (79 Cm.) und der Waden (50 Cm.) etc. sind ohne besonderen Werth.

Bei der Sektion ergab sich vor Allem, dass die Grössen der Lungen, des Herzens, der Leber, der Milz und der Nieren etc. ungefähr der Grösse des Körpers entsprachen und dass in keinem Organe eine krankhafte Veränderung wahrgenommen werden konnte. Soviel liess sich trotz der Fäulniss constatiren.

Da ich den Schädelbau genauer würdigen werde, so verspare ich mir auch das was über das Gehirn zu sagen ist auf diese spätern Zeilen. Ich bemerke nur, dass auch in diesem, nicht minder faulen Organe eine pathologische Strukturveränderung nicht zu sehen war.

Nach der Sektion wurden die irdischen Reste (Weichtheile) des Th. Hasler, immerhin noch über 100 K. betragend, in einem eigens vom Institute gekauften Platze auf dem Friedhofe rite begraben.

Das Skelet wurde in den neuen Macerations- und Entfettungsapparaten — nach dem Muster des Gratzer pathologischen Institutes — in staunenswerth kurzer Zeit und in weissester Farbe hergestellt und bildet es nun einen der Schätze der hiesigen pathologisch-anatomischen Sammlung.

Das Skelet imponirt nicht bloss durch seine Grösse. Eine genauere Untersuchung dürfte für die normale Anatomie so manchen interessanten Fund ergeben. So sind z. B. sämmtliche Epiphysen und nicht nur der Gelenkköpfe, sondern auch der stärkeren Muskelansätze, z. B. der Trochanteren (auch der trochanterartigen Exostose zum Ansatze der Musc. glutaei), noch scharf abgegrenzt.

Ich will mich indess nur auf die pathologischen Veränderungen beschränken.

Leider fiel die Aufstellung des Skeletes in die Ferienzeit und sind dadurch einige Fehler eingetreten.

Die Zwischenwirbelscheiben, die in der Maceration verloren gingen, wurden durch Leder ersetzt, allein die letzteren sind viel zu dünn, so dass die Höhe des Skeletes im Vergleiche mit der Körpergrösse, d. h. zusammen mit der Dicke der Kopfschwarte und der Fusssohle 10,5 Cm. eingebüsst hat.

Ich habe ein normales menschliches Skelet, welches ebenfalls 8 Cm. unter der Mittelgrösse ist, mit dem von Th. Hasler photographiren lassen, um den Contrast deutlich zu machen.

Im Uebrigen wäre, den Schädel ausser Acht gelassen, das Skelet ein vollkommen ebenmässiges zu nennen, wenn nicht der schon erwähnte Schenkelhalsbruch seinen Einfluss geäussert hätte.

Ich will die Abweichungen, welche durch ihn erzeugt wurden, angeben, weil es doch selten ist, derartiges im ganzen Skelete zu sehen.

Der unveränderte rechte Oberschenkelknochen misst nämlich vom höchsten Punkte des Schenkelkopfes bis zwischen die beiden Condylen 57 Cm. und von der Spitze des Trochanter major bis eben dahin 56 Cm., d. i. gegen einen normalen Oberschenkel um 15 Cm. mehr. Die Tibia misst 48 Cm., die Fibula 47,5 Cm.,

ein Unterschied von 8—9 Cm. mehr gegen die normalen gleich-
namigen Knochen. Vom Tibio-tarsal-Gelenke bis zum Boden berechne ich 9,5 Cm.

Dies macht für die ganze rechte Unterextremität 114,5 Cm.

Dagegen ist in Folge des Schenkelhalsbruches auf der linken
Seite die Länge vom höchsten Punkte des Schenkelkopfes bis zwischen
die beiden Condylen nur 51 Cm. Die Länge vom Trochanter major
bis dahin ist die gleiche wie am rechten Femur.

Man ersieht daraus, dass der Schenkelhals anstatt einen
schiefen Winkel zum Schafte des Femur zu bilden, einen
rechten Winkel darstellt, also horizontal verläuft. Auch ist die
Linie vom Schenkelkopfe durch den Hals bis zum äusseren Rande
des Femurknochens länger als rechts; er misst rechts 12,5 Cm.,
links aber 15 Cm.

Die linke Fibula, durch die geheilte Fraktur im oberen Dritt-
theile nur stark verdickt, gibt, da die Tibia unversehrt blieb, zu
weiteren Anomalien keinen Anlass.

Die Folge dieser veränderten Form des Schenkelhalses ist eine
stärker schief nach einwärts verlaufende Richtung des linken Femur
und eine Verkürzung der linken Unterextremität.

Mit letzterem Umstand besonders stellte sich nothwendig das
Becken schief, die linke Hälfte tiefer, als die rechte und zwar um
5 Cm. Dieses Verhältniss ist leider am aufgestellten Skelete nicht
ausgedrückt, sondern das Becken ist unrichtiger Weise horizontal
gehalten, somit erreicht der linke Fuss den Boden nicht, er steht
auf einem eigens untergeschobenen Brettchen.

Die durch den stark nach einwärts gerichteten Femurknochen
entstandene Lücke am linken inneren Condylus wurde durch eine
bedeutend stärker entwickelte Condylusepiphyse ausgeglichen. Sie
beträgt rechts 5 Cm., links aber 6 Cm. *)

---

*) Die Sohlenlänge vom Fersenbeine bis zur Spitze der grossen Zehe gibt am
inneren Fussrande gemessen 30 Cm., bis zur Spitze der kleinen Zehe am äusseren
Fussrande 24,5 Cm.

Die grosse Zehe misst in toto 15 Cm., im Mittelfusse 8 Cm., in der I. Phalanx 4 Cm., in der II. 3 Cm.

Die kleine Zehe misst ganz 14 cm., im Mittelfuss 9 cm., in der I. Phalanx
3 cm., in der II. 2 Cm.

Die zweite Zehe misst ganz 15,5 Cm. im Mittelfuss, 9,5 Cm. in der I. Phalanx 3,5 Cm., in der II. 1,0 Cm.. in der III. 1,5 Cm.

Das Becken ist durch die Schiefstellung nur wenig verändert. Das linke Darmbein ist etwas flacher, das rechte steiler und gewölbter. Alle Maasse, von denen ich nur die wichtigsten gebe, sind grösser als gewöhnlich. Von einer Spina ant. sup. zur anderen sind 35 Cm. Der Querdurchmesser des Beckeneingangs beträgt 17 Cm., der gerade Durchmesser 12 Cm. Vom Darmbeinkamme zum Sitzbeinhöcker sind 27 Cm. Beide Sitzbeine sind 12 Cm. von einander entfernt.

Am meisten durch den Schenkelhalsbruch, zunächst durch die Schiefstellung des Beckens, war die Wirbelsäule beeinträchtigt, ein Umstand, der am künstlich aufgestellten Skelete ebenfalls nicht ausgeprägt ist.

Sie war nothwendig eine Skoliokyphosis.

Betrachtet man die Wirbelkörper näher, so findet man durch Vergleiche der Höhe derselben vorn und seitlich am 6.—10. Brustwirbel, dass sie sämmtlich rechts niedriger sind als links und musste sofort die Säule nach links skoliotisch ausgebogen gewesen sein zugleich mit entsprechender Rotation der Wirbelkörper nach links.

Ferner sind der 6.—8. Brustwirbelkörper zugleich vorn niedriger als seitlich und rückwärts, was die kyphotische Ausbiegung der Säule deutlich anzeigt.

Der 6. Brustwirbel erscheint vorn stark angenagt, so dass die Krümmung nach rückwärts hier am stärksten gewesen sein musste. Ob die Ursache von dieser cariesähnlichen Aufzehrung auch eine Fraktur war, zur Zeit des Schenkelhalsbruches entstanden, lässt sich schwer sagen. Dafür spricht, dass eine einfache Curve nicht gegeben ist, sondern Defekt und nebenan Osteophytbildung, was wenigstens als entzündliche Reaktion gelten müsste. Ist aber Fraktur anzuschuldigen, so wäre diess für die vorliegende Knochenbildung überhaupt von Bedeutung, indem Riesenwachsthum und übermässige Brüchigkeit als miteinandergehend angenommen werden müsste *).

*) Die genaueren Maasse sind:
  6ter   Brustwirbel vorn 0,5 Cm., seitlich hinten 2,25 Cm.
  7ter u. 8ter   »   » 1,5 »   2,5   »
  9ter » 10ter   »   » rechts 2,5 Cm., links 2 Cm.
  Die Brustwirbel 1—5 haben rings 2,5 Cm.
  Der 11te rings 2,5 Cm.
  » 12te » 3 »
  Die Höhe der 2 ersten Lendenwirbel beträgt 3 Cm.
  »   » des 3ten   »   » 3,5 »
  »   »   » 4ten u. 5ten   »   » 4   »

Am merkwürdigsten ist der **Schädel**. Er macht durch seine colossalen Formen in der That einen erschreckenden Eindruck. Während das ganze übrige Skelet nur gigantisch, aber im Ebenmaass erscheint, das nur durch den Schenkelhalsbruch gestört ist, ist der Schädel durch massive, klumpige Hyperostosen namentlich linkerseits missgestaltet.

Die Hyperostosen treten an folgenden Knochen besonders hervor:

Am **Unterkiefer** (Tab. IV u. V). Er ist nach allen Richtungen voluminöser geworden und höchst unregelmässig gestaltet. Seine Höhe misst vorn in der Kinnmitte 12 Cm., seine Dicke von vorn nach rückwärts 9 Cm.; links ist er etwas dicker als rechts. Vom Gelenkfortsatze bis zur Kinnspitze sind 21 Cm., von einem Unterkieferwinkel zum anderen 31,5 Cm.

Ein Alveolarfortsatz ist nicht zu unterscheiden; doch stecken in der Knochenmasse noch 2 mittlere Sehneidezähne und der 3. rechte etwas cariöse Schneidezahn; weiter nach rückwärts und tiefer gelagert liegt, erst im Durchbrechen begriffen, ein Eckzahn. Er ist durch die umgebende Knochenmasse verschoben, sieht seiner Vorderseite nach rückwärts und steht 2 Cm. hinter dem linken mittleren Schneidezahn. Am Kinne sind durch die Maceration grosse Aushöhlungen entstanden. Dieselben waren mit noch nicht verknöcherter, fibröser Masse (ohne Knorpelzellen) ausgefüllt.

Nächst dem Unterkiefer ist der **Oberkiefer** (Tab. IV) sehr hyperostotisch. Seine Dicke von vorn nach rückwärts gemessen beträgt 5 Cm., er ist im Gegensatze zum Unterkiefer rechts und hinten etwas dicker als links. Der Unterkiefer steht dem Oberkiefer ein gutes Stück vor. Von der Nasenwurzel bis zum verwischten Alveolarfortsatze sind 10 Cm.

Die Zähne sind bis auf den rechten Eckzahn und ersten Mahlzahn ausgefallen.

Die längste 7te knöcherne Rippe misst 40 Cm.
Ein Schlüsselbein 19,5 Cm.
Der hintere Rand des Schulterblattes beträgt 19 Cm.
Dessen obere Breite 13.5 Cm.
Der Oberarm = 40 Cm., der Vorderarm = 32 Cm. Von da bis zur Spitze des Mittelfingers = 25 Cm., dessen Mittelhandknochen = 7 Cm., dessen I. Phalanx = 5,5, dessen II. = 3,5, dessen III. = 2,5. Die Länge des Daumens = 13 Cm., des kleinen Fingers = 15 Cm.

Der Processus frontalis der linken Seite ist äusserst verdickt, sowie auch das Nasenbein, das Jochbein, Siebbein und Thränenbein. Somit ist der ganze Umkreis der linken Orbitalhöhle auf Kosten dieses Raumes verdickt, ihr Boden in die Höhe gehoben, die linke Nasenwand ebenfalls auf Kosten des Nasenhöhlenraums nach rechts gedrängt, die linkseitigen Nasenmuscheln abgeplattet, der Vomer nach rechts verschoben. Die Infra- und Supra-Orbitalspalten der linken Seite sind fast verschlossen. Nur der Thränenkanal ist weit, selbst über die gewöhnlichen Durchmesser. Das Schläfenbein, besonders gegen den Zitzenfortsatz, das Hinterhauptbein und das Scheitelbein der linken Seite nehmen gleichfalls an der Hyperostose bedeutenden Antheil und ihre Nähte sind untereinander verschmolzen. Das Schläfenbein hat auf der linken Seite 1,5 Cm. Dicke, rechts nur 1 Cm. Noch mehr verdickt ist das Stirnbein; seine Dicke misst auf der Sägeschnittfläche 6 Cm. (s. Tab. VI, b u. c). Es ist mit dem nicht minder massiven, grossen Keilbeinflügel und dieser mit dem Schläfenbeine verschmolzen.

Durch diese gewaltige Massenzunahme sind die Schädelnähte, soweit sie bestehen (und diess ist bei der Kron- und Pfeilnaht, zu einem Theile auch der rechten Hälfte der Lambdanaht, der Fall), verschoben; die linke Kronnaht ist nach vorn, die Pfeilnaht nach rechts gedrängt.

Sowohl auf der Aussenfläche des Stirnbeines, als beider Scheitelbeine sieht man — vorzugsweise den beiden Scheitelbeinhöckern und der mittleren Partie des Stirnbeins entsprechend — Inseln oberflächlicher Porosität.

Es lässt sich nach dem Angegebenen schon erwarten, dass der Schädelinnenraum durch die bedeutenden Verdickungen der Begrenzungen desselben sehr beeinträchtigt werden musste (Tab. VI). Und in der That, die Verkleinerung auf der linken Seite ist bedeutend!

Die linke hintere Schädelgrube ist in Folge der Knochenverdickung und Erhebung des Bodens seichter als die rechte. Der daselbst verlaufende Sinus transversus stellt eine schmale, wenig tiefe Rinne dar. Das Os basilare springt mit dicken Wülsten hervor, ebenso sind die Felsenbeine, besonders links, massiv und ragen kammartig in die Höhe.

Das linke Schläfen- und Scheitelbein ist hier 1,5 Cm., rechts

nur 1 Cm. dick. Die Rinnen der Art. mening. med. sind links
tiefer als rechts. Vom oberen Felsenbeinkamme bis zur inneren
Protuberanz des Hinterhauptbeines messe ich links nur 7 Cm., rechts
aber 9 Cm. Entfernung.

Die linke mittlere Schädelgrube hat noch mehr eingebüsst.
Durch die beträchtliche Volumzunahme des linken grossen Keilbeinflügels ist der Boden stark emporgehoben und durch die noch be-
trächtlichere Verdickung und geschwulstartige Erhebung des linken
kleinen Keilbeinflügels auch die Linie von vorn nach rückwärts.
Sie misst 7 Cm., rechts dagegen 9· Cm.

Die linke vordere Schädelgrube endlich fehlt ganz, sie ist in
der gewaltigen Knochenmasse, zu welcher das Stirnbein von der
Orbitadecke aus in Verbindung mit dem kleinen Keilbeinflügel der
linken Seite umgewandelt wurde, aufgegangen. Rechts ist diese
Grube verhältnissmässig nur wenig beeinträchtigt, doch drängt das
Stirnbein gegen die Mitte zu etwas herein und ragt die Crista galli
wie ein kirschgrosser Knopf vor.

Die Gesammtausdehnung des basalen Schädelraumes misst daher
links — abgesehen von der verminderten Tiefe — von vorn nach
rückwärts 14 Cm., während er rechts 18 Cm. beträgt. Der innere
Umfang dieses halben Schädelraumes misst links 15 Cm., rechts
aber 25 Cm.

Das Gehirn musste desshalb von vorn und links nach rückwärts und rechts gedrückt worden sein. Der Türkensattel weicht
durch diesen Druck stark nach rechts aus. In dieser skoliotischen
Verschiebung des Türkensattels nach rechts liegt auch der beste
Beweis dafür, dass nicht etwa die linke Hemisphäre primär atro-
phirte und die Verdickung der Schädelknochen raumersetzend
nachfolgte, denn in diesem Falle würde der Türkensattel eher nach
links verzogen worden sein.

Um eine plastische Anschauung und ein Maass vom Schädelraum, dadurch auch eine ungefähre Idee von der Figur des Gehirnes zu gewinnen, liess ich den Schädelraum mit knetbarer Masse
aus Wachs und Oel füllen. Der besprochene Druck auf das Gehirn
wird besonders gut damit verdeutlicht. Diese Wachsform diente
mir auch dazu, das Volum des Schädelraumes zu bestimmen.
Ich erhielt 1300.

Wenn ich nun von dem Gehirngewichte des Th. Hasler nichts
wüsste und auf Grund des gewonnenen Schädelraummaasses allein mir

das Volum und das absolute Gewicht des Gehirnes construiren wollte, so ergäbe sich nach den v. Bischoff'schen Tabellen ein Hirnvolum von 1080 und ein Gehirngewicht von 1130. Mit anderen Worten, der Riese Th. H. hätte ein Gehirn gehabt, welches einem der kleinsten weiblichen Gehirne entspräche. Das wäre gegenüber dem mittleren Gewichte des Gehirnes zum Körpergewichte von 1 : 46,78 (nach Tiedemann und Huschke) ein Verhältniss von 1 : 137,0! oder fast 3 mal so viel.

Ich habe jedoch, wenn auch das faule Gehirn leider nicht zum Aufbewahren geeignet war, das Gewicht desselben genommen und dieses ergab 1465 Gramm. Das ist immerhin ein Verhältniss zum Körpergewicht wie 1 : 106 oder anders ausgedrückt, das Gehirn des Th. Hasler war, wenn man sich das Verhältniss in allen Menschen als ein völlig bestimmtes denken wollte *), mehr als noch einmal zu klein!

Das bezeichnete Gewicht entspricht nun einem Schädelinnenraum von 1650 und einem Gehirnvolum von 1400. Da ich aber 350 weniger Schädelinnenraum erhalten habe, nämlich 1300, was sagen würde, dass das Gehirnvolum um 100 cc grösser gewesen sein musste, als der Schädelraum, so liegt in diesem Verhältniss klar zu Tage, dass das Gehirn beträchtlich comprimirt worden war. Das aus dem absoluten Gewichte berechnete Gehirnvolum beträgt 1400, das aber aus dem Schädelraum berechnete ergibt nur 1080, d. h. das Gehirn war auf einen 320 cc kleineren Raum zusammengedrückt.

Diese Grösse der bezeichneten allmäligen, langsam zunehmenden Compression dürfte wohl als das Maximum der Möglichkeit für die Existenz des Lebens angesehen werden. Freilich existiren darüber keine experimentellen Beweise; allein wie sollen dieselben beigeschafft werden, wenn man nicht derartige Fälle für competent erklärt? Es ist begreiflich, dass vorerst das Cerebrospinalwasser, dann die Blutflüssigkeit aus dem Schädelraum und gegen die Rückgratshöhle verdrängt worden sein musste, ehe die Substanz des Gehirnes selbst verdichtet oder durch Resorption an Masse vermindert wurde; allein diess kann doch nur bis zu einem gewissen

---

*) Diess ist jedoch bekanntlich nicht der Fall, indem das Gehirn in den gewöhnlichen Gewichtsziffern schwankt, wenn auch einmal die Beine zu kurz, ein anderes Mal viel zu lang gewachsen wären etc. Ich gebe obige Berechnung mehr desswegen, um den Contrast deutlicher hervortreten zu lassen.

Grade geschehen, da auch die Aufnahmsfähigkeit der Rückgratshöhle keine unbeschränkte ist und soviel Blut noch in den Gehirn-
gefässen circuliren muss, als die Funktion zu unterhalten nöthig ist.
Trotzdem könnte man behaupten, dass einestheils die Grenze
schon in einer etwas mässigeren Compression gelegen sein konnte und
anderntheils bei ruhigem Verhalten des Lebens die genannte Grenze
noch hätte überschritten werden können. Ein unbedeutendes Ereigniss aber, die leichteste Congestion, das leichteste Anschwellen der
Gehirnsubstanz müsste von lebensgefährlichen Störungen der Inner-
vation begleitet werden.

So kann man sich vorstellen, wie etwa ein Catarrh, sei es in
der Nasen- oder Bronchial- oder Digestionsschleimhaut, Fieber, Con-
vulsionen und Tod hervorrufen konnten.

Da in allen übrigen Organen des Körpers keine pathologisch-
anatomische Veränderung nachzuweisen war, so bleibt wenigstens
nichts anderes übrig, als den Tod überhaupt und den raschen Eintritt desselben auf die genannte Weise zu erklären. Thomas
Hasler starb an Einengung des Schädelraumes.

Wie nun aber die riesige Skeletentwicklung zu erklären ist,
darüber kann man sich wohl Ideen machen, aber eine wissenschaftliche Begründung liesse sich wohl nicht durchführen. Es ist wahr,
nach dem Hufschlage entwickelte sich nicht nur die Hyperostose
der Gesichts- und Schädelknochen, sondern auch das Gesammt-
riesenwachsthum. Es liesse sich die erstere aus der Irritation durch
das Trauma wohl erklären, aber wie die Ausbildung des gigantischen
Skeletes? wie mit Ausnahme des Gehirnes die der übrigen Organe
in entsprechender Grösse?

Man kann annehmen, dass die Tendenz zum Riesenwachsthum
in Thomas Hasler schon lag; dasselbe gab sich kund in einer Zeit,
wo überhaupt der Körper rascher zu wachsen beginnt und trifft
diese auch zusammen mit dem Ereigniss des Hufschlages. Man
kann aber nicht abläugnen, dass das Trauma allein die Schuld trug
und weit über die Oertlichkeit der unmittelbaren Wirkung hinaus
von Einfluss war, d. h. die ganze Skeletbildung zu einem erhöhten
Wachsthum anreizte. Auf welche Weise? auf diese Frage einzugehen, wäre nur nach vorerstiger Lösung vieler Vorfragen möglich.

C. Transposition sämmtlicher Eingeweide, Stenose des Conus arteriosus pulmonalis, Defekt des Septum ventriculorum, Verlauf der Aorta links an der Wirbelsäule.

(Mit 3 lithogr. Tafeln.)

Die hiesige pathologisch-anatomische Sammlung besitzt gegenwärtig drei Fälle von Situs viscerum mutatus. Von diesen sind zwei aus früherer Zeit:

1. Ein neugeborenes Mädchen, welches mit einer Hasenscharte versehen ist und die gewöhnlichen Verhältnisse der seitlichen Umkehrung darbietet, nämlich Rechtslagerung des Herzens mit entsprechendem Verlaufe der grossen Gefässe, seitlich vertauschter Lagerung der Lungen und der Trachea, des Oesophagus und des Magens, der Leber und der Milz, des Cöcum und des Mastdarms etc.

2. Die von mir am 24/6. 69 secirte weibliche Leiche von 42 Jahren. Die Krankheit, welche den Tod herbeiführte, war Granularschwund der Nieren, in dessen Gefolge allgemeiner Hydrops und Capillarapoplexien in der vorderen Commissur des Gehirnes auftraten.

Während des Lebens war der Zustand nicht mit Sicherheit bestimmt worden, weil linkseitiger Hydrothorax vorhanden war. Die Rechtslage des Herzens, sowie die linkerseits bis an den unteren Rippenrand reichende perkutorische Dämpfung wurde, so viel ich erfuhr, mehr von dem genannten Exsudate abgeleitet, als einer angeborenen Lageveränderung zugeschrieben.

Auch dieser Fall trägt die gewöhnlichen, auf sämmtliche asymmetrischen Organe sich beziehenden Erscheinungen an sich, so dass er einer näheren Beschreibung nicht bedarf.

Zu erwähnen wäre nur noch: die bedeutende excentrische Hypertrophie beider Herzventrikel, besonders aber des Pulmonalventrikels, die Compression der linken dreilappigen Lunge durch das hydropische Exsudat, die linksgelagerte Muskatnussleber, die rechtsgelagerte indurirte Milz.

Die bildliche Aufnahme des Präparates findet sich in dem topographisch-anatomischen Atlas meines Collegen Professor Dr. Rüdinger.

3. Diese beiden Fälle haben sich jüngst um einen interessanten dritten vermehrt, nämlich um die Eingeweide der 13jährigen Magdalena Eilles, die ich während ihres Lebens selbst zu untersuchen Gelegenheit hatte und die im Sommer 1876 Gegenstand genauerer klinischer Beobachtung auf der Krankenabtheilung Director v. Ziemssen's wurde.

Obwohl mir durch die Dissertation des Dr. Burgl die damals erhobenen Verhältnisse gedruckt vorliegen, so umgehe ich dieselben dennoch, da ich vernahm, dass sie in dem eben im Druck befindlichen Jahresberichte unserer klinischen Anstalten veröffentlicht werden sollen und kann ich desshalb dorthin verweisen. Seit jene Dissertation geschrieben wurde, ist die Kranke gestorben und ich kann nun die klinischen Annahmen (Situs viscerum mutatus, Stenose der Pulmonalarterie) der Hauptsache nach bestätigen.

Leider konnte die ganze Leiche nicht acquirirt werden und so veranlasste ich wenigstens die Herausnahme der Eingeweide der Brust und des Unterleibes im Zusammenhange.

Auffallend waren an der Leiche die sichtbaren Zeichen ungewöhnlicher venöser Blutfülle, die stark cyanotische Färbung fast der gesammten äusseren Haut, waren die Trommelschlägelfinger, der allgemeine Hydrops, insbesondere der unteren Extremitäten, die tief blaurothe Färbung und venöse Blutüberfüllung in allen inneren Organen, der blutige Inhalt im Darmkanal.

Da sich in diesem Falle ausser den gewöhnlichen Verhältnissen des seitlichen Lageumtausches noch andere interessante Verhältnisse auffanden, die sich besonders auf Herz und Gefässsystem beziehen, so wird sich meine kurze Erörterung vorzugsweise mit diesen beschäftigen.

Aeussere Besichtigung:

Das Herz ist mit seiner Längsaxe nach rechts gewandt und liegt die Spitze in der Höhe des sechsten rechten Intercostalraumes zwischen Mammar- und Axillarlinie. Es ist im Allgemeinen für das Alter und die Körperlänge vergrössert.

Betrachtet man die Vorderseite desselben, so erkennt man links den Pulmonalventrikel und den Hohlvenensack *), dessen Ohr nach vorn und oben gerichtet ist, ferner die in denselben einmündenden, an der linken Seite verlaufenden Hohlvenen. Die obere erscheint verdünnt, sie ist durch das Liegen im Weingeiste zusammengezogen. Vom Aortenventrikel sieht man rechts nur einen sehr kleinen Abschnitt. Somit gehört die Vorderseite des Herzens grösstentheils dem Pulmonalventrikel zu, an welchem eine längslaufende, in die Aorta sich fortsetzende Schnittlinie schon angibt, dass die Aorta aus ihm entspringt.

Die Aorta wendet sich jedoch nicht, wie es bei Dextrocardie gewöhnlich der Fall ist, links nach aufwärts und mit ihrem Bogen nach rechts, um an der rechten Seite der Wirbelsäule nach abwärts zu verlaufen, sondern sie liegt vielmehr wie bei gewöhnlicher Lagerung des Herzens, steigt, aus dem linksliegenden Pulmonalventrikel entsprungen, erst gerade nach aufwärts, begiebt sich unter Abgabe vorerst der Arteria anonyma, sodann der linken Carotis und Subclavia, in einem kurzen Bogen direkt nach links seitlich neben die Trachea und von da an der linken Seite der Wirbelsäule nach abwärts. Die Art. anonyma muss sich, da ihr Ursprung eigentlich links liegt, schief über die Traehea nach rechts strecken.

Die Bronchialarterien sind auf ihr doppeltes Kaliber erweitert.

Die untere Hohlvene liegt wie die obere links neben der Aorta. Entsprechend verläuft die Vena azygos und hemiazygos,

---

*) Um die leicht möglichen Verwechslungen bei der Bezeichnung »links und rechts« an den einzelnen Herzabschnitten zu vermeiden, will ich die Benennungen: Hohlvenensack und Pulmonalventrikel anstatt rechten Vorhof und Ventrikel, Lungenvenensack und Aortenventrikel anstatt linken Vorhof und Ventrikel gebrauchen.

der Rest der Nabelvene und des Ductus venosus Arantii; die Vena
spermatica dextra mündet in die gut verlängerte rechte Nierenvene,
die sinistra in die Cava inferior. Um die Rückseite des Herzens
zu sehen, wurde es nach der linken Seite gedreht.

Man erkennt sofort den Lungenvenensack mit dem Aortenventrikel und die Pulmonalarterie.

Zwei Schnittlinien zeigen die Höhlenverbindungen an. Die eine
führt vom Lungenvenensack in den Aortenventrikel, die andere aus
der Pulmonalarterie in den Conus arteriosus pulmonalis.

Nun wird auch die Stellung der Pulmonalarterie zur Aorta und
die der beiden Ventrikel zu einander klar:

Der Aortenventrikel liegt — das Herz wieder in die natürliche
Lage nach rechts gebracht — nach rückwärts und rechts, der
Pulmonalventrikel dagegen nach vorn und links, demgemäss die
Pulmonalarterie etwas nach rechts und hinter der Aorta und fast
ganz gedeckt von dieser.

Die Stellung ist somit anders, als in den gewöhnlichen Fällen
der Dextrocardie, bei welcher die Pulmonalarterie vor der Aorta
gelagert ist.

Innere Besichtigung:

Betrachtet man die gemäss der 3 angegebenen Schnittlinien
geöffneten Höhlen, so erkennt man folgende bemerkenswerthe Verhältnisse:

Der Aortenventrikel, der von rückwärts geöffnet ist, zeigt
die geringste Abweichung. Seine Länge vom Eingange in die
Sinus Valsalvae der Aorta bis zur Innenwand der Spitze misst
8,5 Cm. Seine Wanddicke beträgt nur 1 Cm. Sein Ostium venosum und die Valvula bicuspidalis sind ohne Abnormität. Der in
der Schnittlinie liegende Zipfel wurde mit durchschnitten. Die
Ventrikel-Höhle ist verhältnissmässig eng, noch mehr aber der
Conus arteriosus aorticus, der von rückwärts und rechts gegen
das Septum ventriculorum plattgedrückt ist.

An dieser Stelle der Herzbasis ist auch das Septum ventriculorum nicht geschlossen, seine Muskeldicke nimmt gegen den
Rand der dadurch entstandenen Communikationsöffnung beider Ventrikel mehr und mehr ab. Die Lücke im Septum ist für einen
Mannesfinger durchgängig.

Diese Verhältnisse sieht man jedoch besser vom Pulmonalventrikel aus. Die Communikationslücke beginnt an der vorderen

Wand des Ventrikels und erscheint wie eine schiefe, über 2 Cm.
lange, gegen die Aorta angedrückte Spalte.

Der nach vorn und links stehende Zipfel der Valvula tricuspidalis ist dem grössten Theile nach am Rande der Septum-
lücke, der für sie papillarmuskelartig gewulstet ist, inserirt, zu einem
kleineren Theile an der äusseren Ventrikelwand; der nach vorn und
rechts stehende schmälere theilweise noch an diesem Rande; er besitzt 2 starke Muskelsäulen, während die Sehnen des ersteren von
weit schwächeren ausstrahlen. Die Sehnen des nach hinten gelegenen Zipfels sitzen zum grössten Theile quer gespannt am
Septum fest.

Der Pulmonalventrikel hat eine Länge von 8,0 Cm. (und
zwar gemessen sowohl von dem Eingange der Sinus Valsalvae der
Aorta als der Pulmonalarterie bis zur Innenfläche der Herzspitze);
er ist also um 0,5 Cm. niedriger als der Aortenventrikel, dagegen
ist sein Höhlenraum absolut weiter. Seine Muskelwand misst 1,8 Cm.
Dicke. Er ist somit excentrisch hypertrophirt.

Gegen die Vorderwand seiner Höhle zu sicht man in eine oval
begrenzte Bucht, deren Raum nach auf- und rückwärts gerichtet
ist und sich dabei trichterförmig verengt. Zwischen dem oberen
Ende des Ovals des Einganges in die Bucht und den zwei dar-
überliegenden Semilunarklappen der Aorta findet man das unver-
sehrte Septum membranaceum.

Die Länge oder Höhe des Ovals misst fast 2,5 Cm.; an ihrem
verjüngten Theile endigt es in einem Ring, der kaum 0,4 Mm.
Durchmesser besitzt. Eine Sonde durch diese verengte Stelle hin-
durchgeführt, kömmt in der Pulmonalarterie wieder zum Vorscheine.
Ehe sie aber die Klappen der letzteren erreicht, durchsetzt sie noch
eine taschenförmige, mit nach vorn sehr dünner muskulöser
Wand versehene Erweiterung, deren Umfang nur 3 Cm. misst.
Sie liegt eigentlich ganz in der vorderen Muskelwand des Herzens.

Die verengte Stelle ist vom Eingange in die Sinus Valsalvae
der Pulmonalarterie-Klappen 1,6 Cm. entfernt; damit ist die Höhe
des taschenförmigen Abschnittes (gleichsam eines dritten, sehr kleinen
Ventrikels) bezeichnet.

An der Innenwand derselben gewahrt man vom Ostium arteriosum an ein geglättetes Endocard, sodann aber schmale endocar-
diale Verdickungen und kleine von Stelle zu Stelle gespannte fibröse
Fädchen, die sich von der ringförmigen Verengerung fort- und

nach aufwärts festsetzen. Die Verengerung selbst ist fibrös, schwielig hart.

Es ist kein Zweifel, dass die Bucht im Pulmonalventrikel und der taschenförmige Abschnitt zusammengehören, nur durch die ringförmige Einschnürung von einander getrennt sind, dass man es mit einer Stenose des Conus arteriosus pulmonalis zu thun hat. So stellt der Pulmonalventrikel, wenn man die beiden Höhlen, den oberen taschenförmigen Theil des Conus einerseits und den unteren Theil desselben mit dem weiten Sinus ventriculi andrerseits, sich in einem beide eröffnenden Flächenschnitte von der Basis zur Spitze denkt, eine Figur ungefähr wie die zwei Hälften eines Achters dar, wovon die obere Hälfte nur zu klein, die untere zu gross ausgefallen ist. Zwischen beiden liegt die Stenose.

Die Pulmonalarterie besitzt nur 2 Klappen, eine nach vorn und rechts mit der Mitte ihres Insertionsbogens an die Aorta stossende und eine nach hinten und links entgegengesetzt stehende; die erstere ist um ein gutes Stück grösser als die letztere, entspricht zweien. Die Wand der Pulmonalarterie ist dünn, schlaff, mehr einer Venenwand ähnlich, hat einen Umfang von 5 Cm. Der Stamm theilt sich alsbald in die 2 Lungenäste. Da aber die Aorta vor der Pulmonalarterie liegt und keinen quer vor der Trachea, sondern links seitlich verlaufenden Bogen beschreibt, so haben diese Aeste, um zu den Lungen zu gelangen, nicht nöthig unter dem Arcus Aortae durchzutreten, sondern der rechte Ast gelangt direkt gegen die Wurzel der rechten Lunge, während der linke vor und mit dem linken Bronchus, allerdings nun unter dem Aortabogen, in den Hilus der linken Lunge eintritt.

Oberhalb der Theilungsstelle sieht man ein Gefässchen abgehen, an der Mündung beiläufig vom Kaliber einer Intercostalarterie. Dasselbe verjüngt sich jedoch rasch und verliert sich im mediastinalen Bindegewebe. Trotz dieses eigenthümlichen Verhaltens und trotzdem, dass an der Aorta nirgends die Spur eines Anhaltpunktes dafür gegeben ist, kann dieses Gefässchen nur als der Rest des Ductus arteriosus Botalli angesehen werden, der durch Obliteration und Obsolescenz von der Aorta her zur Resorption gelangte und in einem zugespitzten Stumpfe, peripher obliterirt, gegen die Pulmonalarterie aber offen, an der letzteren als blinder Anhang verblieben ist.

Die Aorta besitzt 3 gleichgrosse Semilunarklappen; aus den

Taschen der 2 nach rückwärts links und rechts an die Pulmonalarterie anstossenden entspringen die Coronararterien. Die entgegengesetzte liegt nach vorn und links. Unter der letzten beginnt der Septumdefekt und setzt sich bis gegen das Septum membranaceum fort. An den eröffneten Venensäcken ist nichts Besonderes hervorzuheben. Keiner von ihnen ist erweitert oder verengert zu nennen; der Hohlvenensack ist nur weiter als der Lungenvenensack.

Vom Hohlvenensack aus sieht man die geschlossene Scheidewand der Vorhöfe, die Fossa ovalis mit der Klappe des Foramen ovale. Die Klappe ist halbmondförmig und lässt nach vorn noch ⅓ des Foramen ovale offen.

Die Valvula Eustachii und Thebesii sind in gewöhnlicher Weise vorhanden.

Die Ebene des Ostium venosum des Aortenventrikels liegt mehr in der Ebene des Querschnittes der Herzbasis; die Ebene des Ostium venosum des Pulmonalventrikels aber steht senkrecht. —

Soweit das Nöthige über den anatomischen Befund an Herz und Gefässen. An den übrigen Organen zeigen sich die gewöhnlichen Verhältnisse des Situs mutatus: Die rechte Lunge ist zwei-, die linke dreilappig. Ihnen entsprechend verhalten sich Trachea und Bronchien. Die Leber liegt links, die Milz rechts; der Oesophagus geht rechts von der Aorta durch das Zwerchfell; der Magenpförtner, das Duodenum liegen links; das Cöcum links, das S Romanum und der Mastdarm rechts.

Die erste Frage, welche sich nach der gegebenen Beschreibung aufdrängt, ist, auf welche Weise der Blutlauf von Statten ging.

Die Antwort darauf ist nicht schwierig. Das von beiden Hohlvenen im betreffenden Vorhof gesammelte Blut strömte in den Pulmonalventrikel und von diesem grösstentheils in die Aorta. Denn vermöge des stenosirten Conus arteriosus pulmonalis konnte nur ein kleiner Bruchtheil der vorhandenen Blutsäule in die Pulmonalarterie und in die Lungen getrieben werden. Die letzteren wurden mehr durch die erweiterten Bronchialarterien mit Blut versorgt.

Von den Lungen ging das Blut zurück in die Lungenvenen und in den Aortenventrikel, von welchem aus es ebenfalls in die Aorta gelangte.

Die Aorta führte also eine Mischung von arteriellem Blute aus den Lungen und von venösem aus dem grossen Kreislaufe; die

Lunge erhielt venöses Blut aus dem grossen Kreislaufe und gemischtes aus den Bronchialarterien.

In dem Gesagten findet nicht nur die chemische Seite der Cyanose ihre Erklärung, sondern auch die an der Kranken beobachtete Schwerathmigkeit; denn offenbar gelangte nicht bloss zu wenig Blut behufs der Oxydation in die Lungen, sondern auch mit einem viel zu geringen Drucke, dessen Kraft sich vorzugsweise am stenosirten Conus arteriosus pulmonalis brach und auch nicht erhöht werden konnte durch den Strom in den Bronchialarterien. Die Pulmonalarterie und der ihr zunächst liegende Theil des Conus wurden mehr und mehr vom Strom umgangen, blieben dünnwandig und verengten sich.

Die fibröse, constringirende Beschaffenheit der Stenose spricht dafür, dass dieselbe während des 13jährigen Lebens fortwährend zugenommen und dadurch auch Athemnoth und Cyanose sich gesteigert haben müssen. Als Beweis dafür kann angeführt werden, dass die genannten Erscheinungen erst vom 6ten Lebensjahre an deutlich und auffallender wurden.

Der linke Ventrikel blieb kleiner und schmächtiger, weil das aus den Lungen in ihn zurückkehrende Blut offenbar weniger war, als das aus dem grossen Kreislaufe in den Pulmonalventrikel einfliessende.

Die ungleiche Blutvertheilung erklärt hinreichend die ungleiche Weite und Muskelstärke der beiden Ventrikel.

Die Uebermenge des Blutes und die erhöhte Spannung im grossen Kreislaufe gibt auch Aufschluss über die Entstehung des Hydrops, der Hirnsymptome, der Darmblutungen, des endlichen Todes.

Wenn ich mich nun nach den Bedingungen umsehe, durch welche die erwähnten anatomischen Veränderungen hervorgerufen wurden, so frägt sich zunächst, wann kamen dieselben zu Stande?

Wir finden in dieser Beziehung einestheils Kennzeichen entzündlicher Vorgänge (die ringförmige Constriction im Conus arteriosus pulmonalis, ferner die Verdickungen und abnormen Fäden des Endocards daselbst) und andrentheils unzweifelhafte Entwicklungsfehler (ein offnes Septum ventriculorum, den Ursprung der Aorta aus beiden Ventrikeln, zwei Semilunarklappen der Pulmonalarterie).

Was das zeitliche Verhältniss beider zu einander anlangt, so dürfte es Niemanden beifallen, sämmtliche genannte Bildungsfehler von der Endocarditis abzuleiten, z. B. letztere schon vor der Zeit anzunehmen, als sich die Semilunaren der Pulmonalarterie entwickeln. In Bezug auf das offen gebliebene Septum ventriculorum sind aber die Meinungen getheilt und lautet bekanntlich das gewöhnliche Urtheil so, dass die Stenose des Conus arteriosus pulmonalis oder der Pulmonalarterie rückwärts einen erhöhten Blutdruck im Pulmonalventrikel erzeuge und dieser erhöhte Druck bedinge nicht nur excentrische Hypertrophie des Ventrikels, sondern verhindere auch den Schluss des Septum ventriculorum, ja verändere damit auch die Stellung der grossen Gefässe.

Eine solche Erwägung wäre jedoch erst von dem Momente nach der Geburt an zulässig, wo der Lungenkreislauf zur Respiration eintritt, aber nicht im fötalen Leben und müsste man noch dazu behaupten, dass die Endocarditis schon bis zu dem Ende einer Stenosirung im Gebiete des Pulmonalherzens vorgeschritten sein musste, als das Septum ventriculorum sich entwickelte, was wirklich zu den Undenkbarkeiten gehört.

Rokitansky führt eine ganze Reihe von Gründen in seinem klassischen Werke „Die Defekte der Scheidewände des Herzens 1875" gegen eine solche Annahme vor, unter denen besonders zwei schlagend sind: „es gebe Septumdefekte ohne Stenose und Stenosen ohne Septumdefekte"; „die Weite der Aorta lässt gar keine Stauung zu".

Der Grund der Bildungsfehler liegt also nicht in einem vorausgegangenen entzündlichen Vorgange im Conus arteriosus pulmonalis, sondern vielmehr, wie Rokitansky gelehrt hat und kann ich nicht anders als ihm unbedingt beistimmen, in einer abnormen Stellung der beiden grossen Gefässstämme zu einander und des Septum membranaceum.

Um darüber bezüglich des vorliegenden Falles ins Klare zu kommen, ist es gut, sich das rechtsgelagerte Herz für einen Augenblick als linksgelagert zu denken.

In diesem Falle liegt die Aorta vorn und rechts, die Pulmonalis hinten und links und entspricht diese Lagerung dem Nr. 4 des Rokitansky'schen Schema's (l. c. p. 85). Oder mit anderen Worten: die Aorta hat (wie dort) eine Rechtslagerung und zwar unter Beeinträchtigung des Lumens der Pulmonalarterie eingegangen, entspringt demgemäss zum grössten Theile aus dem Pulmonalventrikel und bringt dadurch den Conus arteriosus pulmonalis zur Verkümmerung. Die hintere Aortaklappe wird nach vorn und rechts, die rechte Klappe nach vorn und links rotirt. Das Septum membranaceum umfasst die Lungenarterie, beginnt entsprechend der rechten (vorn und links gelagerten) Aortaklappe und setzt sich nach rückwärts fort. Der Defekt im Septum ventriculorum liegt vor ihm, d. h. im hinteren Theile des vorderen Septums.

Dass die Lungenarterie nur 2 Klappen besitzt, bezeugt, dass schon die Theilung des Truncus arteriosus communis anomal war und dass sie dabei kleineren Kalibers angelegt wurde, als die Aorta.

Man darf diese Schilderung nur auf Dextrocardie anwenden, um genau das Herz zu erhalten, wie im vorliegenden Falle. Ich kann mir diese Uebertragung und Wiederholung wohl erlassen.

Diese Verhältnisse sind nun sämmtlich entwicklungsgeschichtliche. Auch der mangelhafte Ductus art. Botalli unterstützt obige Anschauung. Denn die anomale Theilung des Truncus arteriosus communis muss zurückgeführt werden auf eine mangelhafte Entwicklung desjenigen Kiemenbogens, aus welchem der Ductus Botalli hervorgeht.

Die endocarditischen Veränderungen im Pulmonalventrikel sind daher sicher späteren, vielleicht grösstentheils erst postfötalen Datums. Sie sind analog jenen endarteritischen Processen aufzufassen, welche sich bei Arterien einstellen, die vom Blutstrome mehr und mehr verlassen, sich zur Obliteration anschicken.

Die einzige collaterale Erscheinung durch erhöhten Blutdruck zeigen die erweiterten Bronchialarterien behufs der respiratorischen Versorgung der Lungen mit Blut und diese begann offenbar auch erst postfötal.

Bei unserem Falle währte das Leben 13 Jahre. Nach Rokitansky's Zusammenstellung von 24 Individuen mit Defekt des Septum ventriculorum lebten nur 5 über 13 Jahre, die meisten starben bald nach der Geburt.

Das bis jetzt Auseinandergesetzte berührt noch in keiner Weise die Dextrocardie. Denn sie steht ausser allem Zusammenhange mit den beschriebenen Bildungsfehlern und der Endocarditis, sie ist weder aus ihnen erklärbar, noch enthält sie irgend einen Erklärungsgrund für jene.

Unsre Dextrocardie ist insofern ein Unicum, als die Aorta, trotz der abnormen Lagerung des Herzens, an der linken Seite· der Wirbelsäule verläuft.

Es kann keinen kräftigeren Beweis dafür geben, dass v o n d e r Lage der Aorta und der Arterien weder die richtige, noch die transponirte Lage der Eingeweide abhängig s ei. Aus diesem Grunde schon kann Rindfleisch's Theorie des Situs viscerum mutatus, nach welcher die Drehung und Stellung des Herzens sowohl für die Rechts- als Linkslage desselben von dem spiralen Ausflusse aus elastischen Röhren abgeleitet wird (Centralblatt 1864, p. 323), keine Anwendung finden. Und abgesehen von den Bedenken, welche man überhaupt erheben könnte, da eigentlich der unter stärkerem Drucke fliessende Strom und dessen Ausfluss mit der bewegenden Kraft, die ja doch vom Herzen selbst ausgeht, verwechselt ist, wäre jene Theorie für den Situs mutatus nur brauchbar, wenn neben dem Herzen zugleich der Aortabogen und die Aorta überhaupt transponirt sind, weil nur dann jene spirale Drehung gegeben wäre.

Ich lehne mich daher an die Theorie von C. v. B ä r an, welcher den Situs mutatus von einer R e c h t s l a g e d e s E m b r y o a u f d e r N a b e l b l a s e ableitet.

Liegen auch direkte Beobachtungen aus frühester Zeit der Entwicklung einfacher Individuen nicht vor, so sprechen doch die Doppelmissbildungen, bei welchen der rechtsgestellte Körper stets Situs mutatus nachweist, entschieden dafür.

Die Beobachtung von C. v. B ä r selbst, sowie eine andere von R e m a k gewinnen dadurch an Werth. Vielleicht finden auch die Versuche von D a r e s t e (Comptes rendues 1870), Situs mutatus durch einseitiges stärkeres Erwärmen des Hühnereies (41 bis 42 ⁰ gegenüber von 12—16 ⁰ R.) zu erzeugen, darin ihre Erklärung, dass die Rechtslage des Embryo künstlich erzwungen wird. Eine Bestätigung dieser Versuche liegt indess bis heute nicht vor.

Im vorliegenden Falle muss man den durch die embryonale Rechtslage auf der Nabelblase erfolgenden E i n t r i t t d e r N a b e l v e n e n a c h l i n k s in den Körper und in ihrem weiteren Verlaufe als Ductus venosus Arantii als Beweis und als den Leiter betrachten, durch welchen nicht nur die Stellung der Leber, sondern auch der oberen und unteren Hohlvene und damit des Hohlvenensackes und des ganzen Herzens bestimmt wurde. Die L i n k s - o d e r R e c h t s -

lage der Organe hängt nicht von der Lage des Arterien-, sondern des Venensystemes ab. Von der Stellung der unteren Hohlvene ist zunächst die Lage sämmtlicher zum Pfortadersysteme beitragenden Organe des Unterleibes gegeben, also die verkehrte Lage des Magens, der Milz, des Pancreas, des Duodenum, Cöcum, Mastdarms. Und mit der Stellung der oberen und unteren Hohl-vene müssen ferner auch alle paarigen Organe des grossen Kreis-laufes (Gehirn, Rückenmark, Extremitäten, Nieren, Genitalien etc.) als transponirt angesehen werden.

Zum Schlusse will ich noch erwähnen, dass unter Rokitansky's 24 Fällen von Defekt des Septum ventriculorum nur zweimal Trans-position sämmtlicher Eingeweide vorhanden war, was ebenfalls für die Unabhängigkeit der beiden Verhältnisse von einander spricht.

Erklärung der Abbildungen.

(Zeichnung des Herrn Dr. Oeller, Assistenten am ophthalmologischen Institute.)

— ..—

Tafel VII.

A. Lage des Herzens und der grossen Gefässe in der Brusthöhle.
  a. Herzspitze nach rechts gestellt.
  b. Arcus Aortae links an der Luftröhre.
  c. Schnittlinie durch den rechten Ventrikel und die Aorta.
  d. Schnittlinie durch den rechten Vorhof, die Vena cava sup. und inferior.
  e. Aeste der Lungenarterie.
  f. Trachea.
  g. Obere Lebergrenze mit dem Zwerchfelle.
B. Fig. 1. Das Herz nach links umgekehrt, um dessen Rückseite zu sehen.
  a. Schnittlinie durch die Lungenarterie in den Conus art. dexter.
  b. Aorta.
  c. Stumpf des Ductus art. Botalli.
  d. Schnittlinie durch den linken Ventrikel und den linken Vorhof.
  e. Erweiterte Bronchialarterien.
  f. Trachea und Bronchien.
  g. Zwerchfell und obere Lebergrenze.
Fig. 2. Schematischer Querschnitt der Arteria pulmonalis und der Aorta.
  a. Lungenarterie mit 2 Klappen.
    Sie steht hinter der Aorta und etwas nach rechts.
  b. Aorta mit 3 Klappen.
    Die hintere Klappe steht nach vorn, die rechte und linke nach rückwärts.

Tafel VIII.

a. Geöffneter linker Ventrikel mit der Valvula bicuspidalis, dem Ostium venosum sinistrum und dem linken Vorhofe.

b. Geöffnete Lungenarterie mit zwei Semilunarklappen, wovon die
eine gegen die Aorta zu bedeutend grösser als die andere ist.

c. Abgang des rechten Astes der Lungenarterie.

d. Stumpf des Ductus art. Botalli.

e. Geöffneter taschenförmiger Theil des Conus art. dexter.

f. Ringförmige Verengerung desselben, durch welche man in den
rechten Ventrikel gelangt.

Tafel IX.

a. Geöffneter rechter Ventrikel mit der Valvula tricuspidalis.

b. Bucht, welche den unteren Theil des Conus art. dexter bezeichnet
und welche durch die ringförmige Verengerung in die Lungenarterie führt.

c. Defekt im Septum, zugleich Communikationsöffnung vom rechten
Ventrikel in den linken.

d. Aufgeschnittene Aorta mit den 3 Semilunarklappen und der Mündung der rechten und linken Coronararterie.

XIII.

Untersuchung eines Gehirns bei Leukämie.

Von

Herzog **Carl**, Dr. med.

Im verflossenen Sommer wurde die Sektion eines achtzehn-jährigen an Leukämie verstorbenen männlichen Individuums aus-geführt; das Resultat war in grösster Kürze zusammengefasst fol-gendes: Die Diplöe des Schädeldaches enthält am inneren vorderen Scheitelbeinwinkel einen Blutaustritt; in den Impressiones digitatae feine Injection und frisches zartestes Osteophyt, die Dura mater an der genannten Blutstelle ecchymosirt. Das Hirnmark im Ganzen sehr blass, teigig weich, fast unter den Fingern zerfliessend. Die Lendenwirbel leicht scoliotisch nach rechts ausgebogen. In beiden Brusthöhlen ziemlich viel blutig seröse Flüssigkeit. Beide Lungen sehr blutarm, trocken, mässig lufthaltig. Pericardium trüb mit zahl-reichen Blutpunkten versehen. Herzmuskeln sehr blass, mürb. Endocard blutig imbibirt. In der rechten Kammerhöhle klumpiger, mürber, gelbweisser Faserstoff, die weissen Körperchen in hohem Grade vermehrt, von verschiedener Grösse. Im Mark des Brust-beins ausser den vermehrten weissen Körperchen auch kernhaltige rothe. Die meseraischen Lymphdrüsen, sowie die retroperitonealen und epigastrischen, ferner die der Leberpforte vergrössert, markig, fein injicirt, hie und da pigmentirt. Die P e y e r'schen Drüsen in einzelnen Follikeln markig geschwellt, die Milz sehr gross, 21,5 Cm. lang, 12 Cm. breit, 8 Cm. dick. Ihre Kapsel gespannt, das Paren-

chym brüchig, fleischartig, braunroth in gleichmässiger Färbung.
Magen und Darmwand in Serosa und Schleimhaut durchgehend
leicht pigmentirt. Die Leber grösser, äusserst blass, brüchig, in
der Gallenblase wenig aber dunkle Galle. Nieren sehr blass, in der
rechten blutige Infarkte geringer Ausdehnung. In beiden Nieren
helle bis erbsengrosse Knoten im Parenchym. — Soweit der Sektionsbefund. —

Im Anschlusse an die Untersuchungen über das Verhalten der
weissen Blutkörperchen im Gehirne bei verschiedenen Erkrankungen,
welche ich in einer kleinen Schrift (Untersuchungen über die Anhäufung weisser Blutkörper in der Gehirnrinde, 1877) niederlegte,
wurde mir Gelegenheit, das Gehirn dieses an Leukämie Verstorbenen
mikroskopisch zu untersuchen. Da in der Literatur über die Veränderung des Gehirnes bei vorstehender Erkrankung noch Wenig
mitgetheilt ist, so möchte folgender Befund vielleicht von einigem
Interesse sein.

Die angewandten Methoden zur Herstellung mikroskopischer
Präparate waren „Erhärtung in Alcohol mit darauf folgender Imbi-
bition durch Carmin, Hämatoxylin, Eosin und Argentum nitricum.
— Vor Allem fällt der überaus grosse Zellenreichthum in allen
Theilen des Gehirns sofort in die Augen, wie er weder im Abdo-
minaltyphus noch bei einer anderen Krankheit in diffuser Weise angetroffen wird. Orientirt man sich über den Ort, wo sich diese
lymphoiden Zellen befinden, so überzeugt man sich leicht, dass die
perivasculären und periganglionären Räume, also die für die Circulation der Lymphe bestimmten Kanäle es sind, die damit angefüllt
erscheinen. Die Zellen selbst haben ein granulirtes Protoplasma,
das um den scharf conturirten Kern herumliegt.

Am auffallendsten ist aber die Vermehrung der weissen Blutkörper innerhalb der Blutgefässe selbst. Diese sind bis in die
feinsten Capillaren mit ihnen injicirt, so zwar, dass das Gefässrohr
an manchen Stellen buchtig erweitert erscheint und zugleich noch
beiderseits der perivasculäre Raum mit den Zellen erfüllt ist. Im
Gewebe des Gehirns selbst, also in der Neuroglia und namentlich
den pericellulären Räumen entsprechend, sieht man nicht minder
eng an einander gereihte Lymphkörper, wodurch der Eindruck gewonnen wird, als hätte man es mit einer diffusen zelligen Infiltration
der Hirnsubstanz zu thun. Dabei ist bemerkenswerth, dass die
Gefässwandung keine pathologische Veränderung zeigt, obwohl die

Ueberfüllung mit morphologischen Elementen und wohl auch die dadurch bewirkten Stauungen in der Circulation für den geschlängelten Verlauf verantwortlich gemacht werden müssen, der an den Blutgefässen zu beobachten ist.

Trotz genauester Untersuchung war es mir wenigstens bei diesem Falle nicht möglich, eigentliche Embolien weder in den Gefässen des Gehirns, noch in den Meningealgefässen, wie sie Bastian beschreibt, zu finden. Die Krankheitserscheinungen wie Kopfschmerz, Schwindel, die hypochondrische Gemüthsstimmung oder andere Geistesstörungen, welche im klinischen Bilde erscheinen und von Prof. Dr. Mosler im Handbuche der speziellen Pathologie und Therapie von Dr. von Ziemssen mit Embolien in Zusammenhang gebracht werden, können ebensogut aus der Ernährungsänderung des Gehirns durch den Strom abnormer Blutflüssigkeit erklärt werden. Wohl ist die Anfüllung des Gefässrohres mit weissen Blutkörperchen an manchen Stellen so bedeutend, dass man geneigt sein könnte, einen völligen Abschluss der Circulation anzunehmen; allein das diese Stellen umgebende Hirngewebe ist so ohne alle pathologische Veränderung, dass an eine während des Lebens entstandene Embolie wohl nicht gedacht werden kann; diese Veränderung müsste doch hier desto sicherer und früher eintreten, als das Gehirn nach den Untersuchungen Cohnheim's nicht zu einem collateralen Kreislauf disponirt ist, sondern eine Endarterien-Einrichtung besitzt. Vielmehr scheint mir diese kolossale Anhäufung von weissen Blutkörpern vermöge der Abschwächung des Blutdruckes vom Herzen aus in der Agonie verstärkt worden zu sein. Durch die bekannte Klebrigkeit (Viscosität), welche den weissen Blutkörpern zukömmt und bei der vorhandenen Vermehrung der lymphoiden Körper musste es um so leichter zu Agglutination derselben in den Gefässen führen.

Ueberblickt man die sich unter dem Mikroskop zeigenden pathologischen Veränderungen, so drängt sich erstens die Frage auf, aus welchen Quellen die übermässige Produktion der weissen Blutkörperchen stammt? und zweitens, in welcher Weise diese letzteren in das Gehirn gelangen.

Was die erstere Frage anbelangt, so ist es in diesem Falle gleichgiltig, ob die Vermehrung der weissen Blutkörperchen, wie es schon von dem Entdecker der leukämischen Erkrankung Virchow und noch gegenwärtig von den meisten Autoren angenommen wird, durch primäre Erkrankung der Milz oder der Lymphdrüsen oder endlich des Knochenmarks entsteht, oder ob, wie Biesiadecki (Centralblatt der med. Wissenschaft, S. 798. 1876) annimmt, die Erkrankung der Milz und Lymphdrüsen nicht die bedingende Krankheitsursache, sondern Folgeerscheinungen der Leukämie sei, welche den Anschwellungen anderer Organe wie Leber und Nieren völlig gleich zu stellen wäre. Allerdings haben experimentelle Versuche von Tarchanoff (s. Archiv f. d. ges. Physiologie 1874, VIII. p. 97) dagegen gezeigt, dass Durchschneidung der Milznerven eine Anschwellung der Milz in denselben Theilen, wo die Nerven durchschnitten wurden, bewirkten, so dass am Ende der Operation das ganze Organ sehr blutreich, locker und vergrössert erscheint. Am 2ten, 3ten und 4ten Tage nach der Operation war die Zahl der weissen Blutkörperchen im Gesammtblute um das Fünf- bis Sechsfache vermehrt. Vom vierten Tage an nahm sie wieder ab und am Ende der ersten Woche war der normale Zustand wiederum eingetreten. Ebenso lieferte Scherer den chemischen Beweis, dass im leukämischen Blute mehrere lösliche Bestandtheile der Milzpulpa sich finden, nämlich Hypoxantin, Harnsäure, Milchsäure, Leucin und Ameisensäure. Weiters überzeugten sich Velpeau, Walace und Mosler, dass durch traumatische Ursachen Milzschwellung und sekundär Vermehrung der weissen Blutkörperchen im Blute erfolgte. Auch Virchow berichtet über einen Fall von Leukämie in Folge von Fraktur des Oberschenkels. — Nach diesem kann man der Ansicht Biesiadecki's sich nicht anschliessen, dass die Leukämie eine Parenchym-Erkrankung des Blutes sei, dessen weisse Zellen zwar normal produzirt, aber durch eine regressive (schleimig-colloide) Metamorphose an der Umwandelung in rothe Blutzellen verhindert werden, und dass daher die Zahl der letzteren geringer erscheine. Eine ähnliche Anschauung der Entstehung der Leukämie wie Biesiadecki vertritt auch Kottmann, indem er dieselbe für ein Neoplasma in dem flüssigen Blutgewebe hält, wodurch einzelne Theile im Blute vermehrt werden, nämlich die weissen Blutkörper, die rothen dagegen atrophisch zu Grunde gehen. Die Betheiligung der Milz, Drüsen und der anderen Organe wäre wie bei Carcinom als sekundäre Infektion zu betrachten.

Die zweite Frage, ob das Eindringen der weissen Blutkörperchen in die perivascularen, ganglionären und cellulären Räume sowohl, als auch zu beiden Seiten der Blutgefässe in das Neurogliagewebe durch die gewöhnlichen Lymphwege oder durch Auswanderung durch die

Blutgefässwände stattgefunden hat, ist nicht zu entscheiden. Nachdem bei der Leukämie nur von einem allgemeinen, langsameren Strömen des Blutes, aber nicht von Entzündung gesprochen werden kann, so wird man eine Auswanderung nur in geringerem Maasse in Anspruch nehmen dürfen und vermuthen müssen, dass die Einwanderung der weissen Blutkörper durch die gewöhnlichen Blut- und Lymphwege stattgefunden habe. Ich schliesse desshalb die Emigration um so weniger aus, als Roth eine Diapedese weisser Blutkörper in den Retinalgefässen nachweist; nur möchte ich den Unterschied einer leukämischen und entzündlichen Emigration betonen, wenn auch in beiden Fällen eine nicht demonstrirbare molekuläre Erkrankung der Gefässwand angenommen werden kann. — Zum Schlusse scheint mir die hier vorliegende natürliche Injektion der perivasculären, ganglionären und cellulären Räume mit lymphoiden Körpern ein weiterer Beweis, dass diese Kanäle wirklichen Lymphräumen entsprechen.

Tab. B.

Typhus.

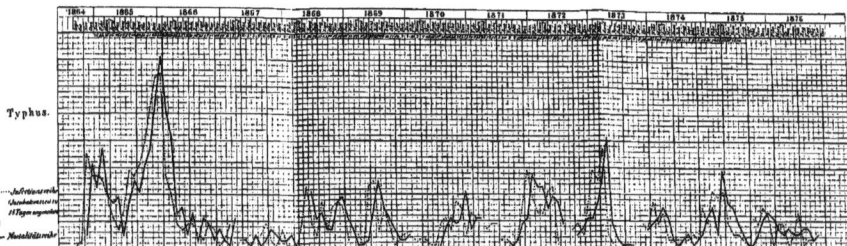

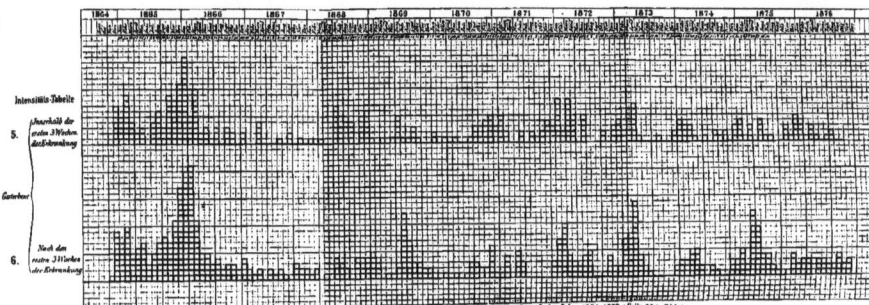

Dr. Hermann u. Dr. Schweninger, der Typhus in München während der Jahre 1864-1876 (Seite 204-214.)

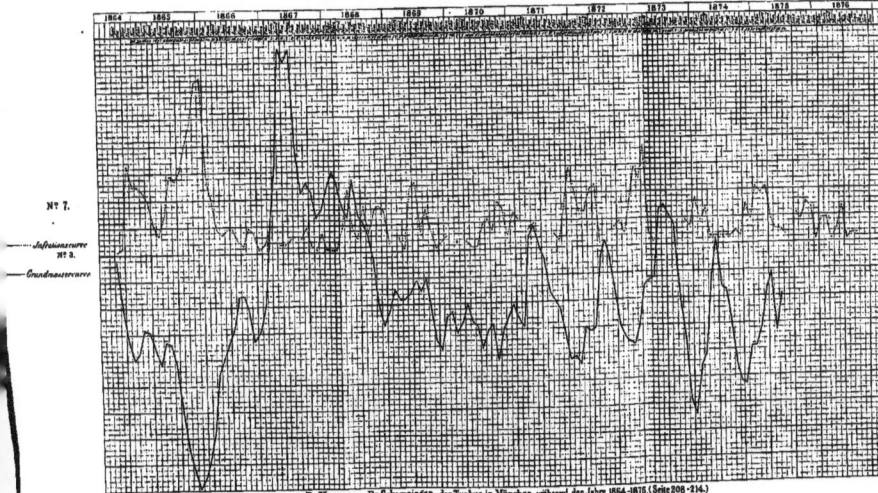

Dr. Hermann u. Dr. Schweninger, der Typhus in München während der Jahre 1864-1876 (Seite 205-214.)

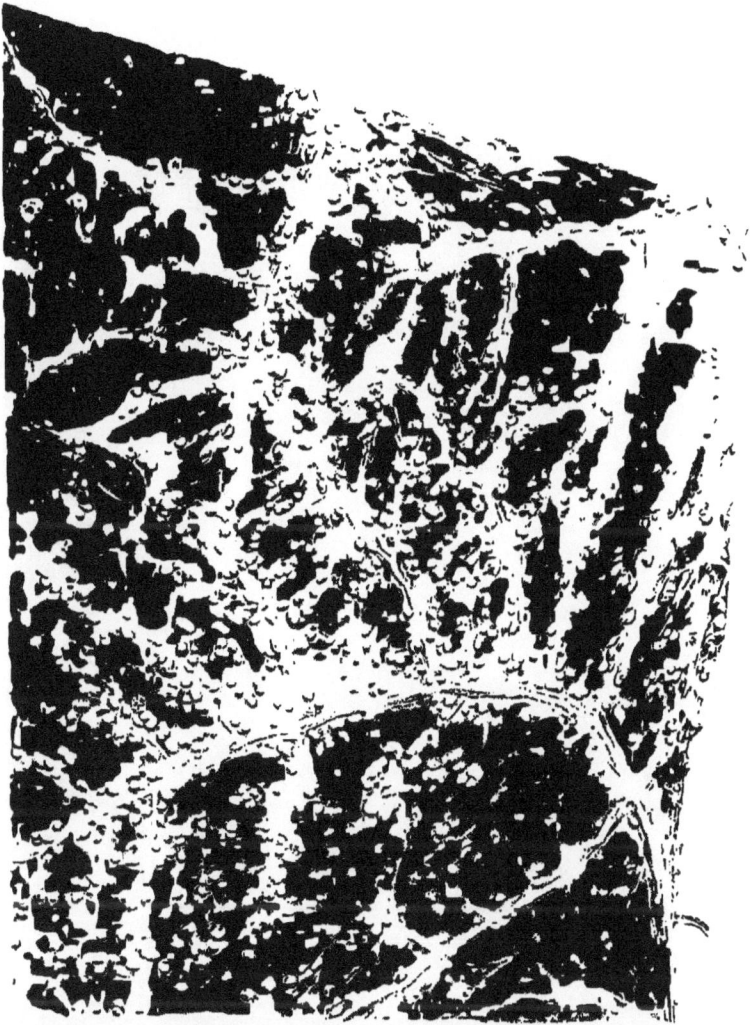

Miliare Impftuberkulose des Netzes einer Ziege.

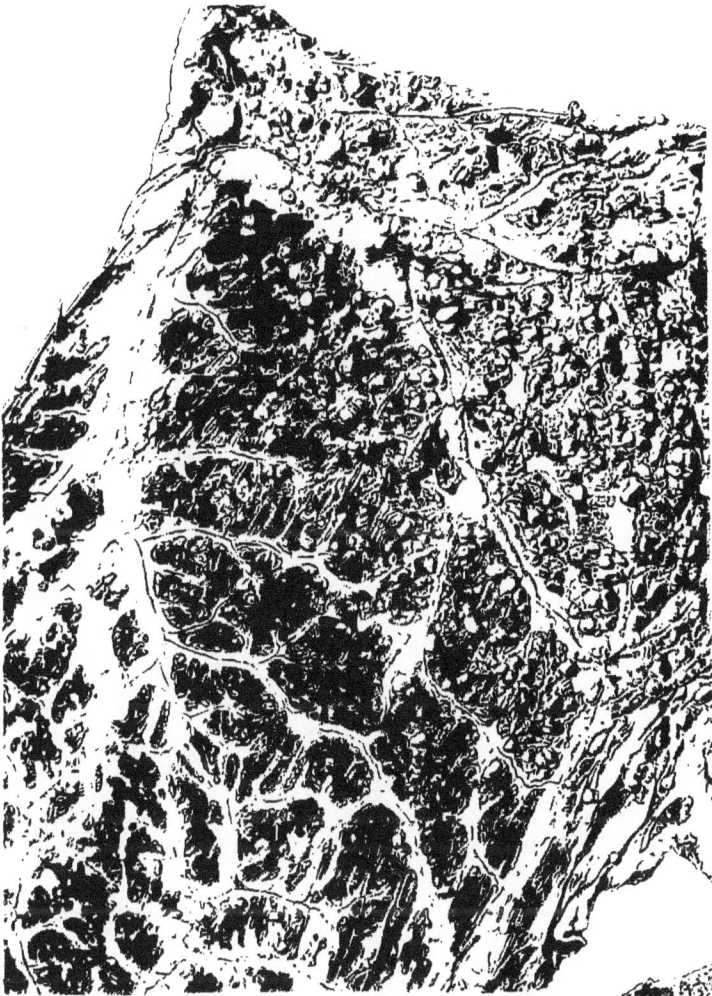

Fig 1.

Miliare Impftuberkulose (mit Peritonitis)
des Netzes einer Ziege.

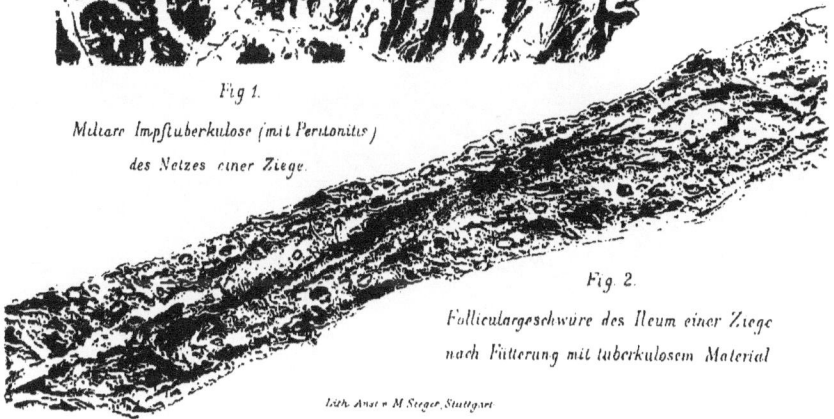

Fig. 2.

Folliculargeschwüre des Ileum einer Ziege
nach Fütterung mit tuberkulosem Material

Lith. Anst. v. M Seeger, Stuttgart

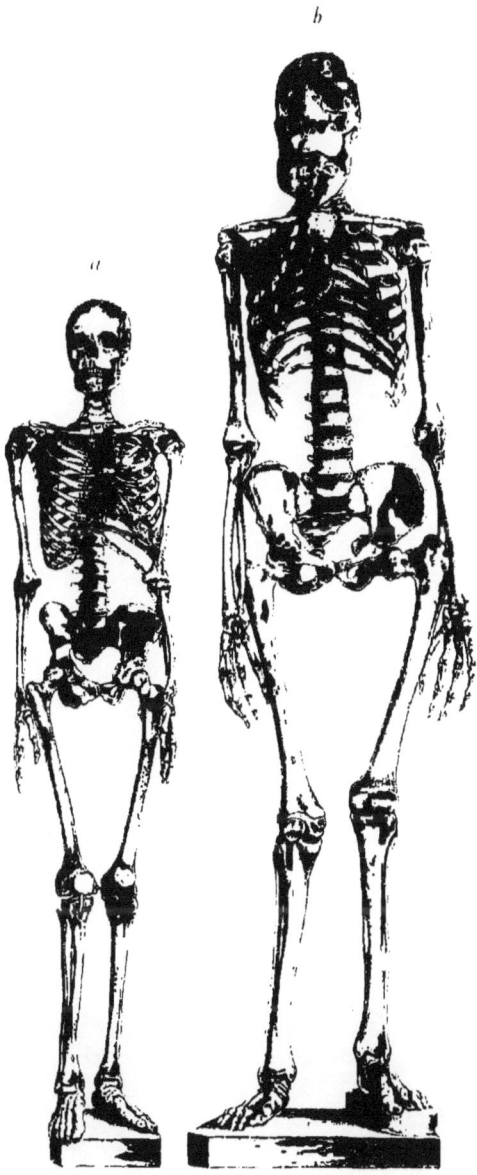

a   *b*

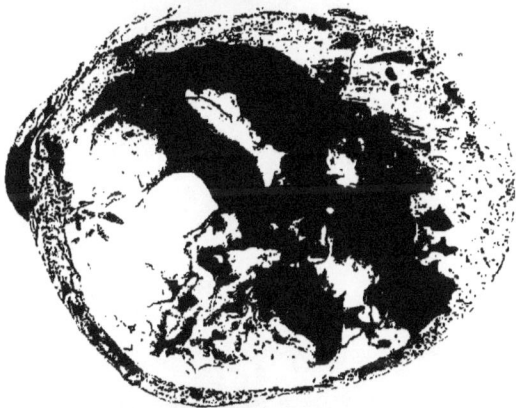

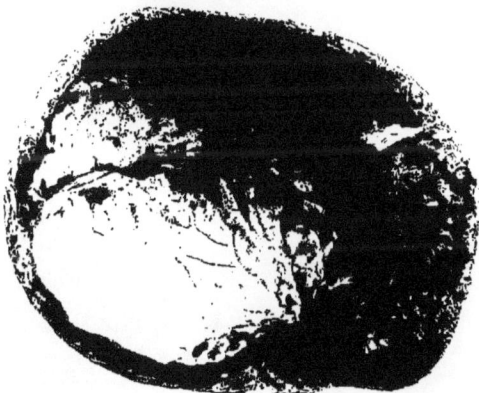

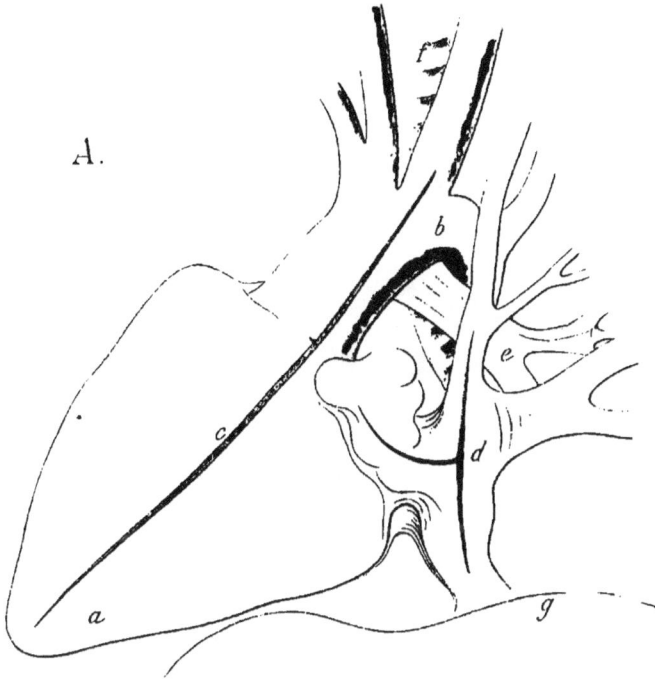

A.

B. *Fig.1.*

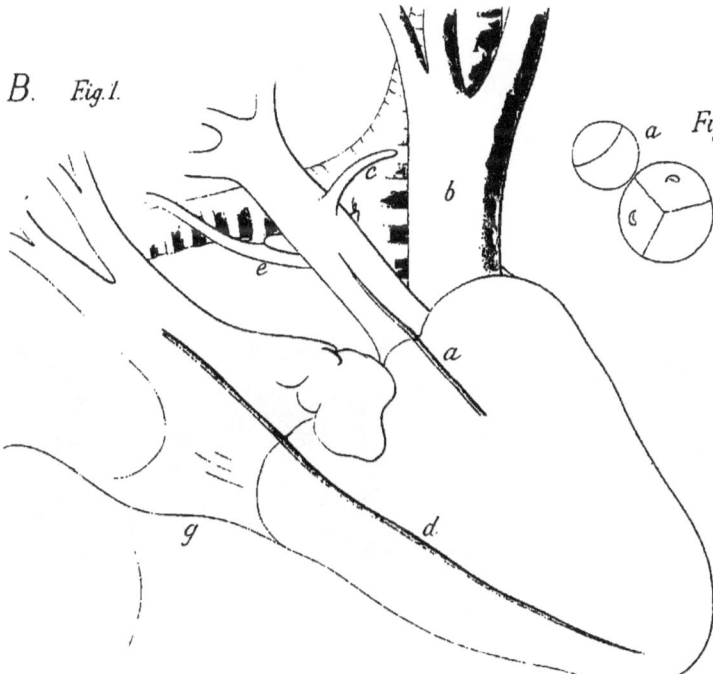

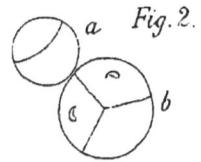

Fig.2.

Zeichnung des Herrn D.ͬ Oeller, Assistenten am ophthalmologischen Institute.

In etwas reducirter Größe.

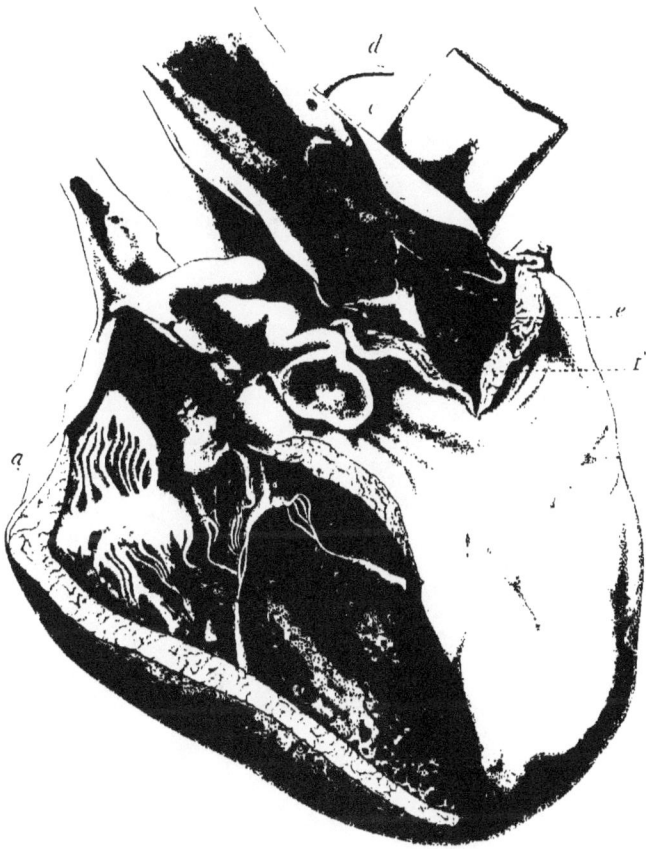

Zeichnung des Herrn Dr. Oeller, Assistenten am ophthalmologischen Institute.

In natürlicher Größe

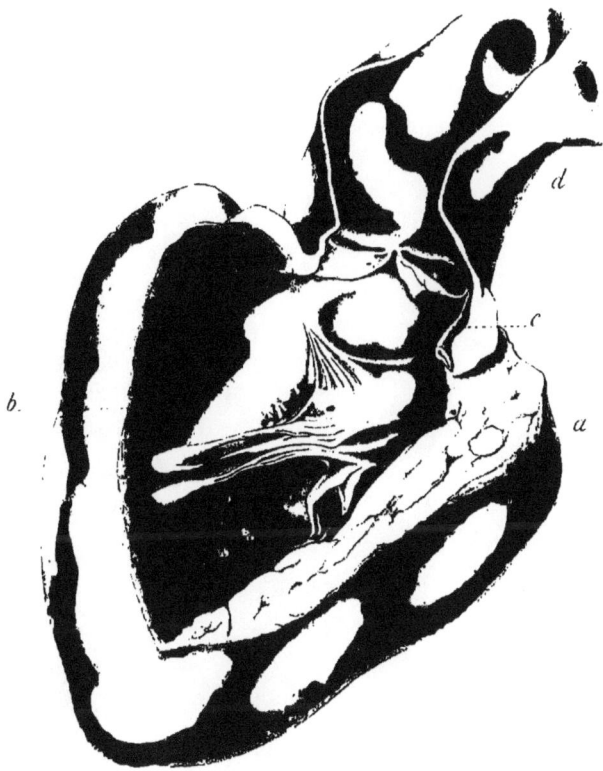

www.ingramcontent.com/pod-product-compliance
Lightning Source LLC
Chambersburg PA
CBHW021403210326
41599CB00011B/985